Lecture Notes in Mathematics 1738

Editors:
A. Dold, Heidelberg
F. Takens, Groningen
B. Teissier, Paris

Springer
Berlin
Heidelberg
New York
Barcelona
Hong Kong
London
Milan
Paris
Singapore
Tokyo

M. Emery   A. Nemirovski   D. Voiculescu

Lectures on Probability Theory and Statistics

Ecole d'Eté de Probabilités
de Saint-Flour XXVIII - 1998

Editor: Pierre Bernard

Springer

Authors

Michel Emery
C.N.R.S. et Université Louis Pasteur
Département de Mathématiques
7, rue René Descartes
67084 Strasbourg Cedex, France

E-mail: emery@math.u-strasbg.fr

Dan Voiculescu
Department of Mathematics
University of California
Berkeley, CA 94720-3840, USA

E-mail: dvv@math.berkeley.edu

Editor

Arkadi Nemirovski
Faculty of Industrial Engineering
and Management, Technion
Israel Institute of Technology
Technion City
Haifa 32000, Israel

E-mail: nemirovs@ie.technion.ac.il

Pierre Bernard
Laboratoire de Mathématiques Appliquées
UMR CNRS 6620
Université Blaise Pascal
Clermont-Ferrand
63177 Aubière Cedex, France

E-mail: bernard@ucfma.univ-bpclermont.fr

Cataloging-in-Publication Data applied for
Die Deutsche Bibliothek - CIP-Einheitsaufnahme
Lectures on probability theory and statistics / Ecole d'Eté de Probabilités
de Saint-Flour XXVIII - 1998. M. Emery ; A. Nemirovski ;
D. Voiculescu. Ed.: Pierre Bernard. - Berlin ; Heidelberg ; New York ;
Barcelona ; Hong Kong ; London ; Milan ; Paris ; Singapore ; Tokyo :Springer, 2000
  (Lecture notes in mathematics ; Vol. 1738)
  ISBN 3-540-67736-4
Mathematics Subject Classification (2000): 46L10, 46L53, 60-01, 60-06, 60D05,
60G44, 62-01, 62-06, 62G05, 62J02, 81S25

ISSN 0075-8434
ISBN 3-540-67736-4 Springer-Verlag Berlin Heidelberg New York

Springer-Verlag is a company in the BertelsmannSpringer publishing group.
© Springer-Verlag Berlin Heidelberg 2000
Printed in Germany

Typesetting: Camera-ready T$_E$X output by the author
Printed on acid-free paper   SPIN: 10724339   41/3143/du - 543210

INTRODUCTION

This volume contains lectures given at the Saint-Flour Summer School of Probability Theory during the period 17th August - 3rd September, 1998.

We thank the authors for all the hard work they accomplished. Their lectures are a work of reference in their domain.

The School brought together 43 participants, 23 of whom gave a lecture concerning their research work.

At the end of this volume you will find the list of participants and their papers.

Finally, to facilitate research concerning previous schools we give here the number of the volume of "Lecture Notes" where they can be found :

Lecture Notes in Mathematics

1971 : n° 307 - 1973 : n° 390 - 1974 : n° 480 - 1975 : n° 539 - 1976 : n° 598
1977 : n° 678 - 1978 : n° 774 - 1979 : n° 876 - 1980 : n° 929 - 1981 : n° 976
1982 : n° 1097 - 1983 : n° 1117 - 1984 : n° 1180- 1985 - 1986 et   1987 : n° 1362
1988 : n° 1427 - 1989 : n° 1464 - 1990 : n° 1527 -1991 : n° 1541- 1992 : n° 1581
1993 : n° 1608 - 1994 : n° 1648 - 1995 : n° 1690- 1996 : n° 1665- 1997 : n° 1717

Lecture Notes in Statistics

1986 : n° 50

TABLE OF CONTENTS

Michel EMERY : "MARTINGALES CONTINUES DANS LES VARIETES DIFFERENTIABLES"

Arkadi NEMIROVSKI : "TOPICS in NON-PARAMETRIC STATISTICS"

DAN VOICULESCU : "LECTURES ON FREE PROBABILITY THEORY"

MARTINGALES CONTINUES

DANS LES VARIETES DIFFERENTIABLES

Michel EMERY

Contents

À Françoise

INTRODUCTION

En commençant à préparer ce cours, j'espérais parvenir à y exposer les principales propriétés des martingales dans les variétés, ainsi qu'une de leurs applications; comme application, j'hésitais entre le travail d'Arnaudon et Thalmaier [12] sur la dérivée d'une famille de martingales et sur l'estimation du gradient des applications harmoniques, et le théorème de Kendall [71] sur la régularité des applications finement harmoniques. Il est vite apparu que l'un ou l'autre de ces deux objectifs n'aurait pu être atteint en quinze heures de cours qu'au prix d'une course effrénée à travers les définitions, m'obligeant à passer rapidement sur les intégrales d'Itô sans révéler la vraie nature à l'ordre 2 du calcul stochastique intrinsèque. Je n'ai pu m'y résoudre, c'est pourquoi le cinquième chapitre est très court, ne donnant qu'une faible idée du champ des applications possibles, représentées uniquement par le joli théorème 5.5 de Kendall [65] et [66]. De mon ambition initiale, il subsiste dans ces notes, comme les inutiles os du bassin dans le corps de la baleine, l'élégant théorème 4.11 (dû à Arnaudon et Thalmaier [11]) selon lequel si des martingales convergent uniformément sur tout intervalle $[0, t]$ en probabilité, il en va de même de leurs intégrales stochastiques; ce théorème n'est pas utilisé ensuite, et a d'ailleurs été omis lors des exposés oraux.

Le chapitre 1 esquisse une présentation de quelques notions fondamentales de la géométrie différentielle (vecteurs et covecteurs, fibrés tangent et cotangent); puis la géométrie différentielle d'ordre 2 fait son apparition : diffuseurs et codiffuseurs, fibrés osculateur et coosculateur. Comme l'a découvert Schwartz, c'est le seul langage qui permette un calcul stochastique intrinsèque très général par rapport aux semimartingales continues dans une variété; cette géométrie au second ordre est tout aussi fondamentale mais beaucoup moins classique que la géométrie différentielle ordinaire : si les géomètres sont depuis longtemps familiers avec les variétés de jets de tous ordres, il ne semble pas que les spécificités de l'ordre 2 aient particulièrement retenu leur attention.

Le deuxième chapitre est entièrement consacré au calcul stochastique intrinsèque de Schwartz [95], [96], [101] dans une variété; l'objet fondamental est l'intégrale stochastique le long d'une semimartingale continue d'un processus coosculateur à la variété le long de cette semimartingale (théorème 2.10).

Le chapitre suivant expose la théorie des martingales dans une variété, due à Meyer [78], [79], [82] : interprétation des connexions dans le langage d'ordre 2, définition (après Duncan [38] et Bismut [15], et indépendamment de Darling [23], [27]) de l'intégrale d'Itô d'un processus cotangent à la variété le long d'une semimartingale, introduction des martingales.

Le quatrième chapitre emprunte une voie ouverte par Darling [24] et explorée par Arnaudon [6], [7], [8], [9], Arnaudon, Li et Thalmaier [10], Kendall [66], [67], [68], [69], [71], Zheng [48] : utiliser les fonctions convexes comme outil d'étude des martingales. Comme les fonctions convexes n'existent en général pas globalement, ceci oblige à quelques exercices de localisation. Les résultats sont des théorèmes de convergence (problème abordé par Darling [26], [29], He, Yan et Zheng [57], He et Zheng [58], Kendall [68], [69], Meyer [81] et Zheng [107]). Ce chapitre se termine sur le théorème 4.19 de Kendall [66], [68], [69], qui relie de façon frappante la géométrie de la variété (existence globale de fonctions convexes convenables) et la propriété de détermination des martingales par leur valeur finale. Je me suis résigné à passer sous silence les travaux sur l'existence d'une martingale de valeurs finale donnée (Arnaudon [9], Darling [32], [33], Kendall [66], Picard [86], [87], [89]).

Enfin le dernier chapitre envisage la théorie des martingales dans une variété comme un outil pour l'étude des applications harmoniques entre variétés (rien d'étonnant à cela, ces applications transformant les mouvements browniens en martingales). Faute de temps, un seul théorème est présenté (théorème 5.5, de Kendall [65], [66]) : Si toutes les fonctions réelles harmoniques bornées sur V sont constantes, toutes les applications harmoniques de V dans une autre variété W le sont aussi, pourvu que W ne soit pas trop grande.

Je suis très reconnaissant à l'École d'Été de m'avoir permis d'exposer une théorie fort belle mais trop peu connue, et aux organisateurs du séjour sanflorain, qui ont poussé la prévenance jusqu'à nous procurer du beau temps ! Merci aussi aux auditeurs, qui ont su rendre vivants les exposés, ainsi qu'à ceux qui m'ont signalé des erreurs ou ont contribué à améliorer ces notes : Marc Arnaudon, Françoise Emery, Uwe Franz, Christophe Leuridan, Anthony Phan.

Chapitre 1

VARIÉTÉS, VECTEURS, COVECTEURS,
DIFFUSEURS, CODIFFUSEURS

LE MAÎTRE DE PHILOSOPHIE
[...] vous savez le latin, sans doute.
MONSIEUR JOURDAIN
Oui; mais faites comme si je ne le savais pas.
MOLIÈRE, *Le Bourgeois Gentilhomme*

1. — Variétés, sous-variétés, applications C^p

Les deux propriétés fondamentales d'une variété différentiable, et dont chacune peut être utilisée comme définition, sont les suivantes : au voisinage de tout point, la variété a la même structure différentiable que $\mathbb{R}^d$, dont on aurait oublié la structure linéaire ou affine; et parmi les fonctions sur la variété, on peut distinguer les fonctions de classe C^p, qui forment une algèbre ayant de bonnes propriétés. Mettre cela sous forme rigoureuse donne malheureusement lieu à des définitions techniques assez pénibles; nous allons aridement survoler ci-dessous une telle définition, renvoyant les auditeurs aux manuels de géométrie différentielle pour les indispensables exemples, illustrations, compléments et exercices. Ceux de Berger et Gostiaux [14], de Darling [31] et le premier volume de Spivak [102], de styles très différents, sont très recommandables.

Techniquement, les variétés dans lesquelles nous allons travailler sont des variétés différentiables réelles, de dimension finie, de classe C^p (où, le plus souvent, $2 \leqslant p \leqslant \infty$), sans bord. Un tel objet est un triplet $\big(V, (\chi_\iota)_{\iota \in I}, d\big)$, où V est un espace topologique séparé et non vide, d un entier positif, appelé la dimension, et $(\chi_\iota)_{\iota \in I}$ une famille dénombrable de cartes locales sur V : chaque χ_ι est un homéomorphisme d'un ouvert D_ι de V, le domaine de la carte, sur un ouvert $\chi_\iota(D_\iota)$ de $\mathbb{R}^d$, l'image de la carte; la réunion des D_ι est V; enfin, pour tous ι et κ dans I, l'application $\chi_\kappa \circ \chi_\iota^{-1}$ est un difféomorphisme C^p entre les deux ouverts $\chi_\iota(D_\iota \cap D_\kappa)$ et $\chi_\kappa(D_\iota \cap D_\kappa)$ de $\mathbb{R}^d$. L'exemple fondamental de variété est un ouvert V de $\mathbb{R}^d$ (par exemple $\mathbb{R}^d$ lui-même), muni de l'unique carte identique de V dans lui-même. Plus généralement, un espace vectoriel de dimension finie, ou un ouvert non vide d'un tel espace, sont aussi des variétés (de même dimension que l'espace).

Comme pour bien d'autres structures mathématiques, on identifiera souvent par abus de langage l'ensemble V sous-jacent et la variété elle-même, dans des expressions telles que « un point v d'une variété V ». Par oubli de structure, une variété de classe C^p est aussi une variété de classe C^q pour tout $q < p$; par exemple, les applications de classe C^p, définies plus loin entre deux variétés de classe C^p, le sont aussi entre deux variétés de classes C^q et C^r pourvu que $q \geqslant p$ et $r \geqslant p$.

Pratiquement, les cartes locales, également appelées systèmes de coordonnées locales, sont utilisés pour repérer les points de V : pour ι fixé dans I, tout point v de

D_ι est caractérisé par le vecteur $\chi_\iota(v) \in \mathbb{R}^d$, dont nous noterons souvent $v^1, ..., v^d$ les d composantes réelles, sans préciser davantage le ι considéré.

Si $V = \big(V, (\chi_\iota)_{\iota \in I}, d\big)$ est une variété de classe C^p et si $q \leqslant p$, une application $f : V \to \mathbb{R}$ est dite de classe C^q si pour chaque ι la restriction de f à D_ι, composée avec χ_ι^{-1}, est une fonction C^q sur l'ouvert $\chi_\iota(D_\iota)$ de $\mathbb{R}^d$. En langage peut-être moins obscur : lue dans toute carte locale, la fonction devient une fonction C^q des d variables v^i. Nous commettrons souvent l'abus de langage consistant à noter encore f sa restriction à D_ι composée avec χ_ι^{-1}, et à écrire $f(v^1, ..., v^d)$ au lieu de $f(v)$. L'ensemble de toutes les fonctions C^p est noté $\mathrm{C}^p(V, \mathbb{R})$, ou $\mathrm{C}^p(V)$, ou tout simplement C^p. C'est une algèbre; bien plus généralement, il est stable par toutes les opérations ϕ elles-mêmes C^p, à un nombre quelconque d'arguments : pour $f_1, ..., f_n \in \mathrm{C}^p$ et ϕ fonction C^p de n variables réelles, $\phi(f_1, ..., f_n)$ est encore dans C^p.

Une variété de classe C^p est caractérisée par son ensemble sous-jacent V et par l'ensemble $\mathrm{C}^p(V)$; autrement dit, la véritable définition d'une variété n'est pas un triplet comme ci-dessus, mais une classe d'équivalence de triplets, deux familles différentes de cartes locales pouvant définir la même structure de variété C^p. Ainsi, dans l'exemple de la variété $\mathbb{R}^d$ évoquée ci-dessus, on oublie la structure linéaire de $\mathbb{R}^d$ pour n'en conserver que la structure C^p; on sait dire si une fonction est C^p (ou C^q pour un $q < p$), mais on ne peut plus reconnaître les fonctions linéaires, ni les polynômes... L'ensemble $\mathrm{C}^p(V)$ joue vis-à-vis de V un rôle un peu analogue à celui du dual d'un espace vectoriel en algèbre linéaire.

La topologie dont est munie la variété, et pour laquelle les D_ι sont des ouverts et les χ_ι des homéomorphismes, rend continues les fonctions C^p. Plus précisément, elle peut être, comme toute la structure de variété, caractérisée par les fonctions C^p : c'est la topologie la moins fine qui les rende toutes continues.

Un outil fort utile pour ramener les calculs sur une variété à des calculs dans des cartes est les fonctions-plateaux : Si F_0 et F_1 sont dans V deux fermés disjoints, il existe une fonction $\phi \in \mathrm{C}^p(V)$ telle que $0 \leqslant \phi \leqslant 1$, $\phi = 0$ sur F_0 et $\phi = 1$ sur F_1.

Si V et W sont deux variétés de classe C^p au moins, non nécessairement de même dimension, une application $\phi : V \to W$ est dite de classe C^p si $f \circ \phi$ est une fonction C^p sur V pour toute fonction f réelle C^p sur W. (Exercice : donner une définition équivalente utilisant les cartes locales au lieu des fonctions C^p, et démontrer l'équivalence.) L'ensemble de toutes ces applications C^p est noté $\mathrm{C}^p(V, W)$. Lorsque W est la variété $\mathbb{R}$ (munie de sa structure C^p canonique), il n'y a pas d'ambiguïté, et $\mathrm{C}^p(V, W) = \mathrm{C}^p(V)$. Bien entendu, la composée de deux applications C^p est C^p.

On appelle difféomorphisme C^p entre deux variétés V et W toute bijection ϕ de V sur W telle que ϕ et ϕ^{-1} soient toutes deux de classe C^p; V et W sont alors nécessairement de même dimension. Les difféomorphismes transportent les structures de variétés; si ϕ est une bijection entre une variété V de classe C^p et un ensemble W, il existe sur W une structure de variété C^p et une seule telle que ϕ soit un difféomorphisme C^p.

EXERCICE. — Si V et W sont deux variétés C^p, leur produit $V \times W$ est canoniquement muni d'une structure de variété C^p; les deux projections sont des applications de classe C^p.

Un sous-ensemble W d'une variété V est une sous-variété de dimension d' si, pour tout $w \in W$, il existe un sous-espace vectoriel $E \subset \mathbb{R}^d$ de dimension d' et un difféomorphisme χ entre un voisinage D de w dans V et un ouvert $\chi(D)$ de $\mathbb{R}^d$ tels que $\chi^{-1}(E) = D \cap W$. On munit alors canoniquement W d'une structure de variété, en exigeant que les χ ci-dessus, restreints aux $D \cap W$, soient des cartes locales. La restriction à W de toute fonction C^p sur V est une fonction C^p sur W, et l'injection canonique de W dans V est C^p. Il n'est pas vrai en général que toute fonction C^p sur W soit la restriction à W d'une fonction C^p sur V, mais cela a lieu pour les fonctions sur W qui sont de classe C^p et à support compact.

La sous-variété W est dite plongée dans V si son intersection avec tout compact de V est compacte (ce qui revient à dire que toute suite dans W tendant vers l'infini tend aussi vers l'infini dans V). En ce cas, les fonctions C^p sur W sont exactement les restrictions à V des fonctions C^p sur V.

Comme exemple de sous-variété, il y a « la » sphère S^d, qui est la sphère unité de $\mathbb{R}^{d+1}$, ou toute variété qui lui est difféomorphe. Cette variété ne peut pas être décrite au moyen d'une seule carte locale, mais deux cartes suffisent (car pour tout $s \in S^d$, $S^d \setminus \{s\}$ est difféomorphe à $\mathbb{R}^d$).

Les sous-variétés de V ayant même dimension que V sont les ouverts non vides de V. La plupart des variétés que je parviens à imaginer (et absolument toutes celles que je sois tant bien que mal capable de dessiner!) sont des sous-variétés de $\mathbb{R}^3$.

L'important théorème de plongement de Whitney dit que toute variété de dimension d est difféomorphe à une sous-variété plongée dans $\mathbb{R}^{d'}$ (on peut même toujours choisir $d' = 2d$); on pourra se reporter par exemple à de Rham [92]. Mais on pourrait aussi prendre cette propriété comme définition, en décidant de ne considérer comme variétés que les sous-variétés des espaces $\mathbb{R}^{d'}$! Lorsque la variété n'est pas elle-même un ouvert de $\mathbb{R}^d$, qui admet d coordonnées globales (une seule carte), ce théorème permet de munir la variété d'un système de d' coordonnées, surnuméraires mais globales.

Un *fibré vectoriel* (de dimension finie) *au-dessus d'une variété* V est une variété F de classe C^p pourvue d'une application surjective $\pi \in C^p(F, V)$ vérifiant les deux propriétés suivantes :

lorsque v parcourt V, les ensembles $F_v = \pi^{-1}(\{v\}) \subset F$ (appelés *fibres*) sont tous des espaces vectoriels, de même dimension finie, soit d';

pour tout $v \in V$, il existe un voisinage W de v dans V et un difféomorphisme ϕ de classe C^p entre $W \times \mathbb{R}^{d'}$ et $\pi^{-1}(W) \subset F$ tel que $x \mapsto \phi(w, x)$ soit, pour chaque $w \in W$, une bijection linéaire entre $\mathbb{R}^{d'}$ et la fibre F_w.

La dimension d'un tel fibré comme variété est $d+d'$; elle doit être soigneusement distinguée de la dimension algébrique d' de chaque fibre.

Si $v = \pi(x)$, on dit aussi que x *est au-dessus de* v; on a l'habitude de schématiser V comme un espace « horizontal » et F comme placé au-dessus de V; et on imagine la fibre F_v comme l'intersection de F avec une verticale passant par v; on dit également que la fibre F_v est au dessus de x.

EXERCICE. — Soit F un fibré vectoriel au-dessus de V.

a) Pour toute fonction $f \in C^p(V)$, l'application de F dans F de multiplication par le scalaire f, dont la restriction à une fibre F_v est la multiplication par le réel $f(v)$, est de classe C^p.

b) Dans la variété $F \times F$, le sous-ensemble F' formé des (x, y) tels que $\pi(x) = \pi(y)$ est une sous-variété C^p, et l'application $(x, y) \mapsto x+y$ de F' dans F est C^p.

c) On appelle section du fibré (sous-entendu : de classe C^p) toute application $A \in C^p(V, F)$ telle que $\pi \circ A = \mathrm{Id}_V$. Soit $v \in V$. Montrer qu'il existe d' sections du fibré $A_1, ..., A_{d'}$ et un voisinage ouvert W de v tels que, pour chaque $w \in W$, les vecteurs $A_1(w), ..., A_{d'}(w)$ forment une base de l'espace F_w. Pour toute section B du fibré, les fonctions $b^1, ..., b^{d'}$, définies sur W par $B(w) = \sum_i b^i(w) A_i(w)$, sont de classe C^p sur W.

EXERCICE. — Si F est un fibré vectoriel au-dessus de V, définir canoniquement le fibré dual F^*, dont chaque fibre F_v^* est l'espace dual de F_v. De même, si F et G sont deux fibrés *au-dessus d'une même variété V*, définir les fibrés $F \oplus G$, $F \otimes G$, $\mathrm{L}(F, G)$, qui sont, fibre par fibre, la somme directe de F et G, le produit tensoriel de F et G, l'ensemble des applications linéaires de F dans G.

Nous rencontrerons énormément de formules contenant des sommations et des dérivées partielles; c'est pourquoi il sera utile d'en alléger l'écriture. Les dérivées partielles d'une fonction f, lue dans des coordonnées locales $v^1, ..., v^d$, par rapport à ces coordonnées, seront notées $D_i f$ au lieu de $\partial f / \partial v^i$; de même pour les dérivées d'ordre supérieur : $D_{ijk} f$ remplace $\partial^3 f / \partial v^i \partial v^j \partial v^k$, etc. Pour alléger encore les formules, on supprime le signe $\sum$, au moyen de la convention suivante, en vigueur dans toute la suite : *lorsqu'un même indice, soit i, figure deux fois dans un même monôme, une fois en position basse et une fois en position haute, le signe $\sum_i$ est sous-entendu devant ce monôme.*

2. — Vecteurs et covecteurs tangents

Soit $\gamma \in C^1(\mathbb{R}, V)$ une courbe dans une variété V. À l'instant 0, γ se trouve en un point $x = \gamma(0) \in V$, mais qu'est-ce que la vitesse $\dot{\gamma}(0)$ de γ à cet instant? On peut choisir des coordonnées locales $v^1, ..., v^d$ au voisinage de x, observer les coordonnées $\gamma^i(t)$ du point $\gamma(t)$ (elles sont bien définies pour t voisin de 0), et considérer le système des d dérivées $\dot{\gamma}^i(0)$; mais comment faire apparaître ce système de façon intrinsèque (c'est-à-dire invariante par difféomorphismes)? L'une des manières possibles est la suivante. Pour toute fonction $f \in C^1(V)$, la composée $f \circ \gamma : \mathbb{R} \to \mathbb{R}$ est une fonction C^1, dont la dérivée en $t = 0$ est $\dot{\gamma}^i(0) D_i f(x)$ (convention de sommation!). Ainsi, les d composantes $\dot{\gamma}^i(0)$ sont aussi les coefficients de l'opérateur différentiel $f \mapsto (f \circ \gamma)'(0)$; ces coefficients ne sont pas intrinsèques, mais l'opérateur l'est; et il est donc légitime de définir la vitesse $\dot{\gamma}(t)$ comme étant cet opérateur lui-même.

DÉFINITIONS. — Soient V une variété C^p où $1 \leqslant p \leqslant \infty$, et x un point de V. Une application A de $C^p(V)$ dans $\mathbb{R}$ est un *vecteur tangent à V au point x* s'il existe une carte locale $(v^1, ..., v^d)$ de domaine contenant x et des réels $A^1, ..., A^d$ tels que $Af = A^i D_i f(x)$ pour toute $f \in C^p(V)$. Les A^i sont appelés les *coefficients de A* dans la carte.

Si $\gamma \in C^1(\mathbb{R}, V)$ est une courbe dans V, on appelle *vitesse de γ à l'instant t*, et on note $\dot{\gamma}(t)$, le vecteur $f \mapsto (f \circ \gamma)'(t)$ tangent à V au point $\gamma(t)$.

REMARQUES. — Si A est un vecteur tangent en x ǎ V, les coefficients A^i tels que $Af = A^i D_i f(x)$ existent pour *toute* carte dont le domaine contient x, bien qu'on ne l'ait exigé que pour une seule carte. Si (v^i) et (w^α) sont deux cartes contenant x, les coefficients A^i et A^α de A dans ces deux cartes sont liés par la *formule de changement de cartes* pour les vecteurs tangents

$$A^\alpha = A(w^\alpha) = D_i w^\alpha(x)\, A^i\,,$$

qui est linéaire et fait naturellement apparaître les coefficients $\dfrac{\partial w^\alpha}{\partial v^i}$ de la matrice jacobienne liée au changement de coordonnées locales.

Tout vecteur tangent en x à V est la vitesse à l'instant 0 d'une courbe γ telle que $\gamma(0) = x$. Fixons en effet des coordonnées locales (v^i) au voisinage de x, et soient x^i les coordonnées de x et A^i les coefficients de A dans ce système. La courbe γ de coordonnées $\gamma^i(t) = x^i + A^i t$ répond à la question. (Elle n'est parfois bien définie que sur un voisinage de $t = 0$; si l'on veut une courbe définie pour tout t, on peut par exemple poser $\gamma^i(t) = x^i + a^{-1}\tanh(aA^it)$, en choisissant a assez grand.)

Remarquons enfin que le nom de vecteurs est justifié par le fait que *les vecteurs tangents à V en x forment un espace vectoriel de dimension d, dont une base est composée des d vecteurs $f \mapsto D_if(x)$* (cette base dépend du choix des coordonnées locales au voisinage de x).

DÉFINITIONS. — Si x est un point d'une variété V de classe C^p, où $p \geqslant 1$, on appelle *espace tangent en x à V*, et l'on note T_xV, l'espace vectoriel de tous les vecteurs tangents en x à V.

On appelle *fibré tangent à V*, et l'on note TV, la réunion disjointe $\bigcup_{x \in V} T_xV$.

Le fibré tangent TV est canoniquement muni d'une structure de fibré vectoriel au-dessus de V, de classe C^{p-1}, de la manière suivante : Si (v^i) est une carte locale de V, de domaine D, la réunion $\bigcup_{x \in D} T_xV = \pi^{-1}(D)$ est le domaine d'une carte locale de TV, dans laquelle les $2d$ coordonnées d'un vecteur tangent $A \in T_xV$ sont les d coordonnées x^i de sa projection $x = \pi(A)$, et les d coefficients de A dans la carte locale. Le passage entre deux telles cartes, qui se fait au moyen de la formule de changement de cartes rencontrée plus haut, fait intervenir comme on l'a vu les matrices jacobiennes, dont les coefficients sont de classe C^{p-1} seulement; d'où la perte d'un ordre de différentiabilité en passant de V à TV.

EXERCICE. — Que peut-on dire de l'espace tangent en un point à une variété produit? à une sous-variété?

DÉFINITION. — Soient V et W deux variétés de classe C^p (où $1 \leqslant p \leqslant \infty$), x un point de V, et ϕ une application C^p de V dans W. Pour chaque $A \in T_xV$, l'application qui à toute $f \in C^p(W)$ associe le nombre $A(f \circ \phi)$ est un vecteur tangent à W au point $\phi(x)$, noté $\phi_{*x}(A)$. L'application ϕ_{*x} ainsi définie de T_xV dans T_yW est linéaire; on l'appelle *l'application linéaire tangente à ϕ au point x*.

Si (v^i) est une carte locale au voisinage de x et (w^α) une carte locale au voisinage de $\phi(x)$, la matrice de ϕ_{*x} dans les bases D_i et D_α est la matrice $(D_i\phi^\alpha)$. Les applications linéaires tangentes se composent naturellement : $(\psi \circ \phi)_{*x} = \psi_{*\phi(x)} \circ \phi_{*x}$.

EXERCICE. — L'application $\phi_{*x} : T_xV \to T_{\phi(x)}W$ peut aussi être définie par la propriété suivante : pour toute courbe $\gamma \in C^1(\mathbb{R}, V)$ vérifiant $\gamma(0) = x$, l'image de la vitesse initiale $\dot\gamma(0)$ de γ est la vitesse initiale $(\phi \circ \gamma)\dot{}(0)$ de la courbe $\phi \circ \gamma$.

On peut d'ailleurs remarquer que le vecteur $\dot\gamma(0)$ est lui-même l'image par γ_{*0} du vecteur tangent $\frac{d}{dt} \in T_0\mathbb{R}$.

Soient ϕ une application C^p d'une variété V dans une variété W (avec $p \geqslant 1$). L'*application tangente à* ϕ est l'application $\phi_* \in C^{p-1}(TV, TW)$ dont la restriction à chaque fibre $T_x V$ est ϕ_{*x}. Plus question de linéarité, TV n'étant pas un espace vectoriel; mais la formule de composition $(\psi \circ \phi)_* = \psi_* \circ \phi_*$ subsiste. Et ϕ_* peut être caractérisée par $\phi_*\big(\dot{\gamma}(0)\big) = (\phi \circ \gamma)'(0)$ pour toute courbe γ dans V.

PROPOSITION 1.1 ET DÉFINITION. — *Soient V une variété C^p, où $1 \leqslant p \leqslant \infty$, et A une fonction réelle sur $V \times C^p(V)$. Pour chaque x de V, notons $A(x)$ la fonction $f \mapsto A(x, f)$ sur $C^p(V)$; pour chaque $f \in C^p(V)$, notons Af la fonction $x \mapsto A(x, f)$ sur V. Les trois conditions suivantes sont équivalentes :*

(i) *pour chaque x de V, $A(x)$ est un vecteur tangent en x à V, et l'application $x \mapsto A(x)$ ainsi définie de V dans TV est de classe C^{p-1}* (autrement dit, A est une section du fibré tangent) ;

(ii) *pour toute carte locale $(v^1, ..., v^d)$, il existe des fonctions $A^1, ..., A^d$, définies et de classe C^{p-1} dans le domaine D de la carte, telles que, pour tous $x \in D$ et $f \in C^p(V)$, on ait $A(x, f) = A^i(x)\, D_i f(x)$;*

(iii) *$f \mapsto Af$ est une application linéaire de $C^p(V)$ dans $C^{p-1}(V)$ vérifiant pour toutes $f^1, ..., f^n$ dans $C^p(V)$ et toute ϕ dans $C^p(\mathbb{R}^n, \mathbb{R})$ la formule (dite de changement de variables)*

$$A\big(\phi \circ (f^1, ..., f^n)\big) = D_j \phi \circ (f^1, ..., f^n)\, Af^j .$$

*Quand ces conditions sont réalisées, on dit que A est un *champ de vecteurs* sur V.*

DÉMONSTRATION (sans les détails). — Les implications (i) $\Leftrightarrow$ (ii) $\Rightarrow$ (iii) sont laissées comme exercices aux auditeurs.

(iii) $\Rightarrow$ (ii). Si f est une fonction de C^p nulle au voisinage de x, il existe $g \in C^p$ telle que $g = 1$ au voisinage de x et $fg = 0$ partout. La formule de changement de variables donne $f\, Ag + g\, Af = A(fg) = 0$, d'où $Af = 0$ au voisinage de x; ceci montre que l'opérateur A est local. Étant donnés x et f, pour calculer $A(x, f)$, on se fixe une carte (v^i) au voisinage de x et, quitte à modifier les v^i et f hors d'un voisinage de x, on se ramène au cas où les v^i sont définis partout sur V et où $f = \phi \circ (v^1, ..., v^d)$, pour une $\phi \in C^p(\mathbb{R}^d)$. L'hypothèse (iii) donne alors $A(x, f) = A(x, v^i)\, D_i f(x)$. ∎

EXERCICE. — Lorsque $p = \infty$, les deux conditions qui suivent sont équivalentes à (i), (ii) et (iii) ci-dessus :

(iv) $f \mapsto Af$ est une application linéaire de $C^\infty(V)$ dans $C^\infty(V)$ vérifiant la formule (de Leibniz)

$$\forall f \in C^\infty(V) \qquad A(f^2) = 2f\, Af ;$$

(v) $f \mapsto Af$ est une application linéaire de $C^\infty(V)$ dans $C^\infty(V)$, on a $A1 = 0$ et, pour tous $f \in C^\infty(V)$ et $x \in V$ tels que $f(x) = 0$, $A(x, f^2) = 0$.

De même que les vecteurs tangents en un point peuvent être multipliés par des réels, les champs de vecteurs peuvent être multipliés par des fonctions, et forment ainsi un module sur l'algèbre $C^{p-1}(V)$.

La propriété fondamentale d'un champ de vecteurs est de donner lieu à un flot sur la variété : Pour $p \geqslant 1$, si A est un champ de vecteurs de classe C^{p-1} et x un point de V, il existe un intervalle ouvert I tel que $0 \in I \subset \mathbb{R}$ et une courbe $\gamma \in C^p(I, V)$ tels que $\gamma(0) = x$ et $\dot{\gamma}(t) = A\big(\gamma(t)\big)$ pour tout $t \in I$. Lorsque $p \geqslant 2$ (ou qu'une condition de Lipschitz est satisfaite), on peut choisir I maximal, il y a unicité (deux solutions γ' et γ'' coïncident sur $I' \cap I''$) et la solution $\gamma(t)$ est fonction C^{p-1} de x (pour t fixé, l'ensemble des $x \in V$ tels que la solution $\gamma(t)$ soit définie est un ouvert, sur lequel la solution est une application C^{p-1} dans V).

DÉFINITIONS. — Soient $p \geqslant 1$ et V une variété de classe C^p. Pour $x \in V$, on appelle *espace cotangent en x à V* le dual T_x^*V de l'espace vectoriel T_xV. Les éléments de T_x^*V sont appelés *covecteurs* (ou *vecteurs cotangents*). On appelle *fibré cotangent* la réunion disjointe $T^*V = \bigcup_{x \in V} T_x^*V$; c'est un fibré vectoriel de classe C^{p-1} au-dessus de V.

Si f est une fonction C^p sur V, ou seulement sur un voisinage de x dans V, un covecteur $df(x) \in T_x^*V$ est défini par la formule $\langle df(x), A \rangle = Af$ pour tout $A \in T_xV$. Si (v^i) est une carte au voisinage de x, les d covecteurs $dv^i(x)$ forment une base de T_x^*V, plus précisément la base duale de la base (D_i), car $\langle dv^i(x), D_j \rangle = D_j v^i(x) = \delta_j^i$. Tout covecteur $\sigma \in T_x^*V$ s'écrit donc de façon unique $\sigma = \sigma_i\, dv^i(x)$, où σ_i sont d coefficients réels ; et la dualité entre vecteurs et covecteurs s'exprime en coordonnées locales par la formule très simple

$$\langle \sigma, A \rangle = \langle \sigma_i\, dv^i(x), A^j D_j \rangle = \sigma_i A^j \langle dv^i(x), D_j \rangle = \sigma_i A^j \delta_j^i = \sigma_i\, A^i\ .$$

Les coefficients σ_i du covecteur $\sigma = df(x)$ sont bien sûr $\sigma_i = D_i f$. Tout covecteur de T_x^*V est de la forme $df(x)$ pour une f bien choisie (prendre par exemple f égale à $\sigma_i v^i$ au voisinage de x si les coefficients du covecteur dans la base $dv^i(x)$ sont σ_i).

EXERCICE. — La formule de changement de cartes pour les coefficients σ_i et σ_α d'un même covecteur σ exprimé dans deux cartes (v^i) et (w^α) est $\sigma_\alpha = D_\alpha v^i\, \sigma_i$; la matrice $(D_\alpha v^i)$ qui y apparaît est l'inverse de la matrice jacobienne $(D_i w^\alpha)$.

EXERCICE. — Quelle relation y a-t-il entre $df(x)$ et l'application linéaire f_{*x} tangente à f en x ?

Si $\phi : V \to W$ est une application C^p entre deux variétés, on note ϕ_x^* l'application adjointe de ϕ_{*x}, qui va de $T_{\phi(x)}^*W$ dans T_x^*V ; elle peut être caractérisée par $\phi_x^*[df(\phi(x))] = d(f \circ \phi)(x)$ pour toute $f \in C^p(W)$.

DÉFINITION. — Sur une variété V de classe C^p, un *champ de covecteurs*[1] est une application $\sigma \in C^{p-1}(V, T^*V)$ telle que $\sigma(x) \in T_x^*V$ pour tout x de V.

EXERCICE. — Les champs de covecteurs sont les sections du fibré cotangent. On peut les identifier aux fonctions C^{p-1} sur TV, dont la restriction à chaque fibre T_xV est linéaire.

L'exemple fondamental de champ de covecteurs est df, où $f \in C^p$, de valeur $df(x)$ au point x. Il n'est pas vrai que tout champ de covecteurs soit de cette forme, mais une conséquence du théorème de plongement de Whitney est l'existence de fonctions $f^1, ..., f^n \in C^p$, telles que tout champ de covecteur s'écrive (de façon en général non unique) $\sum_{k=1}^n g_k\, df_k$, où les g_k sont dans C^{p-1}. Remarquer que, si f est une fonction de classe C^p et γ une courbe, on a $\langle df, \dot{\gamma}(t) \rangle = (f \circ \gamma)'(t)$.

---

1. Le terme consacré est *forme différentielle de degré 1*.

EXERCICE. — Si ϕ est une application C^p de V dans W et σ un champ de covecteurs sur W, on peut définir un champ de covecteurs $\phi^*\sigma$ sur V. Mais si A est un champ de vecteurs sur V, on ne peut pas en général définir un champ de vecteurs $\phi_* A$ sur W !

EXERCICE. — L'ensemble des champs de covecteurs est un module sur l'algèbre $C^{p-1}(V)$, plus précisément le dual du module des champs de vecteurs sur V. (Indication : Tout champ de vecteurs C^{p-1} nul en un point x peut s'écrire comme une somme finie $\sum_\ell f_\ell A_\ell$, où les A_ℓ sont des champs de vecteurs C^{p-1} et les f_ℓ des fonctions C^{p-1} nulles en x.)

3. — Diffuseurs

En 1979, Schwartz a découvert que le langage qui décrit de façon intrinsèque les semimartingales dans les variétés est la géométrie différentielle d'ordre 2, dans laquelle les espaces de jets d'ordre 2 jouent un rôle aussi fondamental que les traditionnels objets tangents ou cotangents d'ordre 1 évoqués plus haut. En Géométrie et en Mécanique, pour passer à l'ordre 2 et parler par exemple de l'accélération d'une courbe, on a l'habitude de travailler dans le tangent itéré TTV (le fibré tangent construit sur la variété TV). Le point de vue agréable pour les probabilistes est un peu différent, parce que la formule de changement de variable pour les semimartingales fait appel à des objets d'ordre 2 qui ne s'expriment pas naturellement dans le cadre de TTV : il s'agit des opérateurs différentiels d'ordre 2 sans terme constant, qui jouent en calcul stochastique un rôle aussi central que les vecteurs tangents (opérateurs différentiels d'ordre 1 sans terme constant) dans le calcul différentiel ordinaire.

DÉFINITION. — Soient V une variété C^p où $2 \leqslant p \leqslant \infty$, et x un point de V. Une application L de $C^p(V)$ dans $\mathbb{R}$ est un *diffuseur au point* x s'il existe une carte locale $(v^1, ..., v^d)$ de domaine contenant x et des réels $L^1, ..., L^d$ et $L^{11}, L^{12}, ..., L^{dd}$ tels que $Lf = L^{ij} D_{ij}f(x) + L^k D_k f(x)$ pour toute $f \in C^p(V)$. Les nombres L^k et $\frac{1}{2}(L^{ij}+L^{ji})$ sont appelés les *coefficients* de L dans la carte.

Pour construire un diffuseur en x, on peut, une fois choisie la carte, se donner arbitrairement les $d + d^2$ nombres L^k et L^{ij}. Mais, en raison de la symétrie $D_{ij}f(x) = D_{ji}f(x)$ des dérivées secondes, on ne change pas L en symétrisant la matrice des L^{ij}; L ne dépend donc que de ses $d + d(d+1)/2$ coefficients. Et réciproquement L détermine ses $d + d(d+1)/2$ coefficients, puisque $L^k = Lv^k$ et $L^{ij} + L^{ji} = L(\tilde{v}^i\tilde{v}^j)$, où la fonction $\tilde{v}^i \in C^p(V)$ est définie par $\tilde{v}^i(y) = v^i(y) - v^i(x)$.

En choisissant nuls les coefficients L^{ij}, on voit que tout vecteur tangent en x est aussi un diffuseur en x.

Tout comme les vecteurs, les diffuseurs au point x peuvent indifféremment être décrits dans toute carte locale entourant x : si (w^α) est une autre carte, le diffuseur L s'écrit aussi, en posant $\tilde{w}^\alpha = w^\alpha - w^\alpha(x)$,

$$L = \tfrac{1}{2}L(\tilde{w}^\alpha\tilde{w}^\beta)\,D_{\alpha\beta} + Lw^\gamma\,D_\gamma\,.$$

Les formules de changement de cartes sont donc

$$L^\gamma = L^{ij}D_{ij}w^\gamma(x) + L^k D_k w^\gamma(x) \qquad L^{\alpha\beta} = L^{ij}\,D_i w^\alpha(x)D_j w^\beta(x)\,.$$

La première de ces formules montre que, lorsque les coefficients L^k des termes d'ordre 1 sont nuls, il n'en va pas nécessairement de même des coefficients L^γ ; la notion d'opérateur différentiel en x « purement d'ordre 2 » n'existe pas, ou plutôt n'est pas intrinsèque, car non invariante par changements non linéaires de coordonnées. Plus généralement, on ne peut pas parler de la partie d'ordre 1 d'un diffuseur, car il ne suffit pas de connaître les L^k pour savoir calculer les L^γ, il faut aussi les L^{ij}. Mais cela a un sens de parler des « diffuseurs sans termes d'ordre 2 » : ce sont exactement les vecteurs tangents.

DÉFINITION. — Si $\gamma \in \mathrm{C}^2(\mathbb{R}, V)$ est une courbe dans V, on appelle *accélération de* γ *à l'instant* t, et on note $\ddot{\gamma}(t)$, le diffuseur $f \mapsto (f \circ \gamma)''(t)$ au point $\gamma(t)$.

Ses composantes dans une carte locale sont $L^k = \ddot{\gamma}^k(t)$ et $L^{ij} = \dot{\gamma}^i(t)\dot{\gamma}^j(t)$. Remarquer que c'est précisément dans le coefficient L^k du terme d'ordre 1 que vient se nicher $\ddot{\gamma}^k(t)$, la seule information authentiquement d'ordre 2! Remarquer aussi que si l'on connaît le diffuseur $\ddot{\gamma}(t)$, on peut presque retrouver le vecteur $\dot{\gamma}(t)$, mais pas tout à fait : $\dot{\gamma}(t)$ n'est déterminé qu'à un facteur ± 1 près.

DÉFINITION. — Si x est un point d'une variété V de classe C^p avec $2 \leqslant p \leqslant \infty$, on appelle *espace osculateur en* x *à* V, et on note $\mathbb{T}_x V$, l'espace vectoriel formé de tous les diffuseurs en x.

Une fois choisie une carte locale autour de x, les opérateurs différentiels D_k et D_{ij} au point x forment, pour $1 \leqslant k \leqslant d$ et $1 \leqslant i \leqslant j \leqslant d$, une base de l'espace osculateur $\mathbb{T}_x V$.

L'espace tangent $\mathrm{T}_x V$ est un sous-espace vectoriel de $\mathbb{T}_x V$.

LEMME 1.2. — *Soient* $x \in V$ *et* $\mathcal{C}$ *l'ensemble de toutes les courbes* γ *de classe* C^p *telles que* $\gamma(0) = x$. *Lorsque* γ *décrit* $\mathcal{C}$, *les vecteurs* $\dot{\gamma}(0)$ *décrivent tout l'espace tangent* $\mathrm{T}_x V$, *et les diffuseurs* $\ddot{\gamma}(0)$ *décrivent une partie génératrice de l'espace osculateur* $\mathbb{T}_x V$.

Pour que les accélérations $\ddot{\gamma}(0)$ *et* $\ddot{\delta}(0)$ *de deux courbes* γ *et* δ *dans* $\mathcal{C}$ *diffèrent d'un vecteur tangent* ($\ddot{\gamma}(0) - \ddot{\delta}(0) \in \mathrm{T}_x V$), *il faut et il suffit que les vitesses* $\dot{\gamma}(0)$ *et* $\dot{\delta}(0)$ *soient égales ou opposées :* $\dot{\gamma}(0) = \pm\dot{\delta}(0)$. *En particulier, l'accélération* $\ddot{\gamma}(0)$ *est dans* $\mathrm{T}_x V$ *si et seulement si la vitesse* $\dot{\gamma}(0)$ *est nulle.*

Enfin, lorsque γ *décrit toutes les courbes de* $\mathcal{C}$ *telles que* $\dot{\gamma}(0) = 0$, *les diffuseurs* $\ddot{\gamma}(0)$ *décrivent tout l'espace tangent* $\mathrm{T}_x V$.

DÉMONSTRATION. — La première des quatre assertions, rappelée ici pour mémoire, a déjà été établie comme remarque, après la définition des vecteurs tangents.

Fixons une carte locale autour de x. Si une courbe γ passe en x à l'instant 0, elle est dans le domaine de la carte pour t voisin de 0, et ses coordonnées $\dot{\gamma}_i(t)$ sont définies pour t voisin de 0. Le diffuseur $\ddot{\gamma}(0)$ a pour composantes $L^k = \ddot{\gamma}^k(0)$ et $L^{ij} = \dot{\gamma}^i(0)\dot{\gamma}^j(0)$; ces nombres L^{ij} sont les coefficients d'une matrice symétrique, positive, de rang 0 ou 1. Réciproquement, étant donnés une telle matrice m et un vecteur $v \in \mathbb{R}^d$, il existe une courbe γ dans $\mathcal{C}$ telle que $\gamma(0) = x$, $\ddot{\gamma}^k(0) = v^k$ et $\ddot{\gamma}^{ij}(0) = m^{ij}$: il suffit de choisir un vecteur $w \in \mathbb{R}^d$ tel que $w^i w^j = m^{ij}$ et de poser par exemple $\gamma^i(t) = x^i + f(t)\left(w^i t + \frac{1}{2}v^i t^2\right)$, où f est C^∞, vaut 1 au voisinage de $t = 0$, et est portée par un compact assez petit pour que γ ne sorte pas du domaine de la carte. Les accélérations $\ddot{\gamma}(0)$ sont donc exactement les diffuseurs $L^{ij}\mathrm{D}_{ij} + L^k \mathrm{D}_k$ où les L^k sont quelconques et les L^{ij} forment une matrice symétrique positive de rang 0 ou 1. Puisque ces matrices engendrent linéairement l'espace de toutes les matrices symétriques, les accélérations $\ddot{\gamma}(0)$ engendrent linéairement $\mathbb{T}_x V$.

Pour que $\ddot{\gamma}(0) - \ddot{\delta}(0)$ soit dans $T_x V$, il faut et il suffit que les d^2 nombres $\dot{\gamma}^i(0)\dot{\gamma}^j(0) - \dot{\delta}^i(0)\dot{\delta}^j(0)$ soient nuls; en fixant un indice i_0 tel que $\dot{\gamma}^{i_0}(0) \neq 0$ (s'il en existe) et en s'intéressant seulement aux couples $i_0 j$, on en déduit facilement que $\dot{\delta}(0) = \pm \dot{\gamma}(0)$. Et cette condition nécessaire est évidemment suffisante.

Enfin, pour $A \in T_x V$, de composantes A^i dans la carte, toute courbe γ telle que $\dot{\gamma}^i(0) = 0$ et $\ddot{\gamma}^i(0) = A^i$ (nous venons de voir qu'il en existe) vérifie $\ddot{\gamma}(0) = A$. ∎

DÉFINITION. -- Soient V et W deux variétés de classe C^p (où $2 \leqslant p \leqslant \infty$), x un point de V, et ϕ une application C^p de V dans W. Pour chaque $L \in \mathbb{T}_x V$, l'application qui à toute $f \in C^p(W)$ associe le nombre $L(f \circ \phi)$ est un diffuseur sur W au point $\phi(x)$, noté $\phi_{*x}(L)$. Ceci définit une application linéaire de $\mathbb{T}_x V$ dans $\mathbb{T}_{\phi(x)} W$ dont la restriction à $T_x V$ est l'application tangente ϕ_{*x}; on l'appelle *application osculatrice en x à ϕ*, et on la note encore ϕ_{*x}.

Les applications osculatrices se composent naturellement, comme les applications tangentes : $(\psi \circ \phi)_{*x} = \psi_{*\phi(x)} \circ \phi_{*x}$.

Si (v^i) est une carte locale au voisinage de x et (w^α) une carte locale au voisinage de $\phi(x)$, le diffuseur $M = \phi_{*x}(L)$ est donné par ses composantes $M^\alpha = L\phi^\alpha$ et $M^{\alpha\beta} = L^{ij} \, \mathrm{D}_i \phi^\alpha(x) \, \mathrm{D}_j \phi^\beta(x) = \frac{1}{2}\big(L(\phi^\alpha \phi^\beta) - \phi^\alpha L\phi^\beta - \phi^\beta L\phi^\alpha\big)$.

EXERCICES. -- L'accélération initiale $\ddot{\gamma}(0)$ d'une courbe est l'image par γ_{*0} du diffuseur $\frac{d^2}{dt^2} \in \mathbb{T}_0 \mathbb{R}$.

L'application $\phi_{*x} : \mathbb{T}_x V \to \mathbb{T}_{\phi(x)} W$ est caractérisée par la propriété suivante : ϕ_{*x} est linéaire, et pour toute courbe $\gamma \in C^2(\mathbb{R}, V)$ vérifiant $\gamma(0) = x$, l'image de l'accélération initiale $\ddot{\gamma}(0)$ de γ est l'accélération initiale $(\phi \circ \gamma)\ddot{\,}(0)$ de la courbe $\phi \circ \gamma$.

DÉFINITION. -- Le *fibré osculateur* $\mathbb{T} V$ est la réunion disjointe $\bigcup_{x \in V} \mathbb{T}_x V$; c'est une variété de classe C^{p-2}.

La structure de variété de $\mathbb{T} V$ est construite comme celle du fibré tangent $T V$: la perte de deux ordres de différentiabilité vient de la formule de changement de cartes pour les diffuseurs, où interviennent, on l'a vu plus haut, des dérivées secondes $\mathrm{D}_{ij} w^\alpha$, qui sont seulement $p-2$ fois différentiables.

Soient ϕ une application C^p d'une variété V dans une variété W (où $p \geqslant 2$). L'*application osculatrice à ϕ* est l'application $\phi_* \in C^{p-2}(\mathbb{T} V, \mathbb{T} W)$ dont la restriction à chaque fibre $\mathbb{T}_x V$ est ϕ_{*x}. La formule de composition $(\psi \circ \phi)_* = \psi_* \circ \phi_*$ s'étend bien sûr aux applications osculatrices; et réciproquement, ϕ_* peut être caractérisée par $\phi_*\big(\ddot{\gamma}(0)\big) = (\phi \circ \gamma)\ddot{\,}(0)$ pour toute courbe γ dans V.

PROPOSITION 1.3 ET DÉFINITION. -- *Soient V une variété C^p, où $2 \leqslant p \leqslant \infty$, et L une fonction réelle sur $V \times C^p(V)$. Pour chaque x de V, notons $L(x)$ la fonction $f \mapsto L(x, f)$ sur $C^p(V)$; pour chaque $f \in C^p(V)$, notons Lf la fonction $x \mapsto L(x, f)$ sur V. Les trois conditions suivantes sont équivalentes :*

(i) *pour chaque x de V, $L(x)$ est un diffuseur en x, et l'application $x \mapsto L(x)$ ainsi définie de V dans $\mathbb{T} V$ est de classe C^{p-2} (autrement dit, L est une section du fibré osculateur)* ;

(ii) *pour toute carte locale $(v^1, ..., v^d)$, il existe des fonctions L^1, ..., L^d et L^{11}, L^{12}, ..., L^{dd}, définies et de classe C^{p-2} dans le domaine D de la carte, telles* *que, pour tous* $x \in D$ *et* $f \in \mathrm{C}^p(V)$, *on ait*

$$L(x, f) = L^{ij}(x)\, \mathrm{D}_{ij}f(x) + L^k(x)\, \mathrm{D}_k f(x) \; ;$$

(iii) $f \mapsto Lf$ *est une application linéaire de* $\mathrm{C}^p(V)$ *dans* $\mathrm{C}^{p-2}(V)$ *; et en posant* $\Gamma(fg) = \frac{1}{2}\big[L(fg) - fLg - gLf\big]$, *on a pour toutes* $f^1, ..., f^n$ *dans* $\mathrm{C}^p(V)$ *et toute* ϕ *dans* $\mathrm{C}^p(\mathbb{R}^n, \mathbb{R})$ *la formule (dite de changement de variables)*

$$L\big(\phi \circ (f^1, ..., f^n)\big) = \mathrm{D}_k \phi \circ (f^1, ..., f^n)\, Lf^k + \mathrm{D}_{ij}\phi \circ (f^1, ..., f^n)\, \Gamma(f^i, f^j) \; .$$

Lorsque ces trois conditions sont réalisées, on dit que L *est un champ de diffuseurs sur* V; *l'opérateur bilinéaire* Γ *est le* carré du champ *associé à* L.

DÉMONSTRATION (sans les détails). — Les implications (i) $\Leftrightarrow$ (ii) $\Rightarrow$ (iii) sont laissées comme exercices aux auditeurs.

(iii) $\Rightarrow$ (ii). Si f est une fonction de C^p nulle au voisinage de x, il existe $g \in \mathrm{C}^p$ telle que $g = 1$ au voisinage de x et $fg = 0$ partout. La formule de changement de variables donne $0 = L(fg^2) = fL(g^2) + 2gL(fg) - g^2 Lf - 2fgLg$, d'où $Lf = 0$ au voisinage de x; ceci montre que l'opérateur L est local. Étant donnés x et f, pour calculer $L(x, f)$, on se fixe une carte (v^i) au voisinage de x et, quitte à modifier les v^i et f hors d'un voisinage de x, on se ramène au cas où les v^i sont définis partout sur V et où $f = \phi \circ (v^1, ..., v^d)$, pour une $\phi \in \mathrm{C}^p(\mathbb{R}^d)$. L'hypothèse (iii) donne alors $L(x, f) = Lv^k(x)\, \mathrm{D}_k f(x) + \Gamma(v^i, v^j)(x)\, \mathrm{D}_{ij}f(x)$. ∎

EXERCICE. — Lorsque $p = \infty$, les deux conditions qui suivent sont équivalentes à (i), (ii) et (iii) ci-dessus :

(iv) $f \mapsto Lf$ est une application linéaire de $\mathrm{C}^\infty(V)$ dans $\mathrm{C}^\infty(V)$ vérifiant la formule

$$\forall f \in \mathrm{C}^\infty(V) \qquad L(f^3) = 3f\, L(f^2) - 3f^2 Lf \; ;$$

(v) $f \mapsto Lf$ est une application linéaire de $\mathrm{C}^\infty(V)$ dans $\mathrm{C}^\infty(V)$, on a $L1 = 0$ et, pour tous $f \in \mathrm{C}^\infty(V)$ et $x \in V$ tels que $f(x) = 0$, $L(x, f^3) = 0$.

Les champs de diffuseurs forment un module sur l'algèbre $\mathrm{C}^{p-2}(V)$. Un exemple fort important de champ de diffuseurs est le composé AB de deux champs de vecteurs A et B : comme composé de deux opérateurs différentiels de degré 1, c'est un opérateur différentiel de degré au plus 2; comme il tue les fonctions constantes, il n'a pas de terme constant.

Sous des hypothèses de régularité et d'ellipticité, un champs de diffuseurs sur V est le générateur infinitésimal d'une diffusion sous-markovienne, à durée de vie éventuellement finie, unique en loi (voir Ikeda et Watanabe [60] ou Stroock et Varadhan [103]). Mais, alors qu'un champ de vecteurs s'intègre en un flot déterministe, un champ de diffuseurs L ne donne pas lieu, de façon intrinsèque, à un flot stochastique; il faut pour cela une structure plus riche, obtenue en choisissant une décomposition de L en somme de Hörmander $B_0 + \sum_i A_i^2$, où B_0 et A_i sont des champs de vecteurs.

4. — Codiffuseurs

DÉFINITIONS. — Soient $p \geqslant 2$ et V une variété de classe C^p. Pour $x \in V$, on appellera *espace coosculateur en* x *à* V le dual $\mathbb{T}_x^* V$ de l'espace vectoriel $\mathbb{T}_x V$. Les éléments de $\mathbb{T}_x^* V$ seront appelés *codiffuseurs*. On appellera *fibré coosculateur* la réunion disjointe $\mathbb{T}^* V = \bigcup_{x \in V} \mathbb{T}_x^* V$; c'est un fibré vectoriel de classe C^{p-2} au-dessus de V.

L'exemple le plus simple de codiffuseur est l'application $L \mapsto Lf$ de $\mathbb{T}_x V$ dans $\mathbb{R}$, où f est une fonction de classe C^p définie au voisinage de x. Ce codiffuseur sera noté $d^2 f(x)$; cette écriture trouvera sa justification en 1.5. Il peut être caractérisé par la formule $\langle d^2 f(x), \ddot{\gamma}(0) \rangle = (f \circ \gamma)''(0)$ pour toute courbe γ telle que $\gamma(0) = x$. Comme pour les covecteurs, il est vrai que tous les éléments de $\mathbb{T}_x^* V$ sont de la forme $d^2 f(x)$; nous le verrons en 1.6.

Les codiffuseurs au point x sont donc les applications linéaires de $\mathbb{T}_x V$ dans $\mathbb{R}$. Puisque $T_x V$ est un sous-espace vectoriel de $\mathbb{T}_x V$, chaque codiffuseur $\theta \in \mathbb{T}_x^* V$ peut être restreint à $T_x V$, fournissant ainsi un covecteur $\mathbf{R}\theta \in T_x^* V$, naturellement appelé la *restriction* de θ. Cette application $\mathbf{R} : \mathbb{T}_x^* V \to T_x^* V$ est linéaire et surjective (c'est l'application adjointe de l'injection canonique de $T_x V$ dans $\mathbb{T}_x V$). Pour $f \in C^p$, on lit immédiatement sur les définitions que $\mathbf{R}\big(d^2 f(x)\big) = df(x)$.

PROPOSITION 1.4 ET DÉFINITION. — *On suppose V de classe C^p, où $2 \leqslant p \leqslant \infty$. Soient $\sigma \in T_x^* V$ et $\tau \in T_x^* V$ deux covecteurs en x. Il existe un unique codiffuseur $\sigma \cdot \tau \in \mathbb{T}_x^* V$ (appelé le* produit *de σ et τ) tel que pour toute courbe γ vérifiant $\gamma(0) = x$ on ait*

$$\langle \sigma \cdot \tau, \ddot{\gamma}(0) \rangle = \langle \sigma, \dot{\gamma}(0) \rangle \, \langle \tau, \dot{\gamma}(0) \rangle \, .$$

Le produit $\sigma \cdot \tau$ est bilinéaire, symétrique et de restriction nulle : $\mathbf{R}(\sigma \cdot \tau) = 0$. En outre, pour toutes f et g de classe C^p, on a

$$df(x) \cdot dg(x) = \tfrac{1}{2} \big[d^2 (fg)(x) - f(x) \, d^2 g(x) - g(x) \, d^2 f(x) \big] \, .$$

DÉMONSTRATION. — Pour établir l'existence, il suffit de choisir une carte locale au voisinage de x, d'en déduire une base (D_{ij}, D_k) de $\mathbb{T}_x V$ (où $1 \leqslant i \leqslant j \leqslant d$ et $1 \leqslant k \leqslant d$), et de poser $\langle \sigma \cdot \tau, D_{ij} \rangle = \tfrac{1}{2} (\langle \sigma, D_i \rangle \langle \tau, D_j \rangle + \langle \sigma, D_j \rangle \langle \tau, D_i \rangle)$ et $\langle \sigma \cdot \tau, D_k \rangle = 0$: on vérifie immédiatement que cet objet satisfait la propriété requise :

$$\langle \sigma \cdot \tau, \ddot{\gamma}(0) \rangle = \langle \sigma \cdot \tau, \dot{\gamma}^i(0) \dot{\gamma}^j(0) D_{ij} + \ddot{\gamma}^k(0) D_k \rangle$$
$$= \tfrac{1}{2} \dot{\gamma}^i(0) \dot{\gamma}^j(0) \left(\langle \sigma, D_i \rangle \langle \tau, D_j \rangle + \langle \sigma, D_j \rangle \langle \tau, D_i \rangle \right)$$
$$= \tfrac{1}{2} \left(\langle \sigma, \dot{\gamma}(0) \rangle \, \langle \tau, \dot{\gamma}(0) \rangle + \langle \sigma, \dot{\gamma}(0) \rangle \, \langle \tau, \dot{\gamma}(0) \rangle \right) = \langle \sigma, \dot{\gamma}(0) \rangle \, \langle \tau, \dot{\gamma}(0) \rangle \, ;$$

Comme $\langle \sigma \cdot \tau, D_k \rangle = 0$ pour tout k, on a $\mathbf{R}(\sigma \cdot \tau) = 0$.

L'unicité découle de ce que les accélérations $\ddot{\gamma}(0)$ engendrent linéairement l'espace osculateur $\mathbb{T}_x V$ (lemme 1.2). De même, la bilinéarité et la symétrie, évidentes sur les accélérations $\ddot{\gamma}(0)$, s'étendent à tout $\mathbb{T}_x V$; et la formule pour $df(x) \cdot dg(x)$ résulte de

$$\langle df(x) \cdot dg(x), \ddot{\gamma}(0) \rangle = \langle df(x), \dot{\gamma}(0) \rangle \, \langle dg(x), \dot{\gamma}(0) \rangle = (f \circ \gamma)'(0) \, (g \circ \gamma)'(0)$$
$$= \tfrac{1}{2} \left[\left((fg) \circ \gamma \right)'' - f(x) (g \circ \gamma)'' - g(x) (f \circ \gamma)'' \right](0)$$
$$= \tfrac{1}{2} \langle d^2 (fg)(x) - f(x) \, d^2 g(x) - g(x) \, d^2 f(x), \ddot{\gamma}(0) \rangle \, . \quad \blacksquare$$

Nous venons de voir deux opérations qui relient covecteurs et codiffuseurs, la restriction et le produit. Il y en a une troisième, la différentiation symétrique. Contrairement aux deux autres, elle n'est pas ponctuelle (bien qu'elle soit locale) : on ne peut pas la définir en restant dans des fibres au dessus de x, il faut travailler au voisinage de x (comme nous avons déjà dû le faire pour la composition des champs de vecteurs). Ceci nécessite de définir les champs de codiffuseurs.

Définition. — Un *champ de codiffuseurs* est une application $\theta \in C^{p-2}(V, \mathbb{T}^*V)$ telle que $\theta(x) \in \mathbb{T}_x^*V$ pour tout x de V.

Exercice. — Les champs de codiffuseurs sont les sections du fibré coosculateur; on peut les identifier aux fonctions C^{p-2} sur $\mathbb{T}V$, dont la restriction à chaque fibre $\mathbb{T}_xV$ est linéaire.

Comme exemple de champ de codiffuseurs, citons d^2f, où f est une fonction C^p; la valeur de d^2f au point x est le codiffuseur $d^2f(x)$ et son accouplement avec les champs de covecteurs est donné par $\langle d^2f, L \rangle = Lf$. Il est faux que tout champ de codiffuseurs soit de cette forme (c'est déjà faux pour les champs de covecteurs, qui ne sont pas tous de la forme df). La formule de la proposition 1.4 s'étend immédiatement aux champs de covecteurs : $df \cdot dg = \frac{1}{2}\big(d^2(fg) - f\,d^2g - g\,d^2f\big)$.

Proposition 1.5 et définition. — *On suppose V de classe C^p, où $2 \leqslant p \leqslant \infty$. Si σ est un champ de covecteurs, il existe un unique champ de codiffuseurs $d\sigma$ (appelé la* différentielle symétrique *de σ) tel que pour toute courbe γ on ait*

$$\langle d\sigma, \ddot{\gamma}(t) \rangle = \frac{d}{dt}\,\langle \sigma, \dot{\gamma}(t) \rangle \,.$$

On a toujours $\mathbf{R}(d\sigma) = \sigma$ et $d(df) = d^2f$. La différentiation $\sigma \mapsto d\sigma$ est linéaire, mais n'est pas C^p-linéaire : pour $f \in C^p$, on a $d(f\sigma) = df \cdot \sigma + f\,d\sigma$.

Il importe de ne pas confondre ce d avec l'opérateur de différentiation extérieure, ou cobord, que nous n'utiliserons pas, et qui transforme les champs de covecteurs — ou formes différentielles de degré 1 — en formes différentielles de degré 2; celles-ci sont antisymétriques par nature, au contraire des champs de codiffuseurs.

Contrairement à la différentielle extérieure, d ne vérifie pas $d \circ d = 0$, puisque $d(df) = d^2f$. C'est bien sûr cette dernière formule qui justifie de noter d^2f le codiffuseur $L \mapsto Lf$.

Démonstration de la proposition 1.5. — Commençons par établir l'existence et la formule $\mathbf{R}(d\sigma) = \sigma$. Si χ est une carte locale, soient σ_i les coefficients de σ dans cette carte; ce sont des fonctions définies sur le domaine D de la carte, et de classe C^{p-1} sur D. Définissons, en tout point de D, un codiffuseur θ^χ par $\langle \theta^\chi, D_k \rangle = \sigma_k$ et $\langle \theta^\chi, D_{ij} \rangle = \frac{1}{2}(D_i\sigma_j + D_j\sigma_i)$. Il vérifie $\mathbf{R}\theta^\chi = \sigma$ sur D, et pour toute courbe γ, on a, sur l'ouvert $\{t \in \mathbb{R} \,:\, \gamma(t) \in D\}$,

$$\frac{d}{dt}\,\langle \sigma, \dot{\gamma}(t) \rangle = \frac{d}{dt}\left[\sigma_j\big(\gamma(t)\big)\,\dot{\gamma}^j(t)\right] = D_i\sigma_j\big(\gamma(t)\big)\,\dot{\gamma}^i(t)\dot{\gamma}^j(t) + \sigma_j\big(\gamma(t)\big)\,\ddot{\gamma}^j(t)$$

$$= \dot{\gamma}^i(t)\dot{\gamma}^j(t)\,\langle \theta^\chi, D_{ij} \rangle + \ddot{\gamma}^k(t)\,\langle \theta^\chi, D_k \rangle = \langle \theta^\chi, \ddot{\gamma}(t) \rangle \,.$$

Si χ' et χ'' sont deux cartes, cette formule jointe au lemme 1.2 montre que $\theta^{\chi'} = \theta^{\chi''}$ sur l'intersection des domaines de χ' et χ''; il existe donc un champ de codiffuseurs θ tel que, pour chaque carte χ, $\theta = \theta^\chi$ sur le domaine de χ; il vérifie identiquement les formules $\mathbf{R}\theta = \sigma$ et $\langle \theta, \ddot{\gamma}(t) \rangle = \frac{d}{dt}\,\langle \sigma, \dot{\gamma}(t) \rangle$.

Il reste à établir l'unicité, la linéarité en σ et les formules donnant $d(df)$ et $d(f\sigma)$. L'unicité et la linéarité en σ, qu'il suffit de vérifier en un point x, résultent du lemme 1.2. La formule $d(df) = d^2f$ s'obtient de même en remarquant que

$$\langle d^2f, \ddot{\gamma}(t) \rangle = \frac{d^2}{dt^2}\,f \circ \gamma(t) = \frac{d}{dt}\,(f \circ \gamma)'(t) = \frac{d}{dt}\,\langle df, \dot{\gamma}(t) \rangle \,;$$

enfin, la formule donnant $d(f\sigma)$ résulte de

$$\langle d(f\sigma), \ddot{\gamma}(t)\rangle = \frac{d}{dt}\,\langle f\sigma, \dot{\gamma}(t)\rangle = \frac{d}{dt}\,\big[f\big(\gamma(t)\big)\langle \sigma, \dot{\gamma}(t)\rangle\big]$$

$$= \frac{d}{dt}\,\big[f\big(\gamma(t)\big)\big]\,\langle \sigma, \dot{\gamma}(t)\rangle + f\big(\gamma(t)\big)\,\frac{d}{dt}\,\langle \sigma, \dot{\gamma}(t)\rangle$$

$$= \langle df, \dot{\gamma}(t)\rangle\,\langle \sigma, \dot{\gamma}(t)\rangle + f\big(\gamma(t)\big)\,\langle d\sigma, \ddot{\gamma}(t)\rangle$$

$$= \langle df{\cdot}\sigma, \ddot{\gamma}(t)\rangle + \langle f\,d\sigma, \ddot{\gamma}(t)\rangle\;. \qquad\blacksquare$$

La base de l'espace osculateur $\mathbb{T}_x V$ formée des $d + d(d+1)/2$ diffuseurs D_{ij} et D_k, où $1 \leqslant i \leqslant j \leqslant d$ et $1 \leqslant k \leqslant d$ est peu maniable; en pratique, on préfère travailler avec tous les D_{ij}, en utilisant les coefficients des diffuseurs. C'est sous cette forme que la dualité entre diffuseurs et codiffuseurs s'exprime de façon agréable.

PROPOSITION 1.6. — *Soit x un point du domaine d'une carte locale $(v^1, ..., v^d)$ sur V. Tout codiffuseur $\theta \in \mathbb{T}_x^* V$ s'écrit de façon unique comme*

$$\theta_{ij}\,dv^i(x){\cdot}dv^j(x) + \theta_k\,d^2v^k(x)\;,$$

où θ_{ij} et θ_k sont $d^2 + d$ nombres réels vérifiant $\theta_{ij} = \theta_{ji}$.

Si $L \in \mathbb{T}_x V$ est un diffuseur en x, de coefficients L^{ij} et L^k (donc tel que $L = L^{ij}\mathrm{D}_{ij} + L^k\mathrm{D}_k$ et $L^{ij} = L^{ji}$), la dualité entre $\mathbb{T}_x^* V$ et $\mathbb{T}_x V$ s'exprime par

$$\langle \theta, L\rangle = \theta_{ij}L^{ij} + \theta_k L^k\;;$$

cette formule reste d'ailleurs valable lorsque l'un seulement de θ et L est écrit sous forme symétrique en i et j.

Lorsque f parcourt les fonctions de classe C^{p-2}, le codiffuseur $d^2f(x)$ décrit tout l'espace coosculateur $\mathbb{T}_x^* V$.

DÉMONSTRATION. — Si L est un diffuseur en x, de coefficients L^{ij} et L^k, puisque

$$\langle d^2v^\ell, L\rangle = Lv^\ell = L^{ij}\mathrm{D}_{ij}v^\ell + L^k\mathrm{D}_k v^\ell = 0 + L^k\delta_k^\ell = L^\ell$$

et que

$$2\,\langle L, dv^\ell{\cdot}dv^m\rangle = L(v^\ell v^m) - v^\ell(x)\,Lv^m - v^m(x)\,Lv^\ell$$

$$= L^k\mathrm{D}_k(v^\ell v^m) + L^{ij}\mathrm{D}_{ij}(v^\ell v^m) - v^\ell(x)\,Lv^m - v^m(x)\,Lv^\ell$$

$$= L^k\big(\delta_k^\ell v^m(x) + v^\ell(x)\delta_k^m\big) + L^{ij}\big(\delta_i^\ell\delta_j^m + \delta_i^m\delta_j^\ell\big) - v^\ell(x)\,Lv^m - v^m(x)\,Lv^\ell$$

$$= L^{\ell m} + L^{m\ell} = 2\,L^{\ell m}\;,$$

les $dv^i(x){\cdot}dv^j(x)$ et les $dv^k(x)$ engendrent toutes les formes linéaires sur $\mathbb{T}_x V$, c'est-à-dire le dual $\mathbb{T}_x^* V$. La formule de dualité $\langle \theta, L\rangle = \theta_{ij}L^{ij} + \theta_k L^k$ en résulte également, et ainsi que l'unicité de l'écriture de θ (pourvu que $\theta_{ij} = \theta_{ji}$) : si $\theta_{ij}\,dv^i(x){\cdot}dv^j(x) + \theta_k\,d^2v^k(x) = 0$, alors $\theta_{ij}L^{ij} + \theta_k L^k = 0$ pour tout L, donc θ_{ij} et θ_k sont nuls.

L'extension de la formule de dualité au cas où l'une seulement des matrices (θ_{ij}) ou (L^{ij}) est symétrique est immédiate : si, par exemple, $L^{ij} = L^{ji}$, on ne change pas $\theta_{ij}L^{ij}$ en remplaçant θ_{ij} par sa symétrisée $\frac{1}{2}\,(\theta_{ij} + \theta_{ji})$.

Enfin, pour $\theta = \theta_{ij}\,dv^i(x){\cdot}dv^j(x) + \theta_k\,d^2v^k(x) \in \mathbb{T}_x^* V$ (écriture symétrique), il existe $f \in \mathrm{C}^{p-2}$ telle que $\mathrm{D}_{ij}f(x) = \theta_{ij}$ et $\mathrm{D}_k f(x) = \theta_k$ (on peut prendre par exemple un polynôme convenable en les v^i multiplié par une fonction C^p, égale à 1 au voisinage de x, et à support compact inclus dans le domaine de la carte); on a alors

$$\langle \theta, L\rangle = \theta_{ij}L^{ij} + \theta_k L^k = L^{ij}\mathrm{D}_{ij}f(x) + L^k\mathrm{D}_k f(x) = Lf = \langle d^2f(x), L\rangle$$

pour tout $L \in \mathbb{T}_x V$, d'où $d^2f = \theta$. $\qquad\blacksquare$

PROPOSITION 1.7. — *Soit* $(v^1, ..., v^d)$ *une carte locale, de domaine* D. *Tout champ de codiffuseurs* θ *sur* V *s'écrit dans* D *de façon unique comme*

$$\theta_{ij}\, dv^i \cdot dv^j + \theta_k\, d^2 v^k \, ,$$

où θ_{ij} *et* θ_k *sont* $d^2 + d$ *fonctions sur* D *de classe* C^{p-2} *et vérifiant la condition de symétrie* $\theta_{ij} = \theta_{ji}$.

On a aussi

$$\mathbf{R}(\theta_{ij}\, dv^i \cdot dv^j + \theta_k\, d^2 v^k) = \theta_k\, dv^k \, ,$$

et, si f *et* g *sont deux fonctions et* σ *et* τ *deux champs de covecteurs qui s'écrivent* $\sigma = \sigma_i\, dv^i$ *et* $\tau = \tau_i\, dv^i$ *dans* D,

$$d\sigma = \sigma_k\, d^2 v^k + \mathrm{D}_i \sigma_j\, dv^i \cdot dv^j \, , \qquad d^2 f = \mathrm{D}_k f\, d^2 v^k + \mathrm{D}_{ij} f\, dv^i \cdot dv^j \, ,$$

$$\sigma \cdot \tau = \sigma_i \tau_j\, dv^i \cdot dv^j \, . \qquad\qquad df \cdot dg = \mathrm{D}_i f\, \mathrm{D}_j g\, dv^i \cdot dv^j$$

(remarquer que ces écritures des champs de codiffuseurs $d\sigma$, $\sigma \cdot \tau$ *et* $df \cdot dg$ *ne sont pas mises sous forme symétrique).*

La formule de dualité entre champs de diffuseurs et de codiffuseurs s'écrit encore

$$\langle \theta, L \rangle = \theta_{ij} L^{ij} + \theta_k L^k \, ,$$

où $L = L^{ij} \mathrm{D}_{ij} + L^k \mathrm{D}_k$ *est une écriture dans la carte d'un champ de diffuseurs et où l'un au moins des systèmes de coefficients* (θ_{ij}) *et* (L^{ij}) *est symétrique.*

DÉMONSTRATION. — L'existence et l'unicité de cette écriture d'un champ de codiffuseurs, ainsi que la formule de dualité avec les champs de diffuseurs, se déduisent des énoncés analogues en un point (proposition 1.6).

La formule donnant la restriction $\mathbf{R}(\theta)$ résulte immédiatement des propriétés $\mathbf{R}(d^2 f) = df$ et $\mathbf{R}(s \cdot \tau) = 0$ de $\mathbf{R}$. Enfin, les quatre formules donnant $d\sigma$, $\sigma \cdot \tau$, $d^2 f$ et $df \cdot dg$ se déduisent sans peine des propositions 1.4 et 1.5. ∎

Si $\phi : V \to W$ est une application C^p entre deux variétés, on note ϕ_x^* l'application adjointe de ϕ_{*x}, qui va de $\mathbb{T}_{\phi(x)}^* W$ dans $\mathbb{T}_x^* V$; elle est définie par $\langle \phi_x^* \theta, L \rangle = \langle \theta, \phi_{*x} L \rangle$ pour tout $L \in \mathbb{T}_x V$ et, grâce à 1.6, peut être caractérisée par $\phi_x^*\big[d^2 f(\phi(x))\big] = d^2(f \circ \phi)(x)$ pour toute $f \in C^p(W)$.

Si ϕ est une application C^p de V dans W et θ un champ de codiffuseurs sur W, on peut définir un champ de codiffuseurs $\phi^* \theta$ sur V : en un point $x \in V$, poser $(\phi^* \theta)(x) = \phi_x^*\big[\theta(\phi(x))\big]$. Le même symbole ϕ^* est donc utilisé pour deux opérations analogues, l'une sur les covecteurs, l'autre sur les codiffuseurs. L'expérience montre que ce n'est pas gênant, bien au contraire : cela ajoute à l'élégance des trois formules ci-dessous :

PROPOSITION 1.8. — *Soient* ϕ *une application* C^p *de* V *dans* W, θ *un champ de codiffuseurs sur* W, σ *et* τ *deux champs de covecteurs sur* W. *On a*

$$\phi^*(d\sigma) = d(\phi^* \sigma) \, ,$$

$$\phi^*(\mathbf{R}\theta) = \mathbf{R}(\phi^* \theta) \qquad et \qquad \phi^*(\sigma \cdot \tau) = \phi^* \sigma \cdot \phi^* \tau \, .$$

Les deux dernières formules ont aussi lieu si θ, σ *et* τ *sont un codiffuseur et des covecteurs en un point* y *de* W *de la forme* $\phi(x)$, *en remplaçant, bien sûr,* ϕ^* *par* ϕ_x^*.

DÉMONSTRATION. — La seconde formule se vérifie séparément en chaque point x, en choisissant une fonction f sur W telle que $(d^2f)(\phi(x)) = \theta(\phi(x))$ et en écrivant, au point x,

$$\phi^*(\mathbf{R}\theta) = \phi^*\big(\mathbf{R}(d^2f)\big) = \phi^*(df) = d(f\circ\phi) = \mathbf{R}d^2(f\circ\phi) = \mathbf{R}\phi^*(d^2f) \ .$$

La troisième peut, en utilisant le lemme 1.2 et la définition du produit des covecteurs, se vérifier sur les accélérations des courbes :

$$\langle \phi^*(\sigma\cdot\tau), \ddot{\gamma}\rangle = \langle \sigma\cdot\tau, \phi_*\ddot{\gamma}\rangle = \langle \sigma\cdot\tau, (\phi\circ\gamma)\ddot{\ }\rangle = \langle \sigma, (\phi\circ\gamma)\dot{\ }\rangle \langle \tau, (\phi\circ\gamma)\dot{\ }\rangle$$
$$= \langle \sigma, \phi_*\dot{\gamma}\rangle \langle \tau, \phi_*\dot{\gamma}\rangle = \langle \phi^*\sigma, \dot{\gamma}\rangle \langle \phi^*\tau, \dot{\gamma}\rangle = \langle \phi^*\sigma\cdot\phi^*\tau, \ddot{\gamma}\rangle \ .$$

Pour la première formule, on écrit σ comme une somme finie de champs de covecteurs du type $f\,dg$, où f et g sont des fonctions; c'est toujours possible dans le domaine d'une carte (ça l'est aussi globalement, mais peu importe...). On peut donc supposer $\sigma = f\,dg$. On a alors $\phi^*\sigma = f\circ\phi\,\phi^*(dg) = f\circ\phi\,d(g\circ\phi)$, d'où

$$d(\phi^*\sigma) = d\big(f\circ\phi\,d(g\circ\phi)\big) = d(f\circ\phi)\cdot d(g\circ\phi) + f\circ\phi\,d^2(g\circ\phi)$$
$$= \phi^*df\cdot\phi^*dg + f\circ\phi\,\phi^*d^2g = \phi^*(df\cdot dg + f\,d^2g) = \phi^*d(f\,dg) = \phi^*d\sigma \ . \qquad \blacksquare$$

Comme pour les champs de vecteurs, si A est un champ de diffuseurs sur V, il n'est en général pas possible de définir un champ de diffuseurs ϕ_*A sur W.

EXERCICE. — Soient ϕ une application C^p de V dans W, x et y tels que $\phi(x) = y$ et soit (v^i) (respectivement (w^α)) un système de coordonnées locales au voisinage de x (respectivement y). Si $\theta = \theta_{\alpha\beta}\,dw^\alpha\cdot dw^\beta + \theta_\gamma\,d^2w^\gamma \in \mathbb{T}_y^*W$ est un codiffuseur au point y, établir la formule (au point x)

$$\phi^*\theta = [\theta_{\alpha\beta}\,\mathrm{D}_i\phi^\alpha\,\mathrm{D}_j\phi^\beta + \theta_\gamma\,\mathrm{D}_{ij}\phi^\gamma]\,dv^i\cdot dv^j + \theta_\gamma\,\mathrm{D}_k\phi^\gamma\,d^2v^k \ .$$

DÉFINITION. — Un codiffuseur $\theta \in \mathbb{T}_x^*V$ tel que $\mathbf{R}\theta = 0$ sera dit *purement d'ordre deux*.

Dans la dualité entre $\mathbb{T}_xV$ et $\mathbb{T}_x^*V$, le sous-espace purement d'ordre deux de $\mathbb{T}_x^*V$ est donc l'orthogonal du sous-espace « purement d'ordre un » T_xV de $\mathbb{T}_xV$.

PROPOSITION 1.9. — *Pour $x \in V$, le sous-espace vectoriel purement d'ordre deux* $\mathrm{Ker}\,\mathbf{R}$ *de l'espace coosculateur* $\mathbb{T}_x^*V$ *est linéairement engendré par les codiffuseurs de la forme* $\sigma\cdot\sigma$, *où σ décrit* T_x^*V.

Il existe une bijection linéaire $\mathbf{Q}$ *entre le sous-espace purement d'ordre deux de* $\mathbb{T}_x^*V$ *et l'ensemble des formes quadratiques sur* T_xV, *telle que* $\mathbf{Q}(\sigma\cdot\sigma)$ *soit la forme quadratique* $A \mapsto \langle\sigma, A\rangle^2$. *La forme quadratique* $\mathbf{Q}\theta$ *est aussi caractérisée par la formule* $\langle\theta, \ddot{\gamma}(0)\rangle = (\mathbf{Q}\theta)(\dot{\gamma}(0))$, *valable pour toute courbe γ telle que $\gamma(0) = x$. Réciproquement, étant donné $\theta \in \mathbb{T}_x^*V$, s'il existe une forme quadratique q sur T_xV telle que $\langle\theta, \ddot{\gamma}(0)\rangle = q(\dot{\gamma}(0))$ pour toute telle courbe, alors θ est purement d'ordre deux et $q = \mathbf{Q}\theta$.*

Autrement dit, $\mathbf{Q}(\sigma\cdot\sigma) = \sigma\otimes\sigma$ et le sous-espace purement d'ordre deux $\mathrm{Ker}\,\mathbf{R}$ de l'espace coosculateur s'identifie au produit tensoriel symétrique $\mathbb{T}_x^*V\odot\mathbb{T}_x^*V$.

DÉFINITION. — Un codiffuseur $\theta \in \mathbb{T}_x^*V$ purement d'ordre deux sera dit *positif* (respectivement *défini positif*) si la forme quadratique associée $\mathbf{Q}\theta$ est positive (respectivement définie positive).

Démonstration de la proposition 1.9. — Utilisons des coordonnées locales au voisinage de x. Un codiffuseur $\theta \in \operatorname{Ker} \mathbf{R}$ s'écrit $\theta_{ij}\, dv^i(x) \cdot dv^j(x)$; on établit ainsi une bijection entre l'espace $\operatorname{Ker} \mathbf{R}$ et les matrices symétriques (θ_{ij}). Pour $\sigma = \sigma_i\, dv^i(x) \in \mathrm{T}_x^* V$, la matrice correspondant à $\theta = \sigma \cdot \sigma$ est $\theta_{ij} = \sigma_i \sigma_j$, et $\mathbf{Q}\theta$ est caractérisée par $\mathbf{Q}(\theta)(A^i \mathrm{D}_i) = \theta_{ij} A^i A^j$.

Pour tout $\theta \in \mathbb{T}_x^* V$ et toute courbe γ telle que $\gamma(0) = x$, on a en coordonnées locales $\langle \theta, \ddot{\gamma} \rangle = \theta_k \ddot{\gamma}^k + \theta_{ij} \dot{\gamma}^i \dot{\gamma}^j$. On voit immédiatement sur cette expression que les coefficients θ_k sont nuls si et seulement si θ s'identifie à une forme quadratique agissant sur $\dot{\gamma}$, et qu'alors cette forme quadratique, de matrice (θ_{ij}), est égale à $\mathbf{Q}\theta$. ∎

La formule de changement de base pour les covecteurs purement d'ordre deux s'écrit
$$\theta_{\alpha\beta} = \theta_{ij}\, \mathrm{D}_\alpha v^i\, \mathrm{D}_\beta v^j \ .$$
Elle ne fait intervenir que les dérivées premières des coordonnées. Ceci traduit le caractère tensoriel de ces objets; cela montre aussi que le « fibré coosculateur purement d'ordre deux » est muni d'une structure de variété de classe C^{p-1}, donc un peu plus régulier que le fibré coosculateur, qui est de classe C^{p-2}.

Définition. — On appelle *variété riemannienne* une variété de classe C^p munie d'un champ C^{p-1} de codiffuseurs purement d'ordre deux, définis positifs.

Une structure riemannienne sur une variété munit chaque espace tangent $\mathrm{T}_x V$ d'une structure euclidienne; ceci permet de quantifier la vitesse des courbes, puis de parler de leur longueur, et de bien d'autres invariants. (C'est aussi ce qui permet de définir les mouvements browniens dans la variété; c'est dire s'il s'agit d'une notion intéressante!)

SEMIMARTINGALES DANS UNE VARIÉTÉ
ET GÉOMÉTRIE D'ORDRE 2

Ces objets au second degré peuvent
se combiner à d'autres; le processus,
au moyen de certaines abréviations,
est pratiquement infini.

J. L. BORGES,

Tlön Uqbar ,Orbis Tertius

La théorie des intégrales stochastiques repose essentiellement sur des inégalités de martingales, c'est pourquoi, en calcul stochastique usuel (dans $\mathbb{R}$ ou $\mathbb{R}^d$), on introduit le plus souvent les martingales avant les intégrateurs plus généraux que sont les semimartingales. En géométrie différentielle stochastique, la situation est différente, parce que les martingales nécessitent une structure géométrique plus riche, et parce qu'il semble impossible de les définir autrement que comme des semimartingales ayant une propriété supplémentaire. Avant d'en venir aux martingales dans les variétés, objets de ce cours, un chapitre va être consacré aux semimartingales dans les variétés.

1. — Brefs rappels sur les semimartingales continues

Les semimartingales continues, à valeurs dans $\mathbb{R}$ ou dans un espace vectoriel de dimension finie, sont au cœur de la théorie de l'intégration stochastique, et font l'objet de nombreux ouvrages. Mes préférences vont aux tomes II et V du traité en cinq volumes [36] et [35] de Dellacherie, Maisonneuve et Meyer, véritable bible sur ce sujet. Son seul défaut serait d'être trop complet : pour le cas continu qui seul nous intéresse ici, on peut le lire en négligeant tout ce qui concerne les sauts de semimartingales. Mais bien d'autres sources fournissent aussi une excellente approche.

Un espace probabilisé $(\Omega, \mathcal{A}, \mathbb{P})$ muni d'une filtration $\mathcal{F} = (\mathcal{F}_t)_{t \geqslant 0}$ est fixé (et souvent sous-entendu) dans la suite. Les conditions habituelles sont en vigueur : la tribu $\mathcal{A}$ est complète, chaque tribu $\mathcal{F}_t$ contient tous les événements négligeables (de $\mathcal{A}$) et est égale à l'intersection $\bigcap_{\varepsilon > 0} \mathcal{F}_{t+\varepsilon}$.

Si X est un processus et T un temps d'arrêt, nous noterons $X^{T]}$ le processus arrêté, défini par $X_t^{T]} = X_{t \wedge T}$.

Rappelons qu'une semimartingale est un processus réel $X = (X_t)_{t \geqslant 0}$ admettant une décomposition de la forme $X_t = X_0 + M_t + A_t$, où M est une martingale locale nulle pour $t = 0$ et A un processus adapté, dont chaque trajectoire $t \mapsto A_t(\omega)$ est une fonction nulle en 0 et à variation bornée sur tout compact de $\mathbb{R}_+$ (un tel processus A est dit *à variation finie*).

Nous ne nous intéresserons qu'à des semimartingales continues : par convention, le mot semimartingale signifiera dorénavant « semimartingale continue ». Si X est un tel processus, les processus M et A figurant dans la décomposition de X peuvent aussi être pris continus, et une telle décomposition est alors unique; nous les choisirons toujours ainsi. (Mais si l'on remplace $\mathbb{P}$ par une probabilité équivalente, la décomposition change, bien que X reste une semimartingale.)

THÉORÈME 2.1 (INTÉGRATION STOCHASTIQUE). — *Soit X une semimartingale. Il existe une unique application linéaire de l'espace des processus prévisibles localement bornés dans l'espace des semimartingales nulles en zéro, notée $H \mapsto \int H \, dX$, vérifiant les deux propriétés suivantes :*

(i) *pour $s \geqslant 0$ et $A \in \mathcal{F}_s$, si $H = \mathbb{1}_A \, \mathbb{1}_{]s,\infty[}$ (ou encore $H = \mathbb{1}_A$ lorsque $s = 0$),*

$$\int H \, dX = (X - X^{s]}) \, \mathbb{1}_A \ ;$$

(ii) *si $(H^n)_{n \in \mathbb{N}}$ est une suite de processus prévisibles qui converge vers une limite H, et si $\sup_n |H^n|$ est localement borné, alors $\int H^n \, dX$ tend vers $\int H \, dX$ (convergence uniforme sur tout compact $[0,t]$, en probabilité).*

Elle jouit également des propriétés suivantes :

(iii) *si X est une martingale locale (respectivement un processus à variation finie), il en va de même de $\int K \, dX$;*

(iv) *si H et K sont deux processus prévisibles localement bornés,*

$$\int (KH) \, dX = \int K \, d(\int H \, dX) \ .$$

Si X et Y sont deux semimartingales, la semimartingale

$$[X, Y] = XY - X_0 Y_0 - \int X \, dY - \int Y \, dX$$

est à variation finie, et nulle si X (ou Y) est à variation finie. Elle dépend bilinéairement de X et Y; on l'appelle *covariation* de X et Y. On a toujours

$$[\int H \, dX, \int K \, dY] = \int HK \, d[X, Y] \ .$$

Le processus $[X, X]$ est appelé *variation quadratique* de X; c'est un processus croissant, nul si et seulement si X est à variation finie.

THÉORÈME 2.2 (FORMULE DU CHANGEMENT DE VARIABLE). — *Soient d semimartingales $X^1, ..., X^d$ définies sur un même espace filtré $(\Omega, \mathcal{A}, \mathbb{P}, \mathcal{F})$. Si $f : \mathbb{R}^d \to \mathbb{R}$ est une fonction de classe C^2 au moins, le processus $f(X^1, ..., X^d)$ est une semimartingale. Plus précisément, il admet l'écriture en intégrales stochastiques*

$$f(X^1, ..., X^d) = f(X_0^1, ..., X_0^d) + \int D_i f(X^1, ..., X^d) \, dX^i$$
$$+ \tfrac{1}{2} \int D_{ij} f(X^1, ..., X^d) \, d[X^i, X^j] \ .$$

Cette formule peut être simplifiée en introduisant les *intégrales de Stratonovitch*. Si X et Y sont deux semimartingales, l'intégrale de Stratonovitch $\int Y\,\delta X$ est définie comme $\int Y\,\mathrm{d}X + \frac{1}{2}[Y,X]$; elle satisfait à la formule d'associativité

$$\int Z\,\delta(\int Y\,\delta X) = \int (ZY)\,\delta X\,,$$

et la formule de changement de variable devient, pour f de classe C^3,

$$f(X^1,...,X^d) = f(X_0^1,...,X_0^d) + \int D_i f(X^1,...,X^d)\,\delta X^i\,.$$

Cette formule est encore vraie si f est C^2, en définissant $\int Y\,\delta X$ pour les processus Y de la forme $g\circ X$, où g est C^1 (ce ne sont pas nécessairement des semimartingales). La formule du changement de variables ainsi simplifiée justifie l'adage selon lequel le calcul de Stratonovitch obéit aux mêmes règles que le calcul intégro-différentiel habituel.

L'espace probabilisé $(\Omega, \mathcal{A}, \mathbb{P})$ étant fixé, l'ensemble L^0 de toutes les variables aléatoires p.s. finies est pourvu d'une structure d'espace vectoriel topologique métrisable complet (e.v.t.m.c.) par la *topologie de la convergence en probabilité*, qui peut être définie par la distance $\mathrm{dist_p}(X,Y) = \rho_\mathrm{p}(X-Y)$, où $\rho_\mathrm{p}(X) = \mathbb{E}\big[|X|\wedge 1\big]$.

L'espace filtré $(\Omega, \mathcal{A}, \mathbb{P}, \mathcal{F})$ étant fixé, l'ensemble des processus continus et adaptés est muni d'une structure d'e.v.t.m.c. par la *topologie de la convergence uniforme sur les compacts, en probabilité*, donnée par la distance $\mathrm{dist_{cp}}(X,Y) = \rho_\mathrm{cp}(X-Y)$, où $\rho_\mathrm{cp}(X) = \sum_n 2^{-n} \rho_\mathrm{p}\big(\sup_{t\in[0,n]} |X_t|\big)$.

Enfin, l'espace $(\Omega, \mathcal{A}, \mathbb{P}, \mathcal{F})$ étant toujours fixé, l'ensemble des semimartingales est un e.v.t.m.c. pour la *topologie des semimartingales*, que l'on peut définir par $\mathrm{dist_{sm}}(X,Y) = \rho_\mathrm{sm}(X-Y)$ où, si $X = X_0 + M + A$ est la décomposition canonique d'une semimartingale X, on a posé $\rho_\mathrm{sm}(X) = \rho_\mathrm{p}(X_0) + \rho_\mathrm{cp}\big([M,M]\big) + \rho_\mathrm{cp}\big(\int |dA|\big)$.

Sur le sous-espace formé des martingales locales, les deux topologies (semimartingales et convergence uniforme sur les compacts en probabilité) coïncident, et déterminent une structure d'e.v.t.m.c.

PROPOSITION 2.3. — *Soit* $(X^n)_{n\in\mathbb{N}}$ *une suite de semimartingales qui converge, au sens des semimartingales, vers une semimartingale* X.

Si $(Y^n)_{n\in\mathbb{N}}$ *est une suite de semimartingales qui converge, en topologie des semimartingales, vers une limite* Y, *les covariations* $[X^n, Y^n]$ *convergent, au sens des semimartingales, vers* $[X,Y]$.

Si $(f_n)_{n\in\mathbb{N}}$ *est une suite fonctions* C^2 *qui converge vers* f *au sens des fonctions* C^2 *(convergence uniforme sur les compacts de la fonction et de ses dérivées jusqu'à l'ordre 2), alors* $f_n\circ X^n$ *converge au sens des semimartingales vers* $f\circ X$.

Si $(H^n)_{n\in\mathbb{N}}$ *est une suite de processus prévisibles qui converge simplement vers un processus* H, *et si* $\sup_n H^n$ *est localement borné, alors* $\int H^n\,\mathrm{d}X^n$ *tend vers* $\int H\,\mathrm{d}X$ *au sens des semimartingales.*

Si $\mathbb{Q}$ *est une probabilité absolument continue par rapport à* $\mathbb{P}$ *(par exemple* $\mathbb{Q}[A] = \mathbb{P}[A|E]$, *où* E *est un événement non négligeable), X^n tend vers X en topologie des semimartingales pour la probabilité* $\mathbb{Q}$.

L'une des raisons qui rendent maniable la topologie des semimartingales est son caractère local, explicité pour référence ultérieure dans l'énoncé ci-dessous.

PROPOSITION 2.4. — *Soit* $(X^n)_{n \in \mathbb{N}}$ *une suite de semimartingales. On suppose réalisée l'une des trois hypothèses suivantes.*

(i) *Il existe une suite* $(T_k)_{k \in \mathbb{N}}$ *de temps d'arrêt tels que* $\sup_k T_k = \infty$ *et que, pour chaque* k, *la suite des semimartingales* $\mathbb{1}_{\{T_k > 0\}}(X^n)^{T_k]}$ *converge au sens des semimartingales vers une limite* $Y^{(k)}$.

(ii) *La suite* $(X_0^n)_{n \in \mathbb{N}}$ *converge en probabilité vers une limite* $Y_{(0)}$ *et il existe un recouvrement ouvert prévisible dénombrable* $(A_k)_{k \in \mathbb{N}}$ *de* $[\![0, \infty[\![$, *tel que, pour chaque* k, $\int \mathbb{1}_{A_k} \, \mathrm{d}X^n$ *tende en topologie des semimartingales vers une limite* $Y^{(k)}$.

(iii) *Il existe une suite* $(E_k)_{k \in \mathbb{N}}$ *d'événements non négligeables, de réunion* Ω, *tels que, pour chaque* k, X^n *tende sur* E_k *(c'est-à-dire pour la probabilité conditionnée par* E_k) *au sens des semimartingales vers une limite* $Y^{(k)}$.

Alors X^n *tend au sens des semimartingales vers une limite* Y, *qui vérifie respectivement dans chacun des trois cas :*

(i) $\mathbb{1}_{\{T_k > 0\}} Y^{T_k]} = Y^{(k)}$;

(ii) $Y_0 = Y_{(0)}$ *et* $\int \mathbb{1}_{A_k} \, \mathrm{d}Y = Y^{(k)}$;

(iii) *la restriction de* Y *à* E_k *est* $Y^{(k)}$.

Le point (iii), par exemple, signifie que lorsqu'on établit que X^n tend vers X au sens des semimartingales, on a le droit (comme pour les convergences en probabilité) de négliger des événements de probabilité arbitrairement petite.

Pour terminer ces rappels, deux mots sur les semimartingales jusqu'à l'infini.

DÉFINITION. — Si X est une semimartingale, de décomposition $X_0 + M + A$, et E un événement, on dit que X *est une semimartingale jusqu'à l'infini sur* E si $[M, M]_\infty + \int_0^\infty |\mathrm{d}A_t| < \infty$ presque sûrement sur E.

Il est clair que l'ensemble des E tels que X soit une semimartingale jusqu'à l'infini sur E est stable par union dénombrable; lorsque $E = \Omega$, on dit simplement que X est une semimartingale jusqu'à l'infini.

PROPOSITION 2.5. — *Soit* $a : [0, \infty] \to [0, 1]$ *un homéomorphisme croissant. On définit une nouvelle filtration par* $\mathcal{F}'_{a(t)} = \mathcal{F}_t$ *et* $\mathcal{F}'_t = \mathcal{F}_\infty$ *pour* $t \geqslant 1$. *Soit* X *une semimartingale.*

Pour que X *soit une semimartingale jusqu'à l'infini, il faut et il suffit que la limite* $X_\infty = \lim_{t \to \infty} X_t$ *existe presque sûrement, et que le processus changé de temps* X', *défini par* $X'_{a(t)} = X_t$ *et* $X'_t = X_\infty$ *pour* $t \geqslant 1$, *soit une semimartingale pour la filtration changée de temps* $\mathcal{F}'$.

Plus généralement, pour que X *soit une semimartingale jusqu'à l'infini sur un événement* E, *il faut et il suffit que* X_∞ *existe presque sûrement sur* E, *et que* X' *soit une semimartingale pour* $\mathcal{F}'$ *et pour la probabilité conditionnée* $A \mapsto \mathbb{P}[A|E]$.

2. — Semimartingales dans une variété

On peut simplifier les notations du théorème 2.2 en appelant semimartingale à valeurs dans $\mathbb{R}^d$ tout processus $X = (X^1, ..., X^d)$ dont les d composantes sont des semimartingales; et le théorème dit qu'alors toutes les fonctions de classe C^2 (et pas seulement les fonctions linéaires ou affines sur $\mathbb{R}^d$) transforment X en une semimartingale réelle. On a là une propriété caractéristique des semimartingales dans $\mathbb{R}^d$, qui ne fait pas intervenir la structure linéaire de $\mathbb{R}^d$, mais seulement la structure différentiable, et que l'on peut donc étendre aux variétés.

DÉFINITION. — L'espace filtré $(\Omega, \mathcal{A}, \mathbb{P})$ est fixé. Soit V une variété de classe C^2 au moins. Un processus X à valeurs dans V est une *semimartingale dans* V si, pour toute fonction $f \in C^2(V)$, le processus $f \circ X$ est une semimartingale (réelle).

Cette définition est due à Schwartz [94] ; tout ce chapitre est emprunté à Schwartz [94], [95], [96], [100] et à Meyer [78], [79], [80], [82], ainsi qu'à Arnaudon et Thalmaier [11] pour ce qui concerne la topologie des semimartingales dans les variétés.

La première chose à remarquer à propos de cette définition est qu'elle ne ne crée pas d'ambiguïté : lorsque V est l'espace $\mathbb{R}$ ou $\mathbb{R}^d$, muni de sa structure canonique de variété, les semimartingales à valeurs dans V sont exactement les semimartingales usuelles.

Dans une variété seulement de classe C^1, il n'est pas possible, en l'absence d'une structure supplémentaire,[1] de définir les semimartingales. *Dans toute la suite, le mot « variété » signifiera « variété de classe C^2 au moins » ; et les fonctions et les champs de vecteurs, de diffuseurs, de codiffuseurs, etc. définis sur une variété auront, sauf spécification contraire, la plus grande régularité possible.* Par exemple, sur une variété C^p, champ de codiffuseurs signifiera champ de codiffuseurs de classe C^{p-2}.

LEMME 2.6. — *Soit X un processus à valeurs dans une variété V. Pour que X soit une semimartingale dans V, (il faut et) il suffit que $f \circ X$ soit une semimartingale pour toute fonction f sur V de classe C^2 et à support compact.*

DÉMONSTRATION. — Supposons cette condition réalisée. Il existe une famille dénombrable $\mathcal{D}$ de fonctions C^2 et à supports compacts telles que, pour tout point x de V et tout voisinage compact K de x, il existe une fonction g de $\mathcal{D}$, à support dans K et égale à 1 en x ; comme chacun des processus $g \circ X$ est continu et adapté, il en va de même de X. Soit $(K_n)_{n \in \mathbb{N}}$ une suite croissante de compacts de V, de limite $\bigcup_n K_n = V$ et telle que $K_n \subset \overset{\circ}{K}_{n+1}$; les temps d'arrêt $T_n = \inf \{t : X_t \notin K_n\}$ croissent vers l'infini par continuité de X. Si f est une fonction C^2 sur V, il existe pour chaque n une fonction f_n de classe C^2, à support compact, et égale à f sur K_n, et une semimartingale réelle Y_n telle que $f \circ X^{T_n]} = Y^{T_n]}$: sur l'événement $\{X_0 \notin K_n\}$, prendre Y^n constant et égal à $f \circ X_0$, et sur $\{X_0 \in K_n\}$, poser $Y^n = f_n \circ X$. En conséquence, le processus $f \circ X$ est lui-même une semimartingale, et X est une semimartingale dans V. ∎

PROPOSITION 2.7. — *Soient V et W deux variétés et $\phi : V \to W$ une application de classe C^2. Si X est une semimartingale dans V, $\phi \circ X$ est une semimartingale dans W.*

Soient V une sous-variété d'une variété W et X un processus à valeurs dans V. Pour que X soit une semimartingale dans V, il faut et il suffit qu'il soit une semimartingale dans W.

DÉMONSTRATION. — La première assertion résulte de ce que, pour f dans $C^2(W)$, $f \circ \phi$ est dans $C^2(V)$.

---

1. L'espace des fonctions sur $\mathbb{R}^d$ qui transforment les semimartingales en semimartingales contient aussi des fonctions qui ne sont pas de classe C^2, par example les différences de fonctions convexes ; ceci ouvre la possibilité de définir des semimartingales sur une structure plus pauvre que la structure C^2. Noter en passant que si $d \geqslant 2$, on ne sait pas si cet espace contient d'autres fonctions que les différences de convexes.

Si V est une sous-variété de W, l'injection canonique de V dans W est de classe C^p, et a fortiori C^2, et toute semimartingale dans V est aussi une semimartingale dans W.

La réciproque s'obtient à l'aide du lemme 2.6, en utilisant le fait que toute fonction C^2 et à support compact sur V est la restriction à V d'une fonction C^2 sur W. ∎

PROPOSITION 2.8. — *Soit V une variété. Il existe un sous-ensemble fini F de $C^p(V)$ ayant la propriété suivante : un processus X dans V est une semimartingale si et seulement si $f \circ X$ est une semimartingale pour toute $f \in F$.*

A fortiori, un processus X dans V est une semimartingale si et seulement si $f \circ X$ est une semimartingale pour toute $f \in C^p(V)$.

DÉMONSTRATION. — C'est une conséquence du théorème de Whitney (que nous admettons), selon lequel il existe un entier n et un plongement ϕ de classe C^p de V dans $\mathbb{R}^n$. Il suffit de prendre pour F l'ensemble des n fonctions $p \circ \phi$, où p décrit les n projections de $\mathbb{R}^n$ sur ses facteurs. En effet, la proposition 2.7 affirme que X est une sous-martingale si et seulement $\phi \circ X$ en est une, et, puisque $\phi \circ X$ est dans $\mathbb{R}^n$, cela peut être testé avec les n fonctions p.

La seconde assertion se déduit aussitôt de la première. ∎

Les auditeurs frustrés par l'usage du théorème de Whitney n'auront pas de mal à donner une autre démonstration de la dernière assertion de la propsition 2.8, par exemple à l'aide du lemme de localisation 2.9 ci-dessous (que nous démontrerons sans utiliser 2.8).

La propriété d'être une semimartingale dans V peut aussi se vérifier localement, en utilisant des coordonnées locales. On n'a alors besoin que de d fonctions, mais la caractérisation n'est valable que sur le sous-ensemble de $\mathbb{R}_+ \times \Omega$ formé des (t, ω) tels que $X_t(\omega)$ soit dans le domaine de la carte. Plus précisément, on a l'énoncé suivant :

LEMME DE LOCALISATION 2.9. — *Soit $(U_\iota)_{\iota \in I}$ un recouvrement ouvert au plus dénombrable de V tel que chaque U_ι soit relativement compact dans le domaine d'une carte locale $(v_\iota^i)_{1 \leqslant i \leqslant d}$. Soit X un processus continu adapté à valeurs dans V. Pour tout instant rationnel $s \in \mathbb{Q}_+$ et tout $\iota \in I$, on introduit le temps d'arrêt $T(s, \iota) = \inf \{t \geqslant s : X_t \notin U_\iota\}$ et les d processus réels*

$$X_t^{s,\iota,i} = \begin{cases} 0 & si\ X_s \notin U_\iota \\ v_\iota^i(X_{t \wedge T(s,\iota)}) & si\ X_s \in U_\iota, \end{cases}$$

définis pour $t \geqslant s$.

Pour que X soit une semimartingale dans V, il faut et il suffit que chaque processus $X^{s,\iota,i}$ soit une semimartingale réelle sur l'intervalle $[s, \infty[$ correspondant (pour la filtration $\mathcal{F}$ restreinte à cet intervalle).

DÉMONSTRATION DU LEMME 2.9. — La condition nécessaire est facile : remplacer dans la définition de $X^{s,\iota,i}$ la fonction v_ι^i par une fonction C^2 sur V et égale à v_ι^i sur $\overline{U}_\iota$, et utiliser les propriétés de localisation des semimartingales réelles.

Pour la réciproque, introduisons le temps d'arrêt S, supremum essentiel de l'ensemble des temps d'arrêt R tels que les processus arrêtés $X^{R]}$ soient des semimartingales dans V (il est bien défini car le processus constant $X^{0]}$ est une semimartingale dans V). Il existe une suite de temps d'arrêt (R_n) telle que $\sup_n R_n = S$ et que chaque $X^{R_n]}$ soit une semimartingale dans V. Il suffit de montrer que S est presque sûrement infini, et le caractère local des semimartingales (qui s'étend immédiatement aux variétés) permettra de conclure.

Supposons donc l'événement $\{S < \infty\}$ non négligeable. Comme X est continu, les intervalles stochastiques

$$J(s, \iota) = \begin{cases} [\![0, T(0, \iota)[\![& \text{si } s = 0 \\ ]\!]s, T(s, \iota)[\![& \text{si } s > 0 \end{cases}$$

recouvrent le produit $\mathbb{R}_+ \times \Omega$; il existe donc un s et un ι tels que l'événement $\{S \in J(s, \iota)\}$ soit non négligeable; et il existe aussi un n tel que l'événement $A = \{R_n \in [\![s, T(s, \iota)[\![\,\}$ ne soit pas non plus négligeable.

Si f est une fonction C^2 sur V, la restriction de f à un voisinage de $\overline{U}_\iota$ est de la forme $g(v_\iota^1, ..., v_\iota^d)$ pour une fonction $g \in C^2(\mathbb{R}^d)$; en utilisant l'hypothèse du lemme, il s'ensuit que le processus réel, défini sur $[\![s, \infty[\![$, égal à $g(0)$ sur $\{X_s \notin U_\iota\}$ et à $f \circ X^{T(s, \iota)]}$ sur $\{X_s \in U_\iota\}$, est une semimartingale. Les propriétés de recollement des semimartingales réelles entraînent que, en posant $T = R_n \mathbb{1}_{A^c} + T(s, \iota) \mathbb{1}_A$, on obtient un temps d'arrêt tel que $f \circ X^{T]}$ soit une semimartingale. Comme T ne dépend pas de f, $X^{T]}$ est une semimartingale dans V. Puisque $T = T(s, \iota) > S$ sur l'événement non négligeable A, ceci est impossible. ∎

EXERCICE. — Si X et Y sont respectivement deux semimartingales dans des variétés V et W, le couple (X, Y) est une semimartingale dans la variété produit $V \times W$. (On pourra utiliser le lemme de localisation 2.9.)

3. — Intégration des codiffuseurs le long des semimartingales

Soit X une semimartingale à valeurs dans $\mathbb{R}^d$, ou, plus généralement, dans une variété V munie pour simplifier de coordonnées *globales* $(v^1, ..., v^d)$. En notant X^i les semimartingales réelles $v^i \circ X$ (les coordonnées de X), la formule de changement de variable 2.2 peut être écrite symboliquement

$$d(f \circ X_t) = D_k f \circ X_t \, dX_t^k + \tfrac{1}{2} D_{ij} f \circ X_t \, d[X^i, X^j]_t \,.$$

Lorsque X est une courbe C^1, ceci se réduit à $D_k f \circ X \, \dot{X}^k \, dt$, c'est-à-dire à $\langle df, \dot{X} \rangle \, dt$, faisant apparaître la vitesse de X et le covecteur $df(X)$ au point X. Dans le cas général, on peut se ramener à ce formalisme au moyen de l'intégrale de Stratonovitch; en 1979, Schwartz a adopté un point de vue entièrement nouveau : accepter la présence des covariations et tenter d'interpréter cette formule comme l'action du codiffuseur $d^2 f$ au point X_t sur un diffuseur exprimant la cinématique de X. Un tel diffuseur devrait s'écrire

$$dX^k D_k + \tfrac{1}{2} d[X^i, X^j] D_{ij} \,;$$

pour lui donner un statut mathématique, il faudrait soit définir rigoureusement les différentielles de semimartingales dX_t^k et $d[X^i, X^j]_t$, soit (comme nous venons de le faire avec dt) les écrire comme absolument continues par rapport à une même différentielle de semimartingale, qui servirait de référence. Mais il n'est pas nécessaire de se lancer dans de telles complications : sans chercher à donner un sens rigoureux à $dX^k D_k + \tfrac{1}{2} d[X^i, X^j] D_{ij}$, nous allons tirer les conséquences de sa nature de diffuseur. La première d'entre elles est la possibilité d'intégrer les codiffuseurs le long des semimartingales.

DÉFINITION. — Soit V une variété. Un processus Θ à valeurs dans le fibré $\mathbb{T}^*V$ (respectivement TV, T^*V, $\mathbb{T}V$) sera dit *localement borné* s'il existe une suite $(K_n)_{n\in\mathbb{N}}$ de compacts de $\mathbb{T}^*V$ (respectivement TV, T^*V, $\mathbb{T}V$) et une suite $(T_n)_{n\in\mathbb{N}}$ de temps d'arrêt telles que T_n tende vers l'infini et que, presque partout sur l'événement $\{T_n > 0\}$, le processus $\Theta^{T_n]}$ soit à valeurs dans K_n.

Ceci revient à exiger que, pour toute fonction f continue sur le fibré (ou pour une fonction f continue sur le fibré et tendant vers $+\infty$ à l'infini), le processus $f\circ\Theta - f(\Theta_0)$ soit localement borné au sens usuel.

DÉFINITION. — Soit V une variété. Un processus Θ à valeurs dans $\mathbb{T}^*V$ (respectivement TV, T^*V, $\mathbb{T}V$) sera dit *au-dessus* d'un processus X à valeurs dans V si, π désignant la projection canonique du fibré $\mathbb{T}^*V$ (respectivement TV, T^*V, $\mathbb{T}V$) sur V, on a $X = \pi(\Theta)$.

Par exemple, dans le cas du fibré $\mathbb{T}^*V$, cela revient à dire que, pour tout (t,ω), le codiffuseur $\Theta_t(\omega)$ est dans la fibre $\mathbb{T}^*_{X_t(\omega)}V$ au-dessus du point $X_t(\omega)$.

THÉORÈME 2.10 ET DÉFINITION. *Soit X une semimartingale dans une variété V. Il existe une, et une seule, application linéaire $\Theta \mapsto \int\langle\Theta, \mathcal{D}X\rangle$ de tous les processus prévisibles à valeurs dans $\mathbb{T}^*V$, localement bornés, au-dessus de X, dans l'espace des semimartingales réelles, vérifiant les deux propriétés suivantes :*

(i) *pour toute fonction f de classe C^2 sur V,*

$$\int\langle d^2f, \mathcal{D}X\rangle = f\circ X - f(X_0)\,;$$

(ii) *pour tout processus réel H, prévisible et localement borné,*

$$\int\langle H\Theta, \mathcal{D}X\rangle = \int H\,\mathrm{d}\big(\textstyle\int\langle\Theta, \mathcal{D}X\rangle\big)\,.$$

La semimartingale $\int\langle\Theta, \mathcal{D}X\rangle$ est appelée l'intégrale du codiffuseur Θ le long de X ; sa valeur à l'instant t est notée $\int_0^t\langle\Theta_s, \mathcal{D}X_s\rangle$. Elle est nulle pour $t = 0$ et a en outre les propriétés suivantes :

(iii) *si Θ et Ξ sont dans $\mathbb{T}^*V$ deux processus au-dessus de X, prévisibles et localement bornés,*

$$\tfrac{1}{2}\big[\textstyle\int\langle\Theta, \mathcal{D}X\rangle, \int\langle\Xi, \mathcal{D}X\rangle\big] = \int\langle \mathbf{R}\Theta\cdot\mathbf{R}\Xi, \mathcal{D}X\rangle\,;$$

(iv) *en particulier, si f et g sont deux fonctions C^2,*

$$\tfrac{1}{2}[f\circ X, g\circ X] = \int\langle df\cdot dg, \mathcal{D}X\rangle\,;$$

(v) *si $\mathbf{R}\Theta = 0$, l'intégrale $\int\langle\Theta, \mathcal{D}X\rangle$ est à variation finie ; si de plus Θ est positive (voir 1.9), cette intégrale est un processus croissant ;*

(vi) *si X est à variation finie, l'intégrale $\int\langle\Theta, \mathcal{D}X\rangle$ est à variation finie et est égale, trajectoire par trajectoire, à l'intégrale de Stieltjes $\int\langle\mathbf{R}\Theta, dX\rangle$; en particulier, elle ne dépend que des covecteurs $\mathbf{R}\Theta$;*

(vii) *si T est un temps d'arrêt, l'intégrale arrêtée $\big(\int\langle\Theta, \mathcal{D}X\rangle\big)^{T]}$ est égale à $\int\langle\Theta^{T]}, \mathcal{D}(X^{T]})\rangle$.*

Heuristiquement, $\mathcal{D}X$ est le diffuseur qui s'écrit $dX^k \, D_k + \frac{1}{2} \, d[X^i, X^j] \, D_{ij}$ en coordonnées locales ; le processus Θ s'écrit $\theta_k \, dv^k(X_t) + \theta_{ij} \, dv^i(X_t) \cdot dv^j(X_t)$, où les coefficients θ_k et θ_{ij} sont des processus prévisibles, et $\int \langle \Theta, \mathcal{D}X \rangle$ n'est autre que la semimartingale $\int \theta_k \, dX^k + \frac{1}{2} \int \theta_{ij} \, d[X^i, X^j]$.

L'ensemble $\mathbb{T}^* V$ n'étant pas un espace vectoriel mais un fibré, la linéarité en Θ n'a de sens que parce que l'on impose à Θ d'être au-dessus de X, ce qui permet l'addition dans chaque fibre.

DÉMONSTRATION DU THÉORÈME 2.10. — Nous commençons par l'existence. On choisit un recouvrement ouvert dénombrable $(U_\iota)_{\iota \in \mathbb{N}}$ de V tel que chaque U_ι soit relativement compact dans le domaine d'une carte locale $(v^i_\iota)_{1 \leqslant i \leqslant d}$; pour s rationnel et $\iota \in \mathbb{N}$, on introduit les temps d'arrêt prévisibles $T(s, \iota) = \inf \{ t \geqslant s \,:\, X_t \notin U_\iota \}$; et pour $n \in \mathbb{N}$, les temps d'arrêt prévisibles $T_n = \inf \{ t \geqslant 0 \,:\, X_t \notin U_0 \cup ... \cup U_n \}$. Les temps T_n croissent vers l'infini. Quand (s, ι) décrit $\mathbb{Q}_+ \times \{0, ..., n\}$, les intervalles stochastiques prévisibles $J(s, \iota) = \,]s, T(s, \iota)[$ recouvrent $]0, T_n[$; en remplaçant chacun d'eux par un ensemble prévisible $Q(s, \iota, n)$ plus petit, on construit une partition prévisible de $[T_{n-1}, T_n[\, \cap \,]0, T_n[$ (ce n'est pas vraiment une partition : certains $Q(s, \iota, n)$ peuvent être vides). Sur $J(s, \iota)$, et a fortiori sur $Q(s, \iota, n)$, le processus X est dans U_ι, et l'on peut donc lire les composantes θ^ι_k et θ^ι_{ij} de Θ dans la carte v_ι ; comme U_ι est relativement compact dans le domaine de la carte, les processus prévisibles réels $\mathbb{1}_{\{X \in U_\iota\}} \theta^\iota_k$ et $\mathbb{1}_{\{X \in U_\iota\}} \theta^\iota_{ij}$ sont localement bornés. A fortiori, pour ι et n fixés tels que $\iota \leqslant n$, chacun des processus prévisibles

$$\sum_s \mathbb{1}_{Q(s,\iota,n)} \theta^\iota_k \qquad \text{et} \qquad \sum_s \mathbb{1}_{Q(s,\iota,n)} \theta^\iota_{ij}$$

est localement borné. Appelons w^i_ι une fonction C^2 sur V tout entière, et qui coïncide avec v^i_ι sur un voisinage de $\overline{U}_\iota$; soit $Y^{\iota,i}$ la semimartingale $\int \mathbb{1}_{\{X \in U_\iota\}} \, d(w^i_\iota \circ X)$. Nous pouvons enfin poser

$$\int \langle \Theta, \mathcal{D}X \rangle = \sum_n \sum_{\iota=0}^n \left(\int \left(\sum_s \mathbb{1}_{Q(s,\iota,n)} \theta^\iota_k \right) dY^{\iota,k} + \frac{1}{2} \int \left(\sum_s \mathbb{1}_{Q(s,\iota,n)} \theta^\iota_{ij} \right) d[Y^{\iota,i}, Y^{\iota,j}] \right).$$

Il n'y a aucun problème de convergence, puisque les termes d'indices supérieurs à n sont des semimartingales nulles sur $[0, T_n]$, et la somme est une semimartingale.

La linéarité en Θ est évidente sur la construction, de même que la propriété (ii) ; il reste à vérifier (i). Soit donc $f \in \mathrm{C}^2$. Il existe $f^\iota \in \mathrm{C}^2(\mathbb{R}^d)$ telle que, au voisinage de $\overline{U}_\iota$, on ait $f = f^\iota \circ (w^\iota_1, ..., w^\iota_d)$. Pour $\Theta = d^2 f(X)$, on peut écrire $\mathbb{1}_{\{X \in U_\iota\}} \theta^\iota_k = \mathrm{D}_k f(X) = \mathrm{D}_k f^\iota(w \circ X)$ et $\mathbb{1}_{\{X \in U_\iota\}} \theta^\iota_{ij} = \mathrm{D}_{ij} f(X) = \mathrm{D}_{ij} f^\iota(w \circ X)$, d'où

$$\mathbb{1}_{Q(s,\iota,n)} \theta^\iota_k \, dY^{\iota,k} + \tfrac{1}{2} \, \mathbb{1}_{Q(s,\iota,n)} \theta^\iota_{ij} \, d[Y^{\iota,i}, Y^{\iota,j}] = \mathbb{1}_{Q(s,\iota,n)} \, d(f \circ X) \,.$$

Comme les $Q(s, \iota, n)$ où $\iota \leqslant n$ forment une partition de $]0, \infty[$, ceci donne $\int \langle \Theta, \mathcal{D}X \rangle = \int \mathbb{1}_{]0,\infty[} \, d(f \circ X) = f \circ X - f(X_0)$.

Pour vérifier l'unicité, nous conservons les mêmes objets U_ι, v^i_ι, w^i_ι, et nous appelons $J(\Theta)$ l'intégrale $\int \langle \Theta, \mathcal{D}X \rangle$ construite ci-dessus. Soit $I(\Theta)$ une semimartingale dépendant linéairement de Θ et vérifiant les propriétés (i) et (ii) ; il s'agit de montrer que $I(\Theta) = J(\Theta)$. Remarquons d'abord que la formule de la proposition 1.4

$$df(x) \cdot dg(x) = \tfrac{1}{2} \big[d^2(fg)(x) - f(x) \, d^2 g(x) - g(x) \, d^2 f(x) \big]$$

jointe à la propriété (ii) fournissent

$$2I(df \cdot dg) = \int d((fg) \circ X) - \int f \circ X \, d(g \circ X) - \int g \circ X \, d(f \circ X) = [f \circ X, g \circ X] \, .$$

Revenons à un Θ général. Sur l'ensemble $\{X \in U_\iota\}$, on a

$$\Theta = \theta_k^\iota \, d^2 w_\iota^k(X) + \theta_{ij}^\iota \, dw_\iota^i(X) \cdot dw_\iota^j(X) \, ,$$

d'où, en utilisant (i), (ii) et la formule $I(dw_\iota^i \cdot dw_\iota^j) = \frac{1}{2} [w_\iota^i \circ X, w_\iota^j \circ X]$, on obtient

$$\mathbb{1}_{\{X \in U_\iota\}} \, d\big(I(\Theta)\big) = \mathbb{1}_{\{X \in U_\iota\}} \big(\theta_k^\iota \, dY^{\iota,k} + \tfrac{1}{2} \theta_{ij}^\iota \, d[Y^{\iota,i}, Y^{\iota,j}]\big) = \mathbb{1}_{\{X \in U_\iota\}} \, d\big(J(\Theta)\big) \, .$$

Il ne reste qu'à remarquer que les $\{X \in U_\iota\}$ forment un recouvrement dénombrable prévisible de $[\![0, \infty[\![$ pour obtenir $I(\Theta) = J(\Theta)$.

La nullité à l'origine ainsi que la propriété (vii) se vérifient facilement sur la formule explicite donnée plus haut pour établir l'existence. La propriété (iv) a déjà été établie pour démontrer l'unicité; (vi) peut s'obtenir en remarquant que, si X est à variation finie, $\Theta \mapsto \int \langle \mathbf{R}\Theta, dX \rangle$ satisfait les deux propriétés (i) et (ii) qui caractérisent $\int \langle \Theta, \mathcal{D}X \rangle$.

Pour vérifier (iii), désignons par M et N les deux membres et par A_ι l'ensemble prévisible $\{X \in U_\iota\}$; il suffit d'établir pour chaque ι l'égalite $\int \mathbb{1}_{A_\iota} dM = \int \mathbb{1}_{A_\iota} dN$, c'est-à-dire encore, en utilisant (ii),

$$\tfrac{1}{2} \left[\int \langle \mathbb{1}_{A_\iota}\Theta, \mathcal{D}X \rangle, \int \langle \mathbb{1}_{A_\iota}\Xi, \mathcal{D}X \rangle \right] = \int \langle \mathbf{R}(\mathbb{1}_{A_\iota}\Theta) \cdot \mathbf{R}(\mathbb{1}_{A_\iota}\Xi), \mathcal{D}X \rangle \, .$$

En oubliant l'indice ι, on est ainsi ramené au cas où l'on a identiquement $\Theta = \theta_k \, d^2 w^k(X) + \theta_{ij} \, dw^i(X) \cdot dw^j(X)$ et $\Xi = \xi_k \, d^2 w^k(X) + \xi_{ij} \, dw^i(X) \cdot dw^j(X)$ pour des fonctions w^i de classe C^2 et des processus prévisibles localement bornés θ_k, θ_{ij}, ξ_k et ξ_{ij}. On écrit alors $\mathbf{R}\Theta \cdot \mathbf{R}\Xi = \theta_i \xi_j \, dw^i(X) \cdot dw^j(X)$, et il ne reste qu'à appliquer (iv) aux fonctions w^i et w^j.

Enfin, la propriété (v) se lit aussi sur la formule explicite, en utilisant, pour la croissance, une remarque sur les semimartingales vectorielles (équivalente à la formule de Kunita et Watanabe de contrôle des covariations) : *Si X est une semimartingale dans $\mathbb{R}^d$ et θ un processus prévisible, localement borné, à valeurs dans les matrices symétriques positives, alors le processus à variation finie $\int \theta_{ij} \, d[X^i, X^j]$ est croissant.* Ceci peut se voir en appelant $r = (r_{ij})$ la racine carrée positive de la matrice θ; on obtient ainsi un processus prévisible localement borné parce que la racine carrée positive est une fonction continue sur les matrices symétriques positives. Et il ne reste plus qu'à poser $Y^i = \int r_{ij} \, dX^j$ et à remarquer que $\int \theta_{ij} \, d[X^i, X^j] = \sum_i [Y^i, Y^i]$. ∎

EXERCICE. — Réécrire la démonstration du théorème 2.10 dans le cas où il existe sur V une carte globale (supprimer les U_ι, s, n, w, ...).

PROPOSITION 2.11. — *Soient V et W deux variétés, ϕ une application C^2 de V dans W, et X une semimartingale dans V. Si Θ est un processus prévisible, localement borné, au-dessus de $\phi \circ X$, à valeurs dans $\mathbb{T}W$, le processus $\phi^* \Theta$ dans $\mathbb{T}V$ est prévisible, localement borné et au-dessus de X, et l'on a*

$$\int \langle \Theta, \mathcal{D}(\phi \circ X) \rangle = \int \langle \phi^* \Theta, \mathcal{D}X \rangle \, .$$

Cet énoncé donne, par dualité, un contenu rigoureux à la formule heuristique $\mathcal{D}(\phi \circ X) = \phi_*(\mathcal{D}X)$.

DÉMONSTRATION. — Le caractère localement borné résulte de la continuité de $\phi^* : \mathbb{T}W \to \mathbb{T}V$, et le fait que $\phi^*\Theta$ soit au-dessus de X se lit sur la définition de ϕ^*. Pour établir l'égalité, il suffit de vérifier que l'application $\Theta \mapsto I_\Theta = \int \langle \phi^*\Theta, \mathcal{D}X \rangle$ satisfait aux deux conditions

$$I_{d^2 f} = f \circ (\phi \circ X) - f\big(\phi(X_0)\big) \qquad \text{et} \qquad I_{H\Theta} = \int H \, dI_\Theta$$

qui, d'après 2.10 caractérisent $\int \langle \Theta, \mathcal{D}(\phi \circ X) \rangle$. La première égalité résulte de $d^2(f \circ \phi) = \phi^*(d^2 f)$; la seconde de $\Phi^*(H\Theta) = H \, \phi^*\Theta$ et de 2.10.(ii). ∎

DÉFINITION. On dit qu'une semimartingale X dans V est une *semimartingale jusqu'à l'infini sur un événement* E si, pour toute fonction $f \in \mathrm{C}^2$, le processus réel $f \circ X$ est une semimartingale jusqu'à l'infini sur E. (Lorsque $E = \Omega$, on dit simplement que X est une semimartingale jusqu'à l'infini.)

PROPOSITION 2.12. — *Pour qu'une semimartingale X dans V soit une semimartingale jusqu'à l'infini sur E, il faut et il suffit que la limite $X_\infty = \lim_{t \to \infty} X_t$ existe presque sûrement sur E, et que le processus changé de temps X', défini comme dans la proposition 2.5, soit une semimartingale pour la filtration changée de temps elle aussi et la probabilité conditionnée $A \mapsto \mathbb{P}[A|E]$.*

Si X est dans V une semimartingale jusqu'à l'infini sur E, et si θ est un champ mesurable, localement borné de codiffuseurs sur V, l'intégrale $\int \langle \theta, \mathcal{D}X \rangle$ est une semimartingale jusqu'à l'infini sur E; en particulier, sur E, elle converge presque sûrement à l'infini.

DÉMONSTRATION. — La première assertion résulte aussitôt de la définition et de 2.5. La seconde s'en déduit en vérifiant, grâce aux critères 2.10.(i) et 2.10.(ii), que le changé de temps et de probabilité de l'intégrale $\int \langle \theta, \mathcal{D}X \rangle$ est égal à $\int \langle \theta, \mathcal{D}X' \rangle$, et en appliquant à nouveau la proposition 2.5. ∎

4. — Intégrales de Stratonovitch

Un champ de covecteurs peut être intégré le long des courbes déterministes (ou plus généralement à variation finie, au moyen d'une intégrale de Stieltjes); le long d'une semimartingale, nous venons de voir que ce sont les codiffuseurs qui s'intègrent bien. Pour intégrer un champ de covecteurs σ le long d'une semimartingale générale, une méthode consiste à le transformer d'abord en un champ de codiffuseurs $d\sigma$ par différentiation symétrique (voir 1.5).

DÉFINITION. — Soient X une semimartingale dans V, et σ un champ de covecteurs, de classe C^1 au moins. On appelle *intégrale de Stratonovitch* de σ le long de X la semimartingale $\int \langle d\sigma, \mathcal{D}X \rangle$.

Comme dans la théorie des semimartingales réelles, le nom d'intégrale donné à ces objets est un peu abusif, puisqu'une certaine régularité est exigée de σ, et qu'aucun théorème de convergence dominée n'est satisfait; il s'agit plutôt d'un opérateur intégro-différentiel. Remarquer que lorsque σ est le champ de covecteurs df, on obtient $\int \langle df, \delta X \rangle = \int \langle d^2 f, \mathcal{D}X \rangle = f \circ X - f \circ X_0$.

Si V a une carte globale $(v^i)_{1\leqslant i\leqslant d}$, en notant σ_i les composantes de σ et X^i les coordonnées de X, la différentielle symétrique $\theta = d\sigma$ du champ σ est donnée par $\theta = \sigma_k d^2 v^k + D_i\sigma_j\, dv^i.dv^j$; l'intégrale de Stratonovitch de σ le long de X vaut donc

$$\int \sigma_k(X)\,\mathrm{d}X^k + \tfrac{1}{2}\int D_i\sigma_j(X)\,\mathrm{d}[X^i, X^j] = \int \sigma_k(X)\,\mathrm{d}X^k + \tfrac{1}{2}[\sigma_k(X), X^k],$$

c'est-à-dire l'intégrale de Stratonovitch $\int \sigma_k(X)\,\delta X^k$. Ceci explique le nom donné à ce processus.

PROPOSITION 2.13 ET DÉFINITION. — *Soit X une semimartingale dans une variété V de classe C^3 au moins. Il existe une unique application linéaire $\Sigma \mapsto \int\langle \Sigma, \delta X\rangle$ de l'ensemble des semimartingales à valeurs dans T^*V et au-dessus de X, dans l'espace des semimartingales réelles issues de 0, vérifiant les deux propriétés suivantes :*

(i) si σ est un champ de covecteurs de classe C^2, $\int\langle \sigma\circ X, \delta X\rangle = \int\langle d\sigma, \mathcal{D}X\rangle$;

(ii) si Z est une semimartingale réelle,

$$\int Z\,\delta(\textstyle\int\langle\Sigma,\delta X\rangle) = \int \langle(Z\Sigma),\delta X\rangle.$$

Le processus $\int\langle\Sigma,\delta X\rangle$ est appelé intégrale de Stratonovitch *de Σ le long de X. (Il n'y a pas d'ambiguïté : lorsque σ est un champ C^1 de covecteurs tel que $\sigma\circ X$ soit une semimartingale, cette définition coïncide avec la précédente.)*

Il serait possible de s'affranchir de l'hypothèse C^3 en définissant les intégrales pour des processus plus généraux que les semimartingales au-dessus de X; mais la démonstration serait alors considérablement alourdie. Même en restant sous l'hypothèse C^3, qui est nécessaire pour que les semimartingales dans T^*V soient définies, on pourrait déjà élargir la classe des processus que l'on intègre aux sommes finies $\sum_\alpha f^\alpha\circ X\, \Sigma^\alpha$, où les f^α sont des fonctions C^1 sur V et les Σ^α des semimartingales au-dessus de X; il faudrait alors en particulier établir que l'intégrale ne dépend pas de la décomposition choisie.

DÉMONSTRATION DE LA PROPOSITION 2.13. — La variété $W = T^*V$ est au moins de classe C^2. Appelons π la projection canonique de $W = T^*V$ sur V. Pour $x \in V$ et $\sigma \in T^*_x V \subset W$, l'application $\pi_{*\sigma} : T_\sigma W \to T_x V$ peut être composée avec $\sigma : T_x V \to \mathbb{R}$ pour définir une forme linéaire $\lambda_\sigma = \sigma\circ\pi_{*\sigma}$ sur $T_\sigma W$; ceci définit un élément canonique λ_σ dans $T^*_\sigma W$, et l'application $\sigma \mapsto \lambda_\sigma$ est un champ de covecteurs canonique sur W (appelé la forme de Liouville). En coordonnées locales, v^i sont les coordonnées de x, σ s'écrit $\sigma_i\, dv^i$, et, au point de W de coordonnées σ_i et v^i (il y a $2d$ coordonnées sur W), λ est simplement $\sigma_i\, dv^i$; le champ de covecteurs λ sur W est donc de classe C^{p-1}. Remarquer que si σ est maintenant un champ de covecteurs sur V, c'est une application de V dans W vérifiant $\pi\circ\sigma = \mathrm{Id}$, et le champ de covecteurs $\sigma^*\lambda$ sur V n'est autre que σ, comme cela se vérifie immédiatement : $\sigma^*\lambda = \lambda\circ\sigma_* = \sigma\circ\pi_*\circ\sigma_* = \sigma\circ(\pi\circ\sigma)_* = \sigma\circ\mathrm{Id} = \sigma$.

Pour toute semimartingale Σ dans W, on peut définir l'intégrale de Stratonovitch $\int\langle\lambda,\delta\Sigma\rangle = \int\langle d\lambda,\mathcal{D}\Sigma\rangle$ de λ le long de Σ; pour démontrer la proposition, il suffira de vérifier que cette intégrale satisfait les deux conditions (i) et (ii), et est la seule à les satisfaire.

Si l'on a une application linéaire $\Sigma \mapsto I(\Sigma)$ vérifiant (i) et (ii), pour montrer $I(\Sigma) = \int\langle\lambda,\delta\Sigma\rangle$, il suffit de le vérifier sur les intervalles $[\![s, T_s[\![$ durant lesquels

X reste dans le domaine d'une carte locale $(v^i)_{1\leqslant i\leqslant d}$. Sur un tel intervalle, on peut définir pour chaque i une semimartingale Y^i au-dessus de X dans $W = \mathrm{T}^*V$ par $Y^i = (dv^i)(X)$, et toute semimartingale Σ au-dessus de X s'écrit $\Sigma = \Sigma_i Y^i$, où les Σ_i, qui sont les composantes de Σ dans le système de coordonnées, sont d semimartingales réelles. Sur le même intervalle, on définit des semimartingales réelles X^i par $X^i = v^i{\circ}X$. Enfin, toujours sur cet intervalle, on a $\int\langle\lambda,\delta\Sigma\rangle = \int \Sigma_i\,\delta X^i$ en raison de la formule explicite de λ dans les coordonnées locales de W.

Le (i) appliqué au covecteur dv^i donne $I(Y^i) = \int\langle d^2v^i, \mathcal{D}X\rangle = X^i - X_0^i$, puis le (ii) appliqué à Σ_i donne $I(\Sigma) = I(\Sigma_i Y^i) = \int \Sigma_i\,\delta\big(I(Y^i)\big) = \int \Sigma_i\,\delta X^i = \int\langle\lambda,\delta\Sigma\rangle$.

Et inversement, vérifier que $\int \Sigma_i\,\delta X^i$ satisfait aux conditions (i) et (ii) est un jeu d'enfant. ∎

PROPOSITION 2.14. — *Soit $\phi : V \to W$ une application C^p entre deux variétés de classe au moins C^3. Si X est une semimartingale dans V et Σ une semimartingale dans T^*W au dessus de $\phi{\circ}X$, on a $\int\langle\Sigma,\delta(\phi{\circ}X)\rangle = \int\langle\phi^*\Sigma,\delta X\rangle$.*

DÉMONSTRATION. — On vérifie sans difficulté, en utilisant 1.8, que $\int\langle\phi^*\Sigma,\delta X\rangle$ satisfait aux deux conditions 2.13.(i) et 2.13.(ii) qui caractérisent le membre de gauche. ∎

5. — Topologie des semimartingales dans une variété

DÉFINITION. Étant donnés $(\Omega, \mathcal{A}, \mathbb{P}, \mathcal{F})$ et V, on dit qu'une suite $(X^n)_{n\in\mathbb{N}}$ de semimartingales dans V converge *au sens des semimartingales* vers une semimartingale X dans V si $f{\circ}X^n$ tend vers $f{\circ}X$ au sens des semimartingales réelles pour toute fonction f de classe C^2 sur V.

On pourrait aussi, comme Arnaudon et Thalmaier [11], utiliser un plongement propre de V dans un espace vectoriel et vérifier que la topologie ne dépend pas du plongement propre choisi. On obtiendrait ainsi un ensemble *fini* de fonctions-test C^p pour la convergence des semimartingales.

De façon analogue, en considérant toutes les fonctions continues sur V (ou seulement les fonctions C^p, ou en plongeant proprement V dans un espace vectoriel), on peut définir la convergence *uniforme sur tout compact de $\mathbb{R}_+$ en probabilité* pour les processus continus adaptés à valeurs dans V.

Comme pour les semimartingales réelles, la convergence au sens des semimartingales est plus forte que la convergence uniforme sur les compacts en probabilité (pour laquelle, d'ailleurs, les semimartingales ne forment pas un fermé).

Dans la définition de la topologie des semimartingales, comme d'ailleurs dans celle de la convergence uniforme sur les compacts en probabilité, on peut restreindre la classe des fonctions-test en exigeant que leurs supports soient compacts. Ce n'est pas tout à fait immédiat; suivant Arnaudon et Thalmaier [11], nous allons le démontrer à l'aide d'un argument diagonal.

PROPOSITION 2.15. — *Dans V, soit $(X^n)_{n\in\mathbb{N}}$ une suite de processus continus adaptés (respectivement de semimartingales) et X un processus continu adapté (respectivement une semimartingale). Pour que X^n tende vers X uniformément sur les compacts en probabilité (respectivement au sens des semimartingales), il suffit que, pour toute fonction f de classe C^p et à support compact, $f{\circ}X^n$ tende vers $f{\circ}X$ uniformément sur les compacts en probabilité (respectivement au sens des semimartingales).*

DÉMONSTRATION. — Supposant la condition satisfaite, il s'agit de montrer que pour $f \in \mathrm{C}^p$, la suite $f \circ X^n$ converge vers $f \circ X$ pour la topologie considérée. On peut se restreindre à ne le démontrer que pour une sous-suite. Soit $(K_m)_{m \in \mathbb{N}}$ une suite croissante de compacts de V, telle que $K_m \subset \mathring{K}_{m+1}$ et que $\bigcup_n K_n = V$; pour chaque m, soit g_m une fonction C^p égale à 1 sur K_m et à 0 sur le complémentaire de K_{m+1}. Fixons $t > 0$. Pour chaque m, la suite de variables aléatoires $\sup_{[0,t]} |g_m \circ X^n - g_m \circ X|$ tend vers zéro en probabilité quand n tend vers l'infini; en en extrayant une sous-suite convenable, on obtient la convergence presque sûre. Grâce au procédé diagonal de Cantor, on peut trouver une même sous-suite qui convient à la fois pour tous les m; on a donc une sous-suite $(Y^n)_{n \in \mathbb{N}}$ de la suite $(X^n)_{n \in \mathbb{N}}$ telle que

$$\forall m \quad \exists N(m,\omega) \quad \forall n \geqslant N(m,\omega) \quad \sup_{[0,t]} |g_m \circ Y^n - g_m \circ X| < \tfrac{1}{2} .$$

Ainsi, pour tout $n \geqslant N(m,\omega)$, on a l'inclusion $Y^n([0,t]) \subset K_{m+1}$ sur l'événement $E_m = \{ X([0,t]) \subset K_m \}$.

Soit f une fonction C^p. La fonction $f_m = f g_{m+1}$ est C^p, à support compact, et égale à f sur K_{m+1}. Sur l'événement $F_{m,\ell} = E_m \cap \{ N(\omega, m) \leqslant \ell \}$, en convenant d'arrêter tous les processus à t, on a à la fois

$$f \circ X = f_m \circ X \qquad \text{et} \qquad \forall n \geqslant \ell \ f \circ Y^n = f_m \circ Y^n ;$$

donc, en appliquant l'hypothèse à f_m, $f \circ Y^n$ tend vers $f \circ X$ sur $F_{m,\ell}$ uniformément sur $[0,t]$ en probabilité (respectivement au sens des semimartingales sur $[0,t]$). Il ne reste qu'à remarquer que la réunion en m et ℓ des $F_{m,\ell}$ est Ω pour obtenir, grâce à 2.4.(iii) dans le cas des semimartingales, la convergence sur $[0,t]$. On conclut par le caractère local de la topologie des semimartingales 2.4.(i). ∎

Remarquer que la proposition 2.15 serait en défaut si l'on demandait seulement que chaque $f \circ X^n$ converge, sans préciser la limite (prendre par exemple des constantes $X^n = x^n$ qui tendent vers l'infini dans V). (Cette remarque ne vaut que pour les fonctions à support compact; si l'on utilise toutes les fonctions C^p, il n'y a aucun problème.)

Voici un résultat général de stabilité des intégrales de codiffuseurs, un peu technique, mais parfois bien utile. Pour l'énoncer, nous nous donnons une norme continue ν sur le fibré coosculateur $\mathbb{T}^*V$, c'est à dire une fonction continue sur $\mathbb{T}^*V$ dont la restriction à chaque espace vectoriel $\mathbb{T}_x^*V$ est une norme. L'existence de telles normes continues est facile à établir (par exemple en utilisant une partition de l'unité sur V subordonnée à un atlas); on vérifie sans difficultés que l'hypothèse de majoration dans l'énoncé ci-dessous ne dépend pas du choix de ν.

PROPOSITION 2.16. — *Soit $(X^n)_{n \in \mathbb{N}}$ une suite de semimartingales dans V, convergeant pour la topologie des semimartingales vers une limite X. Pour chaque n, soit Θ^n un processus prévisible de codiffuseurs au-dessus de X^n. On suppose que la suite des Θ^n converge simplement; sa limite Θ est un processus prévisible au-dessus de X. On suppose aussi que, pour une norme continue ν sur $\mathbb{T}^*V$, le processus $\sup_n \nu(\Theta^n)$ est localement borné. L'intégrale $\int \langle \Theta^n, \mathcal{D}X^n \rangle$ converge vers $\int \langle \Theta, \mathcal{D}X \rangle$ pour la topologie des semimartingales.*

DÉMONSTRATION. — On recouvre V par une suite d'ouverts U, chacun relativement compact dans le domaine d'une carte (v^i). Les ouverts prévisibles $\{X \in U\}$ recouvrent $\mathbb{R}_+ \times \Omega$; en raison du caractère local de la topologie des semimartingales, il suffit de montrer que $\int \mathbb{1}_{\{X\in U\}}\langle\Theta^n,\mathcal{D}X^n\rangle$ converge pour U fixé vers $\int \mathbb{1}_{\{X\in U\}}\langle\Theta,\mathcal{D}X\rangle$ au sens des semimartingales.

Le compact $\overline{U}$ admet un voisinage ouvert U' relativement compact dans le domaine de la carte (v^i). On écrit

$$\int \mathbb{1}_{\{X\in U\}}\langle\Theta^n,\mathcal{D}X^n\rangle$$

$$= \int \mathbb{1}_{\{X\in U\}}\mathbb{1}_{\{X^n\notin U'\}}\langle\Theta^n,\mathcal{D}X^n\rangle + \int \mathbb{1}_{\{X\in U\}}\mathbb{1}_{\{X^n\in U'\}}\langle\Theta^n,\mathcal{D}X^n\rangle\;.$$

Le premier terme converge vers zéro pour la topologie des semimartingales; en effet, puisque X^n converge vers X pour la topologie uniforme sur les compacts en probabilité, et puisque U est relativement compact dans U', les temps d'arrêt $T_n = \inf\{t : X_t\in U \text{ et } X_t^n\notin U'\}$ convergent en probabilité vers l'infini; or le premier terme est une semimartingale identiquement nulle avant T_n.

Pour le second terme, on peut utiliser des fonctions $w^i\in C^p(V)$ telles que $w^i = v^i$ sur U'; les semimartingales réelles $\xi^{n,i} = w^i\circ X^n$ convergent au sens des semimartingales vers $\xi^i = w^i\circ X$. En écrivant Θ^n et Θ à l'aide des coordonnées v^i, on a pour chaque n

$$\int \mathbb{1}_{\{X\in U, X^n\in U'\}}\langle\Theta^n,\mathcal{D}X^n\rangle = \int \left(\Theta^n_k\,\mathrm{d}\xi^{n,k} + \tfrac{1}{2}\Theta^n_{ij}\,\mathrm{d}[\xi^{n,i},\xi^{n,j}]\right)$$

avec des coefficients prévisibles Θ^n_k et Θ^n_{ij} nuls hors de l'ensemble $\{X\in U \text{ et } X^n\in U'\}$, et qui tendent vers Θ_k et Θ_{ij}. Il existe une fonction continue c définie sur le domaine de la carte (donc bornée sur U') telle que $|\theta_k|$ et $|\theta_{ij}|$ sont bornés par $c(x)\,\nu(\theta)$ pour tous x dans le domaine et $\theta\in\mathbb{T}_x^*V$. Les processus $|\Theta^n_k|$ et $|\Theta^n_{ij}|$ sont donc contrôlés par le processus prévisible localement borné $\sup_{U'} c\,\sup_n \nu(\Theta^n)$, et l'intégrale converge pour la topologie des semimartingales vers

$$\int \left(\Theta_k\,\mathrm{d}\xi^k + \tfrac{1}{2}\Theta_{ij}\,\mathrm{d}[\xi^i,\xi^j]\right) = \int \mathbb{1}_{\{X\in U\}}\langle\Theta,\mathcal{D}X\rangle\;. \qquad\blacksquare$$

COROLLAIRE 2.17. — *Soit $(X^n)_{n\in\mathbb{N}}$ une suite de semimartingales dans V, qui converge au sens des semimartingales vers une limite X. Pour chaque n, soit Θ^n un processus prévisible de codiffuseurs au-dessus de X^n. On suppose que la suite des Θ^n converge simplement vers un processus Θ, nécessairement prévisible et au-dessus de X. S'il existe dans le fibré coosculateur $\mathbb{T}^*V$ des compacts K_q tels que les temps d'arrêt $T_q = \inf\{t : \exists n\; \Theta^n_t\notin K_q\}$ tendent vers l'infini, l'intégrale $\int\langle\Theta^n,\mathcal{D}X^n\rangle$ converge vers $\int\langle\Theta,\mathcal{D}X\rangle$ pour la topologie des semimartingales.*

DÉMONSTRATION. — Choisir n'importe quelle norme continue; elle est bornée sur chaque K_q, et l'hypothèse de la proposition 2.16 est donc satisfaite. $\qquad\blacksquare$

PROPOSITION 2.18. — *Soit θ un champ de codiffuseurs sur V, non nécessairement C^{p-2}, mais mesurable et localement borné. L'application $X\;\mapsto\;\int\langle\theta,\mathcal{D}X\rangle$, de l'ensemble des semimartingales dans V vers l'espace des semimartingales réelles, est continue pour les topologies des semimartingales dans V et dans $\mathbb{R}$.*

DÉMONSTRATION. — Il suffit de vérifier que si une suite $(X^n)_{n\in\mathbb{N}}$ converge vers X au sens des semimartingales, les intégrales $\int\langle\theta,\mathcal{D}X^n\rangle$ tendent vers $\int\langle\theta,\mathcal{D}X\rangle$, toujours au sens des semimartingales. Soit $(K_q)_{q\in\mathbb{N}}$ une suite de compacts recouvrant V et tels que $K_q\subset \mathring{K}_{q+1}$. Puisque X^n tend vers le processus continu X uniformément sur les compacts en probabilité, les temps d'arrêt $T_q = \inf\{t : \exists n\ X_t^n \notin K_q\}$ tendent vers l'infini en probabilité. En extrayant des sous-suites, on se ramène à la convergence presque sûre, et il ne reste qu'à appliquer le corollaire 2.17 à des compacts $L_q \subset \mathbb{T}^*V$ tels que $\theta(K_q) \subset L_q$. ∎

Chapitre 3

CONNEXIONS ET MARTINGALES

> Il n'y a que des connexions *régulières*
> qui soient *pensables*.
>
> L. WITTGENSTEIN,
> *Tractatus Logico-Philosophicus*

1. — Connexions et géodésiques

La structure générale de variété que nous avons rencontrée jusqu'ici ne permet pas de décomposer une semimartingale X en somme d'une partie martingale (locale) et d'une partie à variation finie, tout simplement parce que l'on ne peut pas additionner des points d'une variété. Nous allons être moins ambitieux et chercher une décomposition non pas de X_t, mais de son accroissement infinitésimal $\mathcal{D}X_t$: cela ne permettra pas de décomposer X en général, mais au moins de dire, au vu de cette décomposition, si X est une martingale (locale) ou au contraire possède une composante à variation finie. Heuristiquement, en coordonnées locales, $\mathcal{D}X$ est le diffuseur $\mathrm{d}X^k \mathrm{D}_k + \frac{1}{2}\mathrm{d}[X^i, X^j]\mathrm{D}_{ij}$. En écrivant $X^k = M^k + A^k$, $\mathcal{D}X$ se décompose en un terme de martingale, $\mathrm{d}M^k \mathrm{D}_k$, et une partie à variation finie $\mathrm{d}A^k \mathrm{D}_k + \frac{1}{2}\mathrm{d}[X^i, X^j]\mathrm{D}_{ij}$. où se mélangent les termes de dérive et les termes de crochet. Pour reconnaître quand X est une martingale, il faudrait savoir dire quand les termes de dérive sont nuls, donc savoir les séparer des termes de crochet. Géométriquement, le problème est donc d'écrire un diffuseur $L \in \mathbb{T}_x V$ comme somme d'une partie d'ordre 1 (un élément du sous-espace $\mathrm{T}_x V$) et d'une partie qui soit, en un sens à préciser, purement d'ordre 2.

Ceci est facile lorsque $V = \mathbb{R}^d$, ou, plus généralement lorsque V possède une structure d'espace vectoriel ou affine : utiliser la base canonique de $\mathbb{R}^d$ (ou un repère linéaire ou affine) pour écrire les diffuseurs sous la forme $L^{ij}\mathrm{D}_{ij} + L^k \mathrm{D}_k$ et décréter que $L^{ij}\mathrm{D}_{ij}$ est la partie purement d'ordre 2 et $L^k \mathrm{D}_k$ la partie d'ordre 1. Ceci est invariant par un changement linéaire ou affine de repère, et règle donc la question. mais en mettant à contribution la structure vectorielle ou affine. On peut aussi l'habiller de façon un peu plus élégante : dans un espace vectoriel ou affine, on sait définir les mouvements uniformes; et la partie d'ordre 2 de l'accélération d'une courbe γ à l'instant t_0 est la différence $\ddot{\gamma}(t_0) - \ddot{g}(t_0)$, où g est le mouvement uniforme tangent à γ à l'instant t_0, c'est-à-dire vérifiant $g(t_0) = \gamma(t_0)$ et $\dot{g}(t_0) = \dot{\gamma}(t_0)$. Or les géomètres connaissent depuis longtemps l'analogue dans une variété des mouvements uniformes dans $\mathbb{R}^d$: ce sont les géodésiques, dont la définition fait intervenir une structure géométrique supplémentaire, la connexion. Bien sûr, puisque les traités élémentaires de géométrie différentielle ignorent les espaces osculateurs, la définition des connexions qui y figure est exprimée à l'aide d'autres structures, et nous devrons donc commencer par la traduire dans notre langage. Voici, en suivant Meyer [78], [79] et [80], ce que cela donne.

DÉFINITION. Soient V une variété (de classe C^2 au moins) et x un point de V. Une *connexion au point* x est une application linéaire de l'espace osculateur $\mathbb{T}_xV$ dans l'espace tangent T_xV, dont la restriction au sous-espace $T_xV \subset \mathbb{T}_xV$ est l'identité.

Une telle application linéaire Γ est une projection, elle est donc caractérisée par son noyau $\operatorname{Ker}\Gamma$, qui est un sous-espace de $\mathbb{T}_xV$ supplémentaire de T_xV; et $\mathbb{T}_xV$ est somme directe de $\operatorname{Ker}\Gamma$ et de T_xV, la décomposition s'écrivant $L = (L - \Gamma L) + \Gamma L$.

Si $(v^1, ..., v^d)$ est une carte au voisinage de x, les D_k en x forment une base de T_xV, et une connexion Γ au point x est complètement déterminée par le choix des coefficients Γ_{ij}^k tels que $\Gamma(D_{ij}) = \Gamma_{ij}^k D_k$. Ces coefficients répondent au joli nom de *symboles de Christoffel* de la connexion. Puisque D_{ij} est symétrique en i et j, il en va de même des symboles de Christoffel Γ_{ij}^k.

Lorsque V est un espace vectoriel ou affine, la *connexion plate* au point x est celle qui consiste à choisir la décomposition naturelle $\Gamma(L^{ij}D_{ij} + L^k D_k) = L^k D_k$ dans toute carte formée de fonctions linéaires ou affines; dans une telle carte, les symboles de Christoffel de cette connexion sont donc tous nuls.

Un exemple très important de connexion concerne le cas d'une sous-variété V d'un espace vectoriel (ou affine) euclidien E. Soit x un point de V. On peut munir V d'une connexion au point x de la façon suivante (qui dépend de l'injection canonique $i : V \to E$ et de la structure euclidienne de E) : Pour $L \in \mathbb{T}_xV$, $i_{*x}L$ est dans $\mathbb{T}_xE$; on peut donc prendre sa partie d'ordre 1 (pour la connexion plate de E au point x) $\Gamma_E(i_{*x}L)$, qui est dans l'espace tangent T_xE. Elle n'est pas nécessairement dans T_xV, mais on utilise alors la structure euclidienne de l'espace tangent T_xE pour projeter orthogonalement $\Gamma_E(i_{*x}L)$ sur le sous-espace T_xV. Cette opération est linéaire, et il est clair qu'elle respecte T_xV; c'est donc une connexion au point x, appelée la connexion induite par i et par la structure euclidienne.

[Les connexions que l'on rencontre en géométrie sont un peu plus générales que les nôtres; elles sont déterminées par des symboles de Christoffel non nécessairement symétriques en i et j. Celles que nous utilisons sont appelées *connexions sans torsion* par les géomètres; comme nous n'utiliserons pas les connexions tordues, il n'y a pas d'inconvénient à appeler ici simplement connexions les connexions sans torsion.]

EXERCICE. — Si (v^i) et (w^α) sont deux cartes locales au voisinage de x, la formule de changement de cartes pour les symboles de Christoffel d'une connexion au point x est
$$\Gamma_{\alpha\beta}^\gamma = D_k w^\gamma \left(D_\alpha v^i\, D_\beta v^j\, \Gamma_{ij}^k + D_{\alpha\beta} v^k \right).$$

EXERCICE. — L'ensemble des connexions en x est un espace affine, mais n'est pas un espace vectoriel. (La somme de deux connexions en x n'est pas une connexion, mais la demi-somme en est une.) La dimension de cet espace est $d^2(d+1)/2$. (La symétrie en i et j est la seule contrainte sur les symboles de Christoffel.)

Une connexion $\Gamma : \mathbb{T}_xV \to T_xV$ au point x transforme les diffuseurs en vecteurs, et vérifie $\Gamma \circ i = \operatorname{Id}_{T_xV}$ (où i désigne l'injection canonique de T_xV dans $\mathbb{T}_xV$). Dualement, l'application adjointe Γ^* transforme les covecteurs en codiffuseurs et vérifie $\mathbf{R} \circ \Gamma^* = \operatorname{Id}_{T_x^*V}$; son image $\operatorname{Im}\Gamma^*$ est un sous-espace de $\mathbb{T}_x^*V$ isomorphe à T_x^*V et supplémentaire à $\operatorname{Ker}\mathbf{R}$; elle donne lieu à une décomposition de $\mathbb{T}_x^*V$ en somme directe, s'écrivant $\theta = (\theta - \Gamma^*\mathbf{R}\theta) + \Gamma^*\mathbf{R}\theta$: le premier terme est dans

Ker **R**, le second dans Im Γ^*. En coordonnées locales, pour $\sigma = \sigma_i \, dv^i(x) \in \mathbb{T}_x^* V$ et $\theta = \theta_k \, d^2 v^k(x) + \theta_{ij} \, dv^i(x) \cdot dv^j(x) \in \mathbb{T}_x^* V$, on a

$$\Gamma^*\sigma = \sigma_k \left(d^2 v^k(x) + \Gamma_{ij}^k \, dv^i(x) \cdot dv^j(x) \right) \quad \text{et} \quad \theta - \Gamma^* \mathbf{R}\theta = (\theta_{ij} - \theta_k \Gamma_{ij}^k) \, dv^i(x) \cdot dv^j(x) \ .$$

Puisque (proposition 1.6) tout codiffuseur $\theta \in \mathbb{T}_x^* V$ est de la forme $d^2 f(x)$ pour une fonction $f \in \mathrm{C}^2(V)$, la connexion au point x est aussi caractérisée par l'application $f \mapsto d^2 f(x) - \Gamma^* df(x)$.

DÉFINITION. — Soit Γ une connexion au point x. Pour $f \in \mathrm{C}^2(V)$, le codiffuseur $d^2 f(x) - \Gamma^* df(x) \in \mathbb{T}_x^* V$ est appelé la *hessienne* de f au point x (sous-entendu : relativement à Γ) et noté $\mathrm{Hess}\, f(x)$.

Remarquer que $\mathrm{Hess}\, f(x)$ est purement d'ordre deux : $\mathbf{R}\, \mathrm{Hess}\, f(x) = 0$. En coordonnées locales, $\mathrm{Hess}\, f(x) = (\mathrm{D}_{ij} - \Gamma_{ij}^k \mathrm{D}_k) f(x) \, dv^i(x) \cdot dv^j(x)$. L'action de $\mathrm{Hess}\, f(x)$ sur les diffuseurs en x est donnée par $\langle \mathrm{Hess}\, f(x), L \rangle = (\mathrm{Id} - \Gamma) L f(x)$; elle consiste à faire agir sur f la partie purement du second ordre $(\mathrm{Id} - \Gamma) L$ de L. Si V est un espace vectoriel et Γ la connexion plate, on a en coordonnées linéaires $\mathrm{Hess}\, f(x) = \mathrm{D}_{ij} f(x) \, dv^i(x) \cdot dv^j(x)$, ce qui justifie le nom de hessienne.

[La définition habituelle d'une connexion en géométrie consiste, comme nous le verrons très bientôt, à introduire une dérivation covariante ∇. L'objet ici appelé $\mathrm{Hess}\, f(x)$ est, à un isomorphisme canonique près, la dérivée covariante seconde $\nabla df(x)$ de la géométrie usuelle ; l'isomorphisme est l'identification de l'espace des codiffuseurs purement d'ordre deux à $\mathbb{T}_x^* V \odot \mathbb{T}_x^* V$ par la bijection **Q** vue en 1.9.]

DÉFINITION. — Une *connexion* sur une variété V de classe au moins C^2 est la donnée, pour tout x de V, d'une connexion au point x.

Les symboles de Christoffel d'une connexion sont donc des fonctions, définies sur tout le domaine d'une carte ; nous leur demanderons la plus grande régularité possible, en exigeant qu'elles soient de classe C^{p-2}. (Mais on rencontre parfois aussi des connexions qui sont seulement continues, voire boréliennes...)

En faisant agir la connexion simultanément en chaque point, on peut la considérer comme une machine C^{p-2}-linéaire qui transforme tout champ de diffuseur en un champ de vecteur, et préserve les champs de vecteurs. Dualement, Γ^* est une opération C^{p-2}-linéaire transformant les champs de covecteurs en champs de codiffuseurs, et vérifiant $\mathbf{R} \circ \Gamma^* = \mathrm{Id}$.

En particulier, si A et B sont deux champs de vecteurs, leur composé AB (au sens de la composition des opérateurs différentiels) est un champ de diffuseurs, et $\Gamma(AB)$ est à nouveau un champ de vecteurs ; les géomètres l'appellent *dérivée covariante de B selon A* et le notent $\nabla_A B$. Leurs livres définissent une connexion comme une opération $(A, B) \mapsto \nabla_A B$ sur les champs de vecteurs vérifiant certaines propriétés.[1]

---

1. Techniquement, le point de vue des espaces osculateurs présente parfois certains avantages. Par exemple, le défaut d'affinité d'une courbe γ est le vecteur $\Gamma\ddot{\gamma}$, d'un maniement aisé. Le géomètre traditionnel utilisera plus naturellement $\nabla_{\dot\gamma}\dot\gamma$, mais cette quantité, égale à $\mathbb{1}_{\{\dot\gamma \neq 0\}} \Gamma\ddot\gamma$, n'est en général pas continue (prenez l'exemple de la courbe $\gamma(t) = t^2$ dans $\mathbb{R}$ muni de la connexion plate). Ceci est source de complications, voire d'erreurs : certains livres affirment — et démontrent ! — que l'équation du transport parallèle est $\nabla_{\dot\gamma} u = 0$, alors que cette condition ne suffit pas si la courbe γ a des intervalles de constance ; l'équation $\Gamma(u') = 0$, où u' désigne le diffuseur tel que $\langle d^2 f, u' \rangle = \frac{\mathrm{d}}{\mathrm{d}t} \langle df, u(t) \rangle$, est, elle, nécessaire et suffisante.

Bien entendu, si V est un espace affine, la connexion plate sur V est celle qui est plate en chaque point; elle opère sur les champs de diffuseurs en gardant seulement la partie d'ordre 1 (en coordonnées affines).

Si V est une sous-variété d'un espace affine euclidien E, la connexion induite sur V par l'injection et par la structure euclidienne est définie, comme plus haut, en chaque point. Cet exemple de connexion est tout à fait fondamental. (Les auditeurs ayant un peu fréquenté les variétés riemanniennes vérifieront sans peine que la connexion ainsi construite sur V n'est autre que la connexion de Levi-Civita asssociée à la structure riemannienne induite sur V par E. Ceci resterait d'ailleurs vrai si l'on remplaçait E lui-même par une variété riemannienne.)

DÉFINITION. — Soit V une variété munie d'une connexion Γ. Une courbe $\gamma : I \to V$ de classe C^2 au moins et définie sur un intervalle ouvert $I \subset \mathbb{R}$ est une *géodésique* si l'on a $\Gamma\ddot{\gamma}(t) = 0$ pour tout $t \in I$.

Lorsque Γ est la connexion plate sur un espace affine, les géodésiques sont les mouvements uniformes. Lorsque Γ est la connexion induite sur une sous-variété V d'un espace affine euclidien E, γ est une géodésique si et seulement si son vecteur accélération dans E (au sens usuel de la cinématique : c'est un vecteur et non un diffuseur) reste à tout instant t orthogonal à l'espace tangent $T_{\gamma(t)}V$.

En coordonnées locales, l'équation des géodésiques $\Gamma\ddot{\gamma} = 0$ s'écrit

$$\ddot{\gamma}^k(t) + \Gamma_{ij}^k\big(\gamma(t)\big)\,\dot{\gamma}^i(t)\,\dot{\gamma}^j(t) = 0 \qquad \text{pour tout } k.$$

Si l'on pose $u^k = \dot{\gamma}^k$, on obtient le système différentiel d'ordre 1 à $2d$ composantes

$$\begin{cases} \dfrac{\mathrm{d}u^k}{\mathrm{d}t} = -\Gamma_{ij}^k(\gamma^1, ..., \gamma^d)\,u^i\,u^j \\[2mm] \dfrac{\mathrm{d}\gamma^k}{\mathrm{d}t} = u^k\,. \end{cases}$$

Pour pouvoir le résoudre, nous ferons, jusqu'à la fin de cette section, l'hypothèse que *V est de classe* C^3 *au moins;* ainsi Γ est au moins C^1 et en particulier localement lipschitzienne. Ceci assure l'existence locale et l'unicité de la solution si l'on se donne les $2d$ nombres $\gamma^k(0)$ et $u^k(0)$. Ainsi, pour tout $x \in V$ et tout vecteur $A \in T_xV$, il existe une géodésique telle que $\dot{\gamma}(0) = A$; elle est unique, au sens où deux telles géodésiques, soient γ' et γ'', respectivement définies sur des intervalles ouverts I' et I'' de $\mathbb{R}$, coïncident sur l'intersection $I' \cap I''$. Il existe donc une unique géodésique maximale (c'est-à-dire définie sur un intervalle ouvert maximal) de vitesse initiale $\dot{\gamma}(0)$ donnée dans TV.

Remarquer que si γ est une géodésique et a une application affine de $\mathbb{R}$ dans $\mathbb{R}$, $\gamma \circ a$ est encore une géodésique. En particulier, si γ est la géodésique maximale telle que $\dot{\gamma}(0)$ soit un vecteur donné A, alors $t \mapsto \gamma(\lambda t)$ est la géodésique maximale de vitesse initiale λA, ceci pour tout réel λ.

EXERCICE. — La variété $\mathbb{R}^2$ est munie des coordonnées globales (x, y) et de la connexion de classe C^0 ainsi définie : Tous les symboles de Christoffel sont nuls sauf un, $\Gamma_{11}^2(x, y) = -6\sqrt[3]{y}$. Vérifier que les courbes

$$\begin{cases} x(t) = x_0 + t \\ y(t) = 0 \end{cases} \qquad \text{et} \qquad \begin{cases} x(t) = x_0 + t \\ y(t) = t^3 \end{cases}$$

sont des géodésiques différentes ayant mêmes position et vitesse initiales.

EXERCICE. — Sur la variété $\mathbb{R}$, il existe une connexion C^∞ pour laquelle les géodésiques sont les courbes $\gamma(t) = \ln(at+b)$; leurs intervalles maximaux de définition sont donc des demi-droites. Sur la variété compacte $\mathbb{R}/\mathbb{Z}$, il existe une connexion C^∞ pour laquelle les géodésiques sont les images modulo 1 des précédentes. Comment se comportent-elles lorsque $t \to -b/a$?

DÉFINITION. — On appelle *application exponentielle en un point* x l'application $\exp_x$ définie par $\exp_x(u) = \gamma(1)$, où u est dans T_xV et γ est la géodésique maximale vérifiant $\dot\gamma(0) = u$.

Elle est définie seulement pour les u tels que 1 soit dans l'intervalle (maximal) I de définition de γ. Comme l'application $u \mapsto \sup I$ est semi-continue inférieurement, ces u forment un ouvert de T_xV.

PROPOSITION 3.1. — *Soit x un point d'une variété de classe C^p, où $p \geqslant 3$. Il existe un voisinage U de l'origine dans T_xV et un voisinage W de x dans V tels que $\exp_x$ soit un difféomorphisme de classe C^{p-2} de U sur W.*

DÉMONSTRATION. — Puisque les symboles de Christoffel qui apparaissent dans l'équation des géodésiques en coordonnées locales sont de classe C^{p-2}, le théorème de régularité des solutions des équations différentielles permet d'affirmer que $\phi = \exp_x$ est de classe C^{p-2} sur l'ouvert où elle est définie. Sa différentielle ϕ_{*0} à l'origine est l'application identique de T_xV dans lui-même (en identifiant l'espace tangent en un point à un espace vectoriel avec cet espace vectoriel). En effet, si A est un vecteur de T_xV et γ la géodésique de V de vitesse initiale A, la courbe $c(t) = tA$ dans T_xV vérifie $\phi \circ c = \gamma$, donc $\phi_{*0}(A) = \phi_{*0}\dot c(0) = \dot\gamma(0) = A$. Comme $p-2 \geqslant 1$, la proposition résulte immédiatement du théorème des fonctions implicites (voir par exemple [16]). ∎

DÉFINITION. Soit x un point d'une variété C^3 au moins. On appelle *carte normale* en x toute carte v de la forme $b \circ \exp_x^{-1}$, où b est un isomorphisme linéaire entre T_xV et $\mathbb{R}^d$, et où le domaine D de la carte est tel que $\exp_x^{-1}$ soit un difféomorphisme de D sur un voisinage de l'origine dans T_xV. Le point x est appelé le *centre* de la carte.

Une telle carte transforme les géodésiques passant par le centre en mouvements uniformes passant par l'origine. Mais en général, les géodésiques ne passant pas par le centre sont transformées en mouvements non uniformes !

PROPOSITION 3.2. — *Les symboles de Christoffel associés à une carte normale sont nuls au centre de cette carte.*

DÉMONSTRATION. — Appelons x le centre de la carte normale. Soient $a^1, ..., a^d$ des coefficients ; soit γ la géodésique telle que $\gamma(0) = x$ et $\dot\gamma^i(0) = a^i$ (lecture de $\dot\gamma$ dans la carte). On a $\gamma^k(t) = a^k t$ pour tout t assez petit ; l'équation des géodésiques entraîne $\Gamma_{ij}^k\big(\gamma(t)\big)\, a^i a^j = 0$ pour tout k et tout t. En particulier, pour $t = 0$, $\Gamma_{ij}^k(x)\, a^i a^j = 0$. Les a^i étant arbitraires et les Γ_{ij}^k symétriques en i et j, on a $\Gamma_{ij}^k(x) = 0$. ∎

DÉFINITION. — On appelle *application exponentielle* l'application $\exp$ qui à un vecteur $u \in TV$ associe le couple $\big(x, \exp_x(u)\big) \in V \times V$, où $x = \pi(u)$ est le point de V tel que $u \in T_xV$.

PROPOSITION 3.3. — *Soit V une variété de classe C^p avec $p \geqslant 3$. Il existe dans TV un voisinage D de l'ensemble des vecteurs nuls, et dans $V \times V$ un voisinage E de la diagonale, tels que la restriction à D de l'application exponentielle soit un difféomorphisme C^{p-2} de D sur E.*

DÉMONSTRATION. — Soient x un point de V et 0_x le vecteur nul de T_xV. L'équation des géodésiques écrite dans une carte locale autour de x, jointe au théorème de régularité des solutions d'équations différentielles, montre (comme dans la proposition 3.1) que l'application exponentielle est bien définie et de classe C^{p-2} sur un voisinage de 0_x dans TV. Nous allons montrer que c'est un difféomorphisme sur un voisinage ouvert U_x de 0_x ; la proposition en découlera en prenant $D = \bigcup_{x \in V} U_x$. Pour vérifier cette propriété de difféomorphisme, il suffit par le théorème d'inversion locale d'établir que l'application linéaire tangente $\exp_{*0_x}$ est une bijection entre les espaces tangents en 0_x à TV et en (x, x) à $V \times V$. Les dimensions de TV et $V \times V$ étant les mêmes ($2d$), il suffit déjà de montrer la surjectivité. Lorsque γ décrit les géodésiques telles que $\gamma(0) = x$, les courbes $t \mapsto t\dot\gamma(0)$ et $t \mapsto 0_{\gamma(t)}$ sont dans TV et passent en 0_x à l'instant 0. Leurs images par exp sont les courbes de la forme $\bigl(x, \gamma(t)\bigr)$ et de la forme $\bigl(\gamma(t), \gamma(t)\bigr)$; donc les vecteurs $\bigl(0, \dot\gamma(0)\bigr)$ et $\bigl(\dot\gamma(0), \dot\gamma(0)\bigr)$ de $T_xV \times T_xV = T_{(x,x)}V \times V$ sont dans l'espace image de $\exp_{*0_x}$. Comme ils en forment une partie génératrice, cette image est l'espace $T_{(x,x)}V \times V$ tout entier. ∎

2. — Intégrales d'Itô et martingales

Symboliquement, si X est une semimartingale dans V, $\mathcal{D}X$ est le diffuseur $\mathrm{d}X^k D_k + \frac{1}{2}\,\mathrm{d}[X^i, X^j]D_{ij}$. Disposant d'une connexion Γ sur la variété, nous pouvons élaguer la partie purement d'ordre 2, pour ne garder que la partie d'ordre 1 $\Gamma\mathcal{D}X = (\mathrm{d}X^k + \frac{1}{2}\,\Gamma^k_{ij}(X_t)\,\mathrm{d}[X^i, X^j])D_k$; c'est — toujours symboliquement — un vecteur tangent, soumis à la brave formule *linéaire* de changements de cartes dans TV, et pour lequel une décomposition en parties martingale et partie à variation finie $\mathrm{d}M + \mathrm{d}A$ sera donc invariante par changement de cartes, c'est-à-dire intrinsèque ($\mathrm{d}M$ et $\mathrm{d}A$ sont dans $T_{X_t}V$; ni M ni A n'existent). Plutôt que de raisonner sur l'objet formel $\mathcal{D}X$, il est plus agréable, et plus conforme aux bonnes mœurs mathématiques, de dire tout cela de façon rigoureuse, en utilisant le langage officiel pour parler de $\mathcal{D}X$, celui des intégrales de codiffuseurs le long de X. Cela nous mène aux intégrales d'Itô dans une variété. Introduites et étudiées par Meyer [78] et [80], elles avaient auparavant déjà été considérées par Duncan [38] dans le cas riemannien (comme limites de sommes de Riemann!) et par Bismut [15] dans le cas des diffusions (c'est lui qui, le premier, a identifié la connexion comme étant la structure géométrique permettant leur existence). La méthode d'approximation de Duncan a été ultérieurement redécouverte par Darling [23] et [27].

DÉFINITION. — Soit X une semimartingale dans une variété V pourvue d'une connexion Γ. Soit Σ un processus prévisible, à valeurs dans T^*V, localement borné et au-dessus de X. On appelle *intégrale d'Itô* de Σ le long de X, et l'on note $\int \langle \Sigma, \mathrm{d}_\Gamma X \rangle$, la semimartingale réelle $\int \langle \Gamma^*\Sigma, \mathcal{D}X \rangle$.

Pour donner un sens à cette définition, il faut remarquer que lorsque Σ est un tel processus de covecteurs, le processus de codiffuseurs $\Gamma^*\Sigma$ est prévisible, localement borné et au-dessus de X. Formellement, la différentielle d'Itô $\mathrm{d}_\Gamma X_t$ n'est autre que la partie d'ordre un $\Gamma\mathcal{D}X_t = (\mathrm{d}X^k_t + \frac{1}{2}\,\Gamma^k_{ij}(X_t)\,\mathrm{d}[X^i, X^j]_t)D_k$ du diffuseur infinitésimal $\mathcal{D}X_t$.

PROPOSITION 3.4. — *Soient X une semimartingale dans une variété V pourvue d'une connexion, et Σ et T deux processus prévisibles, à valeurs dans T^*V,* *localement bornés et au-dessus de X. La covariation des deux intégrales d'Itô est donnée par*

$$\tfrac{1}{2}\left[\int\langle\Sigma,\mathrm{d}_\Gamma X\rangle,\int\langle T,\mathrm{d}_\Gamma X\rangle\right]=\int\langle\Sigma{\cdot}T,\mathcal{D}X\rangle\,.$$

Si H est un processus prévisible réel localement borné, on a

$$\int\langle H\Sigma,\mathrm{d}_\Gamma X\rangle=\int H\,\mathrm{d}\big(\!\int\langle\Sigma,\mathrm{d}_\Gamma X\rangle\big)\,.$$

DÉMONSTRATION. — La première formule résulte aussitôt de $\mathbf{R}\Gamma^*\Sigma=\Sigma$ et de 2.10.(iii); la seconde de $\Gamma^*(H\Sigma)=H\,\Gamma^*\Sigma$ et de 2.10.(ii). ∎

Par conséquent, en coordonnées locales, si Σ s'écrit $\sigma_i\,dv^i$, l'intégrale d'Itô de Σ n'est autre que $\int\sigma_k(\mathrm{d}X^k+\tfrac{1}{2}\Gamma_{ij}^k(X)\mathrm{d}[X^i,X^j])$. À l'aide des intégrales d'Itô, on peut très facilement écrire la formule d'Itô dans V :

PROPOSITION 3.5. — *Soit X une semimartingale dans V.*
Pour toute fonction $f\in\mathrm{C}^2(V)$, on a

$$f{\circ}X=f(X_0)+\int\langle df,\mathrm{d}_\Gamma X\rangle+\int\langle\mathrm{Hess}\,f,\mathcal{D}X\rangle\,.$$

DÉMONSTRATION. — Immédiat à l'aide des définitions $\int\langle df,\mathrm{d}_\Gamma X\rangle=\int\langle\Gamma^*df,\mathcal{D}X\rangle$ et $\mathrm{Hess}\,f=d^2f-\Gamma^*df$, et de l'égalité $f{\circ}X-f(X_0)=\int\langle d^2f,\mathcal{D}X\rangle$. ∎

DÉFINITION. — Une semimartingale X dans une variété V munie d'une connexion Γ est une *martingale* si, pour tout processus prévisible Σ à valeurs dans T^*V, localement borné et au-dessus de X, l'intégrale d'Itô $\int\langle\Sigma,\mathrm{d}_\Gamma X\rangle$ est une martingale locale.

Heuristiquement, X est une martingale si $\mathcal{D}X$ peut se décomposer en une différentielle de martingale (d'ordre un) et une partie purement d'ordre deux, c'est-à-dire dans le noyau de Γ.

Ces êtres ne sont pas l'analogue dans V des martingales continues dans $\mathbb{R}^d$, mais des *martingales locales* continues dans $\mathbb{R}^d$; et quand V est la variété $\mathbb{R}^d$ et Γ la connexion plate, cette définition crée une ambiguïté : les martingales dans V sont les martingales *locales* (continues) usuelles. Malgré cela, nous préférons le terme de martingale pour trois raisons : il est plus simple que martingale locale; dans une variété générale, il n'existe pas d'objets qui correspondent aux vraies martingales (non locales); enfin, l'expérience montre que cette ambiguïté n'est pas gênante. Les auteurs anglo-saxons emploient le terme de « Γ-martingale », qui a le double avantage de supprimer toute ambiguïté et de faire figurer explicitement la connexion.
La définition ci-dessus d'une martingale dans une variété est empruntée à Meyer [78] et [79]; une autre approche, par les fonctions convexes, est due à Darling [23] et [24] et fera l'objet du prochain chapitre.

PROPOSITION 3.6. — *Pour qu'une semimartingale X dans V soit une martingale, (il faut et) il suffit que, pour toute fonction f de classe C^p et à support compact, la différence $f{\circ}X-\int\langle\mathrm{Hess}\,f,\mathcal{D}X\rangle$ soit une martingale locale.*

DÉMONSTRATION. — Utilisons un recouvrement ouvert dénombrable $(U_\iota)_{\iota\in I}$ de V tel que chaque U_ι soit relativement compact dans le domaine d'une carte locale $(v_\iota^i)_{1\leqslant i\leqslant d}$. Soient w_ι^i des fonctions C^p à support compact, telles que $w_\iota^i=v_\iota^i$ sur U_ι.

Si Σ est un processus prévisible dans T^*V, localement borné et au-dessus de X, il s'agit de montrer que $M = \int \langle \Sigma, \mathrm{d}_\Gamma X \rangle$ est une martingale locale.

Puisque les ensembles prévisibles $A_\iota = \{X \in U_\iota\}$ recouvrent $[\![0, \infty[\![$, il suffit de vérifier que, pour un ι (fixé dans la suite), $\int \mathbb{1}_{A_\iota} \mathrm{d}M$ est une martingale locale. Définissons des processus prévisibles σ_i par la formule $\Sigma = \sigma_i \, \mathrm{d}v_\iota^i(X)$ sur A_ι et par $\sigma_i = 0$ sur A_ι^c; ils sont localement bornés parce que U_ι est relativement compact dans le domaine de la carte v_ι. En remarquant que $\mathbb{1}_{A_\iota} \Sigma = \sigma_i \mathrm{d}w_\iota^i(X)$ et en utilisant 3.4, on peut écrire

$$\int \mathbb{1}_{A_\iota} \mathrm{d}M = \int \langle \mathbb{1}_{A_\iota} \Sigma, \mathrm{d}_\Gamma X \rangle = \int \sigma_i \, \mathrm{d}\big(\int \langle \mathrm{d}w_\iota^i, \mathrm{d}_\Gamma X \rangle \big) \ ;$$

et c'est fini, puisque la formule d'Itô 3.5 et l'hypothèse assurent que l'intégrale d'Itô

$$\int \langle \mathrm{d}w_\iota^i, \mathrm{d}_\Gamma X \rangle = w_\iota^i \circ X - w_\iota^i(X_0) - \int \langle \mathrm{Hess}\, w_\iota^i, \mathcal{D}X \rangle$$

est une martingale locale. ∎

EXERCICE. — a) Si $f^1, ..., f^q$ sont des fonctions C^2 sur (V, Γ) et si $\phi : \mathbb{R}^q \to \mathbb{R}$ est aussi C^2, la formule de changement de variable pour les hessiennes s'écrit

$$\mathrm{Hess}\, [\phi \circ (f^1, ..., f^q)] = \mathrm{D}_k \phi(f^1, ..., f^q) \, \mathrm{Hess}\, f^k + \mathrm{D}_{ij} \phi(f^1, ..., f^q) \, df^i \cdot df^j \ .$$

b) On suppose donné un plongement propre de V dans $\mathbb{R}^q$ (ceci entraîne que toute fonction C^p sur V est restriction à V d'une fonction C^p définie sur $\mathbb{R}^q$). La connexion Γ sur V est quelconque, et n'a a priori rien a voir avec le plongement. Soient $f^1, ..., f^q$ les fonctions C^p sur V obtenues en composant les coordonnées de $\mathbb{R}^q$ par le plongement. Montrer qu'une semimartingale X dans V est une martingale pour Γ si et seulement si chaque $f^k \circ X - \int \langle \mathrm{Hess}\, f^k, \mathcal{D}X \rangle$ est une martingale locale.

Pour rendre plus concrète la notion de martingale, voici trois situations dans lesquelles les martingales sont faciles à caractériser. La première est le cas où la variété admet un système de coordonnées globales.

PROPOSITION 3.7. — *On suppose V pourvue d'une carte globale $(v^i)_{1 \leqslant i \leqslant d}$; on note Γ_{ij}^k les symboles de Christoffel de la connexion pour cette carte. Soit X une semimartingale dans V, de coordonnées $X^k = v^k \circ X$. Pour que X soit une martingale, il faut et il suffit que chacun des d processus réels*

$$M^k = X^k + \tfrac{1}{2} \int \Gamma_{ij}^k(X) \, \mathrm{d}[X^i, X^j]$$

soit une martingale locale.

Si l'on se donne des martingales locales (continues) $M^1, ..., M^d$, tout processus X dans V, dont les coordonnées X^k vérifient

$$X^k = M^k - \tfrac{1}{2} \int \Gamma_{ij}^k(X) \, \mathrm{d}[M^i, M^j] \ ,$$

est une martingale.

Ainsi, dès que la connexion est suffisamment régulière pour que l'équation différentielle stochastique ci-dessus ait toujours une unique solution, les martingales dans V sont en correspondance avec les martingales locales continues dans $\mathbb{R}^d$ (à des problèmes de durée de vie près).

DÉMONSTRATION DE LA PROPOSITION 3.7. — Puisque $\operatorname{Hess} v^k = -\Gamma_{ij}^k \, dv^i \cdot dv^j$, la quantité $M^k = X^k + \frac{1}{2}\int\Gamma_{ij}^k(X)\,d[X^i, X^j]$ n'est autre que l'intégrale d'Itô $\int\langle dv^k, d_\Gamma X\rangle$; si X est une martingale, M^k est donc une martingale locale.

Réciproquement, si chaque M^k est une martingale locale, la formule de changement de variable

$$d(f\circ X) = \mathrm{D}_k f\circ X \left(dX^k + \tfrac{1}{2}\Gamma_{ij}^k(X)\,d[X^i, X^j]\right) + \tfrac{1}{2}(\mathrm{D}_{ij} - \Gamma_{ij}^k\mathrm{D}_k)f\circ X \, d[X^i, X^j]$$

montre que pour toute $f \in \mathrm{C}^2$, le processus $f\circ X - \int\langle\operatorname{Hess} f, \mathcal{D}X\rangle$ est une martingale locale, et X est une martingale d'après 3.6.

Si l'on se donne des martingales locales continues M^k, tout processus X tel que $X^k = M^k - \frac{1}{2}\int\Gamma_{ij}^k(X)\,d[M^i, M^j]$ vérifiera $[X^i, X^j] = [M^i, M^j]$; on aura donc $M^k = X^k + \frac{1}{2}\int\Gamma_{ij}^k(X)\,d[X^i, X^j]$ et X sera une martingale par la première partie de la proposition. ∎

La seconde situation où les martingales se décrivent simplement est le cas des diffusions. Une diffusion est une martingale si et seulement si son générateur est purement d'ordre deux:

PROPOSITION 3.8. — *Sur la variété V, soit L un champ de diffuseurs, non nécessairement continu, mais borélien et localement borné. Soit aussi X une semimartingale dans V, telle que, pour toute $f \in \mathrm{C}^2(V)$.*

$$f\circ X_t - \int_0^t Lf(X_s)\,ds$$

soit une martingale locale.

Alors X est une martingale dans V si et seulement si le temps passé par X dans l'ensemble $\{x \in V : \Gamma L(x) \neq 0\}$ est nul. En particulier, lorsque cet ensemble est ouvert (par exemple si L est continu), X est une martingale si et seulement si presque toutes ses trajectoires sont à valeurs dans le fermé $\{\Gamma L = 0\}$.

Si $\Gamma L = 0$, le processus X est toujours une martingale dans V.

DÉMONSTRATION. — Notons $\overset{\mathrm{m}}{=}$ l'égalité modulo les martingales locales : $Y \overset{\mathrm{m}}{=} Z$ signifiera que la différence entre les deux processus réels Y et Z est une martingale locale. Notons aussi $\int H \, dt$ le processus $\int H \, dA$ où $A_t \equiv t$. Pour tout Θ prévisible, localement borné et au-dessus de X dans $\mathbb{T}^*V$, on a $\int\langle\Theta, \mathcal{D}X\rangle \overset{\mathrm{m}}{=} \int\langle\Theta, L\rangle \, dt$. C'est en effet vrai par hypothèse quand $\Theta = d^2f(X)$, cela s'étend sans peine au cas où $\Theta = H\,d^2f(X)$, où H est prévisible réel localement borné, puis à $\Theta = H\,df\cdot dg$ en écrivant $df\cdot dg = \frac{1}{2}\left(d^2(fg) - f\,d^2g - g\,d^2f\right)$, et enfin au cas général comme dans 3.6, par localisation dans des cartes et écriture de Θ sous la forme $H_k\,d^2v^k + H_{ij}\,dv^i\cdot dv^j$.

Pour tout processus de covecteurs Σ, prévisible, localement borné et au-dessus de X, on peut écrire

$$\int\langle\Sigma, d_\Gamma X\rangle = \int\langle\Gamma^*\Sigma, \mathcal{D}X\rangle \overset{\mathrm{m}}{=} \int\langle\Gamma^*\Sigma, L\rangle(X)\,dt = \int\langle\Sigma, \Gamma L\rangle(X)\,dt \,.$$

Pour que X soit une martingale, il faut et il suffit que pour tout Σ, le membre de gauche soit une martingale locale; ou encore que pour tout Σ, le processus à variation finie $\int\langle\Sigma, \Gamma L\rangle(X)\,dt$ soit identiquement nul. Cette condition est toujours satisfaite si le temps passé par X dans l'ensemble $U = \{\Gamma L \neq 0\}$ est nul. Réciproquement, si elle est satisfaite, soit σ un champ de covecteurs borélien, localement borné, tel que $\langle\sigma, \Gamma L\rangle > 0$ sur U. En prenant $\Sigma = \sigma\circ X$, on obtient $\int \mathbb{1}_{\{X\in U\}}\,dt = 0$. ∎

La troisième situation où les martingales sont faciles à caractériser est le cas où V est une sous-variété de $\mathbb{R}^q$ munie de la connexion induite.

PROPOSITION 3.9. — *Soit V une sous-variété d'un espace vectoriel euclidien E, munie de la connexion induite ; appelons p_x la projection orthogonale de $T_x E$ sur $T_x V$, et identifions chaque $T_x E$ à E. Soit X une semimartingale dans V ; appelons A la partie à variation finie de la décomposition canonique de X dans E* (c'est le processus à variation finie, adapté, continu et issu de l'origine, tel que $X - A$ soit une martingale locale dans E).

Pour tout processus Σ de covecteurs sur V, prévisible, localement borné et au-dessus de X, l'intégrale d'Itô $\int \langle \Sigma, \mathrm{d}_\Gamma X \rangle$ est l'intégrale stochastique usuelle $\int \Sigma \circ p_X \,(\mathrm{d}X)$ dans E, et sa la partie à variation finie est donc $\int \Sigma \circ p_X \,(\mathrm{d}A)$.

Pour que X soit une martingale dans V, il faut et il suffit qu'il existe un processus réel croissant, continu, adapté C et un processus prévisible H à valeurs dans E tels que l'on ait

$$ A = \int H \,\mathrm{d}C \qquad et \qquad H_t \perp T_{X_t} V \,. $$

En langage moins rigoureux mais plus direct, X est une martingale dans V si et seulement si $\mathrm{d}A_t$ reste orthogonal dans E au sous-espace $T_{X_t} V$. L'analogie avec le comportement des géodésiques, caractérisées par l'orthogonalité entre leur accélération (dans E) et l'espace tangent à V, n'est nullement fortuite!

DÉMONSTRATION. — Pour plus de précision, nous appellerons i l'injection canonique de V dans E, ce qui permet de distinguer un point x de V de son image ix dans E, et le processus X de son image $Y = i \circ X$. Nous noterons Γ_V la connexion sur V et Γ_E la connexion plate sur E; la définition de Γ_V est $\Gamma_V L = p_* \, \Gamma_E \, i_* \, L$ pour $L \in \mathbb{T}_x V$.

Si Σ est un processus de covecteurs sur V, prévisible, localement borné et au-dessus de X, la formule $T = \Gamma_E^*(\Sigma \circ p)$ définit un processus T de codiffuseurs sur E, prévisible, localement borné et au-dessus de Y, tel que $\int \langle i^* T, \mathcal{D} X \rangle = \int \langle T, \mathcal{D} Y \rangle$ par la proposition 2.11. Ceci permet d'écrire

$$ \int \langle \Sigma, \mathrm{d}_{\Gamma_V} X \rangle = \int \langle \Gamma_V^* \Sigma, \mathcal{D} X \rangle = \int \langle i^* \Gamma_E^*(\Sigma \circ p_X), \mathcal{D} X \rangle $$

$$ = \int \langle \Gamma_E^*(\Sigma \circ p_X), \mathcal{D} Y \rangle = \int \langle \Sigma \circ p_X, \mathrm{d}_{\Gamma_E} Y \rangle $$

où les intégrales de la première ligne sont dans V et celles de la seconde dans E. L'intégrale d'Itô finale est écrite pour la connexion plate Γ_E sur E; c'est donc l'intégrale usuelle $\int \Sigma \circ p_X \,(\mathrm{d}Y)$, et la première partie de l'énoncé est établie.

Si A peut s'écrire $\int H \,\mathrm{d}C$, où C est croissant continu, et H_t est prévisible dans E et normal à $T_{X_t} V$, alors $p_X(H) = 0$, et pour tout Σ,

$$ \int \Sigma \circ p_X \,(\mathrm{d}A) = \int \Sigma \circ p_X \,(H \,\mathrm{d}C) = \int \langle \Sigma, p_X(H) \rangle \,\mathrm{d}C = 0 \,; $$

X est donc une martingale pour Γ_V.

Réciproquement, si X est une martingale, soient A^i les composantes de A dans une base de E (coordonnées linéaires!), $C = \sum_i \int |\mathrm{d}A^i|$, et H un processus prévisible borné dans E tel que $\mathrm{d}A = H \,\mathrm{d}C$. En identifiant $T_{X_t} V$ et $T_{X_t}^* V$ au moyen de la structure euclidienne, on peut définir un processus prévisible borné dans T^*V au dessus de X par $\Sigma = p(H)$; puisque X est une martingale,

$$0 = \int \Sigma \circ p_X \,(\mathrm{d}A) = \int \langle \Sigma, p_X(H) \rangle \,\mathrm{d}C = \int \|p_X(H)\|^2 \,\mathrm{d}C \ .$$

Ceci montre que, quitte à modifier H sur un ensemble négligeable pour $\mathrm{d}C$, on a $p_X(H) = 0$, c'est-à-dire $H_t \perp T_{X_t}V$. ∎

La formule d'Itô 3.5 n'a été énoncée que pour les fonctions; elle s'étend immédiatement aux codiffuseurs :

PROPOSITION 3.10. — *Soient X une semimartingale dans V et Θ un processus coosculateur prévisible, localement borné, au-dessus de X. On a toujours l'identité*

$$\int \langle \Theta, \mathcal{D}X \rangle = \int \langle \mathbf{R}\Theta, \mathrm{d}_\Gamma X \rangle + \int \langle (\Theta - \Gamma^*\mathbf{R}\Theta), \mathcal{D}X \rangle \ .$$

Lorsque X est une martingale, ceci est la décomposition canonique de $\int \langle \Theta, \mathcal{D}X \rangle$ en parties martingale et à variation finie.

DÉMONSTRATION. — La formule se réduit à la trivialité $\Theta = \Gamma^*\mathbf{R}\Theta + (\Theta - \Gamma^*\mathbf{R}\Theta)$. Comme $\mathbf{R}\Gamma^*$ est l'identité sur les covecteurs, $(\Theta - \Gamma^*\mathbf{R}\Theta)$ est dans le noyau de $\mathbf{R}$, et l'intégrale $\int \langle (\Theta - \Gamma^*\mathbf{R}\Theta), \mathcal{D}X \rangle$ est toujours à variation finie d'après 2.10.(v). Si de plus X est une martingale, l'intégrale d'Itô est une martingale locale réelle, et la formule ci-dessus coïncide donc avec la décomposition canonique de $\int \langle \Theta, \mathcal{D}X \rangle$. ∎

3. — Applications affines; connexion produit

DÉFINITION. — Soient Γ_V et Γ_W deux connexions sur des variétés V et W respectivement. Si x est un point de V, une application $\phi \in \mathrm{C}^2(V, W)$ est *affine au point x* si l'on a $\phi_{*x}(\Gamma_V L) = \Gamma_W(\phi_{*x}L)$ pour tout $L \in \mathbb{T}_x V$, ou encore, de façon équivalente, $\phi_x^*(\Gamma_W^*\sigma) = \Gamma_V^*(\phi_x^*\sigma)$ pour tout $\sigma \in \mathrm{T}_{\phi(x)}^*W$. Elle est *affine* si elle est affine en tout point x de V.

Il n'existe en général pas d'applications affines non constantes d'une variété dans une autre. Une importante exception est le cas où V est $\mathbb{R}$ ou un intervalle de $\mathbb{R}$: une courbe à valeurs dans W est une application affine (l'intervalle de définition étant muni de la connexion plate) si et seulement si c'est une géodésique.

Même dans le cas où V est une sous-variété de $W = \mathbb{R}^q$ et où Γ_V est la connexion induite par l'inclusion i et une structure euclidienne sur W, l'application i n'est en général pas affine. En effet, elle ne transforme pas les géodésiques de V en mouvements uniformes dans W, alors que, comme nous allons le voir, ce serait une condition nécessaire (et suffisante) d'affinité.

Plus généralement, si l'on se donne ϕ et Γ_W, il n'existe en général pas de connexion Γ_V rendant ϕ affine.

EXERCICE 3.11. — Pour que $\phi \in \mathrm{C}^2(V, W)$ soit affine, il faut et il suffit que l'on ait $\mathrm{Hess}_V(f \circ \phi) = \phi^*(\mathrm{Hess}_W f)$ pour toute $f \in \mathrm{C}^2(W)$.

LEMME 3.12. — *Soient I un intervalle ouvert de $\mathbb{R}$ et $\gamma : I \to V$ une courbe dans V telle que $\gamma \circ M$ soit une martingale dans V pour toute martingale locale réelle M à valeurs dans I. La courbe γ est une géodésique.*

DÉMONSTRATION. — Soit σ un champ de covecteurs sur V ; $\tau = \gamma^* \Gamma^* \sigma$ est un champ de codiffuseurs sur I, que l'on peut écrire $\tau = a(t)\, d^2 t + b(t)\, dt \cdot dt$, où les fonctions a et b sur I sont données par $a = \langle \tau, \frac{\partial}{\partial t} \rangle$ et $b = \langle \tau, \frac{\partial^2}{\partial t^2} \rangle$. Pour toute martingale locale M dans I,

$$\int \left(a(M)\, dM + \tfrac{1}{2}\, b(M)\, d[M,M] \right) = \int \langle \tau, \mathcal{D}M \rangle = \int \langle \gamma^* \Gamma^* \sigma, \mathcal{D}M \rangle$$

$$= \int \langle \Gamma^* \sigma, \mathcal{D}(\gamma \circ M) \rangle = \int \langle \sigma, d_\Gamma(\gamma \circ M) \rangle$$

est par hypothèse une martingale locale, donc $\int b(M)\, d[M,M] = 0$. En prenant pour M un mouvement brownien changé de temps de façon à quitter tout compact de I quand t tend vers l'infini, on obtient $\int b(M)\, dt = 0$, et, b étant continu, $b = 0$ sur I. Ceci s'écrit $\langle \tau, \frac{\partial^2}{\partial t^2} \rangle = 0$, ou encore $\langle \sigma, \Gamma \ddot{\gamma} \rangle = 0$ puisque $\gamma_*(\frac{\partial^2}{\partial t^2}) = \ddot{\gamma}$. Comme σ est arbitraire, $\Gamma \ddot{\gamma}$ est nul, et γ est une géodésique. ∎

PROPOSITION 3.13. — *Pour qu'une application soit affine, il faut et il suffit qu'elle transforme les géodésiques (respectivement martingales) de V en géodésiques (respectivement martingales) de W.*

DÉMONSTRATION. — En trois étapes. Dans un premier temps, nous allons vérifier que les applications affines transforment les martingales en martingales. Soit ϕ affine. Si X est une semimartingale dans V, et si Σ est un processus prévisible, localement borné de covecteurs sur W au-dessus de $\phi \circ X$, on a, en utilisant la définition de l'intégrale d'Itô et la proposition 2.11,

$$\int \langle \Sigma, d_{\Gamma_W}(\phi \circ X) \rangle = \int \langle \Gamma_W^* \Sigma, \mathcal{D}(\phi \circ X) \rangle = \int \langle \phi^* \Gamma_W^* \Sigma, \mathcal{D}X \rangle$$

$$= \int \langle \Gamma_V^* \phi^* \Sigma, \mathcal{D}X \rangle = \int \langle \phi^* \Sigma, d_{\Gamma_V} X \rangle \ ;$$

si X est une martingale dans V, l'intégrale de droite est une martingale, et l'on en déduit que $\phi \circ X$ est une martingale dans W.

Ensuite, nous allons établir que si ϕ transforme les martingales en martingales, elle transforme aussi les géodésiques en géodésiques. Soit γ une géodésique de V, définie sur un intervalle ouvert I. Comme γ est affine de I dans V, l'étape précédente montre que $\gamma \circ M$ est une martingale dans V pour toute martingale locale M dans I. En utilisant l'hypothèse sur ϕ, on obtient que $\phi \circ \gamma \circ M$ est une martingale dans W ; et d'après le lemme 3.12, la courbe $\phi \circ \gamma$ est une géodésique de W.

Enfin, si ϕ transforme les géodésiques en géodésiques, elle est affine. Pour le montrer, il suffit grâce au lemme 1.2 de vérifier que $\phi_{*x} \Gamma_V \ddot{c}(0) = \Gamma_W \phi_{*x} \ddot{c}(0)$ pour tout x de V et toute courbe c dans V telle que $c(0) = x$. Mais il existe une géodésique γ telle que $\gamma(0) = x$ et $\dot{\gamma}(0) = \dot{c}(0)$. Puisque les courbes c et γ ont même vitesse en $t = 0$, le lemme 1.2 dit que leurs accélérations $\ddot{c}(0)$ et $\ddot{\gamma}(0)$ diffèrent d'un vecteur : il existe $A \in T_x V$ tel que $\ddot{c}(0) = \ddot{\gamma}(0) + A$. Comme γ est une géodésique, on a

$$\phi_{*x} \Gamma_V \ddot{c}(0) = \phi_{*x} \Gamma_V \big(\ddot{\gamma}(0) + A \big) = \phi_{*x} \Gamma_V \ddot{\gamma}(0) + \phi_{*x} A = \phi_{*x} A \ ;$$

et de même, en utilisant le fait que $\phi \circ \gamma$ est une géodésique,

$$\Gamma_W \phi_{*x} \ddot{c}(0) = \Gamma_W \phi_{*x} \big(\ddot{\gamma}(0) + A \big) = \Gamma_W \phi_{*x} \ddot{\gamma}(0) + \Gamma_W \phi_{*x} A$$

$$= \Gamma_W (\phi \circ \gamma)\ddot{}(0) + \phi_{*x} A = \phi_{*x} A \ .$$

L'égalité annoncée est ainsi établie. ∎

REMARQUE. — En prenant $V = W$ et $\phi = \mathrm{Id}$ dans cette proposition, on voit qu'*une connexion est caractérisée par ses géodésiques (respectivement ses martingales).*

DÉFINITION. — Soit W une sous-variété de V : V est munie d'une connexion Γ. Appelons i l'injection canonique de W dans V. On dit que la sous-variété W est *totalement géodésique* si pour tout vecteur A tangent à W, il existe une géodésique γ de V telle que $\dot\gamma(0) = i_* A$ et que $\gamma(t) \in W$ pour tout t assez voisin de 0.

EXERCICE. — Décrire toutes les sous-variétés totalement géodésiques de $\mathbb{R}^d$ (muni de la connexion plate).

PROPOSITION 3.14. — *Une sous-variété W de V est totalement géodésique si et seulement si il existe sur W une connexion qui rende affine l'injection canonique $i : W \to V$. Cette connexion est alors unique.*

DÉMONSTRATION. — Supposons d'abord l'existence d'une connexion Γ_W sur W rendant i affine. Pour $A \in TW$, il existe une courbe γ dans W, géodésique pour Γ_W, telle que $\dot\gamma(0) = A$. Comme i est affine, la courbe $\delta = i \circ \gamma$ est une géodésique de V à valeurs dans iW et vérifiant $\dot\delta(0) = i_* A$, et W est donc totalement géodésique.

Réciproquement, supposons W totalement géodésique. Une connexion Γ_W rend i affine si et seulement on a $i_{*x}\Gamma_W L = \Gamma i_{*x} L$ pour tout $x \in W$ et tout $L \in \mathbb{T}_x W$. Comme i_{*x} est une injection de $T_x W$ dans $T_{ix} V$, l'unicité est évidente, et l'existence sera assurée à condition que $\Gamma i_{*x} L$ veuille bien se trouver dans l'espace image $i_{*x} T_x W$. Par le lemme 1.2, il suffit de vérifier ceci quand $L = \ddot c(0)$ où c est une courbe dans W telle que $c(0) = x$. Puisque W est totalement géodésique, il existe une géodésique δ de V, vérifiant $\dot\delta(0) = i_{*x}\dot c(0)$, et de la forme $i \circ \gamma$ pour une courbe γ dans W. On a donc $\dot\gamma(0) = \dot c(0)$, et le lemme 1.2 dit que $A = \ddot c(0) - \ddot\gamma(0)$ est dans $T_x W$. Pour vérifier que $\Gamma i_{*x} \ddot c(0)$ est dans $i_{*x} T_x W$, il ne reste qu'à écrire $\Gamma i_{*x} \ddot c(0) = \Gamma i_{*x} \ddot\gamma(0) + \Gamma i_{*x} A = \Gamma \dot\delta(0) + i_{*x} A = i_{*x} A$. $\blacksquare$

PROPOSITION 3.15 ET DÉFINITION. — *Soient V_1 et V_2 deux variétés munies de connexions respectives Γ_1 et Γ_2. Appelons $p_1 : V_1 \times V_2 \to V_1$ et $p_2 : V_1 \times V_2 \to V_2$ les projections canoniques. On définit une connexion sur $V_1 \times V_2$, appelée la* connexion produit *de Γ_1 et Γ_2 et notée $\Gamma_1 \times \Gamma_2$, par la formule*

$$\forall x_1 \in V_1 \quad \forall x_2 \in V_2 \quad \forall L \in \mathbb{T}_{(x_1,x_2)}(V_1 \times V_2)$$

$$(\Gamma_1 \times \Gamma_2) L = (\Gamma_1 p_{1*} L, \Gamma_2 p_{2*} L) \in T_{x_1} V_1 \times T_{x_2} V_2 = T_{(x_1,x_2)}(V_1 \times V_2) \ .$$

Elle possède les six propriétés suivantes :

(i) *les projections p_1 et p_2 sont des applications affines;*

(ii) *si $\gamma = (\gamma_1, \gamma_2)$ est une courbe dans $V_1 \times V_2$,*

$$(\Gamma_1 \times \Gamma_2)\ddot\gamma(t) = \big(\Gamma_1 \ddot\gamma_1(t), \Gamma_2 \ddot\gamma_2(t)\big) \ ;$$

(iii) *si X est une semimartingale dans $V_1 \times V_2$, de composantes $X_1 = p_1 X$ et $X_2 = p_2 X$, et si Σ est un processus prévisible, localement borné de covecteurs au-dessus de X, de composantes Σ_1 et Σ_2 (de sorte que $\Sigma = p_1^* \Sigma_1 + p_2^* \Sigma_2$),*

$$\int \langle \Sigma, \mathrm{d}_{\Gamma_1 \times \Gamma_2} X \rangle = \int \langle \Sigma_1, \mathrm{d}_{\Gamma_1} X_1 \rangle + \int \langle \Sigma_2, \mathrm{d}_{\Gamma_2} X_2 \rangle \ ;$$

(iv) *les géodésiques de $V_1 \times V_2$ sont les courbes $\gamma = (\gamma_1, \gamma_2)$ telles que γ_1 soit une géodésique de V_1 et γ_2 une géodésique de V_2;*

(v) *les martingales dans $V_1 \times V_2$ sont les processus $X = (X_1, X_2)$ tels que X_1 soit une martingale de V_1 et X_2 une martingale de V_2 ;*

(vi) *si $V_1 = V_2$ ($= V$), la diagonale du produit $V \times V$ est une sous-variété totalement géodésique dans $V \times V$ muni de la connexion produit ; la connexion dont elle est munie d'après (3.14) est l'image de la connexion Γ sur V par le difféomorphisme canonique entre V et la diagonale.*

DÉMONSTRATION. — Il s'agit bien d'une connexion, car si le diffuseur L est un vecteur, $p_{1*}L$ et $p_{2*}L$ en sont aussi, et $(\Gamma_1 \times \Gamma_2)L = (p_{1*}L, p_{2*}L) = L$.

(i) Pour un vecteur $A = (A_1, A_2) \in \mathrm{T}_{(x_1, x_2)}V = \mathrm{T}_{x_1}V_1 \times \mathrm{T}_{x_2}V_2$, on a $p_{1*}A = A_1$ et $p_{2*}A = A_2$; l'affinité des projections résulte donc immédiatement de la définition de $\Gamma_1 \times \Gamma_2$.

(ii) Puisque $\gamma_1 = p_1 \circ \gamma$, $\ddot{\gamma}_1 = p_{1*}\ddot{\gamma}$; de même pour γ_2.

(iii) Puisque p_1 est affine, on a $(\Gamma_1 \times \Gamma_2)^* p_1^* \sigma_1 = p_1^* \Gamma_1 \sigma_1$ pour $\sigma_1 \in \mathrm{T}^* V_1$; d'où, en utilisant 2.11,

$$\int \langle p_1^* \Sigma_1, \mathrm{d}_{\Gamma_1 \times \Gamma_2} X \rangle = \int \langle (\Gamma_1 \times \Gamma_2)^* p_1^* \Sigma_1, \mathcal{D}X \rangle = \int \langle p_1^* \Gamma_1^* \Sigma_1, \mathcal{D}X \rangle$$

$$= \int \langle \Gamma_1^* \Sigma_1, \mathcal{D}(p_1 \circ X) \rangle = \int \langle \Sigma_1, \mathrm{d}_{\Gamma_1} X_1 \rangle .$$

(iv) Une courbe γ est une géodésique si et seulement si $\Gamma_1 \times \Gamma_2 \ddot{\gamma} = 0$; par (ii), cela revient à dire que $\Gamma_1 \ddot{\gamma}_1$ et $\Gamma_2 \ddot{\gamma}_2$ sont nuls, c'est-à-dire que γ_1 et γ_2 sont des géodésiques.

(v) Si X est une martingale dans $V_1 \times V_2$, ses composantes sont des martingales par (i) et 3.13. Réciproquement, si X_1 et X_2 sont des martingales, X est une semimartingale et toutes les intégrales d'Itô $\int \langle \Sigma, \mathrm{d}_{\Gamma_1 \times \Gamma_2} X \rangle$ sont des martingales locales en raison de (iii) ; X est donc une martingale.

(vi) Nous laissons aux auditeurs le soin de vérifier que la diagonale est une sous-variété de $V \times V$, difféomorphe à V par l'application $(x, x) \leftrightarrow x$. Si γ est une géodésique de V, (γ, γ) est une géodésique dans $V \times V$ par (iv) ; l'injection canonique de la diagonale (identifiée à V) dans $V \times V$ est donc affine, et la diagonale est totalement géodésique d'après 3.14. ∎

EXERCICE. — 1) Contrairement au cas des vecteurs tangents, les images $p_{1*}L$ et $p_{2*}L$ d'un diffuseur osculateur à une variété produit ne caractérisent pas ce diffuseur.

2) Si X et Y sont deux semimartingales réelles, décrire la différence entre le couple de « diffuseurs » $(\mathcal{D}X, \mathcal{D}Y) \in \mathbb{TR} \times \mathbb{TR}$ et le « diffuseur » $\mathcal{D}(X, Y) \in \mathbb{T}(\mathbb{R} \times \mathbb{R})$.

EXERCICE. — Chacune des propriétés (i) à (v) de la proposition 3.15 caractérise la connexion produit. De plus, le (iv) peut être ainsi généralisé : une application $\phi : W \to V_1 \times V_2$ est affine si et seulement si ses deux composantes $p_1 \circ \phi$ et $p_2 \circ \phi$ le sont.

Chapitre 4

FONCTIONS CONVEXES
ET COMPORTEMENT DES MARTINGALES

> C'est en cherchant des preuves
> que j'ai trouvé des difficultés.
>
> D. DIDEROT,
> *Pensées philosophiques*

Les fonctions convexes jouent un rôle central dans l'étude des martingales pour deux raisons. D'une part, l'existence de fonctions à la fois convexes au voisinage d'un point et affines en ce point supplée l'absence de fonctions affines sur une variété non plate, et permet une caractérisation locale des martingales à l'aide des fonctions convexes; d'autre part, le comportement global des martingales (convergence à l'infini, non-confluence, existence quand la valeur finale est donnée) est étroitement lié à l'existence de fonctions convexes ayant certaines propriétés. Malheureusement, il ne sera pas toujours possible de travailler uniquement avec des fonctions convexes de classe C^2, et nous devrons dans le théorème 4.19 nous accommoder de fonctions peu régulières. Afin de faire agir sur les martingales des fonctions convexes non nécessairement C^2, il nous faudra connaître la structure de ces fonctions; pour éviter de passer trop de temps sur des détails techniques sans grand intérêt pour les probabilistes, nous serons conduits à admettre des propriétés géométriques des fonctions convexes.

1. — Fonctions convexes et convergence à l'infini des martingales

DÉFINITION. Soit V une variété munie d'une connexion. Une fonction $f : V \to \mathbb{R}$ est *convexe* si, pour toute géodésique γ dans V, $f \circ \gamma$ est une fonction convexe sur l'intervalle où γ est définie.

Cette définition n'exige aucune régularité de la fonction. On peut démontrer que, comme dans $\mathbb{R}^d$, toute fonction convexe est en fait continue; nous donnerons un énoncé plus précis (mais que nous ne démontrerons pas) en 4.12.

Lorsque V est un ouvert convexe de $\mathbb{R}^d$ muni de la connexion plate, cette définition coïncide avec la définition usuelle des fonctions convexes de plusieurs variables.

PROPOSITION 4.1. — *Soient f une fonction C^2 sur V et X une martingale dans V.*

a) *Pour que f soit convexe, il faut et il suffit que le codiffuseur purement d'ordre deux* Hess f *soit positif* (voir 1.9).

b) *Si tel est le cas, $f \circ X$ est une sous-martingale locale.*

c) *Plus généralement, que f soit convexe ou non,* $\int \mathbb{1}_{\{\mathrm{Hess}\, f(X) \geqslant 0\}}\, \mathrm{d}(f \circ X)$ *est toujours une sous-martingale locale.*

Comme c'est déjà le cas dans $\mathbb{R}^d$, il est vrai en toute généralité que $f \circ X$ est une sous-martingale locale pour toute martingale X et toute fonction convexe f, que f soit C^2 ou non. C'est pour le démontrer, en 4.13, qu'il nous faudra connaître la structure d'une fonction convexe générale.

DÉMONSTRATION DE LA PROPOSITION 4.1. — a) Puisque $\operatorname{Hess} f = d^2 f - \Gamma^* df$ est purement d'ordre deux, en utilisant 1.9 on a pour toute géodésique γ

$$(f \circ \gamma)'' = \langle d^2 f, \ddot{\gamma} \rangle = \langle \operatorname{Hess} f + \Gamma^* df, \ddot{\gamma} \rangle = \langle \operatorname{Hess} f, \ddot{\gamma} \rangle + \langle \Gamma^* df, \ddot{\gamma} \rangle$$
$$= (\mathbf{Q} \operatorname{Hess} f)(\dot{\gamma}) + \langle df, \Gamma \ddot{\gamma} \rangle = (\mathbf{Q} \operatorname{Hess} f)(\dot{\gamma}) \, .$$

Si $\mathbf{Q} \operatorname{Hess} f$ est positif, on a $(f \circ \gamma)''(t) \geqslant 0$ pour toute géodésique γ, et f est donc convexe.

Réciproquement, si f est convexe, pour $A \in TV$, il existe une géodésique γ telle que $\dot{\gamma}(0) = A$, et l'on a $(\mathbf{Q} \operatorname{Hess} f)(A) = (f \circ \gamma)''(0) \geqslant 0$, ce qui montre que $\mathbf{Q} \operatorname{Hess} f$ est positif.

c) Si f est C^2 et si X est une martingale, la formule d'Itô 3.5 entraîne que la partie à variation finie de la semimartingale réelle $f \circ X$ est $\int \langle \operatorname{Hess} f, \mathcal{D}X \rangle$. La partie à variation finie de $\int \mathbb{1}_{\{\operatorname{Hess} f(X) \geqslant 0\}} \, \mathrm{d}(f \circ X)$ est donc $\int \mathbb{1}_{\{\operatorname{Hess} f(X) \geqslant 0\}} \langle \operatorname{Hess} f, \mathcal{D}X \rangle$; c'est un processus croissant en raison de 2.10.(v).

Enfin b) est un cas particulier de c). ∎

EXERCICE. — Soient U un ouvert de $\mathbb{R}^d$, $f : U \to \mathbb{R}$ une fonction de classe C^p, et $V \subset \mathbb{R}^{d+1}$ le graphe de f, muni de sa structure de sous-variété de $\mathbb{R}^{d+1}$ et de la connexion Γ induite par la structure euclidienne habituelle de $\mathbb{R}^{d+1}$. La projection de V sur U est un difféomorphisme entre V et U et une carte globale de V. Montrer que les symboles de Christoffel de Γ dans cette carte sont

$$\Gamma_{ij}^k = \frac{1}{1 + \|\nabla f\|^2} \, \mathrm{D}_{ij} f \, \mathrm{D}_k f \, .$$

Soit $\tilde{f} : V \to \mathbb{R}$ la projection sur la dernière composante : pour $u \in U$, $\tilde{f}$ envoie le point $(u, f(u)) \in V$ sur $f(u) \in \mathbb{R}$. Montrer que la hessienne de $\tilde{f}$ pour Γ est donnée, toujours dans la même carte, par

$$\operatorname{Hess}_{ij} \tilde{f} = \frac{1}{1 + \|\nabla f\|^2} \, \mathrm{D}_{ij} f \, .$$

En déduire que $\tilde{f}$ est convexe (respectivement définie-convexe; voir ci-dessous) sur V munie de Γ si et seulement si f l'est sur U muni de la connexion plate.

DÉFINITION. — Une fonction f, définie sur une variété munie d'une connexion, sera dite *définie-convexe* si f est de classe C^2 et si le codiffuseur purement d'ordre deux $\operatorname{Hess} f$ est partout défini positif.

Comme l'a montré Kendall [68], la seule existence d'une fonction définie-convexe et bornée sur une variété implique pour les martingales des propriétés de convergence analogues à celles que l'on observe dans les ouverts bornés de $\mathbb{R}^d$.

PROPOSITION 4.2. — *La variété V étant munie d'une connexion, soient U un ouvert de V et $f : U \to \mathbb{R}$ une fonction définie-convexe et bornée.*

(i) *Si X est une martingale dans U, $f \circ X$ est une semimartingale jusqu'à l'infini.*

(ii) *Si X est une martingale dans V, X est une semimartingale jusqu'à l'infini sur l'événement*

$$\{\omega \in \Omega \; : \; \text{il existe un compact } K(\omega) \subset U \text{ et un instant } s(\omega) \geqslant 0$$
$$\text{tels que } X_t(\omega) \in K(\omega) \text{ pour tout } t \geqslant s(\omega)\} \,.$$

(iii) *Toute martingale à valeurs dans U est p.s. convergente dans le compactifié d'Alexandrov $U \cup \{\infty\}$ de U.*

(iv) *Toute martingale à valeurs dans un compact de U converge p.s.*

Ce critère de Kendall est vraiment précis : même si U est relativement compact dans V, on ne peut pas remplacer « dans un compact de U » par « dans U » dans (iv). Si par exemple V est la sphère d'équation $x^2 + y^2 + z^2 = 1$ dans $\mathbb{R}^3$, munie de la connexion induite par la structure euclidienne habituelle de $\mathbb{R}^3$, et si U est l'hémisphère ouvert formé des points de V tels que $z < 0$, la fonction z est définie-convexe et bornée sur U (ceci résulte de l'exercice qui suit la proposition 4.1). Cependant, il existe des martingales à valeurs dans U et qui ne convergent pas dans V quand $t \to \infty$. La construction d'une telle martingale est laissée en exercice aux auditeurs. (Indication : chercher une martingale de la forme $(X_t, Y_t, Z_t) = (\cos\Theta_t \cos\Lambda_t, \sin\Theta_t \cos\Lambda_t, \sin\Lambda_t)$, où Θ est un mouvement brownien réel et Λ un processus déterministe.)

On remarquera que le (iv) de la proposition 4.2 reste vrai même lorsque f n'est pas supposée bornée ; cela se voit en appliquant le (iv) à la variété W, où W est à la fois un voisinage ouvert du compact considéré, et une partie relativement compacte de V (de sorte que la restriction de f à W est nécessairement bornée).

DÉMONSTRATION DE LA PROPOSITION 4.2. — (i) Écrivons la formule d'Itô 3.5 : $f{\circ}X - f{\circ}X_0 = M + \int\langle\mathrm{Hess}\,f, \mathcal{D}X\rangle$, où M est une martingale locale. Le membre de gauche est borné, et la partie à variation finie $\int\langle\mathrm{Hess}\,f, \mathcal{D}X\rangle$ est croissante et positive, donc minorée. Par différence, M est majorée, donc p.s. convergente et c'est une semimartingale jusqu'à l'infini. Par différence encore, le processus croissant $\int\langle\mathrm{Hess}\,f, \mathcal{D}X\rangle$ est convergent, c'est donc aussi une semimartingale jusqu'à l'infini.

(ii) Soit $(K_n)_{n \in \mathbb{N}}$ une suite de compacts tels que $\overset{\circ}{K}_n \nearrow U$. Il suffit d'établir que toute martingale X dans V est une semimartingale jusqu'à l'infini sur l'événement $E_n = \{\forall t \geqslant n \;\; X_t(\omega) \in K_n\}$; car X sera alors une semimartingale jusqu'à l'infini sur la réunion en n des E_n, or tout compact de U est inclus dans l'un des K_n.

Sur l'événement E_n, la sous-martingale locale $\int \mathbb{1}_{\{X \in K_n\}}\,\mathrm{d}(f{\circ}X)$ est p.s. bornée, sa partie martingale est donc p.s. majorée, donc convergente, et son compensateur, le processus croissant $\int \mathbb{1}_{\{X \in K_n\}}\langle\mathrm{Hess}\,f, \mathcal{D}X\rangle$, p.s. borné, donc convergent à l'infini.

Soit $g \in \mathrm{C}^2(V)$; n est fixé : nous devons montrer que $g{\circ}X$ est une semimartingale jusqu'à l'infini sur E_n. Puisque les codiffuseurs purement d'ordre deux $\mathrm{Hess}\,f$ et $\mathrm{Hess}\,g$ sont continus, et puisque $\mathrm{Hess}\,f$ est par hypothèse défini positif, il existe une constante c telle que l'on ait $-c\,\mathrm{Hess}\,f \leqslant \mathrm{Hess}\,g \leqslant c\,\mathrm{Hess}\,f$ sur K_n (inégalités au sens de la positivité des codiffuseurs purement d'ordre deux). Écrivons la formule d'Itô : il existe une martingale locale N telle que $g{\circ}X - g{\circ}X_0 = N + \int\langle\mathrm{Hess}\,g, \mathcal{D}X\rangle$. Sur E_n, la variation totale $\int_n^\infty |\langle\mathrm{Hess}\,g, \mathcal{D}X\rangle|$ du processus $\int\langle\mathrm{Hess}\,g, \mathcal{D}X\rangle$ est contrôlée par $c\int_n^\infty \mathbb{1}_{\{X \in K_n\}}\langle\mathrm{Hess}\,f, \mathcal{D}X\rangle$, qui est p.s. fini comme nous venons de le voir ; $\int\langle\mathrm{Hess}\,g, \mathcal{D}X\rangle$ est donc une semimartingale jusqu'à l'infini sur E_n. Toujours sur E_n, le processus $g{\circ}X$ est p.s. borné, ainsi que la martingale locale N par différence ; elle est donc aussi une semimartingale jusqu'à l'infini sur E_n.

(iii) Si X est une martingale dans U, pour montrer que X converge presque sûrement dans $U \cup \{\infty\}$, il suffit de vérifier que $g{\circ}X$ converge p.s. pour toute fonction $g \in \mathrm{C}^2(U)$ à support compact dans U. Sur U, une telle fonction vérifie globalement $-c\,\mathrm{Hess}\,f \leqslant \mathrm{Hess}\,g \leqslant c\,\mathrm{Hess}\,f$ pour une constante c; comme ci-dessus, on en déduit que $\int \langle \mathrm{Hess}\,g, \mathcal{D}X \rangle$ est p.s. convergente. Il ne reste qu'à écrire la formule d'Itô $g{\circ}X - g{\circ}X_0 = N + \int \langle \mathrm{Hess}\,g, \mathcal{D}X \rangle$ et à remarquer que, g étant bornée, la partie martingale N est p.s. bornée, donc p.s. convergente.

(iv) C'est un corollaire de (ii). ∎

COROLLAIRE 4.3. — *Dans une variété V munie d'une connexion, tout point a un voisinage ouvert U tel que toute martingale X dans V soit une semimartingale jusqu'à l'infini sur l'événement $\{\exists s(\omega)\ \forall t \geqslant s(\omega)\ X_t(\omega) \in U\}$.*

DÉMONSTRATION. — Pour $x \in V$, soit (v^i) une carte locale de domaine D contenant x et telle que $v^i(x) = 0$ pour tout i. La fonction $f = \sum_i (v^i)^2$ définie sur D est C^2, et vérifie $\mathrm{Hess}_{ij}\,f(x) = 2\delta_{ij} > 0$. Il suffit de choisir un voisinage U de x relativement compact dans $U' = D \cap \{\mathrm{Hess}\,f > 0\} \cap \{f < 1\}$, et d'appliquer 4.2.(ii) à U'. ∎

COROLLAIRE 4.4. — *Soit X une martingale dans une variété V munie d'une connexion. Sur l'événement $\{\lim_{t \to \infty} X_t\ \text{existe dans}\ V\}$, X est une semimartingale jusqu'à l'infini.*

DÉMONSTRATION. — On recouvre V à l'aide d'une famille dénombrable $(U_\iota)_{\iota \in I}$ d'ouverts qui vérifient la propriété du corollaire 4.3. Si X est une martingale dans V, c'est une semimartingale jusqu'à l'infini sur chacun des événements $E_\iota = \{\exists s(\omega)\ \forall t \geqslant s(\omega)\ X_t(\omega) \in U_\iota\}$, donc aussi sur leur union. Or cette union contient $\{\lim_{t \to \infty} X_t\ \text{existe dans}\ V\}$. ∎

Ce résultat a été initialement obtenu par Zheng [107], sans utiliser les fonctions convexes sur la variété. Une autre méthode est proposée par He, Yan et Zheng [57].

COROLLAIRE 4.5. — *Sur une variété V munie d'une connexion, soit θ un champ de codiffuseurs mesurable et localement borné. Si X est une martingale dans V, l'intégrale $\int \langle \theta, \mathcal{D}X \rangle$ est une semimartingale jusqu'à l'infini (et en particulier elle converge) sur l'événement $\{\lim_{t \to \infty} X_t\ \text{existe dans}\ V\}$.*

DÉMONSTRATION. — Conséquence immédiate de 4.4 et de 2.12. ∎

Un cas particulier de ce corollaire, également dû à Zheng [107], utilise le langage qui sera introduit juste avant la proposition 4.14; il s'énonce ainsi : Si une martingale X à valeurs dans une variété riemannienne est p.s. convergente, sa variation quadratique riemannienne totale est p.s. finie.

2. — Caractérisation des martingales par les fonctions convexes

Les martingales locales dans un espace vectoriel sont caractérisées par l'action des formes linéaires ou affines, qui en font des martingales locales réelles. Sur une variété munie d'une connexion, il n'y a en général pas de fonctions affines non constantes, ni même de fonctions convexes non constantes; mais, un point étant donné, il existe beaucoup de fonctions convexes au voisinage de ce point et affines en ce point (c'est un exercice facile de vérifier que $\mathrm{Hess}(h^y)(y) = 0$ dans le lemme ci-dessous). Ceci a été mis à profit par Darling [23] et [24] pour définir les martingales comme les processus localement transformés en sous-martingales par les fonctions convexes, et étudier leurs propriétés à partir de cette définition.

LEMME 4.6. — *Soit $f \in \mathrm{C}^p(V)$. Pour tout $x \in V$, il existe un ouvert U contenant x et une fonction h sur $U \times U$, continue, bornée et jouissant des propriétés suivantes : Pour tout $y \in U$, la fonction h^y définie sur U par $h^y(z) = h(y, z)$ est convexe et de classe C^2 sur U, et vérifie $h^y(y) = 0$ et $d^2(h^y)(y) = \Gamma df(y)$; en outre, le codiffuseur $d^2(h^y)(z) \in \mathbb{T}_z^* V$ dépend continûment de (y, z) et est à valeurs dans un compact de $\mathbb{T}^* V$.*

DÉMONSTRATION. — Avant de commencer, remarquons que si $\rho :]0, \infty[\to]0, \infty[$ est une fonction qui tend vers zéro à l'origine, il existe une fonction concave $g : [0, \infty[\to [0, \infty[$, nulle en 0, C^1 sur $]0, \infty[$, et vérifiant $g \geqslant \rho$ près de 0 ; on a en outre pour t non nul et assez proche de 0 l'encadrement $0 \leqslant tg'(t) \leqslant g(t)$ qui résulte de la concavité. La fonction $G(t) = \int_0^t g(s)\, \mathrm{d}s$ est C^2 sur $]0, \infty[$ et vérifie $G(0) = G'(0) = 0$, $G'(t) \geqslant \rho(t)$ et $0 \leqslant tG''(t) \leqslant G'(t)$ pour t proche de 0.

Si G est une telle fonction, la fonction de d variables

$$\phi(u_1, ..., u_d) = G\big(\tfrac{1}{2}(u_1^2 + ... + u_d^2)\big)$$

a pour dérivées partielles

$$\mathrm{D}_i\phi(u_1, ..., u_d) = u_i\, G'(...) \qquad \text{et} \qquad \mathrm{D}_{ij}\phi(u_1, ..., u_d) = u_i u_j G''(...) + \delta_{ij} G'(...) \, ;$$

ces formules montrent que la fonction ϕ est de classe C^2 sur $\mathbb{R}^d$, avec des dérivées partielles d'ordre un et deux nulles à l'origine.

Revenons à notre variété. Quitte à se restreindre à un voisinage de x, on peut supposer l'existence d'une carte globale $v = (v^i)_{1 \leqslant i \leqslant d}$, dans laquelle $\mathrm{D}_k f$ sont les coefficients de df et Γ_{ij}^k les symboles de Christoffel. Posons

$$u^i(y, z) = v^i(z) - v^i(y) \, ; \qquad r^2(y, z) = \sum_i \big(u^i(y, z)\big)^2 \, ;$$

$$h(y, z) = \mathrm{D}_k f(y) \left[u^k(y, z) + \tfrac{1}{2}\Gamma_{ij}^k(y)\, u^i(y, z)\, u^j(y, z) \right] + G\big(\tfrac{1}{2} r^2(y, z)\big) \, ,$$

où G est du type ci-dessus, pour une fonction ρ qui sera précisée plus tard. La fonction h est continue sur $U \times U$ et ses sections h^y sont de classe C^2 ; il n'est pas difficile d'expliciter leurs dérivées partielles et leur hessienne :

$$\mathrm{D}_i h^y(z) = \mathrm{D}_i f(y) + \mathrm{D}_k f(y)\Gamma_{ij}^k(y)u^j + u^i G'(\tfrac{1}{2} r^2)$$

$$\mathrm{D}_{ij} h^y(z) = \mathrm{D}_k f(y)\Gamma_{ij}^k(y) + \delta_{ij} G'(\tfrac{1}{2} r^2) + u^i u^j G''(\tfrac{1}{2} r^2)$$

$$\mathrm{Hess}_{ij}\, h^y(z) = \mathrm{D}_k f(y) \left[\Gamma_{ij}^k(y) - \Gamma_{ij}^k(z) - \Gamma_{ij}^\ell(z)\Gamma_{\ell m}^k(y)u^m \right]$$
$$+ \left[\delta_{ij} - \sum_k \Gamma_{ij}^k(z)u^k \right] G'(\tfrac{1}{2} r^2) + u^i u^j G''(\tfrac{1}{2} r^2)$$

(j'ai abrégé $u^i(y, z)$ en u^i et $r^2(y, z)$ en r^2). Les deux propriétés $h^y(y) = 0$ et $d^2 h^y(y) = \Gamma^* df(y)$ se lisent facilement sur ces expressions, ainsi que la continuité de $(y, z) \mapsto d^2(h^y)(z)$; la propriété de compacité en résulte, quitte à diminuer un peu U. Il ne reste qu'à établir la convexité de h^y. Les d^2 fonctions de (y, z) $H_{ij}(y, z) = \mathrm{D}_k f(y) \left[\Gamma_{ij}^k(y) - \Gamma_{ij}^k(z) - \Gamma_{ij}^\ell(z)\Gamma_{\ell m}^k(y)u^m(y, z) \right]$ qui apparaissent dans la hessienne sont continues et nulles sur la diagonale ; quitte à se restreindre à un voisinage relativement compact de x, il existe une fonction ρ, tendant vers zéro à l'origine, telle que $|H_{ij}(y, z)| \leqslant (2d)^{-1}\rho(\tfrac{1}{2} r^2(y, z))$ (en effet, sur l'ensemble $\{|H_{ij}| \geqslant \varepsilon\}$, la fonction $\tfrac{1}{2} r^2$ est minorée par compacité par une quantité $\delta(\varepsilon) > 0$). Choisissons G comme expliqué plus haut, à partir de cette fonction ρ ; on a

$|H_{ij}| \leqslant (2d)^{-1} G'(\frac{1}{2}r^2)$ pour r assez petit, donc sur tout $U \times U$ en restreignant encore U si nécessaire. De même, on peut supposer que les quantités $\left|\sum_k \Gamma_{ij}^k(z)u^k\right|$ sont bornées par $(2d)^{-1}$. En négligeant le terme $u^i u^j G''(\frac{1}{2}r^2)$, qui est de type positif, la matrice hessienne de h^y s'écrit $(\delta_{ij}+\varepsilon_{ij})G''(\frac{1}{2}r^2)$, où chaque coefficient ε_{ij} est borné en module par $1/d$. Une telle matrice est de type positif, et c'est terminé. ∎

LEMME 4.7. — *Tout point de V a un voisinage ouvert U tel que, pour tout processus X à valeurs dans U, X est une martingale si et seulement si, pour toute fonction f définie au voisinage de $\bar{U}$, de classe C^2 et convexe, $f \circ X$ est une sous-martingale locale (réelle et continue).*

DÉMONSTRATION. — Soit w une carte définie au voisinage de x. Pour une constante c assez grande, les d fonctions $v^i(y) = w^i(y) + c\sum_j \left(w^j(y) - w^j(x)\right)^2$ sont convexes au voisinage de x; comme la matrice jacobienne $\partial v/\partial w$ au point x est l'identité, les v^i forment, sur un voisinage de x, une carte locale faite de fonctions convexes. Sur un voisinage ouvert U' de x, le lemme 4.6 a lieu pour chacune des $2d$ fonctions $f = v^i$ et $f = -v^i$. Choisissons un ouvert U contenant x et relativement compact dans U'.

Soit X un processus à valeurs dans U. Par la proposition 4.1, nous savons déjà que si X est une martingale dans U et g une fonction convexe et C^2 au voisinage de $\bar{U}$, $g \circ X$ est une sous-martingale locale; il reste à montrer que si toutes les fonctions convexes sur U transforment X en sous-martingale locale, X est une martingale. Remarquons d'abord que puisque nos coordonnées globales v^i sur U sont convexes, chaque $v^i \circ X$ est une sous-martingale locale, donc une semimartingale, et X est une semimartingale. Pour établir que X est bien une martingale, nous allons établir que, si f est l'une quelconque des $2d$ fonctions v^i et $-v^i$, l'intégrale d'Itô $\int\langle df, \mathrm{d}_\Gamma X\rangle$ est une sous-martingale locale. En changeant f en $-f$, on en déduira que c'est en fait une martingale locale, et l'on sait par la proposition 3.7 que cela suffit pour que X soit une martingale. La fonction f est donc fixée, ainsi que la fonction h du lemme 4.6.

Rappelons que $h(y,z)$ est bornée, continue en (y,z), et convexe en z; chaque processus $h(y, X)$ est une sous-martingale bornée. Pour chaque $s \geqslant 0$, le processus $t \mapsto h(X_s, X_t)$ est aussi une sous-martingale sur l'intervalle $[s, \infty[$; cela peut se voir en approchant X_s dans U par des variables aléatoires mesurables pour $\mathcal{F}_s$ et ne prenant qu'un nombre fini de valeurs; l'inégalité des sous-martingales passe à la limite par convergence dominée (tout est borné).

Discrétisons l'axe des temps, en posant $t_k = k2^{-q}$ et $\tau(t) = t_k$ pour $t \in \,]t_k, t_{k+1}]$. Le processus Z_t^q, défini pour $t \in [t_k, t_{k+1}]$ par

$$Z_t^q = \sum_{\ell < k} h(X_{t_\ell}, X_{t_{\ell+1}}) + h(X_{t_k}, X_t),$$

est une sous-martingale (continue), que l'on peut écrire plus agréablement

$$Z^q = \int \langle d^2(h^{X_{\tau(t)}}), \mathcal{D}X_t\rangle.$$

Faisons tendre q vers l'infini. Pour t et ω fixés, $\tau(t)$ tend vers t, $X_{\tau(t)}$ vers X_t, et $d^2(h^{X_{\tau(t)}})(X_t)$ vers $d^2(h^{X_t})(X_t)$ (continuité de $d^2(h^y)(z)$). Puisque tous les $d^2(h^y)(z)$ sont dans un même compact de $\mathbb{T}^*V$, la sous-martingale Z^q tend vers $\int\langle d^2(h^X), \mathcal{D}X\rangle$ au sens des semimartingales grâce au corollaire 2.17; cette limite est donc une sous-martingale locale. Mais puisque $d^2(h^y)(y) = \Gamma^*df(y)$, cette sous-martingale locale n'est autre que $\int\langle\Gamma^*df, \mathcal{D}X\rangle$, c'est à dire l'intégrale d'Itô $\int\langle df, \mathrm{d}_\Gamma X\rangle$, et c'est fini. ∎

THÉORÈME 4.8. — *La variété V admet un recouvrement dénombrable $(U_\iota)_{\iota \in I}$ formé d'ouverts relativement compacts possédant la propriété suivante : Pour qu'un processus X dans V, continu et adapté soit une martingale, il faut et il suffit que, pour tout rationnel positif s, tout $\iota \in I$, et toute fonction $f \in C^2(V)$, à support compact, convexe au voisinage de $\bar{U}_\iota$, en posant $T(s, \iota) = \inf\{t \geqslant s : X_t \notin U_\iota\}$, le processus $f \circ X^{T(s, \iota)]}$ soit une sous-martingale sur l'intervalle $[s, \infty[$.*

Ce théorème est dû à Darling [23] et [27], qui l'énonce de façon différente, mais équivalente : prenant cette propriété caractéristique comme définition des martingales, il en déduit que les intégrales d'Itô $\int \langle \sigma, d_\Gamma X \rangle$ sont des martingales locales; sa définition des intégrales d'Itô diffère d'ailleurs aussi de la nôtre, puisqu'il les construit comme limites de certaines sommes de Riemann définies à l'aide de cartes exponentielles.

DÉMONSTRATION DU THÉORÈME 4.8. — Choisissons un recouvrement $(U_\iota)_{\iota \in I}$ tel que chaque U_ι ait la propriété du lemme 4.7.

Si X est une martingale, en se restreignant à l'intervalle $[s, \infty[$ et en arrêtant X à $T(s, \iota)$, on obtient une martingale Y (pour la filtration $\mathcal{F}^s = (\mathcal{F}_t)_{t \geqslant s}$), dont chaque trajectoire est constante ou contenue dans $\bar{U}_\iota$. Pour toute fonction f dans $C^2(V)$ et convexe au voisinage de $\bar{U}_\iota$, le processus $(f \circ Y_t)_{t \geqslant s}$ est donc une sous-martingale.

Réciproquement, soit X continu, adapté, et vérifiant la condition de l'énoncé. Les intervalles stochastiques $]\!]s, T(s, \iota)[\![$ et $[\![0, T(0, \iota)[\![$ forment un recouvrement dénombrable de $[\![0, \infty[\![$; on les ordonne en une suite $(J_n)_{n \in \mathbb{N}}$ et on appelle S_n le début de $(J_0 \cup ... \cup J_n)^c$. Le lemme 4.7 et le choix des U_ι entraînent que chaque $X^{S_n]}$ est une semimartingale; comme le recouvrement est ouvert, les S_n croissent vers l'infini et X est aussi une semimartingale. Soient σ un champ de covecteurs et M l'intégrale d'Itô $\int \langle \sigma, d_\Gamma X \rangle$. Chaque intégrale $\int \mathbb{1}_{]\!]s, T(s, \iota)[\![} dM$ étant une martingale locale, c'est aussi vrai de M; ainsi, X est une martingale. ∎

Le théorème 4.8, caractérisation des martingales, a un analogue pour les suites de processus : il s'agit d'un théorème d'Arnaudon et Thalmaier [11] qui montrent que, comme pour les processus scalaires, les topologies de la convergence compacte en probabilité et des semimartingales coïncident sur l'ensemble des martingales dans une variété. Nous allons voir cela tout de suite, juste après deux petits lemmes préparatoires.

LEMME 4.9. — *Soient K un compact de V et U un voisinage de K. Si une suite $(X^n)_{n \in \mathbb{N}}$ de processus continus adaptés dans V converge uniformément sur les compacts en probabilité vers une limite Y, les temps d'arrêt*

$$T'_n = \inf\{t : Y_t \notin U \text{ et } X^n_t \in K\} \quad et \quad T''_n = \inf\{t : X^n_t \notin U \text{ et } Y_t \in K\}$$

tendent vers l'infini en probabilité.

DÉMONSTRATION. — Par plongement de V dans $\mathbb{R}^n$ (ou à l'aide d'une structure riemannienne), on définit une distance dist sur V, compatible avec la topologie de V, et telle que, pour chaque t, la suite des variables aléatoires $S^n_t = \sup_{s \leqslant t} \text{dist}(X^n_s, Y_s)$ tende vers 0 en probabilité quand n tend vers l'infini.

Puisque K est compact, la distance $\text{dist}(K, U^c)$ n'est pas nulle; appelons-la a. Si $Y_s \notin U$ et $X^n_s \in K$, on a $\text{dist}(X^n_s, Y_s) \geqslant a$; d'où

$$\{T'_n \leqslant t\} \subset \{\exists s \leqslant t \ \text{dist}(X^n_s, Y_s) \geqslant a\} \subset \{S^n_t \geqslant a\}.$$

et $\mathbb{P}[T'_n \leq t] \to 0$ pour chaque t.

L'argument pour T''_n est exactement le même. ∎

LEMME 4.10. *Tout point de V a un voisinage ouvert U jouissant de la propriété suivante : Si une suite de martingales à valeurs dans U converge, dans U, uniformément sur tout compact en probabilité, vers une martingale, la convergence a lieu pour la topologie des semimartingales.*

DÉMONSTRATION. — Soit $(v^k)_{1 \leq k \leq d}$ une carte au voisinage de x, telle que $v^k(x) = 0$ pour tout k.

La fonction $u = \sum_k (v^k)^2$, qui est définie dans le domaine de la carte, vérifie $\text{Hess}_{ij}\, u(x) = 2\delta_{ij}$; comme $\text{Hess}\, u$ est continue, la matrice $\text{Hess}_{ij}\, u(y) - \delta_{ij}$ est positive pour y assez voisin de x. Choisissons un ouvert U relativement compact dans le domaine de la carte, et tel que $\text{Hess}_{ij}\, u(y) - \delta_{ij}$ soit positive sur U ; les coordonnées $v^k(y)$ et les symboles de Christoffel $\Gamma^k_{ij}(y)$ sont des fonctions bornées sur U, par une constante c. (Nous rencontrerons d'autres constantes ne dépendant que de la carte ; nous les noterons toutes indistinctement c, par abus de langage.) La fonction u est convexe sur U, et, pour toute semimartingale X dans U, de coordonnées $X^k = v^k \circ X$, on a $\frac{1}{2} \sum_k [X^k, X^k] \leq \int \langle \text{Hess}\, u, \mathcal{D}X \rangle$.

Si X est une martingale dans U, on a d'après 3.7

$$\mathrm{d}X^k = \mathrm{d}L^k - \tfrac{1}{2}\Gamma^k_{ij}(X)\,\mathrm{d}[L^i, L^j] = \mathrm{d}L^k + \mathrm{d}A^k \,,$$

où les L^k sont d martingales locales et les A^k sont d processus à variation finie. Le processus $u \circ X$ est une sous-martingale positive bornée ; sa partie à variation finie $\int \langle \text{Hess}\, u, \mathcal{D}X \rangle$ est minorée par $\frac{1}{2} \sum_k [X^k, X^k] = \frac{1}{2} \sum_k [L^k, L^k]$. En conséquence, $\mathbb{E}[u \circ X_t] \geq \frac{1}{2} \sum_k \mathbb{E}\big[[L^k, L^k]_t\big]$, et il existe donc une constante c (la même pour toutes les martingales X) telle que $\mathbb{E}\big[[L^k, L^k]_\infty\big] \leq c$. Remarquant ensuite que $\mathrm{d}A^k = -\frac{1}{2}\Gamma^k_{ij}(X)\,\mathrm{d}[L^i, L^j]$ où les Γ^k_{ij} sont bornés, on en tire $\mathbb{E}\big[\int_0^\infty |\mathrm{d}A^k|\big] \leq c$.

Soit $(X^n)_{n \in \mathbb{N}}$ une suite de martingales dans U qui converge u.c.p. dans U vers une martingale Y ; nous allons établir que les X^n tendent vers Y au sens des semimartingales. Ce qui précède s'applique aux décompositions canoniques

$$\mathrm{d}X^{n,k} = \mathrm{d}L^{n,k} + \mathrm{d}A^{n,k} \qquad \text{et} \qquad \mathrm{d}Y^k = \mathrm{d}M^k + \mathrm{d}B^k$$

des coordonnées de X^n et Y. Fixons l'indice k et définissons des semimartingales réelles Z^n par $Z^n = X^{n,k} - Y^k$. Par différence, leurs décompositions canoniques $\mathrm{d}Z^n = \mathrm{d}N^n + \mathrm{d}C^n$ vérifient aussi $\mathbb{E}\big[[N^n, N^n]_\infty\big] \leq c$ et $\mathbb{E}\big[\int_0^\infty |\mathrm{d}C^n|\big] \leq c$; ces estimations sont uniformes en n. Faisons maintenant tendre n vers l'infini dans la formule

$$(Z^n_t)^2 = (Z^n_0)^2 + 2\int_0^t Z^n_s\,\mathrm{d}N^n_s + 2\int_0^t Z^n_s\,\mathrm{d}C^n_s + [N^n, N^n]_t \,.$$

Les Z^n sont bornés et, par hypothèse, tendent vers zéro uniformément sur tout compact en probabilité. Les deux intégrales par rapport à N^n et C^n aussi, parce que la variation quadratique de $\int Z^n\,\mathrm{d}N^n$ vaut $\int (Z^n)^2\,\mathrm{d}[N^n, N^n]$ et la variation totale de $\int Z^n\,\mathrm{d}C^n$ vaut $\int |Z^n|\,|\mathrm{d}C^n|$. Par différence, $[N^n, N^n]$ tend vers zéro u.c.p., et les martingales $L^{n,k}$ tendent donc vers M^k en topologie des semimartingales. Ceci ayant lieu pour chaque k, on en déduit que $A^{n,k} = \int -\frac{1}{2}\Gamma^k_{ij}(X^n)\,\mathrm{d}[L^{n,i}, L^{n,j}]$ tend vers $B^k = \int -\frac{1}{2}\Gamma^k_{ij}(Y)\,\mathrm{d}[M^i, M^j]$ en variation totale, et que $X^{n,k}$ tend vers Y^k au sens des semimartingales. ∎

THÉORÈME 4.11. — *Si une suite de martingales dans V converge uniformément sur tout compact en probabilité, sa limite est une martingale et la convergence a lieu au sens des semimartingales.*

DÉMONSTRATION. — Soit $(X^n)_{n\in\mathbb{N}}$ une suite de martingales dans V, qui converge vers une limite Y uniformément sur les compacts en probabilité. Pour établir que Y est une martingale, nous allons utiliser le critère de Darling 4.8. Nous fixons donc un s, un U_ι et une fonction C^2, convexe sur un voisinage ouvert U'' de $\bar{U}_\iota$: en posant $T(s,\iota) = \inf\{t\geqslant s : Y_t \notin U_\iota\}$, nous devons vérifier que $f\circ Y^{T(s,\iota)]}$ est une sous-martingale sur $[s,\infty[$. Par arrêt à $T(s,\iota)$ et restriction à $[s,\infty[$, on se ramène au cas où les trajectoires de Y sont toutes dans $\bar{U}_\iota$ ou constantes; en conditionnant par l'événement $\{T(s,\iota) > s\}$ qui est dans $\mathcal{F}_s$, on peut supposer Y à valeurs dans $\bar{U}_\iota$.

Soit U' un ouvert tel que $\bar{U}_\iota \subset U' \subset \bar{U}' \subset U''$. La suite des temps d'arrêt $T_n'' = \inf\{t : Y_t \in \bar{U}_\iota$ et $X_t^n \notin U'\}$ tend vers l'infini en probabilité d'après 4.9; par extraction d'une sous-suite, on peut supposer que la convergence a lieu presque sûrement, et les temps $R_m = \inf_{n\geqslant m} T_n''$ tendent donc aussi vers l'infini. Par arrêt à R_m, on est ramené au cas où tous les X^n sont à valeurs dans $\bar{U}'$. Par 4.8, les $f\circ X^n$ sont pour $n \geqslant m$ des sous-martingales locales, uniformément bornées; la propriété de sous-martingale passe à la limite, et $f\circ Y$ est une sous-martingale.

Sachant maintenant que Y est une martingale, nous allons prouver que $f\circ X^n$ tend vers $f\circ Y$ au sens des semimartingales pour toute f de classe C^2 et à support compact; la proposition 2.15 montrera alors que X^n tend vers Y en topologie des semimartingales. En écrivant f comme une somme finie, on se ramène au cas où le support K de f est non vide et inclus dans un ouvert U ayant la propriété du lemme 4.10.

Il existe des compacts K_1, K_2 et K_3 tels que

$$K \subset \overset{\circ}{K}_1 \subset K_1 \subset \overset{\circ}{K}_2 \subset K_2 \subset \overset{\circ}{K}_3 \subset K_3 \subset U \, ;$$

en posant pour s rationnel $T_s = \inf\{t\geqslant s : Y_t \notin \overset{\circ}{K}_2\}$, on obtient un recouvrement dénombrable de $[\![0,\infty[\![$ par les ouverts prévisibles $]\!]s,T_s[\![$, $[\![0,T_0[\![$ et $\{Y \notin K_1\}$. La proposition 2.4.(ii) dit qu'il suffit établir séparément les convergences

$$\int \mathbb{1}_{\{Y\notin K_1\}}\,\mathrm{d}(f\circ X^n) \to 0 \qquad \text{et} \qquad \int \mathbb{1}_{]\!]s,T_s[\![}\,\mathrm{d}(f\circ X^n) \to \int \mathbb{1}_{]\!]s,T_s[\![}\,\mathrm{d}(f\circ Y)$$

au sens des semimartingales. Pour la première, il suffit de remarquer que les temps d'arrêt $S_n = \inf\{t : \int \mathbb{1}_{\{Y\notin K_1\}}\,\mathrm{d}(f\circ X^n) \neq 0\}$ sont respectivement minorés par $T_n' = \inf\{t : Y_t \notin K_1$ et $X_t^n \in K\}$, qui tendent vers l'infini en probabilité d'après 4.9. Pour la deuxième, s étant fixé, pour établir que $Z^n = \int \mathbb{1}_{]\!]s,T_s[\![}\,\mathrm{d}(f\circ X^n)$ tend vers $Z = \int \mathbb{1}_{]\!]s,T_s[\![}\,\mathrm{d}(f\circ Y)$, on se ramène par arrêt à T_s et conditionnement par un événement de $\mathcal{F}_s$ au cas où Y est à valeurs dans K_2. On observe, toujours par 4.9, que les temps d'arrêt $T_n'' = \inf\{t : X_t^n \notin K_3\} = \inf\{t : X_t^n \notin K_3$ et $Y_t \in K_2\}$ tendent vers l'infini en probabilité. Il suffira donc de montrer que $(Z^n)^{T_n'']}$ tend au sens des semimartingales vers Z; en effet, l'erreur commise est une semimartingale nulle sur $[\![0,T_n'']\!]$, donc tendant vers zéro pour la topologie des semimartingales. Mais l'intégrale $(Z^n)^{T_n'']}$ ne fait intervenir que le processus arrêté $(X^n)^{T_n'']}$, qui est à valeurs dans K_3 donc dans U; on est finalement ainsi ramené au cas où tous les X^n et X sont dans U, et il ne reste plus qu'à laisser le lemme 4.10 faire le travail. ∎

3. — Détermination des martingales par leurs valeurs finales

Une propriété fort importante des martingales réelles est la possibilité, pour $s \leqslant t$, d'exprimer X_s à partir de X_t (comme une espérance conditionnelle). Pour étendre cette propriété aux variétés, nous devrons limiter la taille de la variété (déjà, dans le cas réel, cette propriété est fausse pour les martingales locales non bornées) et imposer des contraintes de nature géométrique à la variété, c'est-à-dire en fait à la connexion. Le résultat principal de cette section est le théorème 4.19, emprunté à Kendall [66], [68] et [69]. Pour y parvenir, nous aurons besoin de nous appuyer sur l'action des fonctions convexes sur les martingales, et sur un critère de tension pour les suites de martingales. Nous commencerons donc par ces résultats auxiliaires.

PROPOSITION 4.12. — *Soit f une fonction convexe sur une variété V de classe C^3 au moins.*

Elle est continue ; plus précisément, lue dans une carte locale, elle devient localement lipschitzienne.

Pour $x \in V$ et $u \in \mathrm{T}_x V$, notons $\delta f_x(u)$ la dérivée à droite en 0 de la fonction convexe d'une variable $t \mapsto f \circ \exp_x(tu)$ définie au voisinage de l'origine. La fonction δf_x est positivement homogène et convexe sur l'espace vectoriel $\mathrm{T}_x V$, et l'on a $f\bigl(\exp_x(u)\bigr) \geqslant f(x) + \delta f_x(u)$ pour tout u dans le domaine de définition de $\exp_x$.

Nous admettrons cet énoncé de régularité des fonctions convexes ; on peut le trouver dans [48], sous l'hypothèse que la variété est C^∞. La démonstration proposée dans [48] s'étend au cas C^3 en utilisant la propoosition 3.3. Elle consiste essentiellement à vérifier que le réseau des géodésiques est structuré de façon à permettre, comme dans le cas vectoriel, d'exploiter l'hypothèse de convexité sur chaque géodésique.

PROPOSITION 4.13. — *Soient V une variété de classe C^3 au moins, f une fonction convexe sur V et X une martingale dans V. Le processus réel $f \circ X$ est une sous-martingale locale — et donc en particulier une semimartingale.*

DÉMONSTRATION. — En considérant le supremum essentiel de l'ensemble des temps d'arrêt tels que $f \circ X$ arrêté soit une sous-martingale locale, on se ramène à établir que V peut être recouverte par une famille dénombrable d'ouverts U tels que, pour toute martingale Y à valeurs dans U, le processus $f \circ Y$ soit une sous-martingale. Ceci permet de supposer que V est une boule de $\mathbb{R}^d$, que f est globalement h-lipschitzienne, pour une constante h, et, en prenant $U \times U$ inclus dans l'ensemble D de la proposition 3.3, que tout point de la variété est le centre d'une carte normale globale.

Pour tout $x \in V$, les vecteurs $\mathrm{D}_i \in \mathrm{T}_x V$ forment une base de $\mathrm{T}_x V$; pour $y \in V$, le vecteur $\exp_x^{-1}(y) \in \mathrm{T}_x V$ s'écrit donc sous la forme $\exp_x^{-1}(y) = e^i(x,y)\,\mathrm{D}_i$, pour des fonctions e^i de classe C^{p-2} sur $V \times V$ (voir 3.3 ; p est bien sûr l'ordre de diffétentiabilité de V). Nous noterons $e^i_j(x,y)$ les dérivées partielles $\frac{\partial e^i}{\partial y^j}(x,y)$, où y^j sont les coordonnées au sens usuel de y (c'est-à-dire dans $\mathbb{R}^d$, et non dans la carte normale $e^i(x, .)$). Appelons $\Gamma_{ij}^k(x,y)$ les symboles de Christoffel de la connexion Γ dans la carte normale $e^i(x, .)$; on a $\Gamma(x,x) = 0$ par 3.2. Quitte à restreindre V encore un peu, on peut supposer les fonctions $\Gamma_{ij}^k(x,y)$ uniformément continues et les fonctions $e^i_j(x,y)$ bornées (par une constante c) sur $V \times V$.

Pour $u \in \mathrm{T}_x V$, assez voisin de 0_x pour que son exponentielle existe, $\delta f_x(u)$ est la limite pour t tendant vers zéro de $(f(\exp_x(tu) - f(x))/t$; comme f est h-lipschitzienne, $|\delta f_x(u)|$ est majoré par la limite supérieure de $(h/t) \| \exp_x(tu) - x \|$, où la norme et la différence sont dans $\mathbb{R}^d$. Mais le vecteur $(\exp_x(tu) - x)/t$ tend dans $\mathbb{R}^d$ vers le vecteur de composantes $e^i(x, \exp_x(u))$, ce qui donne l'estimation $|\delta f_x(u)| \leqslant h\|u\|_x$, où $\| \ \|_x$ est la norme euclidienne sur $\mathrm{T}_x V$ pour laquelle la base (D_i) est orthonormée.

Soit X une martingale dans V pour la connexion Γ. Pour montrer que $f \circ X$ est une sous-martingale locale, on peut par arrêt supposer que le processus croissant $C_t = \sum_{ij} \int_0^t |\mathrm{d}[X^i, X^j]_s|$ est borné.

La proposition 3.7 permet d'écrire

$$c^k(x, X_t) = e^k(x, X_s) + N_t - N_s - \frac{1}{2} \int_s^t \Gamma_{ij}^k(x, X_u) \, \mathrm{d}\big[e^i(x, X_u), e^j(x, X_u)\big]$$

$$= e^k(x, X_s) + N_t - N_s - \frac{1}{2} \int_s^t \Gamma_{ij}^k(x, X_u) \, e_\ell^i(x, X_u) \, e_m^j(x, X_u) \, \mathrm{d}[X^\ell, X^m]_u$$

où N est une martingale locale dépendant de x et k; comme tous les autres termes sont bornés, N aussi, et c'est donc une martingale bornée. Si S et T sont deux temps d'arrêt tels que $S \leqslant T$, on obtient, en remplaçant x par X_S (qui est mesurable pour $\mathcal{F}_S$)

$$\mathbb{E}[e^k(X_S, X_T) | \mathcal{F}_S] = -\tfrac{1}{2} \, \mathbb{E}\big[\textstyle\int_S^T (\Gamma_{ij}^k e_\ell^i e_m^j)(X_S, X_t) \, \mathrm{d}[X^\ell, X^m]_t \, \big| \, \mathcal{F}_S\big] \ ;$$

cette formule va bientôt nous servir.

Pour montrer que $f \circ X$ est une sous-martingale, il suffit de vérifier que, si S et T sont deux temps d'arrêt tels que $S \leqslant T$, on a $\mathbb{E}[f(X_T)] \geqslant \mathbb{E}[f(X_S)]$. Pour $\varepsilon > 0$, définissons une suite croissante de temps d'arrêt entre S et T par

$$R_0 = S \ ; \qquad R_{n+1} = T \wedge \inf \big\{ t \geqslant R_n \ : \ \sum_{ijk} |\Gamma_{ij}^k(X_{R_n}, X_t)| \geqslant \varepsilon \big\} \ .$$

Comme les fonctions Γ_{ij}^k sont nulles sur la diagonale et uniformément continues, les temps R_n croissent vers T, et, f étant bornée (parce que globalement lipschitzienne), la proposition 4.12 donne

$$\mathbb{E}\big[f(X_T) - f(X_S)\big] = \sum_n \mathbb{E}\big[f(X_{R_{n+1}}) - f(X_{R_n})\big]$$

$$\geqslant \sum_n \mathbb{E}\big[\delta f_{X_{R_n}} \big(\exp_{X_{R_n}}^{-1}(X_{R_{n+1}})\big)\big]$$

$$= \sum_n \mathbb{E}\big[\mathbb{E}\big[\delta f_{X_{R_n}} \big(\exp_{X_{R_n}}^{-1}(X_{R_{n+1}})\big) \, | \, \mathcal{F}_{R_n}\big]\big]$$

$$\geqslant \sum_n \mathbb{E}\big[\delta f_{X_{R_n}} \big(\mathbb{E}[\exp_{X_{R_n}}^{-1}(X_{R_{n+1}}) | \mathcal{F}_{R_n}]\big)\big]$$

(la première minoration vient de $\delta f_x \leqslant f \circ \exp_x - f(x)$ et la seconde de la convexité de δf_x sur l'espace tangent $\mathrm{T}_x V$). En utilisant l'estimation $|\delta f_x(u)| \leqslant h\|u\|_x$, on continue par

$$\mathbb{E}\big[f(X_T) - f(X_S)\big] \geqslant -h \sum_n \mathbb{E}\big[\|\mathbb{E}[\exp_{X_{R_n}}^{-1}(X_{R_{n+1}}) | \mathcal{F}_{R_n}]\|_{X_{R_n}}\big] \ .$$

Dans la base (D_i) au point X_{R_n}, les coordonnées du vecteur $\exp^{-1}_{X_{R_n}}(X_{R_{n+1}})$ sont $e^i(X_{R_n}, X_{R_{n+1}})$; en conséquence les coordonnées de son espérance conditionnelle sont $\mathbb{E}[e^i(X_{R_n}, X_{R_{n+1}})|\mathcal{F}_{R_n}]$. Notre minoration devient

$$\mathbb{E}[f(X_T) - f(X_S)] \geqslant -h \sum_n \mathbb{E}\left[\sum_k \left|\mathbb{E}[e^k(X_{R_n}, X_{R_{n+1}})|\mathcal{F}_{R_n}]\right|\right] \ .$$

C'est le moment d'utiliser la formule vue plus haut, pour écrire

$$\mathbb{E}[e^k(X_{R_n}, X_{R_{n+1}})|\mathcal{F}_{R_n}] = -\tfrac{1}{2}\,\mathbb{E}\left[\int_{R_n}^{R_{n+1}}(\Gamma^k_{ij}e^i_\ell e^j_m)(X_{R_n}, X_{R_{n+1}})\,\mathrm{d}[X^\ell, X^m]_t\,\big|\,\mathcal{F}_{R_n}\right] ;$$

$$\left|\mathbb{E}[e^k(X_{R_n}, X_{R_{n+1}})|\mathcal{F}_{R_n}]\right| \leqslant \tfrac{1}{2}\,d^2\varepsilon\,c^2\,\mathbb{E}[C_{R_{n+1}} - C_{R_n}|\mathcal{F}_{R_n}] \ .$$

En sommant en k et en prenant l'espérance, on en déduit

$$\mathbb{E}\left[\sum_k \left|\mathbb{E}[e^k(X_{R_n}, X_{R_{n+1}})|\mathcal{F}_{R_n}]\right|\right] \leqslant \tfrac{1}{2}\,d^3\varepsilon\,c^2\,\mathbb{E}[C_{R_{n+1}} - C_{R_n}] \ ,$$

puis, en sommant maintenant en n,

$$\mathbb{E}[f(X_T) - f(X_S)] \geqslant -\tfrac{1}{2}\,h\,d^3\varepsilon\,c^2\,\mathbb{E}[C_T - C_S] \ .$$

Puisque ε est arbitraire, on a $\mathbb{E}[f(X_T) - f(X_S)] \geqslant 0$, et c'est fini. ∎

Nous venons de voir que les fonctions convexes transforment les martingales dans V en sous-martingales locales. Il est vrai également, mais nous n'en parlerons pas ici, qu'elles transforment toutes les semimartingales dans V en semimartingales réelles (voir [48]).

Outre l'action des fonctions convexes, il nous faudra un autre outil pour pouvoir lire les travaux de Kendall. Il s'agit d'un critère de tension pour des suites de martingales dans une variété riemannienne. Mais auparavant, quelques notions sur les martingales dans une variété riemannienne nous seront utiles.

Rappelons qu'une structure riemannienne sur une variété V est la donnée d'un champ g de codiffuseurs purement d'ordre deux, définis positifs, de classe C^{p-1}. Nous ne postulons aucune relation entre g et la connexion Γ sur V.[1] Il existe toujours des structures riemanniennes sur une variété donnée ; lorsque la variété admet une carte globale $(v^i)_{1 \leqslant i \leqslant d}$, on peut par exemple poser $g = \delta_{ij}\,dv^i \!\cdot\! dv^j$; dans le cas général, on peut plonger V dans une variété ayant une carte globale (et donc une structure riemannienne h) et poser $g = \phi^* h$, où ϕ désigne le plongement. On peut généraliser aux variétés riemanniennes la variation quadratique euclidienne des semimartingales dans $\mathbb{R}^d$:

DÉFINITION. Si X est une semimartingale dans une variété riemannienne (V, g), on appelle *variation quadratique riemannienne* le processus croissant $2\int \langle g, \mathcal{D}X\rangle$.

Si V est muni d'une carte globale $(v^i)_{1 \leqslant i \leqslant d}$, dans laquelle g s'écrit $g_{ij}\,dv^i \!\cdot\! dv^j$, la variation quadratique riemannienne de X vaut $\int g_{ij}\!\circ\! X\,\mathrm{d}[v^i\!\circ\! X, v^j\!\circ\! X]$. En particulier, lorsque V est un espace vectoriel euclidien (par exemple $\mathbb{R}$), la variation quadratique riemannienne de X coïncide avec sa variation quadratique euclidienne. (C'est à cela que sert le coefficient 2 dans la définition.)

---

1. En géométrie riemannienne, l'objet fondamental est g, et on montre comment construire une connexion à partir de g ; ici, la connexion est donnée, et nous utiliserons une structure riemannienne à titre d'outil technique auxiliaire, comme on utilise une distance sur un espace topologique métrisable.

PROPOSITION 4.14. — *La variété V étant munie d'une connexion Γ et d'une structure riemannienne g, soient X une martingale dans V (pour Γ) et A sa variation quadratique riemannienne.*

(i) *Si S et T sont deux temps d'arrêt tels que $S \leqslant T$, le processus X est constant sur l'intervalle $[\![S,T]\!]$ si et seulement le processus A l'est aussi.*

(ii) *Sur l'événement $\{A_\infty < \infty\}$, le processus X converge, dans le compactifié d'Alexandrov $V \cup \{\infty\}$, vers une limite X_∞.*

(iii) *Définissons des temps d'arrêt par $T_t = \inf\{s : A_s > t\} \leqslant \infty$, une nouvelle filtration $\mathcal{G}$ par $\mathcal{G}_t = \mathcal{F}_{T_t}$, et un processus Y par $Y_t = X_{T_t}$ (on pose $Y_t = X_\infty$ sur $\{t \geqslant A_\infty\}$). La variable aléatoire $A_\infty \leqslant \infty$ est un temps d'arrêt de $\mathcal{G}$, et, sur l'intervalle $[\![0, A_\infty[\![$, le processus Y est pour $\mathcal{G}$ une martingale dans V. Si θ est un champ mesurable, localement borné, de codiffuseurs sur V, on a l'égalité $\int_0^t \langle \theta, \mathcal{D}Y_s \rangle = \int_0^{T_t} \langle \theta, \mathcal{D}X_s \rangle$ sur $[\![0, A_\infty[\![$; en particulier, la variation quadratique riemannienne de Y est la restriction à $[\![0, A_\infty[\![$ du processus t.*

(iv) *Si de plus X est à valeurs dans un compact de V, Y est une martingale dans V sur tout l'intervalle $[\![0, \infty[\![$, l'intégrale $\int_0^t \langle \theta, \mathcal{D}Y_s \rangle$, définie sur tout cet intervalle, est constante sur $[\![A_\infty, \infty[\![$, et la variation quadratique riemannienne de Y est le processus $t \mapsto t \wedge A_\infty$.*

Dû à Darling [26], le (ii) est, historiquement, le premier théorème de convergence des martingales dans les variétés.

DÉMONSTRATION DE LA PROPOSITION 4.14. — (i) Si une semimartingale X dans V est constante sur $[\![S,T]\!]$, on a $\int \langle \Theta, \mathcal{D}X \rangle = \int \langle \mathbb{1}_{[\![S,T]\!]} \Theta, \mathcal{D}X \rangle$ parce que le second membre satisfait les propriétés 2.10.(i) et 2.10.(ii) qui caractérisent le premier membre ; en particulier, $\int \langle g, \mathcal{D}X \rangle$ est constante sur $[\![S,T]\!]$.

Réciproquement, si une martingale X est constante sur $[\![S,T]\!]$, soit f une fonction C^p à support compact. Par continuité et compacité, il existe une constante c telle que l'on ait $-cg \leqslant \text{Hess } f \leqslant cg$ et $-cg \leqslant df \cdot df \leqslant cg$ sur tout le support de f, donc partout ; les deux intégrales $\int \langle \text{Hess } f, \mathcal{D}X \rangle$ et $\int \langle df \cdot df, \mathcal{D}X \rangle$ ont donc une variation totale nulle sur $[\![S,T]\!]$, et sont constantes sur cet intervalle. Les formules 3.5 et 3.4 permettent d'écrire $f \circ X = f \circ X_0 + M + \int \langle \text{Hess } f, \mathcal{D}X \rangle$ où M est une martingale locale telle que $\frac{1}{2}[M, M] = \int \langle df \cdot df, \mathcal{D}X \rangle$, donc constante sur $[\![S,T]\!]$; finalement, $f \circ X$ est constante sur cet intervalle, et X aussi.

(ii) Si f est une fonction C^p à support compact, le même argument que ci-dessus montre que $f \circ X = f \circ X_0 + M + B$, où $[M, M]_\infty + \int_0^\infty |dB| \leqslant c \, A_\infty$. Sur $\{A_\infty < \infty\}$, la limite $(f \circ X)_\infty$ existe, et, f étant arbitraire, X_∞ existe dans $V \cup \{\infty\}$.

(iii) Les temps d'arrêt $T_t = \inf\{s : A_s > t\}$ sont croissants et continus à droite en t, donc $\mathcal{G}$ est une filtration. Posons $S_t = \inf\{s : A_s \geqslant t\}$; on a $S_t \leqslant T_t$ et A est constant sur $[\![S_t, T_t]\!]$. Le processus Y est lui aussi continu à droite, et a pour limites à gauche $Y_{t-} = X_{S_t}$; il est continu d'après (i). Pour $f \in C^p$, le processus $f \circ Y$ est pour $\mathcal{G}$ une semimartingale continue, et Y est une semimartingale dans V. L'égalité $\int_0^t \langle \theta, \mathcal{D}Y_s \rangle = \int_0^{T_t} \langle \theta, \mathcal{D}X_s \rangle$ résulte de ce que le membre de droite vérifie les propriétés 2.10.(i) et 2.10.(ii) qui caractérisent celui de gauche. En particulier, pour $\theta = \Gamma^* \sigma$, on voit que les intégrales d'Itô par rapport à Y proviennent par changement de temps de celles par rapport à X, et Y est une martingale.

(iv) C'est une conséquence du (iii), en remarquant que, sur $\{A_\infty < \infty\}$, X_∞ existe dans V d'après (ii), et X est une semimartingale jusqu'à l'infini d'après 4.4. ∎

Comme c'est déjà le cas pour les martingales locales dans $\mathbb{R}^d$, si X est une martingale dans V pour une certaine filtration, c'est aussi une martingale pour sa filtration naturelle; cela se vérifie immédiatement sur la définition. En conséquence, sur l'espace canonique $C(\mathbb{R}_+, V)$, muni comme d'habitude de la filtration engendrée par les coordonnées, le processus canonique est une martingale dans V pour la loi $\mathbb{P}_X = \mathbb{P} \circ X^{-1}$ de X. (Rappelons que $C(\mathbb{R}_+, V)$ est un espace polonais, dont la topologie est celle de la convergence uniforme sur les compacts de $\mathbb{R}_+$.) Le critère de tension ci-dessous, que je recopie de Kendall [68], étend aux variétés des résultats bien connus dans le cas vectoriel (voir par exemple Rebolledo [91]).

PROPOSITION 4.15. — *Soit K un compact d'une variété V munie d'une connexion et d'une structure riemannienne g. Considérons toutes les martingales X dans V, à valeurs dans K, et dont la variation quadratique riemannienne vérifie*

$$2 \int_s^t \langle g, \mathcal{D}X \rangle \leqslant t - s \quad \text{pour tous } s \text{ et } t \text{ tels que } s \leqslant t.$$

L'ensemble des lois de ces martingales est tendu sur l'espace canonique $C(\mathbb{R}_+, V)$.

DÉMONSTRATION. — On commence par plonger V dans un espace euclidien $\mathbb{R}^n$. [Le théorème de Whitney n'est pas ici nécessaire : il suffit de plonger un voisinage U de K; or on peut recouvrir U par un nombre fini q d'ouverts, chacun relativement compact dans le domaine d'une carte, et il est dès lors facile de plonger U dans $\mathbb{R}^{qd}$.] Appelons $i : V \to \mathbb{R}^n$ un tel plongement. Appelons « bonne martingale » toute martingale X dans V, à valeurs dans K, et de variation quadratique riemannienne $2\langle g, \mathcal{D}X_t \rangle$ majorée par dt. Pour vérifier que l'ensemble des lois des bonnes martingales X est tendu sur $C(\mathbb{R}_+, V)$, il suffit de vérifier que l'ensemble des lois des $i \circ X$ est tendu sur $C(\mathbb{R}_+, \mathbb{R}^n)$. À cet effet, nous allons appliquer le critère 1.4.6 de Stroock et Varadhan [103]. Selon ce critère, il suffit d'établir que pour toute f de classe C^∞ et à support compact sur $\mathbb{R}^n$, il existe une constante C telle que, pour tout $u \in \mathbb{R}^n$, le processus $f\big(u + (i \circ X)\big) + C\, t$ soit une sous-martingale.

Appelons v^k les n coordonnées usuelles sur $\mathbb{R}^n$; par compacité et continuité, il existe une constante c telle que, sur K, on ait $d(v^k \circ i) \cdot d(v^k \circ i) \leqslant c\, g$ et $-c\, g \leqslant \mathrm{Hess}(v^k \circ i) \leqslant c\, g$ pour tout $k \in \{1, ..., n\}$. Pour toute bonne martingale X, la décomposition canonique $v^k \circ i(X_0) + M^k + B^k$ de $v^k \circ i(X)$ vérifie

$$\tfrac{1}{2}\, [M^k, M^k] = \int \langle d(v^k \circ i) \cdot d(v^k \circ i), \mathcal{D}X \rangle \quad \text{et} \quad B^k = \int \langle \mathrm{Hess}(v^k \circ i), \mathcal{D}X \rangle ,$$

donc aussi $\mathrm{d}[M^k, M^k] \leqslant c\, \mathrm{d}t$ et $|\mathrm{d}B^k| \leqslant c\, \mathrm{d}t$. Soit f de classe C^∞ et à support compact dans $\mathbb{R}^n$. Il existe un nombre $\alpha < \infty$ tel que l'on ait $|\mathrm{D}_k f(y)| \leqslant \alpha$ et $|\mathrm{D}_{ij} f(y)| \leqslant \alpha$ pour tous i, j et k et pour tout y dans $\mathbb{R}^n$. Si X est une bonne martingale, la semimartingale

$$f(u + iX) = f(u + iX_0) + \int \mathrm{D}_k f(u + iX)\, \mathrm{d}M^k$$

$$+ \int \mathrm{D}_k f(u + iX)\, \mathrm{d}B^k + \tfrac{1}{2} \int \mathrm{D}_{ij} f(u + iX)\, \mathrm{d}[M^i, M^j]$$

a pour partie à variation finie $R = \int \mathrm{D}_k f(u + iX)\, \mathrm{d}B^k + \tfrac{1}{2} \int \mathrm{D}_{ij} f(u + iX)\, \mathrm{d}[M^i, M^j]$, qui vérifie $|\mathrm{d}R| \leqslant n\alpha c\, \mathrm{d}t + \tfrac{1}{2}\, n^2 \alpha c\, \mathrm{d}t$. Il suffit donc de poser $C = (n + \tfrac{1}{2}\, n^2)\, \alpha c$ pour que $f(u + iX) + Ct$ soit une sous-martingale locale, donc aussi une sous-martingale (elle est bornée sur tout intervalle $[0, t]$). ∎

Ce critère permettra de construire des processus comme limites en loi de suites de martingales ; son utilité vient du fait que de telles limites sont nécessairement des martingales, comme l'affirme la proposition ci-dessous, également empruntée à Kendall [68].

PROPOSITION 4.16. — *Sur l'espace canonique* $C(\mathbb{R}_+, V)$, *l'ensemble des probabilités qui font du processus canonique une martingale dans* V *est fermé pour la convergence vague.*

En d'autres termes, si une suite $(X^n)_{n\in\mathbb{N}}$ de martingales dans V (définies chacune sur son propre espace probabilisé filtré) converge en loi vers une limite X, alors X est elle-même une martingale pour sa filtration naturelle. La convergence en loi est la convergence vague des lois des X^n, l'espace canonique étant muni de sa structure polonaise.

DÉMONSTRATION DE LA PROPOSITION 4.16. — Nous utiliserons une distance dist sur V obtenue par plongement propre de V dans un espace euclidien (ou donnée par une structure riemannienne ; toutes ces distances sont uniformément équivalentes sur les compacts de V).

Soit $(X^n)_{n\in\mathbb{N}}$ une suite de martingales dans V qui converge en loi vers une limite X ; par un argument classique (théorème de Skorokhod, voir par exemple Dudley [37]), on peut supposer que tous les X^n sont définis sur le même espace probabilisé (mais dont la filtration varie avec n) et que $\sup_{s\leqslant t} \mathrm{dist}(X^n_s, X_s)$ tend vers zéro p.s. pour chaque t.

Pour montrer que X est une martingale (dans sa filtration naturelle), nous allons appliquer la caractérisation de Darling 4.8 ; nous avons donc un ouvert relativement compact $U \subset V$, une fonction C^2 et à support compact, convexe au voisinage de $\overline{U}$, et un instant s ; nous posons $T = \inf\{t \geqslant s : X_s \notin U\}$ et il s'agit de démontrer que $f{\circ}X^{T]}$ est une sous-martingale sur $[s,\infty[$.

Gardant s et f fixés, nous allons tout d'abord remplacer U par un ouvert un peu plus gros. Pour $r > 0$ assez petit, l'ouvert $U_r = \{x \in V : \mathrm{dist}(x, U) < r\}$ vérifie les mêmes propriétés que U ; les temps d'arrêt $T_r = \inf\{t \geqslant s : X_t \notin U_r\}$ croissent avec r et la fonction $r \mapsto \mathbb{E}[\exp(-T_r)]$ est décroissante. Nous choisissons pour r un point de continuité de cette fonction ; ceci entraîne la continuité à droite presque sûre $T_r = \inf_{\rho>0} T_{r+\rho}$ (la continuité à gauche résulte de la définition de T_r). Nous démontrerons que le processus $f{\circ}X^{T_r]}$ est une sous-martingale, le cas de $f{\circ}X^{T]}$ s'en déduira par arrêt.

Posons $Y = X^{T_r]}$, $T^n_r = \inf\{t \geqslant s : X^n_s \notin U_r\}$ et $Y^n = (X^n)^{T^N_r]}$. Presque sûrement, Y^n tend vers Y uniformément sur tout compact : cela se vérifie ω par ω, en utilisant la propriété de continuité de T_r et le fait que la trajectoire $X^n(\omega)$ converge vers $X(\omega)$ uniformément sur tout compact. Pour $s \leqslant u \leqslant v$, pour tous $u_1, ..., u_q \in [0, u]$ et pour toute fonction h continue et bornée sur V^q, la sous-martingale $f{\circ}Y^n$ vérifie

$$\mathbb{E}\big[h(X^n_{u_1}, ..., X^n_{u_q})f(Y^n_v)\big] \geqslant \mathbb{E}\big[h(X^n_{u_1}, ..., X^n_{u_q})f(Y^n_u)\big] \ ;$$

passant à la limite en n, on en tire par convergence dominée l'inégalité

$$\mathbb{E}\big[h(X_{u_1}, ..., X_{u_q})f(Y_v)\big] \geqslant \mathbb{E}\big[h(X_{u_1}, ..., X_{u_q})f(Y_u)\big]$$

qui montre que $f{\circ}Y$ est une sous-martingale pour la filtration naturelle de X. ∎

Tous les ingrédients sont en place; nous commençons l'étude de la détermination des martingales par leurs valeurs finales.

DÉFINITION. — Soit V une variété munie d'une connexion. On appellera *séparante sur* V toute fonction ϕ de $V \times V$ dans $\mathbb{R}_+$, convexe pour la connexion produit, et telle que, pour tous points x et y de V, on ait $\phi(x, y) = 0$ si $x = y$ et $\phi(x, y) > 0$ si $x \neq y$.

Une séparante est donc une distance, dans laquelle on a remplacé l'axiome du triangle par la convexité. C'est cette convexité qui justifie le nom de séparante : si ϕ est une séparante et si γ' et γ'' sont deux géodésiques, (γ', γ'') est une géodésique de $V \times V$ par 3.15, et $\phi\big(\gamma'(t), \gamma''(t)\big)$ est une fonction convexe de t; en d'autres termes, vues par ϕ, les géodésiques tendent à se séparer. De même, si X' et X'' sont deux martingales dans V, (X', X'') est une martingale dans $V \times V$ par 3.15, et $\phi(X', X'')$ est une sous-martingale locale par 4.1 si ϕ est au moins C^2, et par 4.13 si V est au moins C^3; vues par ϕ, les martingales aussi tendent à se séparer. Ces propriétés sont la clé de l'utilisation des séparantes; il est bon de leur donner un numéro :

LEMME 4.17. — *Soit ϕ une séparante sur V. Si γ' et γ'' sont deux géodésiques de V, la fonction $t \mapsto \phi\big(\gamma'(t), \gamma''(t)\big)$ est convexe.*

On suppose maintenant ϕ de classe C^2 ou V de classe C^3. Si X' et X'' sont deux martingales dans V (pour la même filtration), $\phi(X', X'')$ est une sous-martingale locale.

Nous allons être conduits à nous intéresser à l'existence d'une séparante sur une variété donnée. On peut montrer (voir [45] p. 52) que, localement, il en existe toujours. Kendall a montré dans [67] que si V est un hémisphère ouvert (à un nombre quelconque de dimensions) muni de sa connexion riemannienne (les géodésiques sont les arcs de grands cercles, parcourus à vitesse angulaire constante), alors V n'a pas de séparante mais tout ouvert relativement compact de V en a une; et plus généralement que si V est une « boule géodésique régulière » dans une variété riemannienne, les ouverts relativement compacts de V ont une séparante. J'avais conjecturé dans [47] que si deux points quelconques de V sont toujours liés par une géodésique et une seule, alors tout ouvert relativement compact de V a une séparante. Cette conjecture est fausse; elle est réfutée par un superbe exemple de Kendall [70].

Dans les deux définitions ci-dessous, l'axe des temps $\mathbb{R}_+$ est remplacé par $[0, 1]$; les processus X, X^n et Y sont définis pour $t \in [0, 1]$ seulement et les variables aléatoires X_1, X_1^n, Y_1 sont les *valeurs finales* de ces processus.

DÉFINITION. — On dira que la variété V a la *propriété de détermination finale* si pour tout espace filtré $\big(\Omega, \mathcal{A}, \mathbb{P}, (\mathcal{F}_t)_{t \in [0,1]}\big)$ et toutes martingales X et Y dans V définies sur cet espace filtré et ayant (p.s.) même valeur finale $X_1 = Y_1$, on a l'égalité entre processus $X = Y$.

DÉFINITION. — On dira que la variété V a la *propriété robuste de détermination finale* si pour tout espace filtré $\big(\Omega, \mathcal{A}, \mathbb{P}, (\mathcal{F}_t)_{t \in [0,1]}\big)$, pour toute martingale Y dans V définie sur cet espace filtré, et pour toute suite $(X^n)_{n \in \mathbb{N}}$ de martingales dans V définies sur cet espace filtré, dont les valeurs finales X_1^n convergent en probabilité vers Y_1, les processus X^n convergent vers Y uniformément en probabilité (et, donc, par 4.11, au sens des semimartingales).

La propriété robuste de détermination finale est plus forte que la propriété de détermination finale (prendre $X^n = X$ pour tout n). J'ignore si elle est strictement plus forte; mais nous verrons très bientôt (théorème 4.19) que, sous une hypothèse de convergence des martingales, les deux propriétés sont équivalentes.

Alors que, pour les martingales réelles ou vectorielles, on peut retrouver X_0 à partir de X_1 et de $\mathcal{F}_0$ seulement, la propriété de détermination finale dans une variété est un peu plus faible et demande que l'on puisse retrouver X_0 à partir de X_1 et de toute la filtration.

PROPOSITION 4.18. — *Soit ϕ une séparante bornée sur V. Si ϕ est de classe C^2 ou si V est de classe C^3, V a la propriété de détermination finale.*

DÉMONSTRATION. — Nous avons vu en 4.17 que $\phi(X, Y)$ est une sous-martingale locale; elle est en outre positive et bornée par $\sup \phi$, c'est donc une vraie sous-martingale. Sa valeur finale $\phi(X_1, Y_1)$ étant nulle, elle est identiquement nulle, et, ϕ étant séparante, $X = Y$. ∎

Le théorème qui suit rassemble en un seul énoncé plusieurs résultats de Kendall [66], [68] et [69].

THÉORÈME 4.19. — *La variété V étant au moins de classe C^3, les trois conditions suivantes sont équivalentes :*

(i) *tout ouvert relativement compact de V a une séparante;*

(ii) *tout ouvert relativement compact de V a la propriété robuste de détermination finale.*

(iii) *tout ouvert relativement compact de V a la propriété de détermination finale, et toute martingale à valeurs dans un compact de V converge à l'infini.*

Observer que la première condition est purement géométrique alors que les deux autres concernent le comportement des martingales.

Remarquer aussi que dans (iii) la propriété de détermination finale est relative à des martingales indexées par le fermé $[0, 1]$, alors que la convergence à l'infini fait intervenir des martingales définies sur $\mathbb{R}_+$ (ou, par changement de temps, sur l'intervalle semi-ouvert $[0, 1[$).

DÉMONSTRATION DU THÉORÈME 4.19. — (i) $\Rightarrow$ (ii). Soit U un ouvert relativement compact de V; supposant (i), nous allons montrer que U possède la propriété robuste de détermination finale. Il existe un ouvert relativement compact U' tel que $\overline{U} \subset U' \subset V$. L'hypothèse (i) dit que U' admet une séparante ϕ; elle est continue sur $U' \times U'$ par 4.12, donc bornée sur le compact $\overline{U} \times \overline{U}$. Soient X^n et Y des martingales dans U (indexées par $[0, 1]$ et pour une même filtration) telles que $X_1^n \to Y_1$ en probabilité. Pour chaque n, le processus $Z^n = \phi(X^n, Y)$ est une sous-martingale locale. Les Z^n forment une suite uniformément bornée de sous-martingales positives telles que Z_1^n tend vers 0 en probabilité, donc dans L^2. L'inégalité de Doob $\|\sup_t Z_t^n\|_{L^2} \leqslant 2\|Z_1^n\|_{L^2}$ implique que $\sup_t Z_t^n$ tend vers zéro dans L^2.

Pour vérifier que X^n tend vers Y uniformément sur $[0, 1]$ en probabilité, il suffit d'établir que, si f est une fonction C^p sur V, $\sup_t |f(X_t^n) - f(Y_t)|$ tend vers zéro en probabilité. Soit donc $\varepsilon > 0$. Continue et strictement positive sur le compact

$\big\{(y,z)\in \overline{U}\times\overline{U}: |f(y)-f(z)|\geqslant \varepsilon\,\big\}$, la fonction ϕ y est minorée par un $\delta>0$. Ceci permet d'écrire

$$\mathbb{P}\Big[\sup_{t\in[0,1]}\big|f(X_t^n)-f(Y_t)\big|\geqslant \varepsilon\Big]\leqslant \mathbb{P}\Big[\sup_{t\in[0,1]}\phi(X_t^n,Y_t)\geqslant \delta\Big]$$

et il ne reste qu'à remarquer que le membre de droite tend vers zéro quand n tend vers l'infini.

(ii) $\Rightarrow$ (iii). Puisque la propriété robuste entraîne la propriété non robuste, il suffit d'établir que si K est un compact de V et X une martingale (dans V) à valeurs dans K, la limite X_∞ existe. Par compacité, le fermé aléatoire

$$C=\bigcap_t \overline{X([t,\infty[)}$$

des points limites de X est presque sûrement non vide; il s'agit de démontrer que $|C|=1$ p.s. Munissons V d'une distance par plongement propre dans un espace euclidien; la notation $B(x,r)$ désignera la boule ouverte de rayon r. Nous allons envisager deux cas.

1er cas. Pour tous x et y de V tels que $x\neq y$, il existe $r(x,y)>0$ tel que

$$\mathbb{P}\big[C \text{ rencontre } B\big(x,r(x,y)\big) \text{ et } B\big(y,r(x,y)\big)\big]=0\,.$$

En ce cas, $\mathbb{P}\big[C\times C \text{ rencontre } B\big(x,r(x,y)\big)\times B\big(y,r(x,y)\big)\big]=0$. Mais les produits $B\big(x,r(x,y)\big)\times B\big(y,r(x,y)\big)$ forment un recouvrement ouvert de $K\times K$ privé de la diagonale Δ; comme cet ensemble est une union dénombrable de compacts, il a un sous-recouvrement dénombrable, et il existe donc des suites $(x_n)_{n\in\mathbb{N}}$ et $(y_n)_{n\in\mathbb{N}}$ dans K telles que $x_n\neq y_n$ et

$$\bigcup_n \big[B\big(x_n,r(x_n,y_n)\big)\times B\big(y_n,r(x_n,y_n)\big)\big]\supset (K\times K)\setminus\Delta\,.$$

Puisque $\mathbb{P}\big[C\times C \text{ rencontre } B\big(x_n,r(x_n,y_n)\big)\times B\big(y_n,r(x_n,y_n)\big)\big]=0$ pour chaque n, on en déduit $\mathbb{P}\big[C\times C \text{ rencontre } (K\times K)\setminus\Delta\big]=0$; donc $C\times C$ est inclus dans la diagonale, et C est un singleton : c'est terminé.

(L'analogie avec la démonstration par Doob de la convergence des martingales réelles en contrôlant le nombre des montées n'est évidemment pas fortuite; dans le cas où $V=\mathbb{R}$, l'existence de $r(x,y)$ pour tous x et y dit exactement que le nombre de montées de X sur tout intervalle est p.s. fini.)

2e cas. Il existe deux points distincts x et y tels que, pour tout $\varepsilon>0$, l'événement

$$A_\varepsilon=\big\{C \text{ rencontre } B(x,\varepsilon) \text{ et } B(y,\varepsilon)\big\}$$

vérifie $\mathbb{P}[A_\varepsilon]>0$. Nous allons montrer que dans ce cas, l'hypothèse (ii) est violée; comme les deux cas épuisent toutes les possiblités, ceci achèvera la démonstration de (ii) $\Rightarrow$ (iii). Fixons ε. La martingale $M_t=\mathbb{P}[A_\varepsilon|\mathcal{F}_t]$ converge vers $\mathbb{1}_{A_\varepsilon}$; il existe donc un instant s tel que $\mathbb{P}[M_s>1-\varepsilon]>0$. Introduisons le temps d'arrêt

$$T=\inf\{t\geqslant s: X_t\in B(x,\varepsilon)\}\,.$$

Si l'on avait $M_T\leqslant 1-\varepsilon$, on en déduirait $M_s=\mathbb{E}[M_T|\mathcal{F}_s]\leqslant 1-\varepsilon$, ce qui contredirait la définition de s; ainsi l'événement $B=\{M_T>1-\varepsilon\}$ n'est pas négligeable. Sur $\{T=\infty\}$, on a $M_\infty=\mathbb{1}_{A_\varepsilon}=0$, d'où $M_T=0$; on a donc $T<\infty$ sur B.

Le processus $X'_t = X_{T+t}$ est une martingale pour la filtration $\mathcal{G}_t = \mathcal{F}_{T+t}$ et pour la loi $\mathbb{Q} = \mathbb{P}[\ |B]$. De l'inégalité

$$\mathbb{Q}[A_\varepsilon] = \frac{\mathbb{E}\big[\mathbb{P}[A_\varepsilon \cap B|\mathcal{F}_T]\big]}{\mathbb{P}[B]} = \frac{\mathbb{E}\big[\mathbb{1}_B \mathbb{P}[A_\varepsilon|\mathcal{F}_T]\big]}{\mathbb{P}[B]} = \frac{\mathbb{E}\big[\mathbb{1}_B M_T\big]}{\mathbb{P}[B]} > 1-\varepsilon \ ,$$

on tire $\mathbb{Q}[\exists t \ X'_t \in B(y,\varepsilon)] > 1-\varepsilon$; le temps d'arrêt $T' = \inf\{t : X'_t \in B(y,\varepsilon)\}$ vérifie donc $\mathbb{Q}[T' < \infty] > 1-\varepsilon$, et $\mathbb{Q}[T' < u] > 1-2\varepsilon$ pour un réel u convenable. Pour la filtration $\mathcal{G}'_t = \mathcal{G}_{ut}$ et la probabilité $\mathbb{Q}$, le processus $Y_t = X'_{ut \wedge T'}$ est une martingale dans K, vérifiant $Y_0 \in B(x,\varepsilon)$ et $\mathbb{Q}[Y_1 \in B(y,\varepsilon)] > 1-2\varepsilon$. Tout ceci, processus, filtration, probabilité, dépend de ε; prenant $\varepsilon = 1/n$, nous avons une suite de martingales Y^n dans K, chacune définie sur son propre espace probabilisé filtré, et telles que, en loi, Y_0^n tend vers x et Y_1^n vers y quand n tend vers l'infini.

Sur un espace probabilisé convenable, considérons une suite indépendante $(Z^n)_{n \in \mathbb{N}}$ de processus ayant respectivement les lois de Y^n. Chacun d'eux est une martingale dans K pour sa filtration naturelle, donc aussi, par grossissement indépendant, pour la filtration engendrée par tous les Z^n. Les variables aléatoires Z_0^n (respectivement Z_1^n) convergent en loi vers x (respectivement y); ces limites étant déterministes, les convergences ont lieu en probabilité. Mais il existe une martingale M telle que $M_1 = y$ et $M_0 \neq x$, la martingale constante égale à y. La condition (ii) n'est donc pas satisfaite.

(iii) $\Rightarrow$ (i). Soit U un ouvert relativement compact de V; sous l'hypothèse (iii), nous devons construire une séparante sur U. Pour x et y dans U, posons

$$\phi(x,y) = \inf_{\substack{X \text{ et } Y \text{ martingales} \\ X_0 = x \ ; \ Y_0 = y}} \mathbb{P}[X_1 \neq Y_1] \ .$$

Dans cette formule, l'infimum porte sur tous les $(\Omega, \mathcal{A}, \mathbb{P}, \mathcal{F}, X, Y)$ tels que X et Y soient pour $\mathcal{F}$ des martingales à valeurs dans U, vérifiant $X_0 = x$ et $Y_0 = y$. Nous allons montrer que ϕ est une séparante sur U. En considérant des martingales constantes, on voit immédiatement que $\phi(x,x) = 0$. Pour vérifier la convexité, considérons une géodésique γ dans le produit $U \times U$, définie sur un intervalle contenant $[0,1]$; nous devons établir pour $0 \leqslant \lambda \leqslant 1$ l'inégalité

$$\phi\big(\gamma(\lambda)\big) \leqslant (1-\lambda)\phi\big(\gamma(0)\big) + \lambda\phi\big(\gamma(1)\big) \ .$$

Soit Z^0 une martingale dans $U \times U$, issue du point $\gamma(0)$, et qui réalise à ε près l'inf dans la définition de $\gamma(0)$; la probabilité pour que Z_1^0 soit sur la diagonale Δ est $\phi\big(\gamma(0)\big)$ à ε près. De même, soit Z^1 une martingale dans $U \times U$, issue de $\gamma(1)$, telle que $\mathbb{P}[Z_1^1 \in \Delta] \leqslant \phi\big(\gamma(1)\big) + \varepsilon$. Soit enfin M une martingale continue à valeurs dans $[0,1]$, telle que $M_0 = \lambda$ et $M_1 \in \{0,1\}$; par exemple, si B est un mouvement brownien issu de λ et arrêté au premier instant où il atteint $\{0,1\}$, le processus $M_t = B_{t/(1-t)}$ convient. Les trois processus Z^0, Z^1 et M ont été définis en loi; on peut les choisir indépendants.

Le processus égal à $\gamma \circ M$ sur l'intervalle $[0,1]$ est une martingale dans $U \times U$; sa valeur au temps 1 est $\gamma(0)$ avec probabilité $1-\lambda$ et $\gamma(1)$ avec probabilité λ. En le prolongeant sur l'intervalle $[1,2]$ par Z_{t-1}^0 si $M_1 = 0$ et par Z_{t-1}^1 si $M_1 = 1$, on obtient une martingale continue W dans $U \times U$, issue de $\gamma(\lambda)$, indexée par $[0,2]$, telle que

$$\mathbb{P}[W_2 \in \Delta] \leqslant (1-\lambda)\big[\phi\big(\gamma(0)\big) + \varepsilon\big] + \lambda\big[\phi\big(\gamma(1)\big) + \varepsilon\big] \ .$$

L'existence de ce processus W, et la définition de $\phi\big(\gamma(\lambda)\big)$, fournissent, à ε près, l'inégalité de convexité annoncée.

Il reste à vérifier que ϕ ne s'annule que sur la diagonale; c'est ici que nous allons utiliser l'hypothèse (iii).

Soit $(x, y) \in U \times U$ tel que $\phi(x, y) = 0$; nous voulons montrer que $x = y$. Fixons une structure riemannienne g de classe C^{p-1} sur $V \times V$ et notons dist la distance associée (g et dist proviennent par exemple d'un plongement propre de $V \times V$ dans $\mathbb{R}^q$). Puisque $\phi(x, y) = 0$, il existe une suite de martingales Z^n dans $U \times U$, chacune avec son propre Ω et sa filtration, telles que $Z_0^n = (x, y)$ et que $\mathbb{P}[Z_1^n \in \Delta] \to 1$. Pour chaque n, soit A^n la variation quadratique riemannienne $2 \int \langle g, \mathcal{D}Z^n \rangle$; les variations totales sont les v. a. A_1^n, presque sûrement finies. La proposition 4.14 fournit, par changement de temps à partir de Z^n, une martingale M^n, constante sur $[\![A_1^n, \infty[\![$, et de variation quadratique riemannienne $t \wedge A_1^n$; en outre $\mathbb{P}[M_{A_1^n}^n \in \Delta] \to 1$. C'est le moment d'appliquer le critère de tension 4.15 : puisque toutes les martingales M^n prennent leurs valeurs dans le compact $\bar{U} \times \bar{U}$, la proposition 4.16 permet, quitte à extraire une sous-suite, de supposer que de plus les M^n sont définies sur un même espace probabilisé (mais pas nécessairement pour la même filtration!) et convergent vers une limite M, au sens où $\sup_{s \leqslant t} \mathrm{dist}(M_s^n, M_s) \to 0$ presque sûrement pour chaque t.

Puisque les lois des M^n sont tendues, et puisque les variables aléatoires A_1^n sont à valeurs dans le compact $[0, \infty]$, donc de lois tendues, les lois des couples (M^n, A_1^n) sont tendues elles aussi, et, quitte à extraire encore une sous-suite, on peut supposer que la suite de variables aléatoires A_1^n a une limite presque sûre $B \leqslant \infty$. Sur $\{B < t\}$, $A_1^n < t$ pour tout n assez grand, donc $M_t^n = M_\infty^n$ pour tout n assez grand, puis $M_t = M_\infty$; ainsi, M est constante sur $[\![B, \infty[\![$.

Nous allons maintenant établir que B est presque sûrement finie. Pour tout $z \in \bar{U} \times \bar{U}$, appelons h^z la fonction $\mathrm{dist}^2(z, \, . \,)$; pour $\varepsilon > 0$ assez petit (fixé dans la suite), il existe une constante $c > 0$ telle que, pour tout z dans le compact $\bar{U} \times \bar{U}$, la minoration $c \, \mathrm{Hess} \, h^z \geqslant 2 \, g$ ait lieu sur toute la boule ouverte $B(z, \varepsilon)$. Posons $\sigma_s^n = A_1^n \wedge s$ et $\tau_s^n = A_1^n \wedge \inf \{t \geqslant s : \, \mathrm{dist}(M_s^n, M_t^n) \geqslant \varepsilon\}$. En prenant l'espérance des deux côtés de l'inégalité

$$\tau_s^n - \sigma_s^n = \int_{\sigma_s^n}^{\tau_s^n} 2 \langle g, \mathcal{D}M_u^n \rangle \leqslant c \int_{\sigma_s^n}^{\tau_s^n} \langle \mathrm{Hess} \, h^{M_{\sigma_s^n}^n}, \mathcal{D}M_u^n \rangle \, ,$$

on obtient

$$\mathbb{E}[\tau_s^n - \sigma_s^n] \leqslant c \, \mathbb{E}\big[\int_{\sigma_s^n}^{\tau_s^n} \langle \mathrm{Hess} \, h^{M_{\sigma_s^n}^n}, \mathcal{D}M_u^n \rangle \big] = c \, \mathbb{E}[h^{M_{\sigma_s^n}^n}(M_{\tau_s^n}^n)] \leqslant c \varepsilon^2 \, .$$

On en déduit $\mathbb{P}[\tau_s^n > s + c] \leqslant \mathbb{P}[\tau_s^n > \sigma_s^n + c] \leqslant c \varepsilon^2 / c = \varepsilon^2$. Introduisant la variable aléatoire $S_s^n = \sup_{t \in [s, s+c]} \mathrm{dist}(M_s^n, M_t^n)$, on peut écrire

$$\mathbb{P}[A_1^n > s + c] \leqslant \mathbb{P}[A_1^n > s + c \ \text{et} \ S_s^n < \varepsilon] + \mathbb{P}[S_s^n \geqslant \varepsilon]$$

$$\leqslant \mathbb{P}[\tau_s^n > s + c] + \mathbb{P}[S_s^n \geqslant \varepsilon] \leqslant \varepsilon^2 + \mathbb{P}[S_s^n \geqslant \varepsilon] \, .$$

Par ailleurs, lorsque n tend vers l'infini, S_s^n converge presque sûrement vers $S_s = \sup_{s \leqslant t \leqslant s+c} \mathrm{dist}(M_s, M_t)$. L'hypothèse (iii) de convergence des martingales dans $\bar{U}$, appliquée aux deux composantes de M dans $\bar{U} \times \bar{U}$, entraîne que M converge; donc S_s tend vers zéro quand s tend vers l'infini, et en choisissant s assez grand, on aura $\mathbb{P}[S_s \geqslant \frac{1}{2}\varepsilon] \leqslant \frac{1}{2}\varepsilon$. Pour tout n assez grand, on a par conséquent $\mathbb{P}[S_s^n \geqslant \varepsilon] \leqslant \varepsilon$; reportant ceci dans la majoration ci-dessus, on a établi

$$\forall \varepsilon \ \text{assez petit} \ \exists c \ \exists s \ \exists n_0 \ \forall n \geqslant n_0 \quad \mathbb{P}[A_1^n > s + c] \leqslant \varepsilon^2 + \varepsilon \, .$$

Il en résulte que $B = \lim_n A_1^n$ est presque sûrement finie.

Pour chaque t, sur l'événement $\{B < t\}$, on a $A_1^n < t$ pour n assez grand ; sur cet événement, $M_\infty^n = M_t^n$ tend en probabilité vers $M_t = M_\infty$. Puisque B est p.s. fini, ceci établit que M_∞^n converge en probabilité vers M_∞, et la propriété $\mathbb{P}[M_\infty^n \in \Delta] \to 1$ devient à la limite $\mathbb{P}[M_\infty \in \Delta] = 1$. Comme M est une semimartingale jusqu'à l'infini (corollaire 4.4), on peut par un changement de temps déterministe ramener ∞ en 1, et on a ainsi une martingale N dans $\bar{U} \times \bar{U}$ telle que $N_0 = (x, y)$ et $N_1 \in \Delta$. La propriété (iii) de détermination finale, appliquée dans un voisinage de $\bar{U}$, implique $x = y$. ∎

Chapitre 5

MOUVEMENTS BROWNIENS
ET APPLICATIONS HARMONIQUES

> [...] il a découvert la science
> de l'harmonie et les rapports
> harmoniques.
>
> JAMBLIQUE, *Vie de Pythagore*

Ce court chapitre présente en 5.5 un exemple, très élémentaire mais typique, d'application des martingales à une question d'analyse dans les variétés ; il s'agit du comportement des applications harmoniques (ce sont les solutions d'une certaine équation aux dérivées partielles) d'une variété dans une autre.

1. — Variétés riemanniennes et mouvements browniens

Rappelons qu'une variété riemannienne est une variété équipée d'un champ g de codiffuseurs purement d'ordre deux, définis positifs. Dans une carte locale $(v^i)_{1 \leqslant i \leqslant d}$, g s'écrit $g_{ij} \, dv^i dv^j$, où les fonctions g_{ij} sont définies dans le domaine de la carte, de classe C^{p-1}, et forment en chaque point du domaine une matrice symétrique définie positive.

Partant d'une variété riemannienne, la première chose que font les géomètres, c'est la munir d'une connexion (dite connexion canonique, ou encore connexion de Levi-Civita ; c'est l'unique connexion sans torsion pour laquelle $\nabla g = 0$). Ce serait indispensable si l'on voulait explorer les propriétés géométriques liées à g, mais tel n'est pas notre propos, et nous ne le ferons pas : nous nous donnerons sur V une structure riemannienne g et une connexion Γ *sans postuler aucune relation entre ces deux structures.* Comme nous utiliserons très peu la géométrie liée à g, ceci sera sans conséquence ; mais les auditeurs devront toutefois se rappeler que *les mouvements browniens, fonctions harmoniques, applications harmoniques définis dans ce chapitre diffèrent un peu de ceux que l'on considère habituellement :* pour retrouver la définition usuelle (qui est la seule raisonnable), il faut se restreindre au cas où la connexion dont on munit V est la connexion canoniquement associée à g.

Étant donnée une structure riemannienne g sur une variété V, chacun des espaces tangents $\mathrm{T}_x V$ est pourvu par la forme quadratique $\mathbf{Q}g(x)$ (voir 1.9) d'une structure d'espace euclidien (espace de Hilbert réel, de dimension finie) ; ceci permet d'identifier $\mathrm{T}_x V$ et son dual $\mathrm{T}_x^* V$, et d'identifier TV et T^*V (cette identification respecte leurs structures de variétés de classe C^{p-1}). Si f est une fonction sur V, le vecteur tangent correspondant au covecteur $df(x)$ est appelé *gradient de f en x*, et noté $\nabla f(x)$. Si A et B sont dans $\mathrm{T}_x V$, leur produit scalaire euclidien sera noté $\langle A|B \rangle$, et la norme euclidienne $\sqrt{\langle A|A \rangle}$ de A sera notée $\|A\|$. La structure euclidienne de $\mathrm{T}_x V$ permet aussi de parler de la trace de toute forme bilinéaire ou quadratique sur $T_x V$; si θ est un codiffuseur en x purement d'ordre deux (c'est-à-dire tel que $\mathbf{R}\theta = 0$), nous noterons $\mathrm{Tr}\,\theta$ la trace de la forme quadratique associée à θ par la proposition 1.9. Dans une carte locale $(v^i)_{1 \leqslant i \leqslant d}$, si l'on note g^{ij} les coefficients de la matrice inverse de la matrice formée par les g_{ij}, le produit scalaire s'écrit $\langle A|B \rangle = g_{ij} A^i B^j$, le gradient ∇f vaut $g^{ij} \mathrm{D}_i f \, \mathrm{D}_j$ et la trace de $\theta = \theta_{ij}\, dv^i{\cdot}dv^j$ est $\mathrm{Tr}\,\theta = g^{ij}\theta_{ij}$.

Une convention de notation nous sera utile dans tout ce chapitre : Si U est un processus, nous noterons $\int U \, dt$ le processus dont la valeur à l'instant t est $\int_0^t U_s \, ds$; en d'autres termes, avec les notations de 2.1 et en appelant I l'application identique de $\mathbb{R}_+$ dans lui-même, $\int U \, dt$ n'est autre que $\int U \, dI$.

LEMME 5.1 ET DÉFINITION. — *Soit X une semimartingale à valeurs dans une variété riemannienne (V, g). Il y a équivalence entre :*

(i) *pour toute fonction f dans* $\mathrm{C}^p(V)$.

$$[f{\circ}X, f{\circ}X] = \int \|\nabla f\|^2 {\circ} X \, dt \; ;$$

(ii) *pour toutes fonctions f et h dans* $\mathrm{C}^p(V)$,

$$[f{\circ}X, h{\circ}X] = \int \langle \nabla f | \nabla h \rangle {\circ} X \, dt \; ;$$

(iii) *pour tout processus Θ de codiffuseurs purement d'ordre deux, au-dessus de X, prévisible et localement borné,*

$$\int \langle \Theta, \mathcal{D}X \rangle = \tfrac{1}{2} \int \mathrm{Tr}\,\Theta \, dt \; .$$

Lorsque ces conditions sont satisfaites, on dit que la semimartingale X est normale.

Lorsque V est l'espace $\mathbb{R}^d$ muni de sa structure riemannienne canonique, une semimartingale X est normale si et seulement si $[X^i, X^j]_t = \delta^{ij} t$ pour tout t. Plus généralement, si V a une carte globale $(v^i)_{1 \leqslant i \leqslant d}$, X est normale si et seulement si $[v^i{\circ}X, v^j{\circ}X] = \int g^{ij}{\circ}X \, dt$.

DÉMONSTRATION. — (iii) $\Rightarrow$ (i) s'obtient en prenant $\Theta = (df{\cdot}df){\circ}X$; (i) $\Rightarrow$ (ii) résulte de la formule de polarisation $2\, df{\cdot}dh = d(f{+}h){\cdot}d(f{+}h) - df{\cdot}df - dh{\cdot}dh$, et de la formule analogue pour les crochets de semimartingales.

(ii) $\Rightarrow$ (iii). Si la formule (iii) est vraie pour Θ, elle est aussi vraie pour $H\Theta$, où H est n'importe quel processus réel, prévisible et localement borné. Cette remarque, jointe à la linéarité en Θ, permet de se ramener au cas où Θ est nul quand X est hors d'un compact inclus dans le domaine d'une carte locale. Dans ce cas, il suffit d'écrire $\Theta = \Theta_{ij}\, dv^i{\cdot}dv^j$, où les processus Θ_{ij} sont prévisibles et localement bornés, et d'appliquer l'hypothèse (ii) à v^i et v^j. ∎

EXERCICE. — La variation quadratique riemannienne d'une semimartingale normale vaut $d{\times}t$ (où d est la dimension) : si $d = 1$, la réciproque est vraie : toute semimartingale de variation quadratique riemannienne t est normale.

PROPOSITION 5.2 ET DÉFINITION. — *Soit V une variété munie d'une structure riemannienne g et d'une connexion Γ. Si X est une semimartingale dans V, les deux conditions suivantes sont équivalentes :*
(i) *X est une martingale (pour Γ) et X est normale (pour g);*
(ii) *pour toute fonction $f \in C^2(V)$, le processus $f \circ X - f(X_0) - \frac{1}{2} \int \operatorname{Tr} \operatorname{Hess} f \circ X \, \mathrm{d}t$ est une martingale locale.*

Les semimartingales vérifiant ces conditions sont appelées des mouvements browniens.

Lorsque Γ est la connexion canoniquement associée à g, l'opérateur différentiel $f \mapsto \operatorname{Tr} \operatorname{Hess} f$ est appelé laplacien sur (V, g), ou opérateur de Laplace-Beltrami sur (V, g), et traditionnellement noté Δ. Mais dans le cadre moins contraignant où nous nous plaçons, il est préférable de le laisser sous la forme $\operatorname{Tr} \operatorname{Hess}$, pour rappeler que la connexion est arbitraire, et aussi pour bien mettre en évidence les rôles de g (via la trace) et de Γ (via la hessienne) dans sa définition. En coordonnées locales, cet opérateur s'écrit bien sûr $g^{ij}(D_{ij} - \Gamma_{ij}^k D_k)$. C'est un opérateur elliptique, et la théorie des diffusions, ou un argument d'équations différentielles stochastiques, permet de démontrer l'existence (sur un espace filtré convenable) et l'unicité en loi du mouvement brownien issu d'un point donné, mais avec une très importante restriction : le temps d'arrêt prévisible ζ où le processus quitte tout compact de V peut être fini, et le mouvement brownien n'est défini que sur l'intervalle $[\![0, \zeta[\![$ (penser par exemple au cas où V est un ouvert strict de $\mathbb{R}^d$).

DÉMONSTRATION DE LA PROPOSITION 5.2. — (i) $\Rightarrow$ (ii). Puisque X est une martingale, l'intégrale d'Itô $\int \langle \mathrm{d}f, \mathrm{d}_\Gamma X \rangle$ est une martingale locale, et la formule d'Itô 3.5 s'écrit

$$f \circ X - f(X_0) = \text{martingale locale} + \int \langle \operatorname{Hess} f, \mathcal{D}X \rangle .$$

Puisque X est normale, 5.1.(iii) donne $\int \langle \operatorname{Hess} f, \mathcal{D}X \rangle = \frac{1}{2} \int \operatorname{Tr} \operatorname{Hess} f \circ X \, \mathrm{d}t$, d'où (ii).

(ii) $\Rightarrow$ (i). Pour toute fonction f,

$$\operatorname{Tr} \operatorname{Hess}(f^2) = \operatorname{Tr}\left(2f \operatorname{Hess} f + 2\, \mathrm{d}f \cdot \mathrm{d}f\right) = 2f \operatorname{Tr} \operatorname{Hess} f + 2 \|\nabla f\|^2 ;$$

on en tire

$$f^2 \circ X - f^2(X_0) = \text{martingale locale} + \int (f \operatorname{Tr} \operatorname{Hess} f) \circ X \, \mathrm{d}t + \int \|\nabla f\|^2 \circ X \, \mathrm{d}t .$$

Mais par ailleurs

$$f^2 \circ X - f^2(X_0) = 2 \int (f \circ X)\, \mathrm{d}(f \circ X) + [f \circ X, f \circ X]$$

$$= \text{martingale locale} + \int (f \circ X)(\operatorname{Tr} \operatorname{Hess} f \circ X) \, \mathrm{d}t + [f \circ X, f \circ X] ;$$

comparant ces deux formules, on obtient l'égalité entre processus croissants

$$\int \|\nabla f\|^2 \circ X \, \mathrm{d}t = [f \circ X, f \circ X]$$

qui montre que X est normale. L'égalité 5.1.(iii) fournit

$$\int \langle \operatorname{Hess} f, \mathcal{D}X \rangle = \frac{1}{2} \int \operatorname{Tr} \operatorname{Hess} f \circ X \, \mathrm{d}t ,$$

et X est une martingale d'après 3.6. ∎

2. — Applications harmoniques

DÉFINITION. — Soient (V, g, Γ) une variété munie d'une structure riemannienne et d'une connexion, et $(W, \bar{\Gamma})$ une variété munie d'une connexion. Une application $h \in C^2(V, W)$ est *harmonique* si l'on a

$$\mathrm{Tr}\left[h^* \overline{\mathrm{Hess}}\, f\right] = \mathrm{Tr}\,\mathrm{Hess}(f \circ h)$$

pour toute $f \in C^2(W)$, où le symbole $\overline{\mathrm{Hess}}$ désigne la hessienne sur W pour la connexion $\bar{\Gamma}$, Tr et Hess provenant de g et Γ.

En comparant cette formule avec 3.11, on voit que toute application affine de (V, Γ) dans $(W, \bar{\Gamma})$ est harmonique (pour n'importe quelle g), mais la réciproque est fausse (sauf si V est unidimensionnelle). Alors qu'il n'existe en général pas, même localement, d'application affine non constante de V dans W, il n'en va pas de même pour les applications harmoniques : si l'on se fixe un point x dans V, un point y dans W et une application linéaire ϕ de $T_x V$ dans $T_y W$, il existe toujours au moins une (et souvent une infinité d') application harmonique h définie au voisinage de x, telle que $h(x) = y$ et que $h_{*x} = \phi$.

Le cas qui suscite le plus d'intérêt de la part des géomètres est celui où V et W sont toutes deux riemanniennes, et munies de leurs connexions canoniques ; les applications harmoniques sont alors, localement, les extrémales d'une certaine fonctionnelle d'énergie.

EXERCICE. — En coordonnées locales (v^i sur V, w^α sur W), et en posant $h^\alpha = w^\alpha \circ h$, l'équation des applications harmoniques est

$$g^{ij}\left(D_{ij}h^\alpha - \Gamma_{ij}^k\, D_k h^\alpha + \bar{\Gamma}_{\alpha\beta}^\gamma \circ h\; D_i h^\alpha\, D_j h^\beta\right) = 0 :$$

remarquer le terme non-linéaire lié à la connexion $\bar{\Gamma}$. Lorsque W est la droite $\mathbb{R}$ pourvue de la connexion plate, $\bar{\Gamma}_{\alpha\beta}^\gamma = 0$, ce terme non-linéaire disparaît, et h est harmonique si et seulement si $\mathrm{Tr}\,\mathrm{Hess}\, h = 0$. Vérifier directement cette propriété sur la définition de l'harmonicité, sans passer en coordonnées.

PROPOSITION 5.3. — *Soient V une variété munie d'une structure riemannienne g et d'une connexion Γ, et W une variété munie d'une connexion $\bar{\Gamma}$. Une application $h \in C^2(V, W)$ est harmonique si et seulement si, pour tout mouvement brownien X dans V, défini sur un intervalle stochastique prévisible $[\![0, \zeta[\![$, la semimartingale $h \circ X$ est une martingale sur $[\![0, \zeta[\![$.*

REMARQUE. — Nous n'avons pas rigoureusement introduit les notions de semimartingales, intégrales stochastiques, martingales, définies seulement sur un intervalle prévisible $[\![0, \zeta[\![$ (la démonstration de 2.10 est déjà bien assez pénible comme ça!); mais toute la théorie s'étend sans difficulté à cette situation. Pour éviter d'avoir à tout réécrire, le plus simple est de ramener le cas ζ quelconque au cas $\zeta \equiv \infty$ par un changement de temps. Pour référence ultérieure, en voici un énoncé formel (nous admettrons ce résultat de théorie générale des processus).

LEMME 5.4. — *Sur un espace filtré $\left(\Omega, \mathcal{A}, \mathbb{P}, (\mathcal{F}_t)_{t \geqslant 0}\right)$, soit ζ un temps d'arrêt prévisible strictement positif. Il existe un processus croissant (adapté) continu A, à valeurs dans $[0, \infty]$, fini et strictement croissant sur $[\![0, \zeta[\![$, issu de 0 et tel que $\lim_{t \uparrow \uparrow \zeta} A_t = \infty$.*

Bien entendu, les mouvements browniens ne sont pas stables par changement de temps, et, pour utiliser ce lemme, il faudra travailler simultanément dans les deux échelles de temps : l'échelle « vraie », dans laquelle sont définis les semimartingales normales et les mouvements browniens, et une échelle « fictive », dans laquelle le temps d'explosion ζ est repoussé à l'infini. Nous verrons un exemple de multiples allers-retours entre ces deux échelles dans la démonstration de 5.5.

DÉMONSTRATION DE LA PROPOSITION 5.3. — Remarquons tout d'abord que si X est un mouvement brownien dans V, défini sur $[\![0, \zeta[\![$, et si f est une fonction C^2 sur W, en posant $Y = h \circ X$, on a toujours sur $[\![0, \zeta[\![$

$$\frac{1}{2} \int \mathrm{Tr}(h^* \overline{\mathrm{Hess}}\, f) \circ X \, dt = \int \langle h^* \overline{\mathrm{Hess}}\, f, \mathcal{D}X \rangle = \int \langle \overline{\mathrm{Hess}}\, f, \mathcal{D}Y \rangle,$$

où la première égalité n'est autre que 5.1.(iii) et la seconde vient de 2.11.

Si maintenant h est harmonique, et si X est un brownien dans V avec temps d'explosion ζ, soit $f \in C^2(W)$. La semimartingale $f \circ Y = (f \circ h) \circ X$ sur $[\![0, \zeta[\![$ a pour partie à variation finie

$$\frac{1}{2} \int \mathrm{Tr}\, \mathrm{Hess}(f \circ h) \circ X \, dt = \frac{1}{2} \int \mathrm{Tr}(h^* \overline{\mathrm{Hess}}\, f) \circ X \, dt = \int \langle \overline{\mathrm{Hess}}\, f, \mathcal{D}Y \rangle ;$$

prenant la différence avec $f \circ Y$ et appliquant la formule d'Itô 3.5, on voit que l'intégrale d'Itô $\int \langle df, d_\Gamma Y \rangle$ est une martingale locale, et Y est une martingale sur $[\![0, \zeta[\![$ par la proposition 3.6.

Réciproquement, si h transforme les mouvements browniens en martingales, soient x un point de V et X un mouvement brownien issu de x, défini sur $[\![0, \zeta[\![$. Pour toute fonction $f \in C^2(W)$,

$$\frac{1}{2} \int \mathrm{Tr}(h^* \overline{\mathrm{Hess}}\, f) \circ X \, dt = \int \langle \overline{\mathrm{Hess}}\, f, \mathcal{D}Y \rangle$$

est sur $[\![0, \zeta[\![$ la partie à variation finie de la semimartingale $f \circ Y$, c'est-à-dire de $(f \circ h) \circ X$, d'où

$$\frac{1}{2} \int \mathrm{Tr}(h^* \overline{\mathrm{Hess}}\, f) \circ X \, dt = \frac{1}{2} \int \mathrm{Tr}\, \mathrm{Hess}(f \circ h) \circ X \, dt \qquad \text{sur } [\![0, \zeta[\![.$$

En posant $g = \mathrm{Tr}\left(h^* \overline{\mathrm{Hess}}\, f - \mathrm{Hess}(f \circ h)\right)$, ceci devient $\int g \circ X \, dt = 0$ sur $[\![0, \zeta[\![$. Pour presque tout ω, on a donc $\int_0^t g(X_s)\, ds = 0$ pour tout t assez petit. Fixant un tel ω et dérivant en $t = 0$, on obtient par continuité $g(x) = 0$; comme x est arbitraire, h est harmonique. ∎

Voici un exemple de résultat non probabiliste obtenu à l'aide de la théorie des martingales dans les variétés. C'est un théorème de Kendall [65] et [66], qui montre comment une hypothèse de nature potentialiste (toutes les fonctions harmoniques bornées sur V sont constantes) a des conséquences sur les applications harmoniques de V dans une autre variété.

THÉORÈME 5.5. — *Soit V une variété pourvue d'une structure riemannienne g et d'une connexion Γ. On suppose que les fonctions $u : V \to \mathbb{R}$ harmoniques (c'est à dire vérifiant $\mathrm{Tr}\,\mathrm{Hess}\, u = 0$) et bornées sont constantes.*

Soit W une variété munie d'une connexion $\bar{\Gamma}$. On suppose que pour tout $y \in W$, il existe une fonction C^2 et convexe $\phi : W \to [0,1]$ telle que $\{\phi = 0\} = \{y\}$. On suppose aussi que toutes les martingales à valeurs dans W convergent p.s.

Toute application harmonique de V dans W est constante.

REMARQUES. — a) En taxant de potentialiste l'hypothèse de constance des fonctions harmoniques bornées sur V, j'exagère un peu. En effet, ce qui sera utilisé dans la démonstration, c'est que toutes les fonctions réelles bornées qui transforment les mouvements browniens sur V en martingales (appelons ces fonctions « finement harmoniques ») sont constantes, qu'elles soient ou non C^2. Cela est en réalité sans conséquence, car il est vrai que ces fonctions sont automatiquement C^p. Mais, si l'auditeur ne désire pas admettre ce résultat, le plus simple est sans doute de remplacer simplement « harmoniques » par « finement harmoniques » dans l'hypothèse sur V, qui devient alors de nature probabiliste, et en apparence plus forte, bien qu'en fait équivalente.

b) De même, et pour la même raison, on peut renforcer la conclusion, en y remplaçant « application harmonique » par « application finement harmonique », c'est-à-dire application non nécessairement C^2, mais transformant les mouvements browniens en martingales. Comme dans le cas des fonctions réelles, on n'a en réalité rien gagné, car les applications finement harmoniques sont C^p, et la proposition 5.3 entraîne alors qu'elles sont harmoniques. Ce théorème de régularité des applications finement harmoniques est dû à Kendall [71] ; pour une démonstration entièrement probabiliste, voir aussi Arnaudon, Li et Thalmaier [10].

c) L'hypothèse selon laquelle chaque point de W est l'unique minimum d'une fonction convexe bornée est toujours localement réalisée : dans une variété avec connexion, tout point a un voisinage ouvert W ayant cette propriété. Cette hypothèse est une façon d'exiger que la variété W ne soit pas trop grande ; par exemple, Kendall établit dans [67] que cette condition est satisfaite lorsque W est un ouvert relativement compact dans un hémisphère de dimension d, mais ne l'est pas si W est un hémisphère ouvert de dimension d. Plus généralement, il établit que dans une variété riemannienne pourvue de sa connexion canonique, toute boule $B(x,r)$ ne rencontrant pas le cut-locus de x et sur laquelle toutes les courbures sectionnelles κ vérifient $\kappa r < \frac{1}{2}\pi$, remplit cette condition d'existence de fonctions convexes. C'est le cas, par exemple, de tout ouvert W relativement compact dans une variété de Cartan-Hadamard.

Il est clair que cette hypothèse est toujours vérifiée si W admet une séparante bornée ψ (poser alors $\phi(z) = \psi(y,z)$) ; on peut se demander si la réciproque est vraie.

d) Enfin, la seconde hypothèse sur W, la convergence des martingales, est presque une conséquence de la première : selon la proposition 4.2.(iv), la convergence des martingales a lieu dès qu'il existe une fonction définie-convexe sur une variété dans laquelle W est relativement compacte.

DÉMONSTRATION DU THÉORÈME 5.5. — Soit h une application harmonique de V dans W.

À tout point x de V, on peut associer un mouvement brownien X à valeurs dans V, issu de x, défini jusqu'à son temps d'explosion ζ ; la loi du couple (ζ, X) ne dépend que de x. Le processus $M = h \circ X$ est défini sur l'intervalle $[\![0, \zeta[\![$ et est une martingale dans W sur cet intervalle. L'hypothèse de convergence des martingales dans W permet d'affirmer que la limite $M_\zeta = \lim_{t \uparrow \uparrow \zeta} M_t$ existe p.s. (il suffit de renvoyer ζ à l'infini à l'aide du lemme 5.4).

Si l'on fixe un borélien A de W, la probabilité $\mathbb{P}[M_\zeta \in A]$ ne dépend que de la loi de (ζ, X) ; c'est donc une fonction de x, que nous noterons $u^A(x)$.

Si T est un temps d'arrêt tel que $T < \zeta$, la propriété forte de Markov pour la diffusion X donne $u^A \circ X_T = \mathbb{P}[M_\zeta \in A | \mathcal{F}_T]$. Ceci entraîne que $\mathbb{E}[u^A \circ X_T] = u^A(x)$, donc $u^A \circ X$ est une martingale locale sur $[\![0, \zeta[\![$ (rappelons qu'un processus adapté N sur $[\![0, \infty[\![$ est une martingale si $\mathbb{E}[N_S]$ est constante lorsque S décrit les temps d'arrêt bornés; on se ramène à ce critère par le changement de temps 5.4). En conséquence, la fonction u^A est harmonique; l'hypothèse faite sur V entraîne qu'elle est constante.

Ceci a deux conséquences. D'abord, la loi de M_ζ ne dépend pas de x; ensuite, pour $T < \zeta$, $\mathbb{P}[M_\zeta \in A | \mathcal{F}_T] = \mathbb{P}[M_\zeta \in A]$; en prenant une suite de temps d'arrêt qui annonce ζ, on obtient à la limite $\mathbb{1}_A \circ M_\zeta = \mathbb{P}[M_\zeta \in A]$, et la variable aléatoire M_ζ est déterministe. Il existe donc un point y de W tel que $M_\zeta = y$ p.s.; et cet y ne dépend pas de x.

Nous savons qu'il existe sur W une fonction ϕ convexe, C^2, bornée, nulle au point y et strictement positive sur $W \setminus \{y\}$. Le processus $\phi \circ M$ est d'après 4.1.b) une sous-martingale locale positive sur $[\![0, \zeta[\![$, de limite $M_\zeta = \phi(y) = 0$. Le changement de temps du lemme 5.4 le transforme en une sous-martingale bornée, positive et de limite nulle, donc identiquement nulle. Sa valeur initiale, $\phi(h(x))$ est zéro; comme ϕ ne s'annule qu'en y, on en tire $h(x) = y$, et h est constante. ∎

RÉFÉRENCES

Et tout le reste est littérature.

P. VERLAINE, *Jadis et naguère*

La liste ci-dessous contient bien sûr tous les renvois du cours, mais aussi d'autres références : j'ai essayé d'y faire figurer tous les travaux utilisant, d'une façon ou d'une autre, le formalisme de la géométrie différentielle d'ordre 2, ainsi que tous ceux où interviennent des martingales à valeurs dans des variétés. Une telle prétention à l'exhaustivité est évidemment chimérique, et j'espère que l'on ne me tiendra pas rigueur des inévitables omissions dues à l'ignorance ou à l'oubli.

En revanche, je n'ai pas cherché à y inclure les ouvrages ou articles traitant des mouvements browniens dans une variété riemannienne (sauf les renvois du cours et ceux qui utilisent le langage d'ordre 2 ou les martingales dans les variétés); cela aurait certainement décuplé la longueur de la liste!

[1] D. Applebaum & S. Cohen. Stochastic parallel transport along Lévy flows of diffeomorphisms. *J. Math. Anal. Appl. 207*, 496–505, 1997.

[2] M. Arnaudon. Connexions et martingales dans les groupes de Lie. *Sém. de Prob. XXVI, LNM 1526*, Springer, 1992.

[3] M. Arnaudon. Caractéristiques locales des semi-martingales et changements de probabilités. *Ann. Inst. Henri Poincaré 29*, 251–267, 1993.

[4] M. Arnaudon. Semi-martingales dans les espaces homogènes. *Ann. Inst. Henri Poincaré 29*, 269–288, 1993.

[5] M. Arnaudon. Dédoublement des variétés à bord et des semi-martingales. *Stochastics and Stochastics Reports 44*, 43–63, 1993.

[6] M. Arnaudon. Propriétés asymptotiques des semi-martingales à valeurs dans les variétés à bord continu. *Sém. de Prob. XXVII, LNM 1557*, Springer, 1993.

[7] M. Arnaudon. Espérances conditionnelles et 𝒞-martingales dans les variétés. *Sém. de Prob. XXVIII, LNM 1583*, Springer, 1994.

[8] M. Arnaudon. Barycentres convexes et approximations des martingales continues dans les variétés. *Sém. de Prob. XXIX, LNM 1613*, Springer, 1995.

[9] M. Arnaudon. Differentiable and analytic families of continuous martingales in manifolds with connection. *Probability Theory and Related Fields 108*, 219–257, 1997.

[10] M. Arnaudon, X.-M. Li & A. Thalmaier. Manifold-valued martingales, change of probabilities, and smoothness of finely harmonic maps. Prépublication.

[11] M. Arnaudon & A. Thalmaier. Stability of stochastic differential equations in manifolds. *Sém. de Prob. XXXII, LNM 1686*, Springer, 1998.

[12] M. Arnaudon & A. Thalmaier. Complete lifts of connections and stochastic Jacobi fields. *J. Math. Pures et Appliquées 77*, 283–315, 1998.

[13] Y. Belopolskaya & Y. Dalecky. Stochastic Equations and Differential Geometry. Kluwer Academic Publisher, 1990.

[14] M. Berger et B. Gostiaux. Géométrie différentielle. Armand Colin, 1972.

[15] J.-M. Bismut. Mécanique aléatoire. *LNM 866*, Springer, 1981.

[16] H. Cartan. Calcul différentiel. Hermann, 1967.

[17] P. J. Catuogno. Second order connections and stochastic calculus. Prépublication, Instituto de Matemática, Universidade Estadual de Campinas, Brésil.

[18] S. Cohen. Some Markov properties of stochastic differential stochastic equations with jumps. Sém. de Prob. XXIX, LNM 1613, Springer, 1995.

[19] S. Cohen. Géométrie différentielle stochastique avec sauts. I. Stochastics and Stochastics Reports 56, 179–203, 1996.

[20] S. Cohen. Géométrie différentielle stochastique avec sauts. II. Discrétisation et applications des EDS avec sauts. Stochastics and Stochastics Reports 56, 205–225, 1996.

[21] J. M. Corcuera & W.S. Kendall. Riemannian barycentres and geodesic convexity. Preprint, Warwick University, 1998.

[22] M. Cranston, W.S. Kendall & Y. Kifer. Gromov's hyperbolicity and Picard's little theorem for harmonic maps. Stochastic Analysis and Applications. Proceedings of the Fifth Gregynog Symposium. World Scientific, 1996.

[23] R.W.R. Darling. Martingales on Manifolds and Geometric Itô Calculus. Ph. D. Thesis, University of Warwick, 1982.

[24] R.W.R. Darling. Martingales in manifolds — Definition, examples and behaviour under maps. Sém. de Prob. XVI bis, LNM 921, Springer, 1982.

[25] R.W.R. Darling. A martingale on the imbedded torus. Bull. London Math. Soc. 15, 221–225, 1983.

[26] R.W.R. Darling. Convergence of martingales on a Riemannian manifold. Publ. R.I.M.S. Kyoto University 19, 753–763, 1983.

[27] R.W.R. Darling. Approximating Itô integrals of differential forms and geodesic deviation. Z. Wahrscheinlichkeitstheorie verw. Gebiete 65, 563–572, 1984.

[28] R.W.R. Darling. On the convergence of Gangolli processes to Brownian motion on a manifold. Stochastics 12, 277–301, 1984. Correction, Stochastics 15, 247, 1985.

[29] R.W.R. Darling. Convergence of martingales on manifolds of negative curvature. Ann. Inst. Henri Poincaré 21,157–175, 1985.

[30] R.W.R. Darling. Exit probability estimates for martingales in geodesic balls. Probability Theory and Related Fields 93, 137–152, 1992.

[31] R.W.R. Darling. Differential Forms and Connections. Cambridge University Press, 1994.

[32] R.W.R. Darling. Constructing gamma-martingales with prescribed limit, using backward SDE. Ann. Prob. 23, 1234–1261, 1995.

[33] R.W.R. Darling. Martingales on noncompact manifolds: maximal inequalities and prescribed limits. Ann. Inst. Henri Poincaré 32, 1–24, 1996.

[34] R.W.R. Darling. Intrinsic location parameter of a diffusion process. Preprint, Berkeley, 1997.

[35] C. Dellacherie, B. Maisonneuve & P. A. Meyer. Probabilités et Potentiel. Volume 5. Hermann, 1992.

[36] C. Dellacherie & P. A. Meyer. Probabilités et Potentiel. (4 volumes.) Hermann, 1975, 1980, 1983 et 1987.

[37] R.M. Dudley. Distances of probability measures and random variables. Ann. Math. Statist. 39, 1563–1572, 1968.

[38] T.E. Duncan. Stochastic integrals in Riemannian manifolds. J. Multivariate Anal. 6, 397–413, 1976.

[39] T.E. Duncan. Some geometric methods for stochastic integration in manifolds. Geometry and Identification 63–72, Lie Groups: Hist., Frontiers and Appl. Ser B, 1, Math. Sci. Press, Brookline, 1983.

[40] K.D. Elworthy. Geometric aspects of diffusions on manifolds. *École d'Été de Probabilités de Saint-Flour XV--XVII, 1985-87, LNM 1362*, Springer, 1988.

[41] K.D. Elworthy. Stochastic Differential Equations on Manifolds. *L. M. S. Lecture Notes Series 70*, Cambridge University Press, 1982.

[42] M. Émery. En marge de l'exposé de Meyer : "Géométrie différentielle stochastique". *Sém. de Prob. XVI bis, LNM 921*, Springer, 1982.

[43] M. Émery. Convergence des martingales dans les variétés. *Colloque en l'honneur de Laurent Schwartz, Volume 2. Astérisque 132*, Société Mathématique de France, 1985.

[44] M. Émery. En cherchant une caractérisation variationnelle des martingales. *Sém. de Prob. XXII, LNM 1321*, Springer, 1988.

[45] M. Émery. Stochastic Calculus in Manifolds. With an appendix by P. A. Meyer. *Universitext*, Springer, 1989.

[46] M. Émery. On two transfer principles in stochastic differential geometry. *Sém. de Prob. XXIV, LNM 1426*, Springer, 1990. (Corrigendum dans le *Sém. de Prob. XXVI, LNM 1526*, Springer, 1992.)

[47] M. Émery & G. Mokobodzki. Sur le barycentre d'une probabilité dans une variété. *Sém. de Prob. XXV, LNM 1485*, Springer, 1991. (Addendum dans le *Sém. de Prob. XXVI, LNM 1526*, Springer, 1992.)

[48] M. Émery & W.A. Zheng. Fonctions convexes et semimartingales dans une variété. *Sém. de Prob. XVIII, LNM 1059*, Springer, 1984.

[49] A. Estrade. Calcul stochastique discontinu sur les groupes de Lie. *Thèse de Doctorat*, Université d'Orléans, 1990.

[50] A. Estrade. Exponentielle stochastique et intégrale stochastique discontinues. *Ann. Inst. Henri Poincaré 28*, 107-129, 1992.

[51] R.E. Greene & H. Wu. On the subharmonicity and plurisubharmonicity of geodesically convex functions. *Indiana University Math. J. 22*, 641-653, 1973.

[52] A. Grorud & M. Pontier. Calcul anticipatif d'ordre deux. *Stochastics and Stochastics Reports 42*, 1-23, 1993.

[53] A. Grorud & M. Pontier. Calcul stochastique d'ordre deux et équation différentielle anticipative sur une variété. *Japan J. Math. 21*, 441-470, 1995.

[54] A. Grorud & M. Pontier. Équation différentielle anticipative sur une variété et approximations. *Mathematics and Computers in Simulation 38*, 51-61, 1995.

[55] W. Hackenbroch & A. Thalmaier. Stochastische Analysis. Eine Einführung in die Theorie der stetigen Semimartingale. Teubner, 1994.

[56] M. Hakim-Dowek & D. Lépingle. L'exponentielle stochastique des groupes de Lie. *Sém. de Prob. XX, LNM 1204*, Springer, 1986.

[57] S.W. He, J.A. Yan & W.A. Zheng. Sur la convergence des semimartingales continues dans $\mathbb{R}^n$ et des martingales dans les variétés. *Sém. de Prob. XVII, LNM 986*, Springer, 1983.

[58] S.W. He & W.A. Zheng. Remarques sur la convergence des martingales dans les variétés. *Sém. de Prob. XVIII, LNM 1059*, Springer, 1984.

[59] H. Huang & W.S. Kendall. Correction note to "Martingales on manifolds and harmonic maps". *Stochastics and Stochastics Reports 37*, 253-257, 1991.

[60] N. Ikeda & S. Watanabe. Stochastic Differential Equations and Diffusion Processes. North-Holland, 1981.

[61] W.S. Kendall. Stochastic differential geometry, a coupling property, and harmonic maps. *J. London Math. Soc. 33*, 554-566, 1986.

[62] W.S. Kendall. Nonnegative Ricci curvature and the Brownian coupling property. *Stochastics 19*, 111–129, 1986

[63] W.S. Kendall. Stochastic differential geometry. *Proceedings of the First World Congress of the Bernoulli Society, Vol. 1*, 515–524, VNU Sci. Press, Utrecht, 1987.

[64] W.S. Kendall. Stochastic differential geometry: an introduction. *Acta Appl. Math. 9*, 29–60, 1987.

[65] W.S. Kendall. Martingales on manifolds and harmonic maps. *Geometry of random motion, Contemp. Math. 73*, 121–157, 1988.

[66] W.S. Kendall. Probability, convexity, and harmonic maps with small images. I. Uniqueness and fine existence. *Proc. London Math. Soc. 61*, 371–406, 1990.

[67] W.S. Kendall. Convexity and the hemisphere. *J. London Math. Soc. 43*, 567–576, 1991.

[68] W.S. Kendall. Convex geometry and nonconfluent Γ-martingales. I. Tightness and strict convexity. *Stochastic Analysis, L.M.S. Lecture Notes Series 167*, Cambridge University Press, 1991.

[69] W.S. Kendall. Convex geometry and nonconfluent Γ-martingales. II. Well-posedness and Γ-martingale convergence. *Stochastics and Stochastics Reports 38*, 135–147, 1992.

[70] W.S. Kendall. The propeller: a counterexample to a conjectured criterion for the existence of certain harmonic functions. *J. London Math. Soc. 46*, 364–374, 1992.

[71] W.S. Kendall. Probability, convexity, and harmonic maps with small images. II. Smoothness via probabilistic gradient inequalities. *J. Funct. Anal. 126*, 228–257, 1994.

[72] W.S. Kendall. The radial part of a Γ-martingale and a non-implosion theorem. *Ann. Prob. 23*, 479–500, 1995.

[73] S. Kobayashi & K. Nomizu. Foundations of Differential Geometry. (2 volumes.) Wiley, 1963 et 1969.

[74] H. Kunita. Lectures on Stochastic Flows and Applications. Springer, 1986.

[75] J.T. Lewis. Brownian motion on a submanifold of Euclidean space. *Bull. London Math. Soc. 18*, 616–620, 1986.

[76] P. Malliavin. Géométrie différentielle intrinsèque. Hermann, 1972.

[77] P. A. Meyer. Un cours sur les intégrales stochastiques. *Sém. de Prob. X, LNM 511*, Springer, 1976.

[78] P. A. Meyer. Géométrie stochastique sans larmes. *Sém. de Prob. XV, LNM 850*, Springer, 1981.

[79] P. A. Meyer. A differential geometric formalism for the Itô calculus. *Stochastic Integrals, Proceedings of the L.M.S. Durham Symposium, LNM 851*, Springer, 1981.

[80] P. A. Meyer. Géométrie différentielle stochastique (bis). *Sém. de Prob. XVI bis, LNM 921*, Springer, 1982.

[81] P. A. Meyer. Le théorème de convergence des martingales dans les variétés riemanniennes, d'après R.W. Darling et W.A. Zheng. *Sém. de Prob. XVII, LNM 986*, Springer, 1983.

[82] P. A. Meyer. Géométrie différentielle stochastique. *Colloque en l'honneur de Laurent Schwartz, Volume 1, Astérisque 131*, Société Mathématique de France, 1985.

[83] P. A. Meyer. Qu'est-ce qu'une différentielle d'ordre n? *Exposition. Math. 7*, 249–264, 1989.

[84] J.R. Norris. A complete differential formalism for stochastic calculus in manifolds. *Sém. de Prob. XXVI, LNM 1526*, Springer, 1992.

[85] X. Pennec. L'incertitude dans les problèmes de reconnaissance et de recalage. Application en imagerie médicale et biologie moléculaire. Thèse, École Polytechnique, 1996.

[86] J. Picard. Martingales sur le cercle. *Sém. de Prob. XXIII, LNM 1372*, Springer, 1989.

[87] J. Picard. Martingales on Riemannian manifolds with prescribed limits. *J. Funct. Anal. 99*, 223–261, 1991.

[88] J. Picard. Calcul stochastique avec sauts sur une variété. *Sém. de Prob. XXV, LNM 1485*, Springer, 1991.

[89] J. Picard. Barycentres et martingales sur une variété. *Ann. Inst. Henri Poincaré 30*, 647–702, 1994.

[90] M. Pontier & A. Estrade. Relèvement horizontal d'une semimartingale càdlàg. *Sém. de Prob. XXVI, LNM 1526*, Springer, 1992.

[91] R. Rebolledo. La méthode des martingales appliquée à la convergence en loi des processus. *Mémoire S.M.F. 62*, 1979.

[92] G. de Rham. Variétés différentiables : formes, courants, formes harmoniques. Hermann, 1960.

[93] L.C.G. Rogers & D. Williams. Diffusions, Markov Processes, and Martingales. Volume 2: Itô Calculus. Wiley, 1987.

[94] L. Schwartz. Semi-martingales sur des variétés et martingales conformes sur des variétés analytiques complexes. *LNM 780*, Springer, 1980.

[95] L. Schwartz. Géométrie différentielle du 2e ordre, semimartingales et équations différentielles stochastiques sur une variété différentielle. *Sém. de Prob. XVI bis, LNM 921*, Springer, 1982.

[96] L. Schwartz. Semimartingales and their Stochastic Calculus on Manifolds. Presses de l'Université de Montréal, 1984.

[97] L. Schwartz. Construction directe d'une diffusion sur une variété. *Sém. de Prob. XIX, LNM 1123*, Springer, 1985.

[98] L. Schwartz. Les gros produits tensoriels en analyse et en probabilités. *Aspects of Mathematics and its Applications*, Collected Papers in Honour of Leopoldo Nachbin, 689–725, 1986.

[99] L. Schwartz. Compléments sur les martingales conformes. *Osaka J. Math. 23*, 77–116, 1986.

[100] L. Schwartz. Les différentielles de semimartingales vraies, sections de fibrés vectoriels. *J. Geom. Phys. 5*, 137–148, 1988.

[101] L. Schwartz. Calcul infinitésimal stochastique. *Analyse mathématique et applications. Contributions en l'honneur de Jacques-Louis Lions.* Gauthier-Villars, 1988.

[102] M. Spivak. A Comprehensive Introduction to Differential Geometry (5 volumes). Second edition. Publish or Perish Inc., 1979.

[103] D.W. Stroock & S.R.S. Varadhan. Multidimensional Diffusion Processes. Springer, 1979.

[104] A. Thalmaier. Martingales on Riemannian manifolds and the nonlinear heat equation. *Stochastic Analysis and Applications. Proceedings of the Fifth Gregynog Symposium.* World Scientific, 1996.

[105] A. Thalmaier. Brownian motion and the formation of singularities in the heat flow for harmonic maps. *Probability Theory and Related Fields 105*, 335–367, 1996.

[106] K. Yano & S. Ishihara. Tangent and Cotangent Bundles. Marcel Dekker Inc., 1973.

[107] W.A. Zheng. Sur le théorème de convergence des martingales dans une variété riemannienne. *Z. Wahrscheinlichkeitstheorie verw. Gebiete 63*, 511–515, 1983.

Contents

Topics in Non-Parametric Statistics

Arkadi Nemirovski[1]

Preface

The subject of Nonparametric statistics is statistical inference applied to noisy observations of infinite-dimensional "parameters" like images and time-dependent signals. This is a mathematical area on the border between Statistics and Functional Analysis, the latter name taken in its "literal" meaning – as geometry of spaces of functions. What follows is the 10-lecture course given by the author at The XXVIII Saint-Flour Summer School on Probability Theory. It would be impossible to outline in a short course the contents of rich and highly developed area of Non-parametric Statistics; we restrict ourselves with a number of selected topics related to estimating nonparametric regression functions and functionals of these functions. The presentation is self-contained, modulo a few facts from the theory of functional spaces.

---

[1]Faculty of Industrial Engineering and Management, Technion – Israel Institute of Technology, Technion City, Haifa 32000, Israel; e-mail: nemirovs@ie.technion.ac.il

Chapter 1

Estimating regression functions from Hölder balls

1.1   Introduction

We start with brief outline of the problems we are interested in and the goals we are aimed at.

Statistical problems and estimates.   A typical problem of Statistics is as follows:

(*) We are given a Polish (i.e., metric, separable and complete) "space of observations" Y along with a family of Borel probability distributions $\{\Phi_f(\cdot)\}_{f \in \mathcal{F}}$ on Y; the family is parameterized by a "parameter" f varying in a metric space $\mathcal{F}$.
   The goal is, given an "observation " – a realization

$$y \sim \Phi_f$$

of random variable associated with an *unknown* $f \in \mathcal{F}$, to make conclusions about f, e.g.

I. [Identification] To estimate f,

F. [Evaluation of a functional] To estimate the value $F(f)$ at f of a given functional $F : \mathcal{F} \to \mathbf{R}$,

H. [Hypotheses testing] Given a partition $\mathcal{F} = \bigcup_{i=1}^{N} \mathcal{F}_i$ of $\mathcal{F}$, to decide to which element $\mathcal{F}_i$ of the partition f belongs,

In all these problems, a "candidate solution" is an *estimate* – a Borel function $\widehat{f}(y)$ on the "space of observations" Y taking values in an appropriately chosen Polish "space of answers" Z:
   • In the case of Identification problem, $Z = \mathcal{F}$, and $\widehat{f}(y)$ is the estimated value of f;
   • In the case of problem of evaluating a functional, $Z = \mathbf{R}$, and $\widehat{f}(y)$ is the estimated value of $F(f)$
   • In the case of Hypotheses testing, $Z = \{1, ..., N\}$, and $\widehat{f}(y)$ is the (index of the) accepted hypothesis.

Risk of an estimate. Normally it is impossible to recover the "true answer" $f_*(f)$ *exactly*, and we should be satisfied with estimates $\widehat{f}(\cdot)$ which with "high" probability are "close" to true answers.

A natural way to quantify the quality of an estimate is to look at its (mean squared) *risk*

$$\mathcal{R}(\widehat{f}, f) = \left(\mathcal{E}_{\Phi_f} \left\{ \mathrm{dist}_Z^2(\widehat{f}(y), f_*(f)) \right\} \right)^{1/2}, \tag{1.1}$$

where

- $\mathcal{E}_{\Phi_f}\{\cdot\}$ is the expectation w.r.t. $y \sim \Phi_f$;
- $\mathrm{dist}_Z(\cdot, \cdot)$ is the metric on the "space of answers" Z;
- $f_*(f) \in Z$ is the true answer.

For example

- In the Identification problem, $Z = \mathcal{F}$, $\mathrm{dist}_Z(\cdot, \cdot)$ is the metric $\mathcal{F}$ is equipped with, and $f_*(f) = f$;
- In the Functional Evaluation problem, $Z = \mathbf{R}$, $\mathrm{dist}_Z(p, q) = |p - q|$ and $f_*(f) = F(f)$;
- In the Hypotheses testing problem,

$$Z = \{1, ..., N\}, \quad \mathrm{dist}_Z(i, j) = \begin{cases} 0, & i = j \\ 1, & i \neq j \end{cases}, \quad f_*(f) = i \text{ for } f \in \mathcal{F}_i.$$

In the latter case (1.1) is the square root of the probability to misclassify the parameter f of the distribution we observe.

Remark 1.1.1 Of course, (1.1) is not the only meaningful way to measure risk; a general scheme requires to choose a "loss function" – a nondecreasing function $\Psi(t)$ on the nonnegative ray such that $\Psi(0) = 0$ – and to associate with this loss function the risk

$$\mathcal{R}(\widehat{f}, f) = \Psi^{-1}\left(\mathcal{E}_{\Phi_f} \left\{ \Psi\left(\mathrm{dist}_Z(\widehat{f}(y), f_*(f)) \right) \right\} \right).$$

To order to simplify our considerations and notation (in our course, we shall have enough of other "parameters of situation" to trouble about), in what follows we focus on the mean square risk (1.1), i.e., on the simplest loss functions $\Psi(t) = t^2$.

Risk (1.1) depends on the "true parameter" f, and thus cannot be used "as it is" to quantify the quality of an estimate. There are two standard ways to eliminate the dependence on f and to get a quantitative characterization of an estimate:

- [Bayesian approach] To take average of $\mathcal{R}(\widehat{f}, f)$ over a given a priori distribution of $f \in \mathcal{F}$
- [Minimax approach] To take the supremum of $\mathcal{R}(\widehat{f}, f)$ over $f \in \mathcal{F}$, thus coming to the *worst-case* risk

$$\mathcal{R}(\widehat{f}; \mathcal{F}) = \sup_{f \in \mathcal{F}} \mathcal{R}(\widehat{f}, f) = \sup_{f \in \mathcal{F}} \left(\mathcal{E}_{\Phi_f} \left\{ \mathrm{dist}_Z^2(\widehat{f}(y), f_*(f)) \right\} \right)^{1/2} \tag{1.2}$$

of an estimate $\widehat{f}$ on the "parameter set" $\mathcal{F}$. In our course, we always use the minimax approach. The major reason for this choice is that we intend to work with infinite-dimensional parameter sets, and these sets usually do not admit "natural" a priori distributions.

With the minimax approach, the quality of "ideal" estimation becomes the *minimax risk*

$$\mathcal{R}^*(\mathcal{F}) = \inf_{\hat{f}(\cdot)} \mathcal{R}(\hat{f}; \mathcal{F}) \tag{1.3}$$

– the minimal, over all estimates, worst-case risk of an estimate.

Nonparametric regression problems. In the "parametric" Statistics, the parameter set $\mathcal{F}$ is finite-dimensional: $\mathcal{F} \subset \mathbf{R}^k$ ("the distribution is known up to finitely many parameters"). In the Nonparametric Statistics, the parameter set $\mathcal{F}$ is infinite-dimensional – typically, it is a compact subset of certain functional space, like the space $C([0,1]^d)$ of continuous functions on the unit d-dimensional cube. Typical generic examples are as follows:

- *Nonparametric regression estimation problem:*

   (R) *Recover a function $f : [0,1]^d \to \mathbf{R}$ known to belong to a given set $\mathcal{F} \subset C([0,1]^d)$ via n noisy observations*

$$y = y^f = \{y_i = f(x_i) + \sigma\xi_i, i = 1, ..., n\} \tag{1.4}$$

   of the values of the function along n given points $x_i \in [0,1]^d$; here $\{\xi_i\}_{i=1}^n$ is the observation noise.

- *Nonparametric density estimation problem:*

   (D) *Recover a probability density f on $[0,1]^d$ known to belong to a given set $\mathcal{F} \subset C([0,1]^d)$ via n-element sample of independent realizations $\{x_i \sim f\}_{i=1}^n$.*

In our course, *we will focus on the Nonparametric regression estimation problem* and related problems of estimating functionals of a "signal" f via observations (1.4).

In order to get a particular "instance" of generic setting (R), we should specify the following "data elements":

1. The grid $\{x_i\}_{i=1}^n$

   Options:

   - n-point equidistant grid;

   - sample of n independent realizations of random vector with known/unknown distribution;

   - ...

2. Type of noises $\{\xi_i\}_{i=1}^n$

   Options:

   - independent $\mathcal{N}(0,1)$-random variables;

   - independent identically distributed random variables with known/unknown distribution;

   - dependent, in a prescribed fashion, random variables;

   - ...

3. The set $\mathcal{F}$

Options:

• a subset of $C([0,1]^d)$ comprised of functions satisfying certain smoothness conditions;

• ...

4. The metric used to measure risk

In our course, we measure recovering errors in the standard $\| \cdot \|_q$-norms

$$\| g \|_q = \begin{cases} \left(\int\limits_{[0,1]^d} |g(x)|^q dx \right)^{1/q}, & 1 \leq q < \infty \\ \max\limits_{x \in [0,1]^d} |g(x)|, & q = \infty \end{cases}$$

The risks associated with these norms are called q-risks.

It would be too ambitious for a single course to be aimed at achieving "maximal generality" with respect to all these "data elements". Our decision will be in favour of "generality in the classes of signals $\mathcal{F}$" rather than "generality with respect to the schemes of observations". Indeed, what makes the major difference between the parametric and the nonparametric statistics, is exactly the "nontrivial" infinite-dimensional geometry of the parameter set, and it is natural to focus first of all on the role of this geometry, not complicating things by considering "difficult" observation schemes. Specifically, the main part of the results to be presented deals with the simplest observation scheme, where the observations are taken along an equidistant grid, and the observation noises are independent $\mathcal{N}(0,1)$[1].

The asymptotic approach. After all "data elements" of the Regression estimation problem (recall that this is the problem we focus on) are specified, our "ideal goal" becomes to find the optimal, for a given volume n of observations (1.4), estimate – the one yielding the minimax risk. *As a matter of fact, this goal never is achievable* – we do not know what is the optimal in the minimax sense estimate even in the simplest – parametric! – problem

"Recover a real $f \in \mathcal{F} = [0,1]$ via n independent observations $y_i = f + \xi_i$, $\xi_i \sim \mathcal{N}(0,1)$".

Thus, we are enforced to simplify our goal, and the standard "simplification" is to fix all data elements *except the volume of observations* n, to treat n as a varying "large parameter" and to speak about *asymptotically optimal in order/ asymptotically efficient* estimation methods defined as follows.

When n is treated as a varying parameter,

• The minimax risk becomes a function of n:

$$\mathcal{R}^*(n; \mathcal{F}) = \inf_{\widehat{f}_n(\cdot)} \left(\mathcal{E}_{n,f} \left\{ \mathrm{dist}^2(\widehat{f}_n(y^f, \cdot) - f(\cdot)) \right\} \right)^{1/2},$$

---

[1] Most of these results can be more or less straightforwardly extended to the case of more general schemes of observations, but all these extensions are beyond the scope of the course.

where

  • inf is taken over the set of all possible estimates of f via n observations (1.4), i.e., all Borel functions $\widehat{f}(x; y) : [0,1]^d \times \mathbf{R}^n \to \mathbf{R}$
  • $\mathcal{E}_{n,f}$ is the expectation over y^f.
• A candidate solution to the Regression estimation problem becomes an *estimation method* – a sequence of estimates

$$\left\{ \widehat{f}_n(\cdot, \cdot) : [0,1]^d \times \mathbf{R}^n \to \mathbf{R} \right\}_{n=1}^{\infty}$$

indexed by volumes of observations used by the estimates;
• Our goal becomes either to find an *asymptotically efficient* estimation method:

$$\mathcal{R}(\widehat{f}_n; \mathcal{F}) = (1 + o(1))\mathcal{R}^*(n; \mathcal{F}), \ n \to \infty,$$

or, which is more realistic, to find an *optimal in order* estimation method:

$$\mathcal{R}(\widehat{f}_n; \mathcal{F}) \leq O(1)\mathcal{R}^*(n; \mathcal{F}), \ n \to \infty.$$

In our course, we focus primarily on building *optimal in order estimation methods for the Regression estimation problem* and *asymptotically efficient estimation of functionals of a regression function*. The only situation we are interested in is when *consistent* estimation is possible – i.e., when the minimax risk itself converges to zero as $n \to \infty$. Note that the latter assumption is satisfied only when $\mathcal{F}$ possesses some compactness properties (see Corollary 1.2.1), and that the rate of convergence of the minimax risk to 0 as $n \to \infty$ heavily depends on the geometry of $\mathcal{F}$ (and sometimes – on the metric used to measure the estimation error). These phenomena are characteristic for Nonparametric Statistics and reflect its "combined" (Statistics + Geometry of functional spaces) nature.

  Just to give an impression of a typical result on estimating a non-parametric regression function, we are about to consider the simplest problem of this type – the one of recovering functions from Hölder balls. We start with the situation where the main ideas of the constructions to follow are most transparent, namely, with estimating a univariate Lipschitz continuous function, and then pass to the case of a general Hölder ball.

1.2 Recovering a univariate Lipschitz continuous function

The problem. Assume we are given n noisy observations

$$y_i = f(i/n) + \sigma\xi_i, \ i = 1, ..., n \qquad (1.5)$$

of a function

$$f(x) : [0,1] \to \mathbf{R},$$

$\{\xi_i\}$ being independent $\mathcal{N}(0,1)$ noises. Our a priori information on f is that f is Lipschitz continuous with a given constant $L > 0$. How to recover the function?

The recovering routine. Our problem is very simple and admits several standard "good" solutions. We shall discuss just one of them, the so called *locally polynomial*, or *window* estimate. The construction is as follows. In order to recover the value of f at a given point $x \in [0, 1]$, let us choose somehow a *window* – a segment $B \subset [0, 1]$ containing x and including at least one of the observation points $x_i = i/n$. Let us estimate $f(x)$ via the observations from the window as if f were constant in it. The most natural estimate of this type is just the arithmetic mean of the observations from the window:

$$\hat{f}_B(x; y) = \frac{1}{n(B)} \sum_{i:x_i \in B} y_i, \qquad (1.6)$$

where $n(B)$ stands for the number of observation points in a segment B. Recalling the origin of y_i's and taking into account that

$$f(x) = \frac{1}{n(B)} \sum_{i:x_i \in B} f(x),$$

we get

$$
\begin{aligned}
\mathrm{err}_B(x; y) &\equiv \hat{f}_B(x; y) - f(x) \\
&= d_B(x) + s_B, \\
d_B(x) &= \frac{1}{n(B)} \sum_{i:x_i \in B} [f(x_i) - f(x)], \qquad (1.7)\\
s_B &= \frac{1}{n(B)} \sum_{i:x_i \in B} \sigma \xi_i.
\end{aligned}
$$

We have decomposed the estimation error in two components:

- deterministic *dynamic error* (bias) coming from the fact that f is not constant in the window,

- *stochastic error* s_B coming from observation noises and depending on window, not on f,

and this decomposition allows us to bound the estimation error from above. Indeed, the deterministic error clearly can be bounded as

$$
\begin{aligned}
|d_B(x)| &\leq \frac{1}{n(B)} \sum_{i:x_i \in B} |f(x_i) - f(x)| \\
&\leq \frac{1}{n(B)} \sum_{i:x_i \in B} L|x_i - x| \qquad (1.8)\\
&\leq L|B|,
\end{aligned}
$$

where $|B|$ is the length of the segment B.

Now, the stochastic error is a Gaussian random variable with the standard deviation

$$\frac{\sigma}{\sqrt{n(B)}} \leq \sigma_n(|B|) \equiv \frac{\sigma}{\sqrt{n|B|/2}} \qquad (1.9)$$

(we have taken into account that the number of observation points in B is at least $n|B|/2$), and we can therefore bound from above all moments of the stochastic error:

$$(\mathcal{E}\{|s_B|^q\})^{1/q} \leq O(1)\sigma_n(|B|)\sqrt{q}, \quad q \geq 1$$

(from now on, $\mathcal{E}$ is the expectation over the observation noise, and all $O(1)$'s are absolute constants). It follows that the moments of the estimation error $\text{err}_B(x; y)$ can be bounded as follows:

$$
\begin{aligned}
(\mathcal{E}\{|\text{err}_B|^q(x; y)\})^{1/q} &\leq O(1)\sqrt{q}\varepsilon_n(|B|), \\
\varepsilon_n(h) &= Lh + \sigma\sqrt{\tfrac{2}{nh}}.
\end{aligned}
\tag{1.10}
$$

The concluding step is to choose the window width $h = |B|$ which results in the smallest possible $\varepsilon_n(h)$. Since we do not bother much about absolute constant factors, we may just balance the "deterministic" and the "stochastic" components of $\varepsilon_n(h)$:

$$
Lh = \sigma(nh)^{-1/2} \Rightarrow h = \left(\frac{\sigma}{L\sqrt{n}}\right)^{2/3}.
$$

Thus, we come to the estimation routine as follows:

(Lip) *Let number of observations n, noise intensity $\sigma > 0$ and a real $L > 0$ be given, and let*

$$
h = \left(\frac{\sigma}{L\sqrt{n}}\right)^{2/3}.
\tag{1.11}
$$

In order to estimate an unknown regression function f at a point $x \in [0, 1]$ via observations (1.5), we
  – cover x by a segment $B_x \subset [0, 1]$ of the length h
(for the sake of definiteness, let this segment be centered at x, if the distance from x to both endpoints of $[0, 1]$ is $\geq h/2$, otherwise let B_x be either $[0, h]$, or $[1 - h, 1]$, depending on which of the points – 0 or 1 – is closer to x);
  – take, as an estimate of $f(x)$, the quantity

$$
\widehat{f}_n(x; y) = \frac{1}{n(B_x)} \sum_{i:x_i \in B_x} y_i.
$$

Note that the resulting estimate is *linear* in observations:

$$
\widehat{f}_n(x; y) = \sum_{i=1}^{n} \phi_{i,n}(x)y_i
$$

with piecewise constant "weight functions" $\phi_{i,n}(\cdot)$.

It should be stressed that the above estimation routine is well-defined only in certain restricted domain of values of the parameters L, n, σ. Indeed, the resulting h should not exceed 1 – otherwise the required window will be too large to be contained in $[0, 1]$. At the same time, h should be at least n^{-1}, since otherwise the window may be too small to contain even a single observation point. Thus, the above construction is well-defined only in the case when

$$
1 \leq \left(\frac{L\sqrt{n}}{\sigma}\right)^{2/3} \leq n.
\tag{1.12}
$$

Note that for any fixed pair (L, σ), the relation (1.12) is satisfied for all large enough values of n.

Bounds for q-risks, $1 \leq q < \infty$. The quality of our estimator is described by the following simple

Proposition 1.2.1 *Let n, L, σ satisfy the restriction (1.12). Whenever a regression function f underlying observations (1.5) is Lipschitz continuous on $[0,1]$ with constant L, the estimate $\hat{f}_n(\cdot; \cdot)$ given by the estimation routine (Lip) satisfies the relations*

$$\left(\mathcal{E}\{\| f - \hat{f}_n \|_q^2\} \right)^{1/2} \leq O(1)\sqrt{q}L \left(\frac{\sigma}{L\sqrt{n}} \right)^{\frac{2}{3}}, \quad 1 \leq q < \infty. \tag{1.13}$$

In particular, whenever $1 \leq q < \infty$, the (worst-case) q-risk

$$\mathcal{R}_q(\hat{f}_n; \mathcal{H}_1^1(L)) = \sup_{f \in \mathcal{H}_1^1(L)} \left(\mathcal{E}\{\| \hat{f}_n - f \|_q^2\} \right)^{1/2}$$

of the estimate $\hat{f}_n$ on the Lipschitz ball

$$\mathcal{H}_1^1(L) = \{f : [0,1] \to \mathbf{R} \mid |f(x) - f(x')| \leq L|x - x'| \quad \forall x, x' \in [0,1]\}$$

can be bounded from above as

$$\mathcal{R}_q(\hat{f}_n; \mathcal{H}_1^1(L)) \leq O(1)\sqrt{q}L \left(\frac{\sigma}{L\sqrt{n}} \right)^{\frac{2}{3}}. \tag{1.14}$$

Proof. Let $q \in [1, \infty)$. Relations (1.10) and (1.11) imply that for every Lipschitz continuous, with constant L, function f and for every $x \in [0,1]$ one has

$$\mathcal{E}\{|\hat{f}_n(x; y) - f(x)|^{2q}\} \leq \left[O(1)\sqrt{q}Lh \right]^{2q}$$
$$\Rightarrow$$
$$\mathcal{E}\left\{ \left[\int_0^1 |\hat{f}_n(x; y) - f(x)|^q dx \right]^2 \right\} \leq \mathcal{E}\left\{ \int_0^1 |\hat{f}_n(x; y) - f(x)|^{2q} dx \right\}$$
$$\leq \left[O(1)\sqrt{q}Lh \right]^{2q} \qquad \blacksquare$$
$$\Rightarrow$$
$$\left(\mathcal{E}\{\| \hat{f}_n - f \|_q^2\} \right)^{1/2} \leq O(1)\sqrt{q}Lh$$
$$= O(1)\sqrt{q}L^{1/3}\sigma^{2/3}n^{-1/3}$$
$$[\text{see } (1.11)]$$

Bound for the ∞-risk. The bounds established in Proposition 1.2.1 relate to q-risks with $q < \infty$ only; as we shall see in a while, these bounds are optimal in order in the minimax sense. In order to get a similarly "good" bound for the ∞-risk, the above construction should be slightly modified. Namely, let us fix h, $1 \geq h \geq n^{-1}$, and consider an estimate of the same structure as (Lip):

$$\hat{f}^h(x; y) = \frac{1}{n(B_x)} \sum_{i : x_i \in B_x} y_i, \tag{1.15}$$

with all windows B_x being of the same width h [2]. In view of (1.7), the $\| \cdot \|_\infty$-error of the estimator $\widehat{f}_h$ can be bounded from above by the sum of the maximal, over $x \in [0,1]$, deterministic and stochastic errors:

$$\| \widehat{f}^h - f \|_\infty \leq \left\{ \sup_{x \in [0,1]} |d_{B_x}(x)| \right\}_1 + \left\{ \sup_{x \in [0,1]} |s_{B_x}| \right\}_2.$$

According to (1.8), the right hand side term $\{\cdot\}_1$ does not exceed Lh. In order to evaluate the term $\{\cdot\}_2$, note that every s_{B_x} is a Gaussian random variable with the zero mean and the standard deviation not exceeding $\sigma_n(h) = \sigma\sqrt{\frac{2}{nh}}$, see (1.9). Besides this, the number of distinct random variables among s_{B_x} does not exceed $O(1)n^2$ (indeed, every stochastic error is the arithmetic mean of several "neighbouring" observation noises $\sigma\xi_i, \sigma\xi_{i+1}, ..., \sigma\xi_j$, and there are no more than $n(n+1)/2$ groups of this type). It follows that

$$\mathcal{E}\left\{\{\cdot\}_2^2\right\} \leq O(1)\sigma_n^2(h)\ln n,$$

whence

$$\left(\mathcal{E}\left\{\| \widehat{f}^h - f \|_\infty^2\right\}\right)^{1/2} \leq O(1)\left[Lh + \frac{\sigma\sqrt{\ln n}}{\sqrt{nh}}\right]. \tag{1.16}$$

Choosing h which balances the "deterministic" and the "stochastic" terms Lh, $\frac{\sigma\sqrt{\ln n}}{\sqrt{nh}}$, respectively, we get

$$h = \left(\frac{\sigma\sqrt{\ln n}}{L\sqrt{n}}\right)^{\frac{2}{3}}. \tag{1.17}$$

Denoting by $\widehat{f}_n^\infty(\cdot)$ the estimate (1.15), (1.17) and applying (1.16), we get the following risk bound:

$$\mathcal{R}_\infty(\widehat{f}_n^\infty; \mathcal{H}_1^1(L)) \equiv \sup_{f \in \mathcal{H}_1^1(L)} \left(\mathcal{E}\left\{\| \widehat{f}_n^\infty(\cdot) - f(\cdot) \|_\infty^2\right\}\right)^{1/2} \leq O(1)L\left(\frac{\sigma\sqrt{\ln n}}{L\sqrt{n}}\right)^{\frac{2}{3}}. \tag{1.18}$$

Note that the construction makes sense only when h given by (1.17) belongs to the segment $[n^{-1}, 1]$, i.e., when

$$1 \leq \left(\frac{L\sqrt{n}}{\sigma\sqrt{\ln n}}\right)^{2/3} \leq n, \tag{1.19}$$

which for sure is the case for all large enough values of n.

Note that the q-risks of the estimate $\widehat{f}_n^\infty(\cdot)$, $1 \leq q < \infty$, are worse than those of the estimate $\widehat{f}_n$ by a logarithmic in n factor only; similarly, the ∞-risk of the estimate $\widehat{f}_n$ is only by a logarithmic in n factor worse than the ∞-risk of the estimate $\widehat{f}_n^\infty$.

Lower bounds. We have build two estimates $\widehat{f}_n$, $\widehat{f}_n^\infty$ for recovering a Lipschitz continuous, with a known constant, function from observations (1.5). It is time now to demonstrate that these estimates are optimal in order in the minimax sense:

---

[2] Same as in (Lip), $B_x = \begin{cases} [0, h], & 0 \leq x \leq h/2 \\ [x - h/2, x + h/2], & h/2 \leq x \leq 1 - h/2. \\ [1 - h, 1 & 1 - h/2 \leq x \leq 1 \end{cases}$

Proposition 1.2.2 *For every triple L, σ, n satisfying (1.12) and every $q \in [1, \infty)$ the minimax q-risk of estimating functions from $\mathcal{H}_1^1(L)$ via observations (1.5) can be bounded from below as*

$$\mathcal{R}_q^*(n; \mathcal{H}_1^1(L)) \geq O(1) L \left(\frac{\sigma}{L\sqrt{n}} \right)^{\frac{2}{3}}. \qquad (1.20)$$

For every fixed $\kappa > 0$, for every triple L, σ, n satisfying the assumption

$$n^\kappa \leq \left(\frac{L\sqrt{n}}{\sigma\sqrt{\ln n}} \right)^{\frac{2}{3}} \leq n \qquad (1.21)$$

(cf. (1.19)), the minimax ∞-risk of estimating functions from $\mathcal{H}_1^1(L)$ via observations (1.5) can be bounded from below as

$$\mathcal{R}_\infty^*(n; \mathcal{H}_1^1(L)) \geq C(\kappa) L \left(\frac{\sigma\sqrt{\ln n}}{L\sqrt{n}} \right)^{\frac{2}{3}} \qquad (1.22)$$

($C(\kappa) > 0$ depends on κ only).

Consequently, in the case of (1.12) the estimate $\hat{f}_n$ is minimax optimal, up to a factor depending on q only, with respect to q-risk, $1 \leq q < \infty$, on the set $\mathcal{H}_1^1(L)$. Similarly, in the case of (1.21) the estimate $\tilde{f}_n^\infty$ is minimax optimal, up to a factor depending on κ only, with respect to the ∞-risk on the same set.

The proof of this Proposition, same as basically all other lower bounds in regression estimation, is based on information-type inequalities. It makes sense to summarize these arguments in the following statement:

Proposition 1.2.3 *Let*

- *$\mathcal{L}$ be a space of real-valued functions on a set $\mathcal{X}$, and $\rho(f, g)$ be a metric on the functional space $\mathcal{L}$;*

- *$\mathcal{F}$ be a subset of the space $\mathcal{L}$;*

- *X_n be an n-point subset of X;*

- *$\mathcal{F}_N = \{f_1, ..., f_N\}$ be an N-element subset of $\mathcal{F}$;*

- *σ be a positive real.*

Given the indicated data, let us set

$$\begin{aligned}
\text{Resolution}(\mathcal{F}_N) &= \min\left\{ \rho(f_i, f_j) \mid 1 \leq i < j \leq N \right\}; \\
\text{Diameter}(\mathcal{F}_N | X_n) &= \frac{1}{2} \max_{1 \leq i \leq j \leq N} \sum_{x \in X_n} |f_i(x) - f_j(x)|^2
\end{aligned}$$

and assume that

$$\text{Diameter}(\mathcal{F}_N | X_n) < \sigma^2 \left[\frac{1}{2} \ln(N-1) - \ln 2 \right]. \qquad (1.23)$$

Now consider the problem of recovering a function $f \in \mathcal{F}$ from n observations

$$y_f = \{y_f(x) = f(x) + \sigma\xi_x\}_{x \in X_n},$$

$\xi = \{\xi_x\}_{x \in X_n}$ *being a collection of independent $\mathcal{N}(0,1)$ noises, and let $\tilde{f}$ be an arbitrary estimate*[3]. *Then the worst-case ρ-risk*

$$\mathcal{R}^\rho(\tilde{f}; \mathcal{F}) \equiv \sup_{f \in \mathcal{F}} \mathcal{E}\{\rho(f(\cdot), \tilde{f}(\cdot, y_f))\}$$

of the estimate $\tilde{f}$ on $\mathcal{F}$ can be bounded from below as

$$\mathcal{R}^\rho(\tilde{f}; \mathcal{F}) \geq \frac{1}{4}\mathrm{Resolution}(\mathcal{F}_N). \tag{1.24}$$

Corollary 1.2.1 *Let $\mathcal{L}$ be a space of real-valued functions on a set $\mathcal{X}$, ρ be a metric on $\mathcal{L}$ and $\mathcal{F}$ be a subset of $\mathcal{L}$. Assume that functions from $\mathcal{F}$ are uniformly bounded and that $\mathcal{F}$ is not pre-compact with respect to ρ: there exists a sequence $\{f_i \in \mathcal{F}\}_{i=1}^\infty$ and $\varepsilon > 0$ such that $\rho(f_i, f_j) \geq \varepsilon$ for all $i \neq j$. Then $\mathcal{F}$ does not admit consistent estimation: for every sequence $\{X_n \subset \mathcal{X}\}_{n=1}^\infty$ of finite subsets of $\mathcal{X}$, $\mathrm{Card}(X_n) = n$, the minimax ρ-risk*

$$\mathcal{R}_\rho^*(n; \mathcal{F}) \equiv \inf_{\tilde{f}_n} \sup_{f \in \mathcal{F}} \mathcal{E}\{\rho(f(\cdot), \tilde{f}(\cdot, y_f))\}$$

of estimating $f \in \mathcal{F}$ via observations

$$y_f = \{y_f(x) = f(x) + \sigma\xi_x\}_{x \in X_n} \qquad [\xi_i \sim \mathcal{N}(0,1) \text{ are independent}]$$

remains bounded away from 0 as $n \to \infty$:

$$\mathcal{R}_\rho^*(n; \mathcal{F}) \geq \frac{1}{4}\varepsilon. \tag{1.25}$$

Proof. Under the premise of Corollary there exist subsets $\mathcal{F}_N \subset \mathcal{F}$ of arbitrary large cardinality N with $\mathrm{Resolution}(\mathcal{F}_N) \geq \varepsilon$ and bounded, by a constant depending on $\mathcal{F}$ only, $\mathrm{Diameter}(\mathcal{F}_N | X_n)$ (since all functions from $\mathcal{F}$ are uniformly bounded). It follows that for every n we can find $\mathcal{F}_N \subset \mathcal{F}$ satisfying (1.23) and such that the associated lower bound (1.24) implies (1.25).

Proof of Proposition 1.2.3. Consider N hypotheses H_i, $i = 1, ..., N$, on the distribution of a random vector $y \in \mathbf{R}^n$; according to i-th of them, the distribution is the one of the vector y_{f_i}, i.e., n-dimensional Gaussian distribution $F_i(\cdot)$ with the covariance matrix $\sigma^2 I$ and the mean $\bar{f}_i$, $\bar{f}_i$ being the restriction of f_i onto X_n. Assuming that there exists an estimate $\tilde{f}$ which does *not* satisfy (1.24), let us build a routine $\mathcal{S}$ for distinguishing between these hypotheses:

---

[3] Here an estimate is a function

$$\tilde{f}(x, y) : X \times \mathbf{R}^n \to \mathbf{R}$$

such that $\tilde{f}(\cdot, y) \in \mathcal{L}$ for all $y \in \mathbf{R}^n$ and the function $\rho(f(\cdot), \tilde{f}(\cdot, y))$ is Borel in y for every $f \in \mathcal{F}$

Given observations y, we build the function $f^y(\cdot) = \tilde{f}(\cdot, y) \in \mathcal{L}$ and check whether there exists $i \leq N$ such that

$$\rho(f^y(\cdot), f_i(\cdot)) < \frac{1}{2}\text{Resolution}(\mathcal{F}_N).$$

If it is the case, then the associated i is uniquely defined by the observations (by definition of Resolution), and we accept the hypothesis H_i, otherwise we accept, say, the hypothesis H_1.

Note that since $\tilde{f}$ does not satisfy (1.24), then for every $i \leq N$ the probability to accept hypothesis H_i if it indeed is true is $\geq 1/2$ (recall that $\mathcal{F}_N \subset \mathcal{F}$ and use the Tschebyshev inequality). On the other hand, the *Kullback distance*

$$\mathcal{K}(F_i : F_j) \equiv \int_{\mathbf{R}^n} \ln\left(\frac{dF_j(y)}{dF_i(y)}\right) dF_j(y)$$

between the distributions F_i and F_j is at most $\sigma^{-2}\text{Diameter}(\mathcal{F}_N|X_n)$:

$$
\begin{aligned}
\mathcal{K}(F_i : F_j) &= \int \left(\frac{\| y - \bar{f}_i \|_2^2 - \| y - \bar{f}_j \|_2^2}{2\sigma^2}\right) (2\pi)^{-n/2}\sigma^{-n} \exp\left\{-\frac{\| y - \bar{f}_j \|_2^2}{2\sigma^2}\right\} dy \\
&= \int \left(\frac{\| z - [\bar{f}_i - \bar{f}_j] \|_2^2 - \| z \|_2^2}{2\sigma^2}\right) (2\pi)^{-n/2}\sigma^{-n} \exp\left\{-\frac{\| z \|_2^2}{2\sigma^2}\right\} dz \\
&= \int \left(\frac{\| \bar{f}_i - \bar{f}_j \|_2^2 - 2z^T[\bar{f}_i - \bar{f}_j]}{2\sigma^2}\right) (2\pi)^{-n/2}\sigma^{-n} \exp\left\{-\frac{\| z \|_2^2}{2\sigma^2}\right\} dz \\
&= \frac{\|\bar{f}_i - \bar{f}_j\|_2^2}{2\sigma^2}.
\end{aligned}
$$

It remains to make use of the following fundamental

Theorem 1.2.1 [Fano's inequality, Fano '61] *Let $(\Omega, \mathcal{F})$ be a Polish space with the Borel σ-algebra, let $F_1, ..., F_N$ be N mutually absolutely continuous probability distributions on $(\Omega, \mathcal{F})$. Let also*

$$\mathcal{K}(F_i : F_j) = \int_\Omega \ln\left(\frac{dF_j(\omega)}{dF_i(\omega)}\right) dF_j(\omega)$$

be the Kullback distance from F_j to F_i, and let

$$\mathcal{K} = \max_{i,j} \mathcal{K}(F_i : F_j).$$

Given a positive integer m, consider N hypotheses on the distribution of a random point $\omega^m \in \Omega^m$, i-th of the hypotheses being that the distribution is F_i^m (i.e., that the entries $\omega_1, ..., \omega_m$ of ω^m are mutually independent and distributed according to F_i). Assume that for some reals $\delta_i \in (0, 1)$, $i = 1, ..., N$, there exists a decision rule - a Borel function

$$\mathcal{D} : \Omega^m \to \overline{[1, N]} = \{1, 2, ..., N\}$$

- such that the probability to accept i-th hypothesis if it indeed is true is at least δ_i:

$$F_i^m(\{\omega^m : \mathcal{D}(\omega^m) = i\}) \geq \delta_i, \quad i = 1, ..., N.$$

Then for every probability distribution $\{p(i)\}_{i=1}^{N}$ *on* $[\overline{1, N}]$ *it holds*

$$
\begin{aligned}
m\mathcal{K} &\geq -\sum_i p(i) \ln p(i) - (1 - \sum_i p(i)\delta(i)) \ln(N-1) - \ln 2, \\
\theta &= \sum_i p(i)\delta(i).
\end{aligned}
\tag{1.26}
$$

In particular,

$$
\begin{aligned}
m\mathcal{K} &\geq \theta_* \ln(N-1) - \ln 2, \\
\theta_* &= \tfrac{1}{N} \sum_i \delta(i).
\end{aligned}
\tag{1.27}
$$

As we have seen, for the routine $\mathcal{S}$ we have built the probabilities to accept every one of the hypotheses H_i if it is true are at least $1/2$. Besides this, we have seen that for the hypotheses in question $\mathcal{K} \leq \sigma^{-2}\text{Diameter}(\mathcal{F}_N | X_n)$. Applying (1.27) with $m = 1$, we get

$$
\sigma^{-2}\text{Diameter}(\mathcal{F}_N | X_n) \geq \frac{1}{2}\ln(N-1) - \ln 2,
$$

which is impossible by (1.23). ∎

Proof of Proposition 1.2.2. A. In order to prove (1.20), let us fix $q \in [1, \infty)$ and specify the data of Proposition 1.2.3 as follows:

- $\mathcal{L} = L_q[0,1]$, $\rho(f, g) = \| f - g \|_q$;

- $\mathcal{F} = \mathcal{H}_1^1(L)$;

- $X_n = \{i/n, i = 1, ..., n\}$.

It remains to define a candidate to the role of $\mathcal{F}_N$. To this end let us choose somehow a positive $h < 1$ (our choice will be specified later). Note that we can find a collection of

$$
M = M(h) \geq \frac{1}{2h}
$$

non-overlapping segments $B_l \in [0,1]$, $l = 1, ..., M$, of the length h each. Now consider functions f as follows:

f is zero outside $\bigcup_{l=1}^{M} B_l$, and in every segment $B_l = [x_l - h/2, x_l + h/2]$ the function is either $L[0.5h - |x - x_l|]$, or $-L[0.5h - |x - x_l|]$.

It is clear that there exist $2^{M(h)}$ distinct functions of this type, and all of them belong to $\mathcal{H}_1^1(L)$. Moreover, it is easily seen that one can find a collection $\mathcal{F}_{N(h)} = \{f_1, ..., f_N\}$ comprised of

$$
N(h) \geq 2^{O(1)M(h)}
\tag{1.28}
$$

functions of the indicated type in such a way that for distinct i, j the number $n(i, j)$ of those segments B_l where f_i differs from f_j is at least $O(1)M(h)$. It is immediately seen that the latter property implies that

$$
i \neq j \Rightarrow \| f_i - f_j \|_q \geq O(1)Lh(O(1)M(h)h)^{1/q} \geq O(1)Lh,
$$

so that

$$
\text{Resolution}(\mathcal{F}_{N(h)}) \geq O(1)Lh.
\tag{1.29}
$$

Now let us specify h in a way which ensures (1.23) for $\mathcal{F}_N = \mathcal{F}_{N(h)}$. The uniform distance between any two functions f_i, f_j does not exceed Lh, hence

$$\text{Diameter}(\mathcal{F}_{N(h)}|X_n) \leq L^2 h^2 n. \tag{1.30}$$

In view of (1.28), for $N = N(h)$ the right hand side of (1.23) is at least $O(1)\sigma^2 h^{-1}$, provided that h is less than a small enough absolute constant. On the other hand, by (1.30) the right hand side of (1.23) for $\mathcal{F}_N = \mathcal{F}_{N(h)}$ is at most $nL^2 h^2$. We see that in order to ensure (1.23) for $\mathcal{F}_N = \mathcal{F}_{N(h)}$ it suffices to set

$$h = O(1) \min\left[1, n^{-1/3} L^{-2/3} \sigma^{2/3}\right] = O(1) n^{-1/3} L^{-2/3} \sigma^{2/3},$$

the concluding relation being given by (1.12). In view of (1.29), with this choice of h Proposition 1.2.3 yields (1.20).

B. In order to prove (1.22), one can use a construction similar to the one of **A.** Namely, let us set

- $\mathcal{L} = L_\infty[0,1]$, $\rho(f,g) = \| f - g \|_\infty$;

- $\mathcal{F} = \mathcal{H}_1^1(L)$;

- $X_n = \{i/n, i = 1, ..., n\}$,

choose $h \in [0,1)$ and build

$$M(h) \geq O(1) h^{-1}$$

non-overlapping segments $B_j = [x_j - h/2, x_j + h/2] \subset [0,1]$. Associating with j-th segment the function

$$f_j(x) = \begin{cases} 0, & x \notin B_j \\ L[0.5h - |x - x_j|], & x \in B_j \end{cases},$$

we get a collection $\mathcal{F}_{M(h)}$ of $M(h)$ functions such that

$$\text{Resolution}(\mathcal{F}_{M(h)}) = 0.5Lh \tag{1.31}$$

and

$$\text{Diameter}(\mathcal{F}_{M(h)}|X_n) \leq O(1) L^2 h^3 n$$

(indeed, the difference of two functions from $\mathcal{F}_{M(h)}$ is of the uniform norm at most $0.5Lh$ and differs from zero at no more than $O(1)nh$ point of the grid X_n). We see that for $\mathcal{F}_N = \mathcal{F}_{M(h)}$ the left hand side in (1.23) is at most $O(1)L^2 h^3 n$, while the right hand side is at least $O(1)\sigma^2 \ln M(h) = O(1)\sigma^2 \ln h^{-1}$, provided that h is less than a small enough absolute constant. It follows that in order to ensure (1.23) it suffices to choose h less than an appropriate absolute constant and satisfying the relation

$$L^2 h^3 n \leq O(1)\sigma^2 \ln h^{-1}.$$

In the case of (1.21) the latter requirement, in turn, is satisfied by

$$h = d(\kappa) \left(\frac{\sigma\sqrt{\ln n}}{L\sqrt{n}}\right)^{\frac{2}{3}}$$

with properly chosen $d(\kappa) > 0$ (depending on κ only). With this h, Proposition 1.2.3 combined with (1.31) yields the bound (1.22). ∎

1.3 Extension: recovering functions from Hölder balls

The constructions and results related to recovering univariate Lipschitz continuous functions can be straightforwardly extended to the case of general Hölder balls.

Hölder ball $\mathcal{H}_d^s(L)$ is specified by the parameters $s > 0$ (order of smoothness), $d \in \mathbf{Z}_+$ (dimension of the argument) and $L > 0$ (smoothness constant) and is as follows. A positive real s can be uniquely represented as

$$s = k + \alpha, \tag{1.32}$$

where k is a nonnegative integer and $0 < \alpha \le 1$. By definition, $\mathcal{H}_d^s(L)$ is comprised of all k times continuously differentiable functions

$$f : [0,1]^d \to \mathbf{R}$$

with Hölder continuous, with exponent α and constant L, derivatives of order k:

$$|D^k f(x)[h, ..., h] - D^k f(x')[h, ..., h]| \le L|x - x'|^\alpha |h|^k \quad \forall x, x' \in [0,1]^d \forall h \in \mathbf{R}^d.$$

Here $|\cdot|$ is the standard Euclidean norm on $\mathbf{R}^d$, and $D^k f(x)[h_1, ..., h_k]$ is k-th differential of f taken at a point x along the directions $h_1, ..., h_k$:

$$Df^k(x)[h_1, ..., h_k] = \left.\frac{\partial^k}{\partial t_1 ... \partial t_k}\right|_{t_1 = t_2 = ... = t_k = 0} f(x + t_1 h_1 + t_2 h_2 + ... + t_k h_k).$$

Note that $\mathcal{H}_d^1(L)$ is just the set of all Lipschitz continuous, with constant L, functions on the unit d-dimensional cube $[0,1]^d$.

The problem we now are interested in is as follows. Assume we are given $n = m^d$ noisy observations

$$y = y_f(\xi) = \left\{ y_\iota = f(x_\iota) + \sigma \xi_\iota | \iota = (i_1, ..., i_d) \in \overline{[1, m]}^d \right\} \\ \left[x_{(i_1, ..., i_d)} = (i_1/m, i_2/m, ..., i_d/m)^T \right] \tag{1.33}$$

of unknown regression function f; here $\{\xi_\iota\}$ are independent $\mathcal{N}(0, 1)$ noises. All we know in advance about f is that the function belongs to a given Hölder ball $\mathcal{H}_d^s(L)$, and our goal is to recover the function from the observations.

The recovering routine we are about to present is quite similar to the one of the previous Section. Namely, we fix a "window width" h such that

$$\frac{k+2}{m} \le h \le 1, \tag{1.34}$$

k being given by (1.32). In order to estimate the value $f(x)$ of f at a point $x \in [0,1]^d$, we choose somehow a "window" – a cube $B_x \subset [0,1]^d$ such that $x \in B_x$ and the edges of B_x are equal to h, and estimate $f(x)$ via observations from the window as if f was a polynomial of degree k. Let us explain the exact meaning of the latter sentence.

Estimating polynomials. Let $B_h = \{x \in \mathbf{R}^d \mid a_i \leq x_i \leq a_i + h, i = 1, ..., d\}$ be a d-dimensional cube with edges $h > 0$, and let $\Gamma_\delta = \delta \mathbf{Z}^d$ be the regular grid with resolution $\delta > 0$. Assume that

$$\frac{h}{(k+2)\delta} \geq 1, \tag{1.35}$$

and let B_h^δ be the intersection of the cube B_h and the grid Γ_δ. Let also $\mathcal{P}_d^k$ be the space of all polynomials of (full) degree k of d variables. Consider the following auxiliary problem:

> (*) Given $x \in B_h$, find "interpolation weights" $\omega = \{\omega(u)\}_{u \in B_h^\delta}$ which reproduce the value at x of every polynomial of degree k via its restriction on B_h^δ:
>
> $$p(x) = \sum_{u \in B_h^\delta} \omega(u) p(u) \quad \forall p \in \mathcal{P}_d^k \tag{1.36}$$
>
> with the smallest possible variance
>
> $$\| \omega \|_2^2 = \sum_{u \in B_h^\delta} \omega^2(u).$$

Lemma 1.3.1 *Problem* (*) *is solvable, and its optimal solution* ω_x *is unique and continuously depends on* x. *Moreover,*

$$\| \omega_x \|_2^2 \leq \kappa_2(k, d) \left(\frac{\delta}{h} \right)^d \tag{1.37}$$

and

$$\| \omega_x \|_1 \equiv \sum_{u \in B_h^\delta} |\omega(u)| \leq \kappa_1(k, d) \tag{1.38}$$

with factors $\kappa_{1,2}(k, d)$ *depending on* k, d *only.*

Proof. 1^0. Observe, first, that if G_i, $i = 1, ..., d$, are finite sets of reals, each of the sets being comprised of $l_i \geq k + 1$ equidistantly placed points, and

$$G^d = G_1 \times G_2 \times ... \times G_d,$$

then the only polynomial from $\mathcal{P}_d^k$ vanishing at the grid G^d is the zero polynomial (this observation is given by a straightforward induction in d). In other words, if $p^1, ..., p^N$ is a basis in $\mathcal{P}_d^k$ and P is the matrix with columns being the restrictions of the basic polynomials $p_{G^d}^i$ on the grid G^d:

$$P = [p_{G^d}^1; ...; p_{G^d}^N],$$

then the kernel of the matrix P is trivial. Denoting by $\hat{p}$ the vector of coefficients of a polynomial $p \in \mathcal{P}_d^k$ in the basis $p^1, ..., p^N$ and observing that

$$p_{G^d} = P\hat{p} \quad \forall p \in \mathcal{P}_d^k,$$

we conclude that $\hat{p}$ can be expressed, in a linear fashion, via p_{G^d}. Consequently, the value of $p \in \mathcal{P}_d^k$ at a given point u can also be expressed as a linear function of p_{G^d}:

$$\exists \lambda : \quad \lambda^T p_{G^d} = p(u) \quad \forall p \in \mathcal{P}_d^k.$$

The corresponding vectors of coefficients λ are exactly the solutions to the linear system

$$P^T \lambda = \begin{pmatrix} p^1(u) \\ \cdots \\ p^N(u) \end{pmatrix} \tag{1.39}$$

As we have seen, (1.39) is solvable, and the matrix P is with the trivial kernel; under these conditions Linear Algebra says that the matrix $P^T P$ is non-singular and that the (unique) least norm solution to (1.39) is given by

$$\lambda_u = P(P^T P)^{-1} \begin{pmatrix} p^1(u) \\ \cdots \\ p^N(u) \end{pmatrix}.$$

In particular, λ_u is a continuous function of u.

2^0. In view of (1.35), the set B_h^δ is a grid of the type considered in 1^0; in view of the results of 1^0, the weight vector ω_x is well-defined and is continuous in x.

3^0. To prove (1.37), let us come back to the situation of 1^0 and assume for a moment that the cardinality of every "partial grid" G_i is exactly $k + 1$, and the convex hull of the grid is the segment $[0, 1]$. In this case the norms $\| \lambda_u \|_2$ of the weight vectors λ_u, being continuous functions of u, are bounded in the cube

$$-1 \leq u_i \leq 2, \ i = 1, ..., d$$

by certain constant $C_1(k, d)$ depending on k, d only. By evident similarity reasons we conclude that if the partial grids G_i are arbitrary equidistant grids of the cardinality $k + 1$ each, the parallelotope $B(G^d)$ is the convex hull of G^d and $B^+(G^d)$ is the concentric to $B(G^d)$ three times larger parallelotope, then for the corresponding weight vectors it holds

$$\| \lambda_u \|_2 \leq C_1(k, d) \quad \forall u \in B^+(G^d). \tag{1.40}$$

Let q be the largest integer such that $q(k+2)\delta \leq h$; note that by (1.35) we have $q \geq 1$. As we just have mentioned, the grid B_h^δ is a direct product of d partial equidistant grids $\hat{G}_i$, and the cardinality of every one of these grids is at least $q(k + 1)$. For every i, let us partition the grid $\hat{G}_i$ into q mutually disjoint equidistant sub-grids $G_{i,l}$, $l = 1, ..., q$ of cardinality $k + 1$ each as follows: $G_{i,l}$ contains the l-th, the $(l + q)$-th,...,the $(l + kq)$-th points of the grid $\hat{G}_i$. For every collection $\nu = (\nu_1, ..., \nu_d)$ of integers $\nu_i \in \overline{[1, q]}$, we can build the d-dimensional grid

$$G_\nu^d = G_{1,\nu_1} \times G_{2,\nu_2} \times ... \times G_{d,\nu_d}.$$

By construction, all q^d d-dimensional grids we can get in this way from q^d distinct collections ν are mutually disjoint and are contained in B_h^δ. Moreover, it is easily seen that every one of the parallelotopes $B^+(G_\nu^d)$ contains B_h. As we just have seen, for every ν there exists a representation

$$p(x) = \sum_{u \in G_\nu^d} \lambda_\nu(u) p(u) \quad \forall p \in \mathcal{P}_d^k$$

with

$$\sum_{u \in G_\nu^d} \lambda_\nu^2(u) \leq C_1^2(k, d).$$

It follows that for every $p \in \mathcal{P}_d^k$ it holds

$$p(x) = \sum_{u \in B_h^\delta} \omega(u)p(u) \equiv \frac{1}{q^d} \sum_\nu \sum_{u \in G_\nu^d} \lambda_\nu(u)p(u).$$

The variance of the resulting interpolation weights clearly is

$$\frac{1}{q^{2d}} \sum_\nu \sum_{u \in G_\nu^d} \lambda_\nu^2(u) \le \frac{1}{q^d} C_1^2(k,d) \le C_2(k,d)(\delta/h)^d$$

(we have used (1.40) and the fact that $q \ge O(1)h\delta^{-1}(k+2)^{-1}$). Since the variance of the optimal interpolation weights (those coming from the optimal solution to (*)) cannot be worse than the variance of the weights we just have built, we come to (1.37). It remains to note that (1.38) follows from (1.37) in view of the Cauchy inequality. ∎

Window estimates. The simple technique for estimating polynomials we have developed gives rise to a useful construction we shall use a lot – the one of a *window estimate* of $f(x)$ via observations (1.33). For a given volume of observations n, such an estimate is specified by its *order* k (which is a nonnegative integer) and a *window* B (recall that this is a cube containing x and contained in $[0,1]^d$ with the edges of a length h satisfying (1.34)) and is as follows. Let B^n be the intersection of B with the observation grid. In view of Lemma 1.3.1, problem (*) associated with the data $x, B_h = B, B_h^\delta = B^n, k$ is solvable; its optimal solution is certain collection of weights

$$\omega \equiv \omega_x^B = \left\{ \omega_\iota^B(x) \mid \iota : x_\iota \in B \right\}.$$

The *order k window estimate of $f(x)$ associated with the cube B* is

$$\hat{f}(x;y) \equiv \hat{f}_n^B(x;y) = \sum_{\iota : x_\iota \in B_x} \omega_\iota^B(x)y_\iota. \tag{1.41}$$

The following proposition summarizes some useful properties of window estimates.

Proposition 1.3.1 *Let $x \in [0,1]^d$, k, n be given, and let B be a window for x. Given a continuous function $f : [0,1]^d \mapsto \mathbf{R}$, let us define $\Phi_k(f, B)$ as the smallest uniform error of approximating f in B by a polynomial of degree $\le k$:*

$$\Phi_k(f, B) = \min_{p \in \mathcal{P}_d^k} \max_{u \in B} |f(u) - p(u)|.$$

Then the error of the order k window estimate of $f(x)$ associated with the window B can be bounded as follows:

$$|\hat{f}_n^B(x; y_f(\xi)) - f(x)| \le O_{k,d}(1) \left[\Phi_k(f, B) + \frac{\sigma}{\sqrt{n}} D^{-d/2}(B)|\zeta_x^B(\xi)| \right], \tag{1.42}$$

where

- *$D(B)$ is the edge of the cube B;*

- *$\zeta_x^B(\xi)$ is a linear combination of the noises $\{\xi_\iota\}$ with variance 1.*

Here in what follows $O_{...}(1)$ denotes a positive quantity depending solely on the parameter(s) listed in the subscript.

Furthermore, let

$$\Theta_n = \Theta_n(\xi) = \sup\left\{|\zeta_x^B(\xi)| \mid x \in [0,1]^d, \ B \text{ is a window for } x\right\}$$

Then the random variable Θ_n is "of order of $\sqrt{\ln n}$":

$$\forall w \geq 1: \qquad \text{Prob}\left\{\Theta_n > O_{k,d}(1)w\sqrt{\ln n}\right\} \leq \exp\left\{-\frac{w^2 \ln n}{2}\right\}. \qquad (1.43)$$

Proof. Let $n(B)$ be the number of observation points in the window B and $p(\cdot)$ be a polynomial of degree $\leq k$ such that

$$\max_{u \in B} |f(u) - p(u)| = \Phi_k(f, B).$$

We have

$$
\begin{aligned}
& |f(x) - \hat{f}_n^B(x; y_f(\xi))| \\
= \ & \left|f(x) - \sum_{\iota: x_\iota \in B} \omega_\iota^B(x)\left[p(x_\iota) + [f(x_\iota) - p(x_\iota)]\right] + \sum_{\iota: x_\iota \in B} \omega_\iota^B(x)\sigma\xi_\iota\right| \\
= \ & \left|f(x) - p(x) + \sum_{\iota: x_\iota \in B} \omega_\iota^B(x)[f(x_\iota) - p(x_\iota)] + \sum_{\iota: x_\iota \in B} \omega_\iota^B(x)\sigma\xi_\iota\right| \\
& [\text{by (1.36)}] \\
\leq \ & |f(x) - p(x)| + \sum_{\iota: x_\iota \in B} |\omega_\iota^B(x)||f(x_\iota) - p(x_\iota)| + \left|\sum_{\iota: x_\iota \in B} \omega_\iota^B(x)\sigma\xi_\iota\right| \\
\leq \ & \Phi_k(f, B)\left[1 + \|\omega_x^B\|_1\right] + \sigma \|\omega_x^B\|_2 |\zeta_x^B|, \\
\zeta_x^B = \ & \frac{1}{\|\omega_x^B\|_2} \sum_{\iota: x_\iota \in B} \omega_\iota^B(x)\xi_\iota.
\end{aligned}
\qquad (1.44)
$$

By Lemma 1.3.1 (applied with $\delta = n^{-1/d}$) one has

$$\|\omega_x^B\|_1 \leq \kappa_1(k,d), \quad \|\omega_x^B\|_2 \leq \kappa_2(k,d)n^{-1/2}D^{-d/2}(B),$$

and (1.44) implies (1.42).

The proof of (1.43) is left to the reader; we just indicate that the key argument is that, as it is immediately seen from the proof of Lemma 1.3.1, for fixed B the weights $\omega_\iota^B(x)$ are polynomials of x of degree $\leq k$. ∎

From estimating polynomials to estimating functions from Hölder balls.
Let us estimate $f(\cdot)$ at every point by a window estimate, all windows being of the same size; the underlying length of window edges – the "window width" h – is the parameter of our construction. Let us specify somehow the correspondence $x \mapsto B_x$, B_x being the window used to estimate $f(x)$; we may, e.g., use the "direct product" of the rules used in the univariate case. Let $\hat{f}^h(\cdot; y)$ denote the resulting estimate of the regression function f underlying observations y (see (1.33)).

Bounds for q-risks, $1 \le q < \infty$. Observe that for $f \in \mathcal{H}_d^s(L)$ and all cubes $B \subset [0,1]^d$ we clearly have

$$\Phi_k(f, B) \le O_{k,d}(1)LD^s(B) \tag{1.45}$$

(the right hand side is just the standard upper bound for the error, on B, of approximating f by its Taylor polynomial of the degree k taken at a point from B). From this observation and (1.44) it follows that for the window estimate $\widehat{f}^h(x)$ we have

$$\left(\mathcal{E}\{|f(x) - \widehat{f}^h(x;y)|^q\}\right)^{1/q} \le O_{k,d}(1)\sqrt{q}\left[Lh^s + \frac{\sigma}{\sqrt{nh^d}}\right], \tag{1.46}$$

provided that h satisfies (1.34).

Now let us choose the window width h which balances the terms Lh^s and $\frac{\sigma}{\sqrt{nh^d}}$ in the right hand side of (1.46):

$$h = \left(\frac{\sigma}{L\sqrt{n}}\right)^{2/(2s-d)}. \tag{1.47}$$

Assuming that the resulting h satisfies (1.34), i.e., that

$$1 < \left(\frac{L\sqrt{n}}{\sigma}\right)^{\frac{2d}{2s+d}} \le (k+2)^{-d}n, \tag{1.48}$$

(cf. (1.12); note that for every pair of (positive) L, σ this relation is satisfied by all large enough values of n), we come to certain estimate, let it be denoted by $\widehat{f}_n(x;y)$. In view of (1.46), the q-risk of this estimate on $\mathcal{H}_d^s(L)$ can be bounded as follows:

$$\mathcal{R}_q(\widehat{f}_n; \mathcal{H}_d^s(L)) \le O_{s,d}(1)\sqrt{q}L\left(\frac{\sigma}{L\sqrt{n}}\right)^{\frac{2s}{2s+d}}. \tag{1.49}$$

Note that our estimate, same as in the univariate case, is linear in observations:

$$\widehat{f}_n(x;y) = \sum_\iota \phi_{\iota,n}(x)y_\iota.$$

Bound for ∞-risk. When interested in the estimate of the outlined type with ∞-risk being as small as possible, we should choose the window width h in a way slightly different from (1.47) (same as we did so in the previous Section). Indeed, for $f \in \mathcal{H}_d^s(L)$, the uniform risk of the estimate $\widehat{f}^h$, in view of (1.45), (1.44), can be bounded as

$$\| f(\cdot) - \widehat{f}(\cdot, y) \|_\infty \le O_{k,d}(1)\left[Lh^s + \frac{\sigma}{\sqrt{n}}\Theta_n\right]. \tag{1.50}$$

As we know from (1.43), the "typical values" of Θ_n are of order of $\sqrt{\ln n}$. Consequently, a reasonable choice of h should balance the "deterministic term" Lh^s and the "typical value" $\sigma n^{-1/2}\sqrt{\ln n}$ of the "stochastic term" in the right hand side of (1.50). We come to the choice

$$h = \left(\frac{\sigma\sqrt{\ln n}}{L\sqrt{n}}\right)^{2/(2s+d)}. \tag{1.51}$$

Assume that this choice fits (1.34), i.e., that

$$1 < \left(\frac{L\sqrt{n}}{\sigma\sqrt{\ln n}} \right)^{\frac{2d}{2s+d}} < (k+2)^{-d}n, \tag{1.52}$$

and let us denote the resulting estimate $\widehat{f}_n^\infty$. From (1.43) combined with (1.50) we get the following bound on the ∞-risk of the estimate on $\mathcal{H}_d^s(L)$:

$$\mathcal{R}_\infty(\widehat{f}_n^\infty; \mathcal{H}_d^s(L)) \leq O_{s,d}(1)L \left(\frac{\sigma\sqrt{\ln n}}{L\sqrt{n}} \right)^{\frac{2s}{2s+d}}. \tag{1.53}$$

Lower bounds on the minimax q-risks of recovering functions from a Hölder ball $\mathcal{H}_d^s(L)$ are given by essentially the same reasoning as in the particular case considered in the previous Section; they are particular cases of the bounds from Theorem 2.1.1 proved in Section 2.3. We come to the result as follows:

Theorem 1.3.1 *For every collection $d, s, L, \sigma, n = m^d$ satisfying (1.48) and every $q \in [1, \infty)$ the minimax q-risk of estimating functions from $\mathcal{H}_d^s(L)$ via observations (1.33) can be bounded from below as*

$$\mathcal{R}_q^*(n; \mathcal{H}_d^s(L)) \geq O_{s,d}(1)L \left(\frac{\sigma}{L\sqrt{n}} \right)^{\frac{2s}{2s+d}}. \tag{1.54}$$

For every fixed $\kappa > 0$, for every collection $s, d, L, \sigma, n = m^d$ satisfying the assumption

$$n^\kappa \leq \left(\frac{L\sqrt{n}}{\sigma\sqrt{\ln n}} \right)^{\frac{2d}{2s+d}} \leq (k+2)^{-d}n \tag{1.55}$$

(cf. (1.52)), the minimax ∞-risk of estimating functions from $\mathcal{H}_d^s(L)$ via observations (1.33) can be bounded from below as

$$\mathcal{R}_\infty^*(n; \mathcal{H}_d^s(L)) \geq O_{\kappa,s,d}(1)L \left(\frac{\sigma\sqrt{\ln n}}{L\sqrt{n}} \right)^{\frac{2s}{2s+d}}. \tag{1.56}$$

Consequently, in the case of (1.48) the estimation method $\{\widehat{f}_n\}_n$ given by (1.41), (1.47) is minimax optimal on $\mathcal{H}_d^s(L)$ with respect to q-risk, $1 \leq q < \infty$, up to a factor depending on s, d, q only. Similarly, in the case of (1.55) the estimate $\widehat{f}_n^\infty$ is minimax optimal on $\mathcal{H}_d^s(L)$ with respect to the ∞-risk up to a factor depending on s, d, κ only.

As a corollary, we get the following expressions for the minimax risks of estimating functions from Hölder balls $\mathcal{H}_d^s(L)$ via observations (1.33):

For all large enough values of n (cf. (1.48), (1.55)), one has

$$\boxed{\begin{aligned} \mathcal{R}_q^*(n; \mathcal{H}_d^s(L)) &= O_{s,d,q}\left(L \left(\tfrac{\sigma}{L\sqrt{n}} \right)^{\frac{2s}{2s+d}} \right), \\ &\quad 1 \leq q < \infty; \\ \mathcal{R}_\infty^*(n; \mathcal{H}_d^s(L)) &= O_{s,d,\kappa}\left(L \left(\tfrac{\sigma\sqrt{\ln n}}{L\sqrt{n}} \right)^{\frac{2s}{2s+d}} \right) \end{aligned}} \tag{1.57}$$

(From now on, we write $f(n) = O_\theta(g(n))$, θ being a collection of parameters, if both $f(n)/g(n)$ and $g(n)/f(n)$ admit upper bounds depending on Θ only.)

Note that the estimates underlying the upper bounds in (1.57) can be chosen to be linear in observations.

1.4 Appendix: proof of the Fano inequality

The proof of the Fano inequality is given by the following two lemmas.

Lemma 1.4.1 *Let* $\{\pi(i,j)\}_{i,j=1}^{N}$ *be a probability distribution on* $[\overline{1,N}]^2$*, let*

$$
\begin{aligned}
p(i) &= \sum_{j=1}^{N} \pi(i,j). \ i = 1, ..., N \\
q(j) &= \sum_{i=1}^{N} \pi(i,j), \ j = 1, ..., N
\end{aligned}
$$

be the associated marginal distributions, and let

$$
\theta = \sum_{i=1}^{N} \pi(i,i).
$$

Then

$$
\begin{aligned}
I[\pi] &\equiv \sum_{i,j} \pi(i,j) \ln\left(\frac{\pi(i,j)}{p(i)q(j)}\right) \\
&\geq -\sum_{i} p(i) \ln p(i) - (1-\theta)\ln(N-1) + [(1-\theta)\ln(1-\theta) + \theta\ln\theta] \qquad (1.58) \\
&\geq -\sum_{i} p(i) \ln p(i) - (1-\theta)\ln(N-1) - \ln 2.
\end{aligned}
$$

Proof. We have

$$
\begin{aligned}
I[\pi] &= \sum_{i,j}\left[-\pi(i,j)\ln p(i) + \pi(i,j)\ln\left(\frac{\pi(i,j)}{q(j)}\right)\right] \\
&= -\sum_{i} p(i)\ln p(i) + \sum_{i,j}\pi(i,j)\ln\left(\frac{\pi(i,j)}{q(j)}\right) \\
&\geq -\sum_{i} p(i)\ln p(i) \\
&\quad + \min_{\xi(\cdot,\cdot),\eta(\cdot)\in B}\sum_{i,j}\xi(i,j)\ln\left(\frac{\xi(i,j)}{\eta(j)}\right), \qquad (1.59) \\
&B = \Bigg\{ \left(\{\xi(i,j)\geq 0\}_{i,j=1}^{N},\{\eta(j)\geq 0\}_{j=1}^{N}\right) \mid \xi(i,i) = \pi(i,i), \\
&\qquad \sum_{i}\xi(i,j) = \eta(j) \quad \forall j, \sum_{j}\eta(j) = 1 \Bigg\}.
\end{aligned}
$$

The function $p\ln\frac{p}{q}$ [4] is convex and lower semicontinuous in $p, q \geq 0$, so that the function

$$
f(\xi,\eta) = \sum_{i,j}\xi(i,j)\ln\left(\frac{\xi(i,j)}{\eta(j)}\right)
$$

is convex on the convex set B. To compute its minimum on B, let us fix $\{\eta(j) \geq \pi(j,j)\}_{j=1}^{N}$ with $\sum_{j}\eta(j) = 1$ and minimize $f(\xi,\eta)$ over those ξ for which $(\xi,\eta)\in B$. Due to the separable structure of f, this minimization results in

$$
\min_{\xi:(\xi,\eta)\in B} f(\xi,\eta) = \sum_{j}\min_{\{\xi(i)\geq 0\}_{i=1}^{N}:\xi(j)=\pi(j,j),\sum_{i}\xi(i)=\eta(j)}\sum_{i}\xi(i)\ln\left\{\frac{\xi(i)}{\eta(j)}\right\}.
$$

---

[4] By definition, $0\ln\frac{0}{q} = 0$ for all $q \geq 0$ and $p\ln\frac{p}{0} = +\infty$ whenever $p > 0$

For every j, a solution to the problem

$$\min_{\{\xi(i)\geq 0\}_{i=1}^{N}:\xi(j)=\pi(j,j),\sum_i \xi(i)=\eta(j)} \sum_i \xi(i)\ln\left\{\frac{\xi(i)}{\eta(j)}\right\}$$

is given by

$$\xi(i) = \begin{cases} \pi(j,j), & i = j \\ \frac{\eta(j)-\pi(j,j)}{N-1}, & i \neq j \end{cases}, \quad {}^{5)}$$

so that

$$g(\eta) \equiv \min_{\xi:(\xi,\eta)\in B} f(\xi,\eta) = \sum_j \left[[\eta(j) - \pi(j,j)] \ln\left(\frac{\eta(j) - \pi(j,j)}{(N-1)\eta(j)}\right) + \pi(j,j)\ln\left(\frac{\pi(j,j)}{\eta(j)}\right) \right].$$

It remains to minimize $g(\eta)$ over

$$\eta \in B' = \left\{ \{\eta(j)\}_{j=1}^{N} \mid \eta(j) \geq \pi(j,j), \sum_j \eta(j) = 1 \right\}.$$

We claim that the required minimizer η_* is given by

$$\eta_*(j) = \frac{1}{\theta}\pi(j,j), \quad j = 1,...,N.$$

Indeed, g is convex on the convex set B', so that in order to verify that the above η_* (which clearly belongs to B') minimizes g on B', it suffices to verify that the derivative of g at η_* is proportional to the vector of ones (i.e., to the normal to the hyperplane $\sum_j \eta(j) = 1$ containing B'). We have

$$\begin{aligned} \frac{\partial}{\partial\eta(j)}g(\eta_*) &= \ln\left(\frac{\eta_*(j)-\pi(j,j)}{(N-1)\eta_*(j)}\right) + 1 - \frac{\eta_*(j)-\pi(j,j)}{\eta_*(j)} - \frac{\pi(j,j)}{\eta_*(j)} \\ &= \frac{1-\theta}{N-1}, \end{aligned}$$

as required.

We conclude that

$$\begin{aligned} \min_{(\xi,\eta)\in B} f(\xi,\eta) &= g(\eta_*) \\ &= \sum_j \pi(j,j)\left[\left(\tfrac{1}{\theta}-1\right)\ln\left(\tfrac{1-\theta}{N-1}\right) + \ln\theta\right] \\ &= (1-\theta)\ln(1-\theta) - (1-\theta)\ln(N-1) + \theta\ln\theta, \end{aligned}$$

and (1.58) follows. ∎

Now let us set $H_i = F_i^m$, so that H_i is a probability distribution on $(\Omega, \mathcal{F})^m$, and let Ω_j be the set of those $\omega^m \in \Omega^m$ at which $\mathcal{D}(\cdot)$ is equal to j, so that $\{\Omega_j\}_{j=1}^{N}$ is a partition of Ω into N non-overlapping Borel sets. Given a probability distribution $\{p(i)\}_{i=1}^{N}$ on $[\overline{1,N}]$, let us set

$$\begin{aligned} \kappa(i,j) &= \int_{\Omega_j} dH_i(\omega^m), \\ \pi(i,j) &= p(i)\kappa(i,j), \end{aligned}$$

so that $\pi(\cdot,\cdot)$ is a probability distribution on $[\overline{1,N}]^2$. Note that by evident reasons

$$\mathcal{K}(H_i : H_j) = m\mathcal{K}(F_i : F_j),$$

so that

$$\mathcal{K}(H_i : H_j) \leq m\mathcal{K}. \tag{1.60}$$

$^{5)}$ Indeed, the function we are minimizing is lower semicontinuous, and it is minimized on a compact set, so that the minimum is attained. Since the set is convex and the function is convex and symmetric in $\{\xi(i)\}_{i\neq j}$, it has a minimizer where all $\xi(i)$ with $i \neq j$ are equal to each other.

Lemma 1.4.2 *One has*

$$I[\pi] \leq \mathcal{K}. \qquad (1.61)$$

Proof. Denoting $H = \sum_j H_j$ and $h_j(\omega^m) = \frac{dH_j(\omega^m)}{dH(\omega^m)}$, we get

$$
\begin{aligned}
\mathcal{K}(H_i : H_j) &= \sum_k \int_{\Omega_k} h_j(\omega^m) \ln\left(\frac{h_j(\omega^m)}{h_i(\omega^m)}\right) dH(\omega^m) \\
&= -\sum_k \int_{\Omega_k} h_j(\omega^m) \ln\left(\frac{h_i(\omega^m)}{h_j(\omega^m)}\right) dH(\omega^m) \\
&\geq -\sum_k \kappa(j,k) \ln\left(\int_{\Omega_k} \frac{h_j(\omega^m)}{\kappa(j,k)} \frac{h_i(\omega^m)}{h_j(\omega^m)} dH(\omega^m)\right) \\
&\qquad \text{[Jensen's inequality for the concave function } \ln(\cdot)] \\
&= \sum_k \kappa(j,k) \ln\left(\frac{\kappa(j,k)}{\kappa(i,k)}\right).
\end{aligned}
\qquad (1.62)
$$

Thus, in view of (1.60)

$$m\mathcal{K} \geq \mathcal{K}(H_i : H_j) \geq \sum_k \kappa(j,k) \ln\left(\frac{\kappa(j,k)}{\kappa(i,k)}\right) \quad \forall i,j. \qquad (1.63)$$

We now have

$$
\begin{aligned}
I[\pi] &= \sum_{j,k} p(j)\kappa(j,k) \ln\left(\frac{p(j)\kappa(j,k)}{\left(\sum_i p(j)\kappa(j,i)\right)\left(\sum_i p(i)\kappa(i,k)\right)}\right) \\
&= \sum_{j,k} p(j)\kappa(j,k) \ln\left(\frac{\kappa(j,k)}{\sum_i p(i)\kappa(i,k)}\right) \\
&\leq \sum_{i,j,k} p(i)p(j)\kappa(j,k) \ln\left(\frac{\kappa(j,k)}{\kappa(i,k)}\right) \\
&\qquad \text{[Jensen's inequality for the convex function } f(t) = \ln\frac{a}{t}] \\
&\leq \sum_{i,j} p(i)p(j)m\mathcal{K} \\
&\qquad \text{[by (1.63)]} \\
&= m\mathcal{K}.
\end{aligned}
\qquad (1.64)
$$

Combining (1.64) and (1.58), we come to (1.26); setting in the latter inequality $p(i) = \frac{1}{N}$, $i = 1, ..., N$, we get (1.27). ∎

Remark 1.4.1 In course of proving the Fano inequality (see (1.62)), we have obtained a result which is important by itself:

Let F, G be two mutually absolutely continuous probability distributions on Ω, and let

$$\Omega = \bigcup_{i=1}^{I} \Omega_i$$

be a partitioning of Ω into $I < \infty$ mutually disjoint sets from the underlying σ-algebra. Let $\widehat{F}, \widehat{G}$ be the distributions of the "point index"

$$
i(\omega) = \begin{cases} 1, & \omega \in \Omega_1 \\ 2, & \omega \in \Omega_2, \\ ... \\ I, & \omega \in \Omega_I \end{cases}
$$

induced by F, G, respectively. Then

$$\mathcal{K}(\widehat{F} : \widehat{G}) \leq \mathcal{K}(F : G).$$

Chapter 2

Estimating regression functions from Sobolev balls

We have seen what are the possibilities to recover a "uniformly smooth" regression function – one from a given Hölder ball. What happens if the function f in question is smooth in a "non-uniform" sense, i.e., bounds on somehow averaged magnitudes of the derivatives of f are imposed? In this case, the function is allowed to have "nearly singularities" – it may vary rapidly in small neighbourhoods of certain points. The most convenient form of a "non-uniform" smoothness assumption is that the observed function $f : [0,1]^d \to \mathbf{R}$ belongs to a given *Sobolev ball* $\mathcal{S}_d^{k,p}(L)$.

A Sobolev ball $\mathcal{S}_d^{k,p}(L)$ is given by four parameters:

- positive integer k – order of smoothness,

- positive integer d – dimensionality,

- $p \in (d, \infty]$,

- $L > 0$,

and is comprised of all continuous functions $f : [0,1]^d \to \mathbf{R}$ such that the partial derivatives of order k of f (understood in the sense of distributions) form a usual vector-function $D^k f(\cdot)$ with

$$\| D^k f(\cdot) \|_p \leq L.$$

It is known [2] that functions $f \in \mathcal{S}_d^{k,p}(L)$ are $(k-1)$ times continuously differentiable (this is ensured by the restriction $p > d$), and we denote by $D^s f(\cdot)$ the vector-function comprised of partial derivatives of order $s < k$ of a function $f \in \mathcal{S}_d^{k,p}(L)$.

Note that Hölder balls $\mathcal{H}_d^s(L)$ with *integer* s are essentially the same as Sobolev balls $\mathcal{S}_d^{s,\infty}(L)$.

The problem we are interested in is as follows. Given $n = m^d$ observations

$$y \equiv y_f(\xi) = \left\{ y_\iota = f(x_\iota) + \sigma\xi_\iota | \iota = (i_1, ..., i_d) \in \overline{[1,m]}^d \right\}$$
$$\left[\begin{array}{l} x_{(i_1,...,i_d)} = (i_1/m, i_2/m, ..., i_d/m)^T, \\ \xi = \{\xi_\iota\} : \ \xi_\iota \text{ are independent } \mathcal{N}(0,1) \end{array} \right] \quad (2.1)$$

of an unknown regression function $f : [0,1]^d \to \mathbf{R}$ belonging to a given Sobolev ball $\mathcal{S} = \mathcal{S}_d^{k,p}(L)$, we want to recover f along with its partial derivatives

$$D^{(\alpha)}f = \frac{\partial^{|\alpha|}}{\partial x_1^{\alpha_1}...\partial x_d^{\alpha_d}}f$$

of orders $|\alpha| \equiv \sum\limits_{i=1}^{d} \alpha_i \leq k-1$.

Notation and conventions. In what follows, for an estimate $\hat{f}^{n,(\alpha)}(x;y)$ of $D^{(\alpha)}f$ via observations (2.1), we denote by

$$\mathcal{R}_{q,(\alpha)}(\hat{f}^{n,(\alpha)}; \mathcal{S}) = \sup_{f \in \mathcal{S}} \left(\mathcal{E}\left\{ \| \hat{f}^{n,(\alpha)}(\cdot;y) - D^{(\alpha)}f(\cdot) \|_q^2 \right\} \right)^{1/2}$$

the q-risk of the estimate on the Sobolev ball in question; here $1 \leq q \leq \infty$. The associated minimax risk is defined as

$$\mathcal{R}_{q,(\alpha)}^*(n; \mathcal{S}) = \inf_{\hat{f}^{n,(\alpha)}} \mathcal{R}_{q,(\alpha)}(\hat{f}^{n,(\alpha)}; \mathcal{S})$$

Below we deal a lot with the parameters $p, q \in [1, \infty]$ (coming from the description of the Sobolev ball and the risk we are interested in, respectively); let us make the convention to denote

$$\pi = \frac{1}{p}, \quad \theta = \frac{1}{q}.$$

We call a *cube* a subset $B \subset [0,1]^d$ of the form $\{x \mid [0 \leq] a_i \leq x_i \leq a_i+h [\leq 1], i \in \overline{[1,d]}\}$ and denote by $D(B) = h$ the edge length, and by $|B| = h^d$ the d-dimensional volume of such a cube B.

For a collection $k, d \in \mathbf{N}; p \in (d, \infty]; q \in [1, \infty]$ and $l \in \overline{[0, k-1]}$ let

$$\beta_l(p, k, d, q) = \begin{cases} \frac{k-l}{2k+d}, & \theta \geq \pi \frac{2l+d}{2k+d} \\ \frac{k-l+d\theta-d\pi}{2k-2d\pi+d}, & \theta \leq \pi \frac{2l+d}{2k+d} \end{cases} ; \tag{2.2}$$

when the parameters p, k, d, q are clear from the context, we shorten $\beta_l(p, k, d, q)$ to β_l.

We denote by $\mathcal{A}$ the set of the admissible for us values of the parameters p, k, d, i.e.,

$$\mathcal{A} = \{(p, k, d) \mid k, d \in \mathbf{N}, p \in (d, \infty]\}.$$

In what follows we denote by C (perhaps with sub- or superscripts) positive quantities depending on k, d only, and by P (perhaps with sub- or superscripts) – quantities ≥ 1 depending solely on $(p, k, d) \in \mathcal{A}$ and nonincreasing in p.

Finally, $|\cdot|$ stands both for the absolute value of a real and the Euclidean norm of a vector.

2.1 Lower bounds for the minimax risk

The lower bounds for the minimax risk are given by the following

Theorem 2.1.1 *Let $\sigma, L > 0$, $(p, k, d) \in \mathcal{A}$, $q \in [1, \infty]$, $l \in \overline{[0, k-1]}$ and (α), $|\alpha| = l$, be given. Assume that the volume of observations n is large enough, namely,*

$$1 \leq \frac{L\sqrt{n}}{\sigma}. \tag{2.3}$$

Then the minimax q-risk of estimating $D^{(\alpha)} f$ for functions f from the Sobolev ball $\mathcal{S}_d^{k,p}(L)$ via observations (2.1) can be bounded from below as

$$\mathcal{R}_{q,(\alpha)}^*(n; \mathcal{S}) \geq O_{k,d}(1) L \left(\frac{\sigma}{L\sqrt{n}} \right)^{2\beta_l(p,k,d,q)}. \tag{2.4}$$

If the volume of observations n is so large that

$$n^\varepsilon \leq \frac{L\sqrt{n}}{\sigma} \tag{2.5}$$

for some positive ε, then in the case of "large" ratios q/p, namely, $\frac{q}{p} \geq \frac{2k+d}{2l+d}$, the lower bound can be strengthened to

$$\mathcal{R}_{q,(\alpha)}^*(n; \mathcal{S}) \geq O_{k,d,\varepsilon}(1) L \left(\frac{\sigma\sqrt{\ln n}}{L\sqrt{n}} \right)^{2\beta_l(p,k,d,q)}. \tag{2.6}$$

The proof (completely similar to the proof of the lower bounds from Section 1.2) is placed in Section 2.3.

Comments, I. The lower bounds for the minimax risk (2.4), (2.6) (which, as we shall see in a while, are sharp in order) demonstrate the following behaviour of the minimax risk as a function of the volume of observations n:

1. For given k, d and $l = |\alpha| < k$ there exists the "standard" asymptotics of the risk $\mathcal{R}_{q,(\alpha)}^*(n; \mathcal{S})$ which is

$$O(n^{-(k-l)/(2k+d)});$$

   this is the behaviour of the risk for "small" ratios q/p, namely, when

$$q/p = \pi/\theta < \frac{2k+d}{2l+d}.$$

   Note that the standard asymptotics is independent of p, q – i.e., of the particular norms in which we measure the magnitude of $D^k f$ and the estimation error. Note also that in the case of $l = |\alpha| = 0$, i.e., when speaking about recovering the regression function itself rather than its derivatives, the standard asymptotics of risk is $O(n^{-k/(2k+d)})$ – the result already known to us in the particular case of $p = \infty$, $q < \infty$, i.e., when the Sobolev ball in question is in fact the Hölder ball $\mathcal{H}_d^k(L)$.

2. When the ratio q/p is greater than or equal to the "critical level" $\frac{2k+d}{2l+d}$, the asymptotics of the minimax risk becomes

$$O\left(\left(\frac{\ln n}{n} \right)^{\frac{k-l+d\theta-d\pi}{2k-2d\pi+d}} \right)$$

and starts to depend on p, q. As q grows, p being fixed, it becomes worse and worse, and the worst asymptotics corresponds to $q = \infty$ and is

$$
O\left(\left(\frac{\ln n}{n}\right)^{\frac{k-l-d\pi}{2k-2d\pi+d}}\right).
$$

Comments, II. We have seen that when recovering "uniformly smooth" regression functions – those from Hölder balls – an optimal in order estimate can be chosen to be linear in observations. In the case of "non-uniform" smoothness linear estimates work well in a restricted range of values of q only - essentially, when $q \leq p < \infty$. The exact claims are as follows:

(i) The lower bounds from Theorem 2.1.1 in the case of $q \leq p < \infty$ can be achieved (up to independent of n factors) by properly chosen linear estimates;

(ii) If $\infty > q > p$ and $q \geq 2$, no linear estimation method can achieve the rates of convergence indicated in Theorem 2.1.1.

We shall check (i) in the case when our target is to recover the regression function, and not its derivatives; namely, we shall demonstrate that the order $k - 1$ window estimate $\widehat{f}_n$ (see Section 1.3) recovers functions $f \in \mathcal{S} = \mathcal{S}_d^{k,p}(L)$ with the desired order of convergence of q-risk to 0 as $n \to \infty$ (provided that $q \leq p$) [1]. Recall that $\widehat{f}_n$ uses windows of the same width h to recover $f(x)$ at all points x. Let us specify this width as (cf. (1.47))

$$
h = \left(\frac{\sigma}{L\sqrt{n}}\right)^{2/(2k+d)} \tag{2.7}
$$

and assume that n is large, namely, that

$$
1 \leq \left(\frac{L\sqrt{n}}{\sigma}\right)^{\frac{2d}{2k+d}} \leq (k+2)^{-d}n \tag{2.8}
$$

(cf. (1.48)). Under this assumption

$$
h \geq \frac{k+2}{n^{1/d}}, \tag{2.9}
$$

so that our estimate $\widehat{f}_n$ is well-defined.

To bound the risk of the resulting estimate, we need the following fact from Analysis (see [2]):

Lemma 2.1.1 *Let $B \subset [0,1]^d$ be a cube, let $p \in (d, \infty]$, and let $g \in \mathcal{S}_p^{1,d}(\cdot)$. Then the function g is Hölder continuous in B with Hölder exponent $1 - d\pi \equiv 1 - d/p$; namely,*

$$
\forall x, x' \in B: \quad |g(x) - g(x')| \leq O_{p,d}(1)|x - x'|^{1-d\pi}\left(\int_B |Dg(u)du|^p\right)^{1/p}. \tag{2.10}
$$

with $O_{p,d}(1)$ nonincreasing in $p > d$.

---

[1] One can easily build optimal in order, in the case of $q \leq p$, window estimates of the derivatives as well.

An immediate consequence of Lemma 2.1.1 is the following useful relation:

$$f \in \mathcal{S}_d^{k,p}(L) \Rightarrow \Phi_{k-1}(f, B) \leq O_{p,k,d}(1) D^{k-d\pi}(B) \left(\int_B |D^k f(u)|^p du \right)^{1/p} \quad (2.11)$$

($B \in [0,1]^d$ is a cube, $D(B)$ is the edge length of B) with $O_{p,d}(1)$ nonincreasing in $p > d$; here $\Phi_{k-1}(f, B)$ is the quality of the best uniform, on B, approximation of f by a polynomial of degree $\leq k - 1$, see Proposition 1.3.1. The right hand side in the inequality in (2.11) is nothing but an upper bound (given by (2.10) as applied to $g = D^{k-1}f$) on the error of approximating f in B by its Taylor polynomial of the degree $k - 1$, the polynomial being taken at a point from B.

Now we are ready to evaluate the q-risks, $q \leq p$, of the window estimate $\hat{f}_n$ on a Sobolev ball $\mathcal{S} = \mathcal{S}_d^{k,p}(L)$. Let us start with the case of $q = p$. Assuming $f \in \mathcal{S}$ and combining the bound (1.42) from Proposition 1.3.1 and (2.11), we get

$$|\hat{f}_n(x; y_f(\xi)) - f(x)| \leq d(x) + s(x, \xi),$$

$$d(x) = O_{k,p,d}(1) D^{k-d\pi}(B(x)) \left(\int_{B(x)} |D^k f(u)|^p du \right)^{1/p}, \quad (2.12)$$

$$s(x, \xi) = O_{k,d}(1) \frac{\sigma}{\sqrt{nh^d}} |\zeta_x^{B(x)}|;$$

here $B(x)$ is the window used by $\hat{f}_n$ to recover $f(x)$.

Now, the function $d(x)$ is non-random, and its p-norm can be evaluated as follows. Let us extend the function $\ell(u) = |D^k f(u)|$ from $[0,1]^d$ to the entire $\mathbf{R}^d$ as 0 outside the unit cube. Then

$$\int d^p(x) dx = O_{k,p,d}^p(1) h^{kp-d} \int_{[0,1]^d} \left[\int_{B(x)} \ell^p(u) du \right] dx$$

$$\leq O_{k,p,d}^p(1) h^{kp-d} \int \left[\int_{-h}^h \cdots \int_{-h}^h \ell^p(x - u) du \right] dx$$

$$[\text{since } B(x) \subset \{u \mid x_i - h \leq u_i \leq x_i + h, i \leq d\}]$$

$$= O_{k,p,d}^p(1) h^{kp-d} \int_{-h}^h \cdots \int_{-h}^h \left[\int \ell^p(x - u) dx \right] du$$

$$= O_{k,p,d}^p(1) h^{kp-d} (2h)^d \int \ell^p(x) dx$$

$$\leq O_{k,p,d}^p(1) h^{kp} L^p.$$

Thus,

$$\| d(x) \|_p \leq O_{k,p,d}(1) h^k L. \quad (2.13)$$

Furthermore, $\zeta_x^{B(x)}$ is $\mathcal{N}(0,1)$-random variable, so that

$$\left(\mathcal{E}_\xi \left\{ \| s(\cdot, \xi) \|_p^2 \right\} \right)^{1/2} \leq O_{k,p,d}(1) \frac{\sigma}{\sqrt{nh^d}}. \quad (2.14)$$

Relations (2.12), (2.13), (2.14) imply that

$$\mathcal{R}_p(\hat{f}_n; \mathcal{S}) \leq O_{k,p,d}(1) \left[h^k L + \frac{\sigma}{\sqrt{nh^d}} \right];$$

substituting the expression for h from (2.7), we see that the risk bound

$$\mathcal{R}_q(\hat{f}_n; \mathcal{S}) \leq O_{k,p,d}(1)L\left(\frac{\sigma}{L\sqrt{n}}\right)^{\frac{2k}{2k+d}} \tag{2.15}$$

is valid in the case of $q = p$. Since the left hand side in (2.15) clearly is nondecreasing in q, it follows that the bound is valid for $1 \leq q \leq p$ as well. It remains to note that the right hand side of our upper bound is, up to a factor depending on k, d, p only, the same as the lower bound on the minimax risk (2.4) (look what is β_l in the case of $l = 0, q/p \leq 1$).

Now let us verify our second claim – that in the case of $\infty > q > p$, $q \geq 2$, the q-risk of a linear estimate on a Sobolev ball $\mathcal{S}_d^{k,p}(L)$ never is optimal in order. Let Lin_n be the set of all *linear* in observations (2.1) estimates

$$\hat{f}^{n,(\alpha)}(x; y) = \sum_\iota \phi_{\iota.n}(x)y_\iota$$

of $D^{(\alpha)}f(\cdot)$, and let

$$\mathcal{R}_{q,(\alpha)}^{\mathrm{Lin}}(n; \mathcal{S}) = \inf_{\hat{f}^{n,(\alpha)} \in \mathrm{Lin}} \sup_{f \in \mathcal{S}_d^{k,p}(L)} \left(\mathcal{E}\left\{\| D^{(\alpha)}f(\cdot) - \hat{f}^{n,(\alpha)}(\cdot; y) \|_q^2\right\}\right)^{1/2}$$

be the associated minimax risk.

Theorem 2.1.2 *Let us fix $\sigma > 0$, $(p, k, d) \in \mathcal{A}$, $l \in \overline{[0, k-1]}$ and (α), $|\alpha| = l$. For every $q \in [2, \infty)$ such that $q > p$ and for all large enough volumes n of observations one has*

$$\begin{aligned}
\mathcal{R}_{q,(\alpha)}^{\mathrm{Lin}}(n; \mathcal{S}) &\geq O_{p,k,d,q}(1)L\left(\frac{\sigma}{L\sqrt{n}}\right)^{2\mu_l}, \\
\mu_l \equiv \mu_l(p, k, d, q) &= \frac{k-l-d\pi+d\theta}{2k-2\pi d+2d\theta+d} < \beta_l(p, k, d, q).
\end{aligned} \tag{2.16}$$

The proof is placed in Section 2.3.

As we just have mentioned, the lower bounds on the minimax risk $\mathcal{R}_{q,(\alpha)}^*(n, \mathcal{S})$ given in Theorem 2.1.1 are sharp in order, so that (2.16) implies that

$$\infty > q \geq 2, q > p \Rightarrow \frac{\mathcal{R}_{q,(\alpha)}^{\mathrm{Lin}}(n; \mathcal{S})}{\mathcal{R}_{q,(\alpha)}^*(n, \mathcal{S})} \to \infty \text{ as } n \to \infty;$$

thus, for "large" q/p linear estimators cannot be optimal in order on $\mathcal{S}_d^{k,p}(L)$, independently of whether we are interested in recovering the regression function or its derivatives. Note also that the lower bound (2.16) is valid for an arbitrary n-point observation grid, not necessary the equidistant one.

2.2 Upper bounds on the minimax risk

In order to bound the minimax risk from above, we are about to build a particular recovering routine and to investigate its risks. In what follows, Γ_n is the equidistant observation grid from (2.1).

The recovering routine is as follows. Let $\mathcal{B}_n$ be the system of all distinct cubes with vertices from Γ_n, and let $n(B)$ be the number of observation points in a cube B. Let us associate with every cube $B \in \mathcal{B}_n$ the linear functional (the "B-average")

$$\phi_B(g) = n^{-1/2}(B) \sum_{\iota: x_\iota \in B} g(\iota)$$

on the space of linear functions defined on the grid Γ_n.

Let us call a system $\mathcal{B} \subset \mathcal{B}_n$ normal, if it meets the following requirement:

(*) For every cube $B \subset [0,1]^d$ such that $|B| > 6^d n^{-1}$, there exists a cube $B' \in \mathcal{B}$ such that

$$B' \subset B \text{ and } |B'| \geq 6^{-d}|B|.$$

Note that normal systems clearly exist (e.g., $\mathcal{B} = \mathcal{B}_n$; in fact one can build a normal system with $O(n)$ cubes).

Given observations (2.1) (which together form a function on Γ_n), we may compute all the averages $\phi_B(y)$, $B \in \mathcal{B}$. Consider the following optimization problem:

$$\Phi_{\mathcal{B}}(g, y) \equiv \max_{B \in \mathcal{B}} |\phi_B(g) - \phi_B(y)| \to \min \mid g \in \mathcal{S}_d^{k,p}(L). \tag{2.17}$$

It can be easily verified that the problem is solvable and that its optimal solution can be chosen to be a Borel function $\hat{f}^n(x; y)$ of x, y. $\hat{f}^n(\cdot; y)$ is exactly the estimate of f we are interested in, and we estimate the derivative $D^{(\alpha)} f(\cdot)$ of f just by the corresponding derivative

$$\hat{f}^{n,(\alpha)}(x; y) = \frac{\partial^l}{\partial_{x_1}^{\alpha_1} ... \partial_{x_d}^{\alpha_d}} \hat{f}^n(x; y) \quad [l \equiv |\alpha| \leq k - 1]$$

of $\hat{f}(\cdot; y)$.

Risks of the estimates $\hat{f}^{n,(\alpha)}(\cdot; \cdot)$ on the Sobolev ball $\mathcal{S}_d^{k,p}(L)$ are given by the following

Theorem 2.2.1 *For every $\sigma > 0$, $(p, k, d) \in \mathcal{A}$, $q \in [1, \infty]$, $l \in \overline{0, k-1}$ and (α), $|\alpha| = l$, for all large enough volumes n of observations, namely, such that $n > P$ and*

$$1 \leq \frac{L\sqrt{n}}{\sigma\sqrt{\ln n}} \leq n^{\frac{2k-2d\pi+d}{2d}} \tag{2.18}$$

one has

$$\mathcal{R}_{q,(\alpha)}(\hat{f}^{n,(\alpha)}; \mathcal{S}_d^{k,p}(L)) \leq PL \left(\frac{\sigma\sqrt{\ln n}}{L\sqrt{n}}\right)^{2\beta_l}, \tag{2.19}$$
$$\beta_l \equiv \beta_l(p, k, d, q);$$

here $P \geq 1$ depends on k, p, d only and is nonincreasing in $p > d$.

In particular (cf. Theorem 2.1.1), in the case of "large" ratios q/p:

$$q/p \geq \frac{2k + d}{2l + d}$$

the estimate $\hat{f}^{n,(\alpha)}$ is asymptotically optimal in order in the minimax sense:

$$\frac{\mathcal{R}_{q,(\alpha)}(\hat{f}^{n,(\alpha)}; \mathcal{S}_d^{k,p}(L))}{\mathcal{R}_{q,(\alpha)}^*(n; \mathcal{S}_d^{k,p}(L))} \leq P$$

for all large enough values of n.
In the case of "small" ratios q/p:

$$q/p < \frac{2k+d}{2l+d}$$

the estimate is optimal in order up to a logarithmic in n factor: for all large enough values of n,

$$\frac{\mathcal{R}_{q,(\alpha)}(\hat{f}^{n,(\alpha)}; \mathcal{S}_d^{k,p}(L))}{\mathcal{R}_{q,(\alpha)}^*(n; \mathcal{S}_d^{k,p}(L))} \leq P(\ln n)^{\beta_l}.$$

Proof. In what follows we fix p, k, d, α, l, L, q satisfying the premise of the theorem. We write $\mathcal{S}$ instead of $\mathcal{S}_d^{k,p}(L)$ and denote

$$\mathbf{S} = \mathbf{S}_d^{k,p} = \bigcup_{L>0} \mathcal{S}_d^{k,p}(L).$$

Let us set

$$\| g \|_{\mathcal{B}} = \max_{B \in \mathcal{B}} |\phi_B(g)|,$$

and let

$$\Theta(\xi) = \| \sigma \xi \|_{\mathcal{B}} \equiv \sigma \max_{B \in \mathcal{B}} \frac{1}{\sqrt{n(B)}} \sum_{\iota : x_\iota \in B} \xi_\iota. \tag{2.20}$$

Our central auxiliary result is as follows:

Lemma 2.2.1 *There exists $P \geq 1$ depending on p, k, d only and nonincreasing in $p > d$ such that whenever $n \geq P$ one has*

$$\forall f \in \mathcal{S}:$$
$$\| \hat{f}^n(\cdot; y_f(\xi)) - f \|_{\mathcal{B}} \leq 2\Theta(\xi) \tag{2.21}$$

and

$$\forall g \in \mathbf{S}, \ \forall(\alpha), l \equiv |\alpha| < k:$$
$$\| D^{(\alpha)} g \|_q \leq P_0 \max \left\{ \left(\frac{\|g\|_{\mathcal{B}}^2}{\|D^k g\|_p^2 n} \right)^\beta \| D^k g \|_p; \left(\frac{\|g\|_{\mathcal{B}}^2}{n} \right)^{1/2}; n^{-\lambda} \| D^k g \|_p \right\}, \tag{2.22}$$

where
$$\beta = \beta_l(p, k, d, q), \quad \lambda = \lambda_l(p, k, d, q) = \frac{2k+d-2d\pi}{d} \beta_l(p, k, d, q).$$

From Lemma 2.2.1 to Theorem 2.2.1. Assuming $f \in \mathcal{S}$, denoting

$$g(x) = f(x) - \hat{f}^n(x; y_f(\xi))$$

and taking into account (2.21), we get

$$\| g \|_{\mathcal{B}} \leq 2\Theta(\xi),$$

and by construction $\hat{f}^n(\cdot, y_f(\xi)) \in \mathcal{S}$, so that

$$\| D^k g(\cdot) \|_p \leq 2L.$$

In view of these observations, (2.22) says that

$$\| D^{(\alpha)} g \|_q^2 \leq P_1 \max \left\{ L^2 \left(\frac{\Theta^2(\xi)}{L^2 n} \right)^{2\beta_l} ; \left(\frac{\Theta^2(\xi)}{n} \right) ; L n^{-2\lambda_l} \right\}. \tag{2.23}$$

Since Θ is the maximum of no more than $\mathrm{Card}(\mathcal{B}) \leq n^2$ $\mathcal{N}(0, \sigma^2)$ random variables (see (2.20)), we get

$$\left(\mathcal{E} \left\{ \| D^{(\alpha)} g \|_q^2 \right\} \right)^{1/2} \leq P_2 \max \left\{ L \left(\frac{\sigma \sqrt{\ln n}}{L \sqrt{n}} \right)^{2\beta_l} ; \left(\frac{\sigma \sqrt{\ln n}}{\sqrt{n}} \right) ; L n^{-\lambda_l} \right\}. \tag{2.24}$$

It is immediately seen that in the case of (2.18) the maximum in the right hand side of this bound equals to $L \left(\frac{\sigma \sqrt{\ln n}}{L \sqrt{n}} \right)^{2\beta_l}$, so that (2.24) is the required bound (2.19).

Proof of Lemma 2.2.1. 1^0. Relation (2.21) is evident: since f is a feasible solution to the optimization problem (2.17) and the value of the objective of the problem at this feasible solution is $\Theta(\xi)$, the optimal value of the problem does not exceed $\Theta(\xi)$; consequently, by the triangle inequality

$$\| f(\cdot) - \hat{f}^n(\cdot; y) \|_{\mathcal{B}} \leq \Phi_{\mathcal{B}}(f, y) + \Phi_{\mathcal{B}}(\hat{f}(\cdot; y), y) \leq 2\Theta(\xi) \qquad [y = y_f(\xi)],$$

as claimed in (2.17).

2^0. In order to prove (2.21), note first of all that a function $g \in \mathbf{S}_d^{k,p}$ can be approximated by a sequence of C^∞ functions g_t in the sense that

$$\| D^k g_t \|_p \to \| D^k g \|, \quad \| g_t \|_{\mathcal{B}} \to \| g \|_{\mathcal{B}}, \quad \| D^{(\alpha)} g_t \|_q \to \| D^{(\alpha)} g \|_q$$

as $t \to \infty$; consequently, it suffices to prove (2.22) for a C^∞ function g.

3^0. We shall use the following well-known fact (given by embedding theorems for Sobolev spaces, see [2]):

Lemma 2.2.2 *For properly chosen P_3, P_4 and for every $r, q \in [1, \infty]$, $l \in \overline{[0, k-1]}$, for every C^∞ function $g : [0, 1]^d \to \mathbf{R}$ one has:*

- *either*

$$\| D^k g \|_p \leq P_3 \| g \|_1, \tag{2.25}$$

  and then

$$\| D^l g \|_\infty \leq P_4 \| g \|_1, \tag{2.26}$$

- *or*

$$\| D^l g \|_q \leq P_5 \| g \|_r^\psi \| D^k g \|_p^{1-\psi},$$

  where

$$\psi = \begin{cases} \frac{k-l}{k}, & \theta \geq \frac{\pi l + (k-l)/r}{k}, \\ \frac{k-l-d\pi+d\theta}{k-d\pi+d/r}, & \theta \leq \frac{\pi l + (k-l)/r}{k} \end{cases} \tag{2.27}$$

Recall that by Lemma 2.1.1 for smooth functions $g : [0,1]^d \to \mathbf{R}$ and for every cube $B \subset [0,1]^d$ one has

$$\left| D^{k-1}g(x) - D^{k-1}g(y) \right| \leq P_4 |x-y|^{1-d\pi} \Omega(g,B) \quad \forall x,y \in B,$$
$$\Omega(g,B) = \left(\int_B |D^k g(u)|^p du \right)^{1/p}. \tag{2.28}$$

4^0. From (2.28) it follows that whenever $B \subset [0,1]^d$, $x \in B$ and $g_s(y)$ is the Taylor polynomial, taken at x, of degree $k-1$ of g, then

$$\max_{y \in B} |g(y) - g_x(y)| \leq P_5 [D(B)]^{k+\delta-1} \Omega(g,B), \tag{2.29}$$
$$\delta \equiv 1 - d\pi.$$

5^0. Let us call a cube $B \subset [0,1]^d$ *regular*, if

$$g(B) \equiv \max_{x \in B} |g(x)| \geq 4P_5 [D(B)]^{k+\delta-1} \Omega(g,B). \tag{2.30}$$

Note that for a regular cube B, in view of (2.29), one has

$$\forall x \in B : \quad \max_{y \in B} |g(y) - g_x(y)| \leq \frac{1}{4} g(B). \tag{2.31}$$

It is clearly seen that if

$$U = \{ x \in (0,1)^d \mid g(x) \neq 0 \},$$

then every point $x \in U$ is an interior point of a regular cube B; among these cubes, there clearly exists a maximal one (i.e., a one which is not a proper subset of any other regular cube). For every $x \in U$, let us denote by B_x a maximal regular cube containing x as an interior point, and let

$$U' = \bigcup_{x \in U} B_x^0,$$

B_x^0 being the interior of the cube B_x. By the standard separability arguments,

$$U' = \bigcup_{i=1}^{\infty} B_{x_i}^0$$

for properly chosen sequence $x_1, x_2, \dots$.

In what follows we consider separately two cases

A. The cube $[0,1]^d$ is not regular;

B. The cube $[0,1]^d$ is regular.

6^0. For the time being, let **A** be the case. Since $[0,1]^d$ is not regular, every maximal regular cube B must satisfy (2.30) as an equality. In particular,

$$g(B_{x_i}) = 4P_5 [D(B_{x_i})]^{k+\delta-1} \Omega(g, B_{x_i}), \quad i = 1, 2, \dots \tag{2.32}$$

6^0.a) We start with the following Lemma (which essentially originates from Banach):

Lemma 2.2.3 *One can extract from the system of cubes* $\mathcal{A}_0 = \{B_{x_i}\}_{i=1}^{\infty}$ *a sub-system* $\mathcal{A}$ *with the following properties:*

- *Cubes from* $\mathcal{A}$ *are mutually disjoint;*

- *For every cube* $B \in \mathcal{A}_0$ *there exists a cube* $B' \in \mathcal{A}$ *such that* B *intersects with* B' *and* $D(B) \leq 2D(B')$.

Proof of Lemma 2.2.3: Let us choose as the first cube of $\mathcal{A}$ a cube $B^1 \in \mathcal{A}_0$ with

$$D(B^1) \geq \frac{1}{2} \sup_{B \in \mathcal{A}_0} D(B).$$

After B^1 is chosen, we set $\mathcal{A}_1 = \{B \in \mathcal{A}_0 \mid B \cap B^1 = \emptyset\}$. If $\mathcal{A}_1$ is empty, we terminate; otherwise, we choose a cube B^2 from the collection $\mathcal{A}_1$ exactly in the same manner as B^1 was chosen from $\mathcal{A}_0$ and set $\mathcal{A}_2 = \{B \in \mathcal{A}_1 \mid B \cap B^2 = \emptyset\}$. If $\mathcal{A}_2$ is empty, we terminate, otherwise choose in the outlined fashion a cube $B^3 \in \mathcal{A}_2$ and replace $\mathcal{A}_2$ by $\mathcal{A}_3$, and so on.

As a result of this construction, we get a finite or a countable collection $\mathcal{A}$ of cubes B^1, B^2,...; it is immediately seen that this collection satisfies the requirements of Lemma. ∎

$6^0.2$) For $B \in \mathcal{A}$, let $U(B)$ be the union of all those cubes from $\mathcal{A}_0$ which intersect B and have edges not exceeding $2D(B)$. In view of Lemma 2.2.3, we have

$$U \subset U' \subset \bigcup_{B \in \mathcal{A}} U(B).$$

Let us choose

$$r \in [\frac{d + 2k}{d}, \infty). \tag{2.33}$$

We have

$$
\begin{aligned}
\| g \|_r^r &= \int_U |g(x)|^r dx \\
&\leq \sum_{B \in \mathcal{A}} \int_{U(B)} |g(x)|^r dx \\
&\leq 5^d \sum_{B \in \mathcal{A}} |B| \hat{g}^r(B), \\
\hat{g}(B) &= \sup_{x \in U(B)} |g(x)|.
\end{aligned}
\tag{2.34}
$$

We claim that for every $B \in \mathcal{A}$ it holds

$$\hat{g}(B) \leq P_6 g(B). \tag{2.35}$$

Indeed, let $y \in U(B)$; then there exists $B' \in \mathcal{A}_0$ such that $y \in B'$, $B' \cap B \neq \emptyset$ and $D(B') \leq 2D(B)$. Choosing a point $x \in B \cap B'$ and applying (2.31) to the regular cubes B, B', we get

$$\max_{u \in D} |g(u) - g_x(u)| \leq \frac{1}{4} \max_{u \in D} |g(u)|$$

both for $D = B$ and $D = B'$. It follows that

$$\max_{u \in D} |g(u)| \leq \frac{4}{3} \max_{u \in D} |g_x(u)| \tag{2.36}$$

for both $D = B$ and $D = B'$. Since $g_x(\cdot)$ is a polynomial of degree $k-1$ and B' is contained in 5 times larger than the cube B concentric to B cube, we have

$$\max_{u \in B'} |g_x(u)| \le P_7 \max_{u \in B} |g_x(u)|,$$

whence, in view of (2.36),

$$\max_{u \in B \cup B'} |g(u)| \le \frac{4}{3} P_7 \max_{u \in B} |g_x(u)|.$$

Recalling that $\max_{u \in B} |g_x(u)| \le \frac{5}{4} g(B)$ by (2.31), we come to

$$|g(y)| \le \max_{u \in B'} |g_x(u)| \le \frac{5}{3} P_7 g(B),$$

so that the choice $P_6 = \frac{5}{3} P_7$ ensures (2.35).

Combining (2.34) and (2.35), we get

$$\| g \|_r^r \le P_8^r \sum_{B \in \mathcal{A}} |B| g^r(B). \tag{2.37}$$

6^0.c) Since $\mathcal{A} \subset \mathcal{A}_0$, (2.32) says that for every $B \in \mathcal{A}$ it holds

$$g(B) = 4 P_5 [D(B)]^{k+\delta-1} \Omega(g, B),$$

so that (2.37) yields the inequality

$$\| g \|_r^r \le P_9^r \sum_{B \in \mathcal{A}} |B|^{1 + \frac{r(k+\delta-1)}{d}} \Omega^r(B, g). \tag{2.38}$$

6^0.d) Let us set

$$A = \sup_{B \in \mathcal{A}} g(B) |B|^{1/2};$$

note that by (2.32) we have

$$A \ge P_{10} \sup_{B \in \mathcal{A}} |B|^{\frac{1}{2} + \frac{k+\delta-1}{d}} \Omega(B, g). \tag{2.39}$$

Let

$$\zeta = \frac{1 + \frac{r(k+\delta-1)}{d}}{\frac{1}{2} + \frac{k+\delta-1}{d}}.$$

Then

$$B \in \mathcal{A}$$
$$\Rightarrow \quad |B|^{1 + \frac{r(k+\delta-1)}{d}} \le P_{11}^\zeta A^\zeta \Omega^{-\zeta}(B, g)$$
$$\text{[see (2.39)]}$$
$$\Rightarrow \quad \| g \|_r^r \le P_9^r P_{11}^\zeta A^\zeta \sum_{B \in \mathcal{A}} \Omega^{r-\zeta}(B, g)$$
$$\text{[see (2.38)]}$$
$$\le P_9^r P_{11}^\zeta A^\zeta \left(\sum_{B \in \mathcal{A}} \Omega^p(B, g) \right)^{\frac{r-\zeta}{p}}$$
$$\text{[since } r - \zeta \ge p \text{ in view of (2.33)]}$$
$$\le P_9^r P_{11}^\zeta A^\zeta \| D^k g \|_p^{r-\zeta}$$
$$\text{[since the cubes } B \in \mathcal{A} \text{ are mutually disjoint]}$$
$$\Rightarrow \quad \| g \|_r \le P_{12} A^\gamma \| D^k g \|_p^{1-\gamma},$$
$$\gamma = \frac{\zeta}{r}$$

The resulting estimate was established in the case of (2.33); passing to limit as $r \to \infty$, we see that it is valid for $r = \infty$ as well, so that

$$\infty \geq r \geq \frac{2k+d}{d}p \Rightarrow \| g \|_r \leq P_{12}A^\gamma \| D^k g \|^{1-\gamma}, \quad \gamma = \frac{2(k - d\pi + d/r)}{2k - 2d\pi + d}. \tag{2.40}$$

6^0.d) By definition of A, there exists a regular cube B such that

$$g(B)|B|^{1/2} \geq \frac{1}{2}A. \tag{2.41}$$

Let $x_0 \in B$; since B is regular, we have

$$\begin{aligned} \sup_{x\in B} |g(x) - g_{x_0}(x)| &\leq \tfrac{1}{4}g(B) \\ &\quad [\text{see } (2.31)] \\ \Rightarrow \quad \tfrac{3}{4}g(B) \leq \max_{x\in B} |g_{x_0}(x)| &\leq \tfrac{5}{4}g(B). \end{aligned} \tag{2.42}$$

In view of the latter inequalities and since $g_{x_0}(\cdot)$ is a polynomial of degree $k-1$, there exists a cube $B^* \subset B$ such that $|B^*| \geq P_{13}|B|$ and $|g_{x_0}(x)| \geq \frac{1}{2}g(B)$ for all $x \in B^*$, whence, in view of the first inequality in (2.42), $|g(x)| \geq \frac{1}{4}g(B)$ whenever $x \in B^*$. Combining these observations and (2.41), we conclude that

$$A \leq P_{14}|B^*|^{1/2} \min_{x\in B^*} |g(x)|,$$

so that by (2.40)

$$\exists B^*:$$
$$\infty \geq r \geq \frac{2k+d}{d}p \Rightarrow \| g \|_r \leq P_{14}\left[|B^*|^{1/2} \min_{x\in B^*} |g(x)| \right]^\gamma \| D^k g \|_p^{1-\gamma}, \tag{2.43}$$
$$\gamma = \frac{2(k-d\pi+d/r)}{2k-2d\pi+d}.$$

Consider two possible cases:
(I): $|B^*| \geq 6^d n^{-1}$;
(II): $|B^*| < 6^d n^{-1}$.

In the case of (I), since $\mathcal{B}$ is a normal system, there exists a cube $\hat{B} \in \mathcal{B}$ such that $\hat{B} \geq 6^{-d}|B^*|$ and $\hat{B} \subset B^*$, and we get

$$\| g \|_{\hat{B}} \geq n^{1/2}(\hat{B}) \min_{x\in \hat{B}} \geq 6^{-d/2} n \min_{x\in \hat{B}} |g(x)||\hat{B}|^{1/2}.$$

Thus, in the case of (I) relation (2.43) implies that

$$\infty \geq r \geq \frac{2k+d}{d}p \Rightarrow \| g \|_r \leq P_{15}\left(\frac{\| g \|_{\hat{B}}^2}{n \| D^k g \|_p^2} \right)^{\gamma/2} \| D^k g \|_p. \tag{2.44}$$

In the case of (II) relation (2.43) applied with $r = \infty$ yields

$$\begin{aligned} \| g \|_\infty &\leq P_{14}\left[|B^*|^{1/2} \min_{x\in B^*} |g(x)| \right]^{\gamma^*} \| D^k g \|_p^{1-\gamma^*} \\ &\quad [\gamma^* = \tfrac{2(k-d\pi)}{2k-2d\pi+d}] \\ &\leq \left[|B^*|^{1/2} \| g \|_\infty \right]^{\gamma^*} \| D^k g \|_p^{1-\gamma^*} \\ \Rightarrow \quad \| g \|_\infty &\leq P_{16}|B^*|^{\frac{\gamma^*}{2(1-\gamma^*)}} \\ \Rightarrow \quad \| g \|_r &\leq P_{17}|B^*|^{\frac{\gamma}{2(1-\gamma^*)}} \| D^k g \|_p \\ &\quad [\text{in view of } (2.43)] \\ \Rightarrow \quad \| g \|_r &\leq P_{18}n^{-\frac{k-d\pi+d/r}{d}} \\ &\quad [\text{since (II) is the case}]. \end{aligned}$$

Combining the concluding inequality with (2.44), we see that for $r \in [\frac{2k+d}{d}p, \infty]$ it holds

$$\| g \|_r \leq P_{19} \max \left\{ \left(\frac{\| g \|_{\mathcal{B}}^2}{n \| D^k g \|_p^2} \right)^{\beta_0(p,k,d,r)} \| D^k g \|_p ; n^{-\lambda_0(p,k,n,r)} \| D^k g \|_p \right\} \quad (2.45)$$

(we have used the fact that for the values of r in question one has $\gamma/2 = \beta_0(p,k,d,r)$, $\frac{k-d\pi+d/r}{d} = \lambda_0(p,k,d,r)$).

Since the values of $\beta_0(p,k,d,r), \lambda_0(p,k,d,r)$ for $r < \frac{2k+d}{d}p$ are the same as for $r = \frac{2k+d}{d}p$, relation (2.45) is in fact valid for all $r \in [1,\infty]$.

6^0.e) Since we are in the case of $\mathbf{A}$ – i.e., $[0,1]^d$ is not a regular cube – we have $\| D^k g \|_p \geq P_{20} \| g \|_\infty$. Tracing the origin of P_{20}, one can easily see that we can ensure $P_{20} > P_3$, P_3 being defined in Lemma 2.2.2. Thus, in the case under consideration the first of the alternatives stated by Lemma 2.2.2 does not take place, and therefore (2.26) is valid. Assuming that $q \geq \frac{2k+d}{2l+d}p$, let us set $r = \frac{2k+d}{d}p$, thus getting $\theta \leq \frac{(k-l)/r+\pi l}{k}$. Applying (2.26) with the indicated r and (2.45), we get for $q \geq \frac{2k+d}{2l+d}p$:

$$l \equiv |\alpha| < k \Rightarrow$$
$$\| D^{(\alpha)} g \|_q \leq P_{21} \left\{ \left(\frac{\|g\|_{\mathcal{B}}^2}{n\|D^k g\|_p^2} \right)^{\beta_l(p,k,d,q)} \| D^k g \|_p ; n^{-\lambda_l(p,k,d,q)} \| D^k g \|_p \right\}. \quad (2.46)$$

Since $\beta_l(p,k,d,q), \lambda_l(p,k,d,q)$ are independent of q in the segment $[1, \frac{2k+d}{2l+d}p]$ of values of the parameter, relation (2.46) in fact is valid for all q. Thus, we have proved (2.22) in the case of $\mathbf{A}$.

7^0. It remains to prove (2.22) in the case of $\mathbf{B}$, i.e., when $[0,1]^d$ is a regular cube, whence

$$\| D^k g \| \leq P_{22} \| g \|_\infty . \quad (2.47)$$

In this case we can apply (2.31) to the cube $B = [0,1]^n$ to get the inequality

$$\max_{x \in [0,1]^n} |g(x) - g_0(x)| \leq \frac{1}{4} \| g \|_\infty,$$

whence, same as in 6^0.d), there exists a cube B such that $|B| \geq P_{23}$ and $|g(x)| \geq \| g \|_\infty$ for $x \in B$. Since $\mathcal{B}$ is a normal system, there exists $B^* \in \mathcal{B}$ such that $B^* \in B$ and $|B^*| \geq P_{24}$, provided that n is large enough, and we get

$$\| g \|_{\mathcal{B}} \geq P_{25} n^{1/2} \| g \|_\infty,$$

whence

$$\| g \|_\infty \leq P_{26} \frac{\| g \|_{\mathcal{B}}}{n^{\frac{1}{2}}}. \quad (2.48)$$

Combining (2.47), (2.48) and Lemma 2.2.2, we come to (2.22). The proof of Lemma 2.2.1 is completed. ∎

2.3 Appendix: Proofs of Theorems 2.1.1, 2.1.2

Proof of Theorem 2.1.1. Let us fix a C^∞ function $h(\cdot) \not\equiv 0$ such that

$$\operatorname{supp}(h) = [0,1]^d; \quad \| D^k h \|_\infty \leq 1; \quad \| h \|_\infty \leq 1. \quad (2.49)$$

Let also

$$C_1 = \min\{\| D^{(\alpha)}h \|_1 |\ 0 \le |\alpha| < k\};$$

(recall that C_i stand for positive quantities depending on k, d only). Let us fix the volume of observations $n = m^d$ and a $\Delta \in (\frac{1}{m}, \frac{1}{8})$, and let $B_1, ..., B_N$ be a maximal in cardinality system of mutually disjoint cubes with the edges Δ, all cubes of the system belonging to $[0,1]^d$. Note that the number of points from the observation grid Γ_n in every one of the cubes B_i does not exceed

$$n_\Delta = (2\Delta)^d n.$$

As it is immediately seen,

$$N \ge \max\{8; C_2\Delta^{-d}\}. \tag{2.50}$$

Let

$$h^\Delta(x) = L\Delta^{k-d\pi} h(x/\Delta),$$

and let h_j be the translation of h^δ with the support B_j, $j = 1, ..., N$; it is immediately seen that $h_j \in \mathcal{S} \equiv \mathcal{S}_d^{k,p}(L)$. Now consider N hypotheses on the distribution of observations y, j-th of the hypotheses being that the distribution is the one of the vector $y_{h_j}(\xi)$, see (2.1).

Let us fix α such that

$$l \equiv |\alpha| < k,$$

and let

$$\varepsilon(\Delta) = \frac{1}{4}C_1\Delta^{k-l-d\pi+d\theta}L.$$

We have

$$
\begin{aligned}
i \ne j &\Rightarrow \\
\| D^{(\alpha)}h_i - D^{(\alpha)}h_j \|_q &\ge \| D^{(\alpha)}h_i \|_q \\
&= L\Delta^{k-l-d\pi+d\theta} \| D^{(\alpha)}h \|_q \\
&\ge L\Delta^{k-l-d\pi+d\theta} C_1 \\
&= 4\varepsilon(\Delta).
\end{aligned}
$$

Consequently (cf. the proof of Proposition 1.2.3), under the assumption that the minimax q-risk of estimating $D^{(\alpha)}f$, $f \in \mathcal{S}$ is $\le \varepsilon(\Delta)$:

$$\mathcal{R}^*_{q,(\alpha)}(n; \mathcal{S}) < \varepsilon(\Delta), \tag{2.51}$$

there exists a routine for distinguishing our N hypotheses with probability to reject a hypothesis when it is true at most $1/4$. On the other hand, the Kullback distance between pairs of distributions associated with our hypotheses is at most

$$\sigma^{-2}\text{Diameter}(\{h_j(\cdot)\}_{j=1}^N | \Gamma_n) \le 2\sigma^{-2}n_\Delta \| h^\Delta \|_\infty^2 \le C_3 n\sigma^{-2}L^2\Delta^{d+2(k-d\pi)}.$$

Applying the Fano inequality (1.27), we see that the assumption (2.51) implies the relation

$$(L/\sigma)^2 n\Delta^{d+2(k-d\pi)} \ge C_4 \ln N \ge C_5 \ln\frac{1}{\Delta}, \tag{2.52}$$

the concluding inequality being given by (2.50). Now let us set

$$\Delta_1 = C_6 \left(\frac{\sigma}{L\sqrt{n}}\right)^{\frac{2}{2k-2d\pi+d}} :$$

it is clearly seen that if C_6 is a properly chosen function of k, d and (2.3) takes place, then (2.52) fails to be true when $\Delta = \Delta_1$. Consequently, for $\Delta = \Delta_1$ (2.51) cannot be valid, and we come to

$$\mathcal{R}^*_{q,(\alpha)}(n; \mathcal{S}) \geq \varepsilon(\Delta_1) \geq C_7 L \left(\frac{\sigma}{L\sqrt{n}} \right)^{2\frac{k-l-d\pi+d\theta}{2k-2d\pi+d}} ; \qquad (2.53)$$

this is exactly the bound (2.4) for the case of large ratios q/p (i.e., $\frac{q}{p} \geq \frac{2k+d}{2l+d}$).

Now assume that (2.5) takes place, and let us set

$$\Delta_2 = F \left(\frac{\sigma\sqrt{\ln n}}{L\sqrt{n}} \right)^{\frac{2}{2k-2d\pi+d}} ;$$

it is immediately seen that for properly chosen $F > 0$ (depending on k, d, ε only) relation (2.52) fails to be true when $\Delta = \Delta_2$. Consequently, for $\Delta = \Delta_2$ (2.51) cannot be valid, and we come to

$$\mathcal{R}^*_{q,(\alpha)}(n; \mathcal{S}) \geq \varepsilon(\Delta_2) \geq C(\varepsilon)L \left(\frac{\sigma\sqrt{\ln n}}{L\sqrt{n}} \right)^{2\frac{k-l-d\pi+d\theta}{2k-2d\pi+d}} ; \qquad (2.54)$$

this is exactly the bound (2.5) for the case of large ratios q/p.

We have established the desired lower bounds for the case of large ratios q/p. The lower bound (2.4) in the case of small ratios q/p: $\frac{q}{p} < \frac{2k+d}{2l+d}$ is given by exactly the same construction as in the case of Hölder balls. Namely, let us redefine h^Δ as follows:

$$h^\Delta(x) = L\Delta^k h(x/\Delta),$$

let h_j be the translation of h^Δ with the support B_j, and let $\mathcal{F}^*_N$ be the set of 2^N functions $\sum_{j=1}^m \varepsilon_j h_j(x)$, where $\varepsilon_j = \pm 1$. The set $\mathcal{F}^*_N$ clearly is contained in $\mathcal{S}^{k,\infty}_d(L)$ and possesses a subset $\mathcal{F}_M$ comprised of

$$M \geq 2^{N/8}$$

functions with the following property: if f, g are two distinct functions from $\mathcal{F}_M$, then f differs from g on at least $N/8$ of the cubes $B_1, ..., B_N$. Now let us fix α with $l = |\alpha| < k$; for two distinct functions $f, g \in \mathcal{F}_M$ one clearly has

$$\| D^{(\alpha)}f - D^{(\alpha)}g \|_1 \geq C_8 L\Delta^{k-l}\Delta^d N \geq C_9 L\Delta^{k-l}.$$

Setting

$$\varepsilon(\Delta) = \frac{1}{4}C_9 L\Delta^{k-l},$$

we, same as above, conclude that under the assumption that

$$\mathcal{R}^*_{1,(\alpha)}(n; \mathcal{S}^{k,\infty}_d(L)) < \varepsilon(\Delta) \qquad (2.55)$$

one can "reliably" distinguish between M hypotheses on the distribution of observations (2.1), the Kullback distances between pairs of the distributions not exceeding

$$\sigma^{-2}n \max_{f,g \in \mathcal{F}_M} \| f - g \|^2_\infty \leq C_{10}(L/\sigma)^2\Delta^{2k}.$$

Applying the Fano inequality and taking into account that $M \geq 2^{N/8} \geq \exp\{C_{11}\Delta^{-d}\}$, we see that (2.55) implies the relation

$$n(L/\sigma)^2\Delta^{2k} \geq C_{12}\Delta^{-d}. \tag{2.56}$$

Now let us set

$$\Delta = C_{13}\left(\frac{\sigma}{L\sqrt{n}}\right)^{\frac{2}{2k+d}};$$

for properly chosen C_{13} and all n satisfying (2.3) the relation (2.56) (and therefore (2.55) as well) fails to be true. Thus, for the indicated values of n one has

$$\mathcal{R}_{1,(\alpha)}^*(n; \mathcal{S}_d^{k,\infty}(L)) \geq \varepsilon(\Delta) \geq C_{14}L\left(\frac{\sigma}{L\sqrt{n}}\right)^{\frac{2(k-l)}{2k+d}}.$$

Since the risk $\mathcal{R}_{q,(\alpha)}^*(n; \mathcal{S}_d^{k,p}(L))$ is nondecreasing in q and nonincreasing in p, the left hand side of this inequality is $\leq$ the one in (2.4), while the right hand side is exactly as required in (2.4) in the case of small ratios q/p. ∎

Proof of Theorem 2.1.2. Same as in the proof of Theorem 2.1.1, below C_i are positive quantities depending on k, d only.

Let $h(\cdot)$ and C_1 be the same as in the proof of Theorem 2.1.1, and let C_2 be such that

$$\text{mes}\{x \in [0,1]^d \mid |D^{(\alpha)}h| > C_2\} > C_2 \quad \forall \alpha, |\alpha| < k.$$

Let us fix L, σ, d, p, k, q satisfying the premise of Theorem 2.1.2, the volume n of observations (2.1) and α, $|\alpha| \equiv l < k$. Consider a linear estimate of $D^{(\alpha)}f$, $f \in \mathcal{S} \equiv \mathcal{S}_d^{k,p}(L)$, based on observations (2.1), let it be

$$\hat{f}_n(x; y) = \sum_\iota \phi_\iota(x)y_\iota,$$

and let ε be the worst-case, with respect to $\mathcal{S}$, q-risk of this estimate:

$$\varepsilon^2 = \sup_{f \in \mathcal{S}} \mathcal{E}\left\{\|D^{(\alpha)}f - \hat{f}_n\|_q^2\right\}.$$

We have

$$\begin{aligned}
\varepsilon^2 &\geq \mathcal{E}\left\{\|\sum_\iota \phi_\iota(\cdot)\sigma\xi_\iota\|_q^2\right\} \\
&\geq \sigma^2\mathcal{E}\left\{\|\sum_\iota \phi_\iota(\cdot)\xi_\iota\|_2^2\right\} \\
&\quad \text{[since } q \geq 2 \text{ by the premise of Theorem 2.1.2]} \\
&= \sigma^2\sum_\iota \|\phi_\iota(\cdot)\|_2^2
\end{aligned} \tag{2.57}$$

and

$$\varepsilon^2 \geq \|D^{(\alpha)}f(\cdot) - \sum_\iota \phi_\iota(\cdot)f(x_\iota)\|_q^2 \quad \forall f \in \mathcal{S}. \tag{2.58}$$

Now assume that

$$\varepsilon < (0.5C_2)^{1+\theta}L, \tag{2.59}$$

and let τ be the largest integer less than the quantity

$$\left(\frac{(0.5C_2)^{1+\theta}L}{\varepsilon}\right)^{\frac{1}{k-l-d\pi+d\theta}}; \qquad (2.60)$$

note that $\tau \geq 1$ by (2.59). Setting

$$\Delta = 1/\tau$$

and taking into account (2.57), we observe that there exists a cube $B \subset [0,1]^d$ such that the number $n(B)$ of observation points in (2.1) in B does not exceed $2n\Delta^d$, while

$$\sigma^2 \int_B \sum_\iota \phi_\iota^2(x)dx \leq 2\Delta^d\varepsilon^2. \qquad (2.61)$$

Now let $h_\Delta(\cdot)$ be the translation of the function $L\Delta^{k-d\pi}h(x/\Delta)$ such that the support of h_Δ is B. Setting

$$g_\Delta(x) = \sum_\iota \phi_\iota(x)h_\Delta(x),$$

and applying the Cauchy inequality, we get

$$\begin{aligned}
|g_\Delta(x)| &\leq \|h_\Delta\|_\infty n^{1/2}(B)\left(\sum_\iota \phi_\iota^2(x)\right)^{1/2} \\
&\leq C_3 L\Delta^{k-d\pi+d/2}n^{1/2}\left(\sum_\iota \phi_\iota^2(x)\right)^{1/2}
\end{aligned} \qquad (2.62)$$

[since by construction $n(B) \leq 2n\Delta^d$]

The resulting inequality combined with (2.61) implies that there exist $B^* \subset B$ and C_4 such that

$$\begin{aligned}
(a) && \operatorname{mes} B^* &\geq (1-0.5C_2)\Delta^d; \\
(b) && x \in B^* \Rightarrow |g_\Delta(x)| &\leq C_4 L\sigma^{-1}\Delta^{k-d\pi+d/2}n^{1/2}\varepsilon.
\end{aligned} \qquad (2.63)$$

Now note that by construction τ is less than the quantity (2.60), so that

$$0.5C_2 L\Delta^{k-d\pi-l}(0.5C_2\Delta^d)^\theta > \varepsilon. \qquad (2.64)$$

We claim that

$$0.5C_2 L\Delta^{k-d\pi-l} \leq C_4 L\sigma^{-1}\Delta^{k-d\pi+d/2}n^{1/2}\varepsilon. \qquad (2.65)$$

Indeed, assuming that the opposite inequality holds:

$$0.5C_2 L\Delta^{k-d\pi-l} > C_4 L\sigma^{-1}\Delta^{k-d\pi+d/2}n^{1/2}\varepsilon$$

and combining this inequality with (2.63), we would get

$$x \in B^* \Rightarrow |g_\Delta(x)| < 0.5C_2 L\Delta^{k-d\pi-l} \quad [B^* \subset B, \operatorname{mes} B^* \geq (1-0.5C_2)\operatorname{mes} B].$$

Recalling the origin of C_2, we would further conclude that there exists $B^{**} \subset B$ such that

$$\operatorname{mes} B^{**} \geq 0.5C_2\Delta^d;$$
$$x \in B^{**} \Rightarrow \left\{|g_\Delta(x)| \leq 0.5C_2 L\Delta^{k-d\pi-l}\right\} \ \& \ \left\{|D^{(\alpha)}h_\Delta(x)| \geq C_2\Delta^{k-d\pi-l}L\right\}.$$

Combining these observations and (2.58), we would get

$$\varepsilon \geq \|D^{(\alpha)}h_\Delta - g_\Delta\|_q \geq 0.5C_2 L\Delta^{k-d\pi-l}(0.5C_2\Delta^d)^\theta,$$

which is impossible in view of (2.64).

In view of (2.65)

$$\begin{aligned}\varepsilon &\geq C_5 \left(\frac{\sigma^2}{n}\right)^{1/2} \Delta^{-l-d/2} \\ &\geq G_1 \left(\frac{\sigma^2}{n}\right)^{1/2} \left(\frac{L}{\varepsilon}\right)^{\frac{d+2l}{2(k-l-d\pi+d\theta)}}\end{aligned}$$

[see the origin of Δ]

with $G_1 > 0$ depending on k, p, d, q only. From the resulting inequality it follows that

$$\varepsilon > G_2 L \left(\frac{\sigma}{L\sqrt{n}}\right)^{2\mu_l(p,k,d,q)} \tag{2.66}$$

with G_2 of the same type as G_1.

We have established the implication (2.59) $\Rightarrow$ (2.66); in view of this implication, (2.16) is valid for all large enough values of n, as stated in Theorem 2.1.2. ∎

Chapter 3

Spatial adaptive estimation on Sobolev balls

3.1 Spatial adaptive estimation: the goal

We have seen what are the minimax risks of recovering functions f from Sobolev balls $S_d^{k,p}(L)$ via their $n = m^d$ noisy observations

$$y \equiv y_f(\xi) = \left\{ y_\iota = f(x_\iota) + \sigma \xi_\iota | \iota = (i_1, ..., i_d) \in [\overline{1, m}]^d \right\}$$
$$\left[\begin{array}{l} x_{(i_1,...,i_d)} = (i_1/m, i_2/m, ..., i_d/m)^T, \\ \xi = \{\xi_\iota\} : \xi_\iota \text{ are independent } \mathcal{N}(0,1) \end{array} \right] \tag{3.1}$$

and have developed the associated, optimal in order up to logarithmic in n factors, estimates. These estimates, however, suffer two serious drawbacks:

- The estimates *are not adaptive to the parameters of smoothness* p, k, L of the regression function f to be recovered. An estimate depends on a particular a priori choice of these parameters and guarantees certain quality of recovering only in the case when f belongs to the corresponding Sobolev ball.

  In reality we hardly can know in advance the precise values of the parameters of smoothness of f and should therefore use certain guesses for them. If our guesses "underestimate" the smoothness of f, then the associated estimate does ensure the risk bounds corresponding to the guessed smoothness; these bounds, however, may be much worse than if we were capable to fit the estimate to the actual smoothness of f. And if our guesses for the parameters of smoothness of f "overestimate" the actual smoothness, we simply cannot guarantee anything.

- The estimates *are not spatial adaptive*: assume, e.g., that we know that the function $f : [0,1] \to \mathbf{R}$ to be recovered is continuously differentiable with, say, $\| f' \|_2 = L$, and that we know the value of L, so that there seemingly is no difficulty with tuning the recovering routine to the actual smoothness of f. Note, however, that $\| f' \|_2$ may come from a "local singularity" of f — a relatively small part of our "universe" $[0,1]$ where f varies rapidly, and there still may be large segments $B' \subset [0,1]$ where f is much more smooth than it is said by the inclusion $f \in S_1^{1,2}(L)$. If we knew these "segments of high smoothness of f", along with the corresponding smoothness parameters, in advance, we

133

could recover the function on these segments much better than it is possible on the entire $[0, 1]$. However, the recovering routines we know to the moment are "too stupid" to adapt themselves to favourable local behaviour of the regression function in question.

For estimates aimed at recovering smooth regression functions, the "adaptive abilities" of an estimate can be quantified as follows.

For a cube
$$B = \{x \mid |x_i - c_i| \leq h \ i = 1, ..., d\}$$
contained in $[0, 1]^d$, let $\mathcal{S}_d^{k,p}(B; L)$ be the set of functions $f : [0, 1]^d \to \mathbf{R}$ satisfying the following assumptions:

- f is continuous on $[0, 1]^d$;

- f is k times differentiable on B, and $\| D^k f \|_{p,B} \leq L$.

  Here $\| \cdot \|_{p,B}$ is the standard L_p-norm on B.

In this definition, similar to the definition of a Sobolev ball in Chapter 2,
- k is a positive integer – order of smoothness;
- d is a positive integer – dimensionality;
- $p \in (d, \infty]$;
- $L > 0$.

From now on, we fix the dimension d of the regression functions in question. In the sequel, we use for $\mathcal{S}_d^{k,p}(B; L)$ also the shortened notation $\mathcal{S}[\psi]$, where ψ stands for the collection of "parameters" (k, p, B, L), and call the set $\mathcal{S}[w]$ a *local* Sobolev ball.

Let us once for ever fix a "margin" – a real $\gamma \in (0, 1)$ – and let B_γ, B being a cube, be the γ times smaller concentric cube:
$$B = \{x \mid |x_i - c_i| \leq h, \ i = 1, ..., d\} \subset [0, 1]^d$$
$$\Downarrow$$
$$B_\gamma = \{x \mid |x_i - c_i| \leq \gamma h, \ i = 1, ..., d\} \subset B$$

Given an estimate $\widehat{f}_n$ based on observations (3.1), (i.e., a Borel real-valued function of $x \in [0, 1]^d$ and $y \in \mathbf{R}^n$), let us characterize its quality on a set $\mathcal{S}[\psi]$ by the worst-case risks
$$\widehat{\mathcal{R}}_q\left(\widehat{f}_n; \mathcal{S}[\psi]\right) = \sup_{f \in \mathcal{S}[\psi]} \left(\mathcal{E}\left\{\| \widehat{f}_n(\cdot; y_f(\xi)) - f(\cdot) \|_{q,B_\gamma}^2\right\}\right)^{1/2},$$
and let
$$\widehat{\mathcal{R}}_q^*(n; \mathcal{S}[\psi]) = \inf_{\widehat{f}_n} \sup_{f \in \mathcal{S}[\psi]} \left(\mathcal{E}\left\{\| \widehat{f}_n(\cdot; y_f(\xi)) - f(\cdot) \|_{q,B_\gamma}^2\right\}\right)^{1/2}, \qquad (3.2)$$
be the corresponding minimax risks [1].

For a particular estimate $\widehat{f}_n$, the ratio
$$\frac{\widehat{\mathcal{R}}_q\left(\widehat{f}_n; \mathcal{S}[\psi]\right)}{\widehat{\mathcal{R}}_q^*(n; \mathcal{S}[\psi])} \qquad (*)$$

---

[1] Note that we prefer to measure the estimation errors in the integral norms associated with a little bit smaller than B cube B_γ; this allows to avoid in the sequel boring analysis of "boundary effects".

measures the level of non-optimality, with respect to the q-risk, of the estimate $\widehat{f}$ on the set $\mathcal{S}[\psi]$. It is natural to measure adaptive abilities of an estimate $\widehat{f}_n$ by looking at "how wide" is the spectrum of local Sobolev balls for which the ratio (*) is "moderately large". The formal definition is as follows.

Definition 3.1.1 *Let*

1. $\mathbf{S} = \{\mathbf{S}_n\}_{n \geq 1}$ *be a "nested family" of local Sobolev balls on* $\mathbf{R}^d$, *i.e.,*

$$\mathbf{S}_n = \{\mathcal{S}[\psi] \mid \psi \in \Psi_n\}$$

   and

$$\mathbf{S}_{n+1} \supset \mathbf{S}_n$$

   for every n;

2. $\{\widehat{f}_n\}_{n \geq 1}$ *be an estimation method – a collection of estimates indexed by volumes* n *of observations* (3.1) *used by the estimates;*

3. $\Phi(n)$ *be a real-valued function.*

We say that the $\mathbf{S}$-*nonoptimality index of the estimation method* $\{\widehat{f}_n\}_{n=1}^{\infty}$ *is* $\Phi(\cdot)$, *if, for every* $q \in [1, \infty]$ *and all large enough values of* n, *one has*

$$\sup_{\psi = (k, p, B, L) \in \Psi_n} \frac{\widehat{\mathcal{R}}_q\left(\widehat{f}_n; \mathcal{S}[\psi]\right)}{\widehat{\mathcal{R}}_q^*\left(n; \mathcal{S}[\psi]\right)} \leq O(\Phi(n)).$$

An "ideal" adaptive routine for recovering smooth regression functions would have a constant nonoptimality index with respect to the widest possible nested family of local Sobolev balls – the one for which $\mathbf{S}_n$, for every n, contains all local Sobolev balls. As we shall see in the mean time, such an ideal routine simply does not exist. Recently, several adaptive routines of nearly the same "adaptive power" were proposed (the wavelet-based estimators of Donoho et al. [5, 7], and Juditsky [15], adaptive kernel estimates of Lepskii, Mammen and Spokoiny [20])[2]. What we are about to do is to build an extremely simple recovering routine with "nearly ideal" adaptive abilities – one for which the nonoptimality index with respect to certain "rapidly extending" nested family $\{\mathbf{S}_n\}$ grows with n "very slowly" – logarithmically. We shall also see that "logarithmic growth" of the nonoptimality index is an unavoidable price for ability of a routine to adapt itself to rapidly extending nested families of local Sobolev balls.

3.2 The estimate

The recovering routine we are about to build is aimed at estimating functions with order of smoothness not exceeding a given upper bound $\mu + 1$; μ (which should, of course, be a nonnegative integer) is the only parameter our construction depends upon.

---

[2] In the cited papers, the smoothness of the signal is specified as membership in the Besov or Triebel spaces – extensions of the Sobolev spaces we deal with.

The idea of our construction is very simple. Given $n = m^d$ observations (3.1), we, same as in Chapter 1, use point-wise window estimator of f. Namely, to estimate f at a given point $x \in \mathrm{int}\,[0,1]^d$, we choose somehow an *admissible* window – a cube

$$B_h(x) = \{u \mid |u_i - x_i| \le h/2, \ i = 1, ..., d\} \subset [0,1]^d$$

centered at x and containing at least $(\mu + 3)^d$ observation points:

$$h \ge \frac{\mu + 3}{m}. \tag{3.3}$$

Note that since the window should be centered at x and be contained in $[0,1]^d$, the point x should be not too close to the boundary of $[0,1]^d$:

$$\frac{\mu + 3}{2m} \le x_i \le 1 - \frac{\mu + 3}{2m}, \ i = 1, ..., d, \tag{3.4}$$

which we assume from now on.

The estimate $\hat{f}_n(x; y)$ will be just the order μ window estimate (Chapter 1, Section 1.3 [3]) *with the window width depending on x and chosen on the basis of observations.* Thus, the difference of the estimate we are about to build with the estimator from Chapter 1 is that now we choose its own window width for every point rather than to serve all points with the same window width.

The central issue is, of course, how to choose the window width for a given x, and the underlying idea (which goes back to Lepskii [19]) is as follows.

Let, as in Chapter 1,

$$\Phi_\mu(f, B_h(x)) = \min_{p \in \mathcal{P}_\mu} \max_{u \in B_h(x)} |f(u) - p(u)|,$$

$\mathcal{P}_\mu$ being the space of polynomials on $\mathbf{R}^d$ of total degree $\le \mu$. Applying Proposition 1.3.1, we come to the following upper bound on the error of estimating $f(x)$ by the estimate $\hat{f}_n^h(x; \cdot)$ – the window estimate associated with the centered at x window of width h:

$$\mathrm{err}_h(f, x) \equiv |f(x) - \hat{f}_n^h(x; y_f(\xi))| \le C_1 \left[\Phi_\mu(f, B_h(x)) + \frac{\sigma}{\sqrt{nh^d}} \Theta_n \right], \tag{3.5}$$

$\Theta_n = \Theta_n(\xi)$ being a deterministic function of the observation noises; from now on, C (perhaps with sub- or superscripts) are positive quantities depending on d, μ, γ only.

As we remember from (1.43), one has

$$\forall w \ge 1: \quad \mathrm{Prob}\left\{\Theta_n > O_{\mu,d}(1) w \sqrt{\ln n}\right\} \le \exp\left\{-\frac{w^2 \ln n}{2}\right\}, \tag{3.6}$$

Note that (3.5) implies that

$$\mathrm{err}_h(f, x) \le C_1 \left[\Phi_\mu(f, B_h(x)) + \frac{\sigma}{\sqrt{nh^d}} \Theta_n \right]. \tag{3.7}$$

---

[3] In this chapter we assume that the window estimate associated with a window B does *not* use the observations at boundary points of the cube B; this is why we write $\mu + 3$ instead of $\mu + 2$ in (3.4).

Observe that the random variable Θ_n "is not too large" – (3.6) says that "typical values" of this variable do not exceed $O(\sqrt{\ln n})$. Let us fix a "safety factor" ω in such a way that the event $\Theta_n > \omega\sqrt{\ln n}$ is "highly un-probable", namely,

$$\mathrm{Prob}\left\{\Theta_n > \omega\sqrt{\ln n}\right\} \le n^{-4(\mu+1)}; \tag{3.8}$$

by (3.6), the required ω may be chosen as a function of μ, d only.

Let us set

$$\Xi_n = \{\xi \mid \Theta_n \le \omega\sqrt{\ln n}\}. \tag{3.9}$$

Note that (3.7) implies the "conditional" error bound

$$\begin{aligned}
\xi &\in \Xi_n \Rightarrow \\
\mathrm{err}_h(f, x) &\le C_1\left[\Phi_\mu(f, B_h(x)) + S_n(h)\right], \\
S_n(h) &= \tfrac{\sigma}{\sqrt{nh^d}}\omega\sqrt{\ln n}.
\end{aligned} \tag{3.10}$$

The two terms in the right hand side of the resulting error bound – the *deterministic term* $\Phi_\mu(f, B_h(x))$ and the *stochastic term* $S_n(h)$ possess opposite monotonicity properties with respect to h: as h grows (i.e., as the window extends), the deterministic term does not decrease, while the stochastic term does not increase. It follows that if we were clever enough to find the "ideal window" – the one for which the deterministic term is equal to the stochastic one – we would get the best possible, up to factor 2, error bound (3.10). Of course, we never can be clever enough to specify the "ideal window", since we do not know the deterministic term. It turns out, however, that we can act nearly as if we knew everything.

Let us define the "ideal window" $B_*(x)$ as the largest admissible window for which the stochastic term dominates the deterministic one:

$$\begin{aligned}
B_*(x) &= B_{h_*(x)}(x), \\
h_*(x) &= \max\{h \mid h \ge \tfrac{\mu+3}{m}, B_h(x) \subset [0,1]^d, \Phi_\mu(f, B_h(x)) \le S_n(h)\}.
\end{aligned} \tag{3.11}$$

Note that such a window not necessarily exists: it may happen that f varies in a neighbourhood of x too rapidly, so that already for the smallest possible admissible window the deterministic term majorates the stochastic one. In this case we define $B_*(x)$ as the smallest possible window which is admissible for x. Thus, the ideal window $B_*(x)$ is well-defined for every x possessing admissible windows; we call it good if it is given by (3.11) and bad in the opposite case.

It is immediately seen that whenever $\xi \in \Xi_n$, the error bound (3.10) associated with the ideal window is, up to factor 2, better than the bound associated with any other (admissible) window, which motivates the term "ideal window".

To explain the idea of the estimate of $f(x)$ we are about to build, assume that the ideal window for x is a good one, and let $\xi \in \Xi_n$. Then the errors of all estimates $\hat{f}_n^h(x; y)$ associated with admissible windows smaller than the ideal one are dominated by the corresponding stochastic terms:

$$\xi \in \Xi_n, h \in \left[\frac{\mu+3}{m}, h_*(x)\right] \Rightarrow \mathrm{err}_h(f, x) \le 2C_1 S_n(h); \tag{3.12}$$

indeed, for the (good) ideal window $B_*(x)$ the deterministic term is equal to the stochastic one, so that for smaller windows the deterministic term is not greater than the stochastic one.

Now let us fix $\xi \in \Xi_n$ and call an admissible for x window $B_h(x)$ *normal*, if the associated estimate $\widehat{f}_n^h(x; y)$ differs from every estimate associated with a smaller admissible window by no more than $4C_1$ times the stochastic term of the latter estimate:

$$\text{Window } B_h(x) \text{ is normal}$$
$$\Updownarrow$$
$$\begin{cases} B_h(x) \text{ is admissible} \\ \forall h' \in \left[\frac{\mu+3}{m}, h\right]: \quad |\widehat{f}_n^{h'}(x; y) - \widehat{f}_n^h(x; y)| \leq 4C_1 S_n(h') \quad [y = y_f(\xi)] \end{cases} \tag{3.13}$$

Note that if x possesses an admissible window, then it possesses a normal one as well (e.g., the smallest admissible for x window clearly is normal). Note also that (3.12) says that

(!) *If $\xi \in \Xi_n$ (i.e., if Θ_n is not "pathologically large"), then the ideal window $B_*(x)$ is normal.*

Indeed, for a good ideal window the claim follows from (3.12), while a bad ideal window is just the smallest window admissible for x and is therefore normal.

Now observe that the property of an admissible window to be normal is "observable" – given observations y, we can say whether a given window is or is not normal. Besides this, it is clear that among all normal windows there exists the largest one $B^+(x) = B_{h^+(x)}(x)$ (to ensure the latter property, we have redefined window estimates as ones using observations from the interior of the underlying windows rather than from entire windows). From (!) it follows that

(!!) *If $\xi \in \Xi_n$ (i.e., if Θ_n is not "pathologically large"), then the largest normal window $B^+(x)$ contains the ideal window $B_*(x)$.*

By definition of a normal window, under the premise of (!!) we have

$$|\widehat{f}_n^{h^+(x)}(x; y) - \widehat{f}_n^{h_*(x)}(x; y)| \leq 4C_1 S_n(h_*(x)),$$

and we come to the conclusion as follows:

(*) *If $\xi \in \Xi_n$ (i.e., if Θ_n is not "pathologically large"), then the error of the estimate*
$$\widehat{f}_n(x; y) \equiv \widehat{f}_n^{h^+(x)}(x; y)$$
is dominated by the error bound (3.10) associated with the ideal window:

$$\begin{aligned} \xi &\in \Xi_n \Rightarrow \\ |\widehat{f}_n(x; y) - f(x)| &\leq 5C_1 \left[\Phi_\mu(f, B_{h_*(x)}(x)) + S_n(h_*(x))\right]. \end{aligned} \tag{3.14}$$

Thus, the estimate $\widehat{f}_n(\cdot; \cdot)$ – which is based solely on observations and does not require any a priori knowledge of smoothness of f – possesses basically the same accuracy as the "ideal" estimate associated with the ideal window (provided, of course, that the realization of noises is not pathological: $\xi \in \Xi_n$).

Note that the estimate $\widehat{f}_n(x; y)$ we have built – let us call it the *adaptive estimate* – depends on a single "design parameter" μ (and, of course, on σ, the volume of observations n and the dimensionality d).

3.3 Quality of estimation

Our main result is as follows:

Theorem 3.3.1 *Let $\gamma \in (0,1)$, $\mu \geq 0$ be an integer, let $\mathcal{S} = \mathcal{S}_d^{k,p}(B; L)$ be a local Sobolev ball with order of smoothness k not exceeding $\mu + 1$ and with $p > d$. For properly chosen $P \geq 1$ depending solely on μ, d, p, γ and nonincreasing in $p > d$ the following statement takes place:*

If the volume $n = m^d$ of observations (3.1) is large enough, namely,

$$P^{-1}n^{\frac{2k-2d\pi+d}{2d}} \geq \frac{L}{\hat{\sigma}_n} \geq PD^{-\frac{2k-2d\pi+d}{2}}(B)$$
$$\left[\hat{\sigma}_n = \sigma\sqrt{\frac{\ln n}{n}}, \quad \pi =: \frac{1}{p}\right] \tag{3.15}$$

($D(B)$ is the edge of the cube B), then for every $q \in [1,\infty]$ the worst case, with respect to $\mathcal{S}$, q-risk of the adaptive estimate $\hat{f}_n(\cdot,\cdot)$ associated with the parameter μ can be bounded as follows (cf. (2.2)):

$$\widehat{\mathcal{R}}_q\left(\hat{f}_n; \mathcal{S}\right) \equiv \sup_{f \in \mathcal{S}} \left(\mathcal{E}\left\{\|\hat{f}_n(\cdot; y_f(\xi)) - f(\cdot)\|_{q,B_\gamma}^2\right\}\right)^{1/2}$$

$$\leq PL\left(\frac{\hat{\sigma}_n}{L}\right)^{2\beta(p,k,d,q)} D^{d\lambda(p,k,d,q)}(B),$$

$$\beta(p,k,d,q) = \begin{cases} \frac{k}{2k+d}, & \theta \geq \pi\frac{d}{2k+d} \\ \frac{k+d\theta-d\pi}{2k-2d\pi+d}, & \theta \leq \pi\frac{d}{2k+d} \end{cases}, \tag{3.16}$$

$$\theta = \frac{1}{q},$$

$$\lambda(p,k,d,q) = \begin{cases} \theta - \frac{d\pi}{2k+d}, & \theta \geq \pi\frac{d}{2k+d} \\ 0, & \theta \leq \pi\frac{d}{2k+d} \end{cases};$$

here B_γ is the concentric to B γ times smaller in linear sizes cube.

Proof. 1^0. In the main body of the proof, we focus on the case $p,q < \infty$; the case of infinite p and/or q will be considered at the concluding step 4^0.

Let us fix a local Sobolev ball $\mathcal{S}_d^{k,p}(B; L)$ with the parameters satisfying the premise of Theorem 3.3.1 and a function f from this class.

Recall that by (2.11)

$$\forall (x \in \text{int } B) \ \forall (h, B_h(x) \subset B):$$

$$\Phi_\mu(f, B_h(x)) \leq P_1 h^{k-d\pi}\Omega(f, B_h(x)), \qquad \Omega(f, B') = \left(\int_{B'}|D^k f(u)|^p du\right)^{1/p}; \tag{3.17}$$

from now on, P (perhaps with sub- or superscripts) are quantities ≥ 1 depending on μ, d, γ, p only and nonincreasing in $p > d$, and $|\cdot|$ stands both for the absolute value of a real and for the Euclidean norm of a vector from $\mathbf{R}^k$.

2^0. Our central auxiliary result is as follows:

Lemma 3.3.1 *Assume that*

$$\begin{array}{ll} (a) & n \geq \left(\frac{2(\mu+3)}{(1-\gamma)D(B)}\right)^d, \\ (b) & n^{\frac{k-d\pi}{d}}\sqrt{\ln n} \geq P_1(\mu+3)^{k-d\pi+d/2}\frac{L}{\sigma\omega}. \end{array} \tag{3.18}$$

Given a point $x \in B_\gamma$, let us choose the largest $h = h(x)$ such that

$$
\begin{array}{rrcl}
(a) & h & \leq & (1-\gamma)D(B), \\
(b) & P_1 h^{k-d\pi} \Omega(f, B_h(x)) & \leq & S_n(h).
\end{array}
\tag{3.19}
$$

Then

$$
h(x) \geq \frac{\mu+3}{m}, \tag{3.20}
$$

and the error at x of the adaptive estimate $\widehat{f}_n$ as applied to f can be bounded as follows:

$$
\begin{array}{ll}
(a) & \text{in the case of } \xi \in \Xi_n : \\
& \underline{|\widehat{f}_n(x;y) - f(x)|} \leq C_2 S_n(h(x)); \\
(b) & \text{in the case of } \xi \notin \Xi_n : \\
& \underline{|\widehat{f}_n(x;y) - f(x)|} \leq P_2 D^{k-d\pi}(B)L + C_2\sigma\Theta_n.
\end{array}
\tag{3.21}
$$

Proof of Lemma. a^0. Let $h_- = \frac{\mu+3}{m}$. From (3.18) it follows that h_- satisfies (3.19.a), so that $B_{h_-}(x) \subset B$. Moreover, (3.18.b) implies that

$$
P_1 h_-^{k-d\pi} L \leq S_n(h_-);
$$

the latter inequality, in view of $\Omega(f, B_{h_-}(x)) \leq L$, says that h_- satisfies (3.19.b) as well. Thus, $h(x) \geq h_-$, as claimed in (3.20).

b^0. Consider the window $B_{h(x)}(x)$. By (3.19.a) it is admissible for x, while from (3.19.b) combined with (3.17) we get

$$
\Phi_\mu(f, B_{h(x)}(x)) \leq S_n(h).
$$

It follows that the ideal window $B_*(x)$ of x is not smaller than $B_{h(x)}(x)$ and is good.

c^0. Assume that $\xi \in \Xi_n$. Then, according to (3.14), we have

$$
|\widehat{f}_n(x;y) - f(x)| \leq 5C_1 \left[\Phi_\mu(f, B_{h_*(x)}(x)) + S_n(h_*(x)) \right]. \tag{3.22}
$$

Now, by the definition of a good ideal window,

either

    case (a): $\Phi_\mu(f, B_{h_*(x)}(x)) = S_n(h_*(x))$,

or

    case (b): $\Phi_\mu(f, B_{h_*(x)}(x)) \leq S_n(h_*(x))$ and $B_*(x)$ is the largest cube centered at x and contained in $[0,1]^d$.

If both cases, the right hand side in (3.22) does not exceed

$$
10C_1 S_n(h_*(x)) \leq 10C_1 S_n(h(x))
$$

(recall that, as we have seen, $h_*(x) \geq h(x)$), as required in (3.21.a).

d^0. Now let $\xi \notin \Xi_n$. Note that $\widehat{f}_n(x;y)$ is certain estimate $\widehat{f}^h(x;y)$ associated with a centered at x and admissible for x cube $B_h(x)$. There are two possible cases:

    case (c): $B_h(x) \subset B$;

    case (d): $B_h(x) \not\subset B$.

If (c) is the case, then

$$
\begin{aligned}
|\hat{f}_n(x;y) - f(x)| &\leq C_1\left[\Phi_\mu(f, B_h(x)) + \tfrac{\sigma}{\sqrt{nh^d}}\Theta_n\right]\\
&\leq P'D^{k-d\pi}(B)L + C'\sigma\Theta_n,
\end{aligned}
\tag{3.23}
$$

the concluding inequality being given by (3.17) as applied to the cube $B_h(x) \subset B$ combined with the fact that this cube is admissible for x and therefore $nh^d \geq 1$.

If (d) is the case, then the window $B_h(x)$ contains the cube $B_{h(x)}(x)$. For the estimate associated with the latter window we have (by the same reasons as in (3.5))

$$|\hat{f}_n^{h(x)}(x;y) - f(x)| \leq P'D^{k-d\pi}(B)L + C'\sigma\Theta_n,$$

and since the estimate $\hat{f}_n(x;y)$ is associated with a normal cube containing $B_{h(x)}(x)$, we have

$$|\hat{f}_n^{h(x)}(x;y) - \hat{f}_n(x;y)| \leq 4C_1S_n(h(x)) \leq C''\sigma\Theta_n,$$

the concluding inequality being given by the definition of $S_n(\cdot)$ and the fact that $\omega\sqrt{\ln n} \leq \Theta_n$ due to $\xi \notin \Xi_n$. Combining our observations, we see that in both cases (c), (d) we have

$$|\hat{f}_n(x;y) - f(x)| \leq P_2 D^{k-d\pi}(B)L + C_2\sigma\Theta_n,$$

as required in (3.21.b). $\square$

3^0. Now we are ready to complete the proof. Assume that (3.18) takes place, and let us fix q, $\frac{2k+d}{d}p \leq q < \infty$.

3^0.a) Note that for every $x \in B_\gamma$
– either

$$h(x) = (1-\gamma)D(B),$$

– or

$$
P_1 h^{k-d\pi}(x)\Omega(f, B_{h(x)}(x)) = S_n(h(x))
$$
$$
\Updownarrow
$$
$$
h(x) = \left(\frac{\hat{\sigma}_n}{P_1\Omega(f, B_{h(x)}(x))}\right)^{\frac{2}{2k+d-2d\pi}}.
\tag{3.24}
$$

Let U, V be the sets of those $x \in B_\gamma$ for which the first, respectively, the second of this possibilities takes place.

If V is nonempty, let us partition it as follows.

1) Since $h(x)$ is bounded away from zero in B_γ by (3.20), we can choose $x_1 \in V$ such that

$$h(x) \geq \frac{1}{2}h(x_1) \quad \forall x \in V.$$

After x_1 is chosen, we set

$$V_1 = \{x \in V \mid B_{h(x)}(x) \cap B_{h(x_1)}(x_1) \neq \emptyset\}.$$

2) If the set $V\backslash V_1$ is nonempty, we apply the construction from 1) to this set, thus getting $x_2 \in V\backslash V_1$ such that

$$h(x) \geq \frac{1}{2}h(x_2) \quad \forall x \in V\backslash V_1,$$

and set

$$V_2 = \{x \in V\backslash V_1 \mid B_{h(x)}(x) \cap B_{h(x_2)}(x_2) \neq \emptyset\}.$$

If the set $V\backslash(V_1 \cup V_2)$ still is nonempty, we apply the same construction to this set, thus getting x_3 and V_3, and so on.

The outlined process clearly terminates after certain step; indeed, by construction the cubes $B_{h(x_1)}(x_1), B_{h(x_2)}(x_2), ...$ are mutually disjoint and are contained in B_γ, while the sizes of these cubes are bounded away from 0. On termination, we get a collection of M points $x_1, ..., x_M \in V$ and a partition

$$V = V_1 \cup V_2 \cup ... \cup V_M$$

with the following properties:
   (i) The cubes $B_{h(x_1)}(x_1), ..., B_{h(x_M)}(x_M)$ are mutually disjoint;
   (ii) For every $\ell \leq M$ and every $x \in V_\ell$ we have

$$h(x) \geq \frac{1}{2}h(x_\ell) \text{ and } B_{h(x)}(x) \cap B_{h(x_\ell)}(x_\ell) \neq \emptyset.$$

We claim that also
   (iii) For every $\ell \leq M$ and every $x \in V_\ell$:

$$h(x) \geq \frac{1}{2} \max\left[h(x_\ell); \| x - x_\ell \|_\infty\right]. \tag{3.25}$$

Indeed, $h(x) \geq \frac{1}{2}h(x_\ell)$ by (ii), so that it suffices to verify (3.25) in the case when $\| x - x_\ell \|_\infty \geq h(x_\ell)$. Since $B_{h(x)}(x)$ intersects $B_{h(x_\ell)}(x_\ell)$, we have $\| x - x_\ell \|_\infty \leq \frac{1}{2}(h(x) + h(x_\ell))$, whence

$$h(x) \geq 2 \| x - x_\ell \|_\infty - h(x_\ell) \geq \| x - x_\ell \|_\infty,$$

which is even more than we need.

3^0.b) Assume that $\xi \in \Xi_n$. Then

$$\| \hat{f}_n(\cdot\,; y) - f(\cdot) \|_{q, B_\gamma}^q$$

$$\le C_2^q \int_{B_\gamma} S_n^q(h(x))dx \quad \text{[by (3.21.a)]}$$

$$= C_2^q \int_U S_n^q(h(x))dx + C_2^q \sum_{\ell=1}^M \int_{V_\ell} S_n^q(h(x))dx$$

$$= C_2^q \int_U \left[\frac{\hat{\sigma}_n}{((1-\gamma)D(B))^{d/2}} \right]^q dx + C_2^q \sum_{\ell=1}^M \int_{V_\ell} S_n^q(h(x))dx$$

[since $h(x) = (1-\gamma)D(B)$ for $x \in U$]

$$\le C_3^q \hat{\sigma}_n^q D^{d-dq/2}(B) + C_3^q \hat{\sigma}_n^q \sum_{\ell=1}^M \int_{V_\ell} \left(\max\left[h(x_\ell), \| x - x_\ell \|_\infty \right] \right)^{-dq/2} dx$$

$$\le C_3^q \hat{\sigma}_n^q D^{d-dq/2}(B) + C_4^q \hat{\sigma}_n^q \sum_{\ell=1}^M \int_0^\infty r^{d-1} \left(\max\left[h(x_\ell), r \right] \right)^{-dq/2} dr$$

$$\le C_3^q \hat{\sigma}_n^q D^{d-dq/2}(B) + C_5^q \hat{\sigma}_n^q \sum_{\ell=1}^M \left[h(x_\ell) \right]^{d-dq/2}$$

(3.26)

[note that $dq/2 - d + 1 \ge \frac{2k+d}{2}p - d + 1 \ge d^2/2 + 1$ in view of $q \ge \frac{2k+d}{d}p$, $k \ge 1$ and $p > d$]

$$= C_3^q \hat{\sigma}_n^q D^{d-dq/2}(B) + C_5^q \hat{\sigma}_n^q \sum_{\ell=1}^M \left[\frac{\hat{\sigma}_n}{P_1 \Omega(f, B_{h(x_\ell)}(x_\ell))} \right]^{\frac{2d-dq}{2k-2d\pi+d}} \quad \text{[by (3.24)]}$$

$$= C_3^q \hat{\sigma}_n^q D^{d-dq/2}(B) + C_5^q \hat{\sigma}_n^{2\beta(p,k,d,q)q} \sum_{\ell=1}^M \left[P_1 \Omega(f, B_{h(x_\ell)}(x_\ell)) \right]^{\frac{dq-2d}{2k-2d\pi+d}}$$

[see the definition of $\beta(p,k,d,q)$]

Now note that $\frac{dq-2d}{2k-2d\pi+d} \ge p$ in view of $q \ge \frac{2k+d}{d}p$, so that

$$\sum_{\ell=1}^M \left[P_1 \Omega(f, B_{h(x_\ell)}(x_\ell)) \right]^{\frac{dq-2d}{2k-2d\pi+d}}$$

$$\le \left[\sum_{\ell=1}^M \left(P_1 \Omega(f, B_{h(x_\ell)}(x_\ell)) \right)^p \right]^{\frac{dq-2d}{p(2k-2d\pi+d)}}$$

$$\le \left[P_1^p L^p \right]^{\frac{dq-2d}{p(2k-2d\pi+d)}}$$

(see (3.17) and take into account that the cubes $B_{h(x_\ell)}(x_\ell)$, $\ell = 1, ..., M$, are mutually disjoint by (i)). Thus, (3.26) results in

$$\xi \in \Xi_n \Rightarrow$$

$$\| \hat{f}_n(\cdot\,; y_f(\xi)) - f(\cdot) \|_{q, B_\gamma} \le C_6 \hat{\sigma}_n D^{d\theta - d/2}(B) + P_2 \hat{\sigma}_n^{2\beta(p,k,d,q)} L^{\frac{d-2\theta d}{2k-2d\pi+d}}$$

(3.27)

$$= C_6 \hat{\sigma}_n D^{d\theta - d/2}(B) + P_2 L \left(\frac{\hat{\sigma}_n}{L} \right)^{2\beta(p,k,d,q)}$$

3^0.c) Now assume that $\xi \notin \Xi_n$. In this case, by (3.21),

$$|\hat{f}_n(x; y) - f(x)| \le P_2 D^{k-d\pi}(B)L + C_2 \sigma \Theta_n. \quad \forall x \in B_\gamma,$$

whence

$$\| \hat{f}_n(\cdot\,; y) - f(\cdot) \|_{q, B_\gamma} \le \left[P_2 D^{k-d\pi}(B)L + C_2 \sigma \Theta_n \right] D^{d/q}(B).$$

(3.28)

3^0.d) Combining (3.27) and (3.28), we get

$$\left(\mathcal{E}\left\{\|\,\hat{f}_n(\cdot;y)-f(\cdot)\,\|^2_{q,B_\gamma}\right\}\right)^{1/2}$$
$$\leq\ C_7\max\left[\hat{\sigma}_n D^{-\frac{d-2d\theta}{2}}(B);P_4L\left(\frac{\hat{\sigma}_n}{L}\right)^{2\beta(p,k,d,q)};\mathcal{J}(f)\right],$$
$$\mathcal{J}(f)\ =\ \left(\mathcal{E}\left\{\chi_{\xi\not\in\Xi_n}\left[P_2D^{2k-2d\pi}(B)L^2+C_2\sigma^2\Theta_n^2\right]\right\}\right)^{1/2}$$
$$\leq\ P_2 D^{k-d\pi}(B)L\mathrm{Prob}^{1/2}\{\xi\not\in\Xi_n\}+C_2\sigma\left(\mathrm{Prob}^{1/2}\{\xi\not\in\Xi_n\}\left(\mathcal{E}\left\{\Theta_n^4\right\}\right)^{1/2}\right)^{1/2}$$
$$\leq\ P_2 D^{k-d\pi}(B)L\mathrm{Prob}^{1/2}\{\xi\not\in\Xi_n\}+C_2\sigma\mathrm{Prob}^{1/4}\{\xi\not\in\Xi_n\}\left(\mathcal{E}\left\{\Theta_n^4\right\}\right)^{1/4}$$
$$\leq\ P_2 D^{k-d\pi}(B)Ln^{-2(\mu+1)}+C_2\sigma n^{-(\mu+1)}\sqrt{\ln n}$$
$$[\text{we have used (3.6) and (3.8)}]$$

$$(3.29)$$

Thus, under assumptions (3.18) for all $d<p<\infty$ and all q, $\frac{2k+d}{d}p\leq q<\infty$ we have

$$\left(\mathcal{E}\left\{\|\,\hat{f}_n(\cdot;y)-f(\cdot)\,\|^2_{q,B_\gamma}\right\}\right)^{1/2}$$
$$\leq\ C_7\max\left[\hat{\sigma}_n D^{-\frac{d-2d\theta}{2}}(B);P_4L\left(\frac{\hat{\sigma}_n}{L}\right)^{2\beta(p,k,d,q)};\right.\qquad(3.30)$$
$$\left.P_5 D^{k-d\pi}(B)Ln^{-2(\mu+1)};C_8\sigma n^{-(\mu+1)}\sqrt{\ln n}\right].$$

Now, it is easily seen that if $P\geq 1$ is a properly chosen function of μ,d,γ,p nonincreasing in $p>d$ and (3.15) takes place, then, first, the assumption (3.18) is satisfied and, second, the right hand side in (3.30) does not exceed the quantity

$$PL\left(\frac{\hat{\sigma}_n}{L}\right)^{2\beta(p,k,d,q)}=PL\left(\frac{\hat{\sigma}_n}{L}\right)^{2\beta(p,k,d,q)}D^{d\lambda(p,k,d,q)}(B)$$

(see (3.16) and take into account that we are in the situation $q\geq\frac{2k+d}{d}p$, so that $\lambda(p,k,d,q)=0$). We have obtained the bound (3.16) for the case of $d<p<\infty$, $\infty>q\geq\frac{2k+d}{d}p$; passing to limit as $q\to\infty$, we get the desired bound for $q=\infty$ as well.

4^0. Now let $d<p<\infty$ and $1\leq q\leq q_*\equiv\frac{2k+d}{d}p$. By Hölder inequality,

$$\|\,g\,\|_{q,B_\gamma}\leq\|\,g\,\|_{q_*,B_\gamma}|B_\gamma|^{\frac{1}{q}-\frac{1}{q_*}},$$

whence

$$\widehat{\mathcal{R}}_q\left(\hat{f}_n;\mathcal{S}\right)\leq\widehat{\mathcal{R}}_{q_*}\left(\hat{f}_n;\mathcal{S}\right)D^{d(1/q-1/q_*)}(B);$$

combining this observation with the (already proved) bound (3.16) associated with $q=q_*$, we see that (3.16) is valid for all $q\in[1,\infty]$, provided that $d<p<\infty$. Passing in the resulting bound to limit as $p\to\infty$, we conclude that (3.16) is valid for all $p\in(d,\infty]$, $q\in[1,\infty]$. ∎

3.4 Optimality index of the adaptive estimate

Let us first point out lower bounds for the minimax risks of estimating functions from local Sobolev balls. These bounds can be immediately derived from Theorem 2.1.1: by "similarity arguments", to recover functions from $\mathcal{S}^{k,p}_d(B;L)$ via n observations (3.1) is clearly the same as to recover functions from $\mathcal{S}^{k,p}_d([0,1]^d,L')$ via $nD^d(B)$ similar observations, where L' is readily given by the parameters of the local Sobolev ball (in fact, $L'=D^{d\pi+k}(B)L$). The results are as follows:

Theorem 3.4.1 *Let* $\sigma, L > 0$, $\gamma \in (0,1)$, (p,k,d), $p > d$, $q \in [1,\infty]$ *and a cube* $B \subset [0,1]^d$ *be given. Assume that the volume of observations* n *is large enough, namely,*

$$D^{-\frac{2k-2d\pi+d}{2}}(B) \leq \frac{L\sqrt{n}}{\sigma} \tag{3.31}$$
$$\left[\pi = \frac{1}{p}\right]$$

Then the minimax q*-risk* (3.2) *of estimating functions* f *from the local Sobolev ball* $\mathcal{S} = \mathcal{S}_d^{k,p}(B;L)$ *via observations* (3.1) *can be bounded from below as*

$$\widehat{\mathcal{R}}_q^*(n;\mathcal{S}) \geq O_{k,d,\gamma}(1) L \left(\frac{\sigma}{L\sqrt{n}}\right)^{2\beta(p,k,d,q)} D^{d\lambda(p,k,d,q)}(B), \tag{3.32}$$

where $\beta(\cdot)$, $\lambda(\cdot)$ *are given by* (3.16).

If the volume of observations n *is so large that*

$$n^\varepsilon D^{-\frac{2k-2d\pi+d}{2}}(B) \leq \frac{L\sqrt{n}}{\sigma}. \tag{3.33}$$

for some positive ε, *then in the case of "large" ratios* q/p, *namely,* $\frac{q}{p} \geq \frac{2k+d}{d}$, *the lower bound can be strengthened to*

$$\widehat{\mathcal{R}}_q^*(n;\mathcal{S}) \geq O_{k,d,\gamma,\varepsilon}(1) L \left(\frac{\sigma\sqrt{\ln n}}{L\sqrt{n}}\right)^{2\beta(p,k,d,q)} D^{d\lambda(p,k,d,q)}(B). \tag{3.34}$$

Comparing the statements of Theorems 3.3.1 and 3.4.1, we come to the following

Theorem 3.4.2 *Let us fix the dimensionality* d *of the regression problem, a real* $p > d$, *a nonnegative integer* μ, *and let us associate with these data the nested family of local Sobolev balls*

$$\mathbf{S} \equiv \mathbf{S}^{p,d,\mu} = \{\mathbf{S}_n\}_{n=1}^\infty$$

defined as follows:

$$\mathbf{S}_n = \left\{ \mathcal{S}_d^{k,p'}(B;L) \left| \begin{array}{ccc} (a) & p' & \geq & p, \\ (b) & 1 \leq k & \leq & \mu+1, \\ (c) & P^{-1}n^{\frac{2-2d\pi+d}{2d}} \geq \frac{L}{\hat{\sigma}_n} & \geq & PD^{-\frac{2(\mu+1)-2d\pi+d}{2}}(B) \end{array} \right. \right\} \tag{3.35}$$

where P *is given by Theorem 3.3.1,* $\pi = \frac{1}{p}$ *and*

$$\hat{\sigma}_n = \frac{\sigma\sqrt{\ln n}}{\sqrt{n}}.$$

The **S**-*nonoptimality index of the adaptive estimation method* $\{\hat{f}_n\}_{n=1}^\infty$ *from Section 3.2 is not worse than the logarithmic in* n *function*

$$\Phi(n) = (\ln n)^{\frac{\mu+1}{2(\mu+1)+d}}. \tag{3.36}$$

We see that the nonoptimality index of our adaptive estimate on certain nested families of local Sobolev balls is "not too large" – it grows with n logarithmically. We are about to demonstrate that this logarithmic growth is, in a sense, unavoidable price for "reasonable adaptive abilities". For the sake of definiteness, in the below statement the parameter γ from (3.2) is assumed to be 0.5.

Proposition 3.4.1 *Let d, p, μ be the same as in Theorem 3.4.2, and let $\varepsilon \in (0,1)$. Consider the nested family $\mathbf{S}$ of local Sobolev balls given by*

$$\mathbf{S}_n = \left\{ S_d^{\mu+1,p}(B; L) \,\middle|\, P^{-1} n^{\varepsilon \frac{2(\mu+1)-2d\pi+d}{2d}} \geq \frac{L}{\hat{\sigma}_n} \geq PD^{-\frac{2(\mu+1)-2d\pi+d}{2}}(B) \right\} \qquad (3.37)$$

where, as always,

$$\hat{\sigma}_n = \frac{\sigma\sqrt{\ln n}}{\sqrt{n}}$$

(note that for small enough ε this nested family is contained in the one of Theorem 3.4.2).

There exist positive constants C, N such that for every estimation method $\{\hat{f}_n\}_{n=1}^{\infty}$ one has

$$n \geq N \Rightarrow$$

$$\sup_{s \in \mathbf{S}_n} \frac{\widehat{\mathcal{R}}_p\left(\hat{f}_n; \mathcal{S}\right)}{\widehat{\mathcal{R}}_p^*(n; \mathcal{S})} \geq C(\ln n)^{\frac{(\mu+1)}{2(\mu+1)+d}}. \qquad (3.38)$$

Thus, the $\mathbf{S}$-nonoptimality index of every estimation method with respect to the nested family $\mathbf{S}$ is at least $O\left((\ln n)^{\frac{\mu+1}{2(\mu+1)+d}}\right)$.

In particular, the adaptive estimation method from Section 3.2 possesses the best possible $\mathbf{S}$-nonoptimality index.

Proof of Proposition is similar to the one used by Lepskii [18] to demonstrate that it is impossible to get optimal in order adaptive to smoothness estimator of the value of a smooth regression function at a given point.

Let us fix $\kappa \in (0, \varepsilon)$ and an estimation method $\{\hat{f}_n\}$, and let

$$k = \mu + 1.$$

1^0. Given n, consider the Sobolev ball $\mathcal{S}^n$ from $\mathbf{S}_n$ with the largest possible B, namely, $B = [0, 1]^d$, and the smallest possible, for our B and n, value of L – namely,

$$L = L(n) = \hat{\sigma}_n P. \qquad (3.39)$$

Let

$$r(n) = \widehat{\mathcal{R}}_p(\hat{f}_n; \mathcal{S}^n)$$

be the p-risk of the estimate $\hat{f}_n$ on this ball, and let

$$\rho(n) = \widehat{\mathcal{R}}_p^*(n; \mathcal{S}^n)$$

be the corresponding minimax risk. From the results of Section 2.1 (see (2.15)) we know that

$$\rho(n) \leq O_{p,\mu,d}(1) L(n) \left(\frac{s_n}{L(n)}\right)^{\frac{2k}{2k+d}}$$
$$= O_{p,\mu,d}(1) s_n \left(\sqrt{\ln n}\right)^{\frac{d}{2k+d}}, \qquad (3.40)$$
$$s_n = \frac{\sigma}{\sqrt{n}}.$$

Now let us set

$$h(n) = n^{-\kappa/d}; \qquad (3.41)$$

for all large enough values of n, the collection $\mathbf{S}_n$ contains the family $\mathcal{F}_n$ of all local Sobolev balls $\mathcal{S}_d^{k,p}(\hat{L}(n), B)$ with

$$
\begin{aligned}
\hat{L}(n) &= \hat{\sigma}_n P(2h(n))^{-\frac{2k-2d\pi+d}{2}}, \\
D(B) &= 2h(n) \quad [B \subset [0,1]^d].
\end{aligned}
\tag{3.42}
$$

Let $\hat{r}(n)$ be the upper bound of the risks $\widetilde{\mathcal{R}}_p(\hat{f}_n; \cdot)$ over all these balls. Let also $\hat{\rho}(n)$ be the upper bound of the minimax risks $\widetilde{\mathcal{R}}_p^*(n; \cdot)$ over the same family of local Sobolev balls. From (2.15) we know that for large enough values of n one has

$$
\begin{aligned}
\hat{\rho}(n) &\leq O_{p,\mu,d}(1)\hat{L}(n)\left(\frac{s_n}{\hat{L}(n)}\right)^{\frac{2k}{2k+d}}(2h(n))^{\frac{2\pi kd}{2k+d}} \\
&\leq O_{p,\mu,d}(1)s_n\left(\sqrt{\ln n}\right)^{\frac{d}{2k+d}}h^{d\pi-d/2}(n).
\end{aligned}
\tag{3.43}
$$

Finally, let

$$
\delta = \delta(n) = \frac{2^{-d}\sigma\sqrt{\kappa \ln n}}{5\sqrt{n}}h^{-d/2}(n).
\tag{3.44}
$$

2^0. We claim that for all large enough values of n one has

$$
\max\left[\frac{r(n)n^{\kappa/4}}{\delta}; \frac{\hat{r}(n)}{\delta h^{d\pi}(n)}\right] \geq \frac{1}{4}.
\tag{3.45}
$$

Postponing for a moment the justification of our claim, let us derive from (3.45) the assertion of Proposition. Indeed, by (3.45),

– either

$$
\begin{aligned}
r(n) &\geq \tfrac{1}{4}n^{-\kappa/4}\delta \\
&\geq O_{p,\mu,d,\kappa}(1)s_n\sqrt{\ln n}\,n^{-\kappa/4}h^{-d/2}(n) \\
&\geq O_{p,\mu,d,\kappa}(1)s_n\sqrt{\ln n}\,n^{-\kappa/4}n^{\kappa/2} \quad [\text{see (3.41)}] \\
&\geq O_{p,\mu,d,\kappa}(1)(\ln n)^{\frac{k}{2k+d}}n^{\kappa/4}\rho(n) \quad [\text{see (3.40)}],
\end{aligned}
$$

– or

$$
\begin{aligned}
\hat{r}(n) &\geq \tfrac{1}{4}\delta h^{d\pi}(n) \\
&\geq O_{p,\mu,d,\kappa}(1)s_n\sqrt{\ln n}\,h^{d\pi-d/2}(n) \quad [\text{see (3.44)}] \\
&\geq O_{p,\mu,d,\kappa}(1)(\ln n)^{\frac{k}{2k+d}}\hat{\rho}(n) \quad [\text{see (3.43)}]
\end{aligned}
$$

In both cases, the worst-case, over the local Sobolev balls from $\mathbf{S}_n$, ratio of the risks of $\hat{f}_n$ and the minimax risks associated with the balls is at least $O_{p,\mu,d,\kappa}(1)(\ln n)^{\frac{k}{2k+d}}$, as stated by Proposition (recall that $k = \mu + 1$).

3^0. To establish (3.45), let us look what happens when $\hat{f}_n$ is used to recover a particular function from $\mathcal{S}^n$ – namely, the function $f \equiv 0$. The result will be some random function $\tilde{f}_n$ depending deterministically on the observation noises ξ; by definition of $r(n)$, we have

$$
\mathcal{E}_\xi\left\{\|\tilde{f}_n\|_p\right\} \leq r(n).
\tag{3.46}
$$

Lemma 3.4.1 *For all large enough values of n there exists a cube $B \subset [0,1]^d$ with edge length $h(n)$ such that the twice larger concentric cube $B^+(B)$ is contained in $[0,1]^d$ and*

$$
\text{Prob}\left\{\|\tilde{f}_n\|_{p,B} > 2n^{\kappa/4}r(n)h^{d\pi}(n)\right\} \leq 2n^{-\kappa/8}.
\tag{3.47}
$$

the probability being taken w.r.t. the distribution of observations (3.1) associated with $f \equiv 0$.

Proof. Let $t = n^{\kappa/4}$, $u = t^{p/(p+1)}$, $v = t^{1/(p+1)}$, and let χ be the characteristic function of the event $\| \tilde{f}_n \|_p \leq ur(n)$. From (3.46) it follows that

$$\text{Prob}\{\chi = 0\} \leq u^{-1}. \tag{3.48}$$

On the other hand, assuming that n is so large that $h(n) < 0.1$, we have

$$\| (\chi\tilde{f}_n) \|_p^p \leq u^p r^p(n)$$

$$\Rightarrow \qquad \mathcal{E}\left\{ \int_{[0,1]^d} |(\chi\tilde{f}_n)(x)|^p dx \right\} \leq u^p r^p(n)$$

$$\Rightarrow \quad \exists B : D(B) = h(n), B^+(B) \subset [0,1]^d \text{ and}$$

$$\mathcal{E}\left\{ \int_B |(\chi\tilde{f}_n)(x)|^p dx \right\} \leq 2u^p r^p(n) h^d(n)$$

$$\Rightarrow \qquad \text{Prob}\left\{ \| \chi\tilde{f}_n \|_{p,B}^p > 2v^p u^p r^p(n) h^d(n) \right\} \leq \frac{1}{v^p}$$

$$\Rightarrow \qquad \text{Prob}\left\{ \| \tilde{f}_n \|_{p,B} > 2uvr(n) h^{d\pi}(n) \right\} \leq \text{Prob}\{ \| \chi\tilde{f}_n \|_{p,B}^p >$$
$$\qquad\qquad\qquad\qquad\qquad\qquad\qquad\qquad 2v^p u^p r^p(n) h^d(n) \} + \text{Prob}\{\chi = 0\}$$
$$\qquad\qquad\qquad\qquad\qquad\qquad\qquad \leq \frac{1}{v^p} + \frac{1}{u} \qquad \text{[see (3.48)]}$$

It remains to note that $uv = t = n^{\kappa/4}$ and $u^{-1} + v^{-p} = 2t^{-p/(p+1)} \leq 2n^{-\kappa/8}$. $\square$

Let B be given by Lemma 3.4.1 and g be a continuous function taking values between 0 and $\delta(n)$ and such that g is equal to $\delta(n)$ on $B^+(B)$ and vanishes outside twice larger than $B^+(B)$ concentric to $B^+(B)$ cube. Consider the following two hypotheses on the distribution of observations (3.1): H_0 says that the observations come from $f \equiv 0$, while H_1 says that they come from $f = g$. Let us associate with $\hat{f}_n$ the following procedure for distinguishing between H_0 and H_1 via observations (3.1):

> Given y, we build the function $\hat{f}_n(\cdot, y)$ and restrict it on the cube B.
> If the p-norm of this restriction is $\leq 0.5\delta h^{d\pi}(n)$, we accept H_0, otherwise
> we accept H_1.

We claim that if (3.45) is not valid, then our procedure possesses the following properties:

(a) probability $p_{1|1}$ to accept H_1 in the case when H_1 is true is at least $1/2$;
(b) probability $p_{1|0}$ to accept H_1 in the case when H_0 is true is at most $2n^{-\kappa/8}$.

Indeed, we have $g \in S_d^{\mu+1,p}(\hat{L}(n), B^+(B))$. Now, whenever H_1 is true and is rejected by our procedure, the $\| \cdot \|_{p,B}$-error of estimate $\hat{f}_n$, the true regression function being g, is at least $0.5\delta h^{d\pi}(n)$; since the expectation of this error is at most $\hat{r}(n)$ by origin of the latter quantity, $1 - p_{1|1}$ is at most $2\hat{r}(n)(\delta h^{d\pi}(n))^{-1}$; if (3.45) is not valid, the latter quantity is $\leq 1/2$, so that $p_{1|1} \geq 1/2$, as claimed in (a). Now, whenever H_0 is true and is rejected by our procedure, we have $\| \hat{f}_n \|_{p,B} \geq 0.5\delta h^{d\pi}(n)$. When (3.45) is not valid, we have $0.5\delta h^{d\pi}(n) > 2r(n)n^{\kappa/4}h^{d\pi}(n)$, so that here $\| \hat{f} \|_{p,B} \geq 2r(n)n^{\kappa/4}h^{d\pi}(n)$, and the H_0-probability of the latter event, by (3.47), does not exceed $2n^{-\kappa/8}$, as claimed in (b).

On the other hand, the Kullback distance between the distributions of observations associated with the hypotheses H_i, $i = 0, 1$, by construction does not exceed

$$\mathcal{K} = (4h(n))^d \sigma^{-2} \delta^2 n = \frac{\kappa \ln n}{25}.$$

As we remember from the proof of the Fano inequality (see Remark 1.4.1), the Kullback distance may only decrease when we pass from the original pair of distributions to their "deterministic transforms" - to the distributions of the results of our routine for hypotheses testing. Thus, denoting by $p_{i|j}$ the probability to accept H_i when the true hypothesis is H_j, $i, j = 0, 1$, we get

$$
\begin{aligned}
\frac{\kappa \ln n}{25} &\geq \mathcal{K} \\
&\geq p_{1|1} \ln \left(\frac{p_{1|1}}{p_{1|0}} \right) + p_{0|1} \ln \left(\frac{p_{0|1}}{p_{0|0}} \right) \\
&= \left[p_{1|1} \ln p_{1|1} + p_{0|1} \ln p_{0|1} \right] - p_{1|1} \ln p_{1|0} - p_{0|1} \ln p_{0|0} \\
&\geq -\ln 2 - p_{1|1} \ln p_{1|0} \\
&\geq -\ln 2 + \frac{1}{2} \ln \left(\frac{n^{\kappa/8}}{2} \right) \qquad \text{[we have used (a) and (b)]}
\end{aligned}
$$

The resulting inequality cannot be valid for large values of n, so that for these values of n (3.45) does take place. ∎

We conclude this chapter with demonstrating a reasonably good numerical behaviour of the adaptive estimate we have built (for details of implementation, see [9]). Our numerical results deal with univariate functions and two-dimensional images. As the test univariate signals, we used the functions *Blocks*, *Bumps*, *HeaviSine* and *Doppler* given in [6, 5]. The level of noise in experiments is characterized by the *signal-to-noise ratio*

$$\left(\frac{\sum_\iota f^2(x_\iota)}{n\sigma^2} \right)^{1/2};$$

the less it is, the more difficult is to recover the regression function.

Figure 3.1: "Blocks", $n = 2048$.

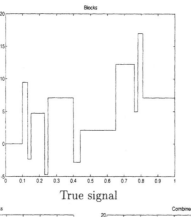

True signal

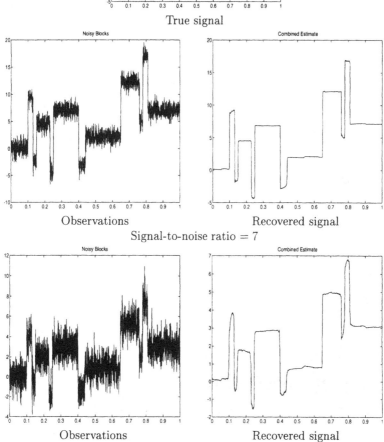

Observations   Recovered signal

Signal-to-noise ratio = 7

Observations   Recovered signal

Signal-to-noise ratio = 3

150

Figure 3.2: "Bumps", $n = 2048$.

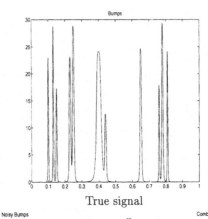

True signal

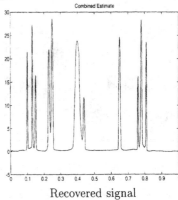

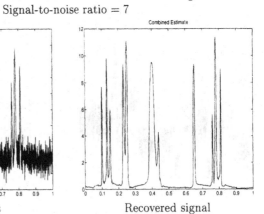

Observations   Recovered signal

Signal-to-noise ratio $= 7$

Observations   Recovered signal

Signal-to-noise ratio $= 3$

Figure 3.3: "HeavySine", $n = 2048$.

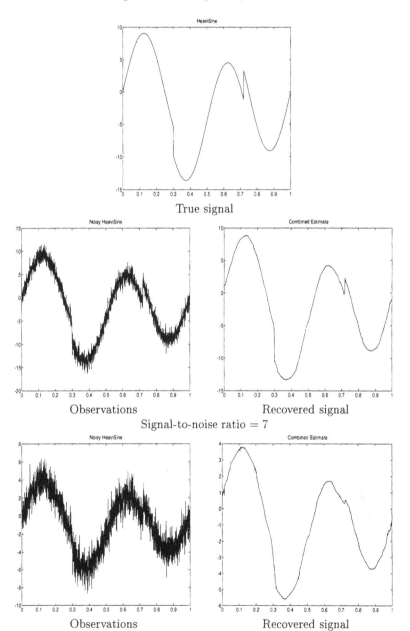

True signal

Observations   Recovered signal

Signal-to-noise ratio = 7

Observations   Recovered signal

Signal-to-noise ratio = 3

Figure 3.4: "Doppler", $n = 2048$.

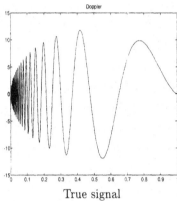

True signal

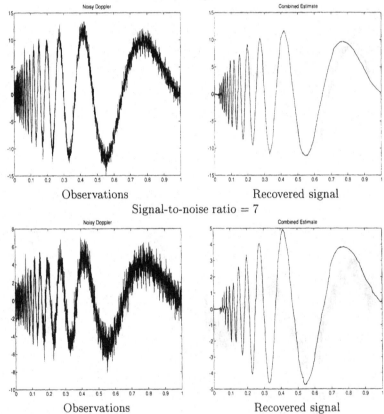

Observations   Recovered signal

Signal-to-noise ratio = 7

Observations   Recovered signal

Signal-to-noise ratio = 3

Figure 3.5: "Ball", $n = 512^2$.

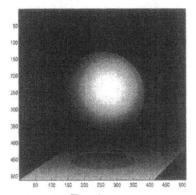

True image

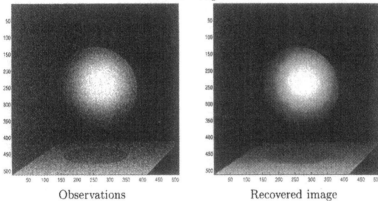

Observations   Recovered image

Signal-to-noise ratio = 3

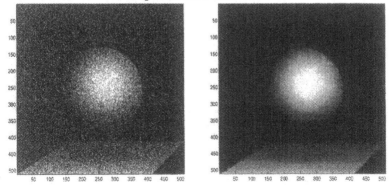

Observations   Recovered image

Signal-to-noise ratio = 1

Figure 3.6: "Lennon", $n = 256^2$.

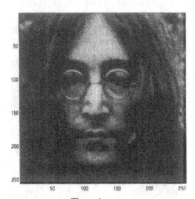

True image

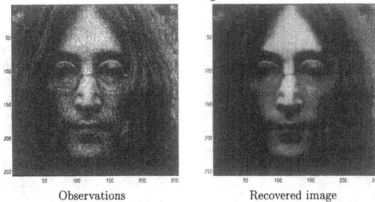

Observations   Recovered image

Signal-to-noise ratio = 3

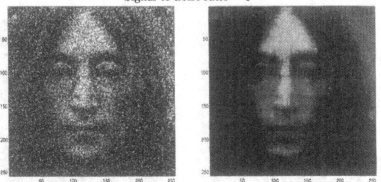

Observations   Recovered image

Signal-to-noise ratio = 1

Chapter 4

Estimating signals satisfying differential inequalities

4.1 The goal

Let us look again at the problem of recovering a univariate function $f : [0,1] \to \mathbf{R}$ via n equidistant observations

$$y = y_f(\xi) = \{y_t = f(t/n) + \sigma\xi_t\}_{t=1}^n,$$

$\xi = \{\xi_t\}_{t=1}^n$ be a collection of independent $\mathcal{N}(0,1)$ noises. To the moment we have developed a number of theoretically efficient techniques for solving this problem in the case when f is a smooth function – it belongs to a (local) Sobolev ball. At the same time, these techniques fail to recover regression functions, even very simple ones, possessing "bad" parameters of smoothness. Assume, e.g., that $f(x) = \sin(\omega x)$ and the frequency of this sine may be large. In spite of the fact that sine is extremely "regular", there does not exist a single Sobolev ball containing sines of all frequencies, As a result, with the techniques we have to the moment (as with all other traditional regression estimation techniques – all of them are aimed at estimating functions with somehow fixed smoothness parameters) the quality of recovering a sine is the worse the larger is the frequency, and no uniform in frequency rate of convergence is guaranteed. In fact, all our estimates as applied to a sine of high frequency will recover it as zero. The same unpleasant phenomenon occurs when the function f to be recovered is an "amplitude modulation" of a smooth (belonging to a given Sobolev ball) signal g:

$$f(x) = g(x)\sin(\omega x + \phi) \tag{4.1}$$

and the frequency ω is large:

We are about to extend our estimation techniques from the classes of smooth functions to wider classes including, in particular, the signals of the type (4.1). This extension comes from the following simple observation:

A Sobolev ball $\mathcal{S}^{k,p}(B;L) \equiv \mathcal{S}_1^{k,p}(B;L)$ is comprised of functions satisfying the "differential inequality":

$$\| \, r\left(\frac{d}{dx}\right)f \, \|_{p,B} \leq L \tag{4.2}$$

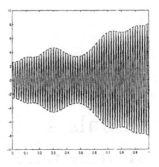

Figure 4.1: An "amplitude modulated" signal.

associated with the linear differential operator

$$r\left(\frac{d}{dx}\right) = \frac{d^k}{dx^k}$$

of order k. A natural way to extend this particular family of functions is to consider functions satisfying differential inequalities associated with other linear differential operators of order k, each function being "served" by its own operator.

Guided by the above observation, we come to the family of functions $\mathcal{D}^{k,p}(B;L)$ defined as follows:

Definition 4.1.1 *Let k be a positive integer, $p \in [1,\infty]$, $L > 0$ and B be a segment contained in $[0,1]$.*
    We say that a function

$$f : [0,1] \to \mathbf{C} \quad ^{1)}$$

is contained in the family $\mathcal{D}^{k,p}(B;L)$, if f is $k-1$ times continuously differentiable, $f^{(k-1)}$ is absolutely continuous and there exists a linear differential operator with constant (perhaps complex-valued) coefficients

$$r\left(\frac{d}{dx}\right) = \frac{d^k}{dx^k} + r_1\frac{d^{k-1}}{dx^{k-1}} + \dots + r_{k-1}\frac{d}{dx} + r_k$$

such that

$$\| r\left(\frac{d}{dx}\right) f \|_{p,B} \leq L.$$

The families $\mathcal{D}^{k,p}(B;L)$ are wide enough to contain both functions from the usual Sobolev ball $\mathcal{S}^{k,p}(B;L)$ and the sines of arbitrary frequencies: a sine is a solution of a homogeneous differential equation of order 2, so that $\sin(\omega t + \phi) \in \mathcal{D}^{2,p}([0,1];0)$.

---

[1] In this chapter it is more convenient to deal with complex-valued functions than with real-valued ones.

As about "modulated signals" (4.1), each of them can be represented as a sum of two signals from $\mathcal{D}^{k,p}(\cdot,\cdot)$. Indeed,

$$
\begin{aligned}
g &\in \mathcal{S}^{k,p}(L) \Rightarrow \\
f(x) \equiv g(x)\sin(\omega x + \phi) &= f_1(x) + f_2(x), \\
f_1(x) &= \tfrac{1}{2i} g(x)\exp\{i(\omega x + \phi)\}, \\
f_2(x) &= -\tfrac{1}{2i} g(x)\exp\{-i(\omega x + \phi)\};
\end{aligned}
$$

setting

$$
r^1(z) = (z - i\omega)^k, \quad r^2(z) = (z + i\omega)^k,
$$

we have

$$
\left(r^j\left(\tfrac{d}{dx}\right) f_j\right)(x) = \varepsilon_j \tfrac{1}{2i}\exp\{\varepsilon_j i(\omega x + \phi)\} g^{(k)}(x), \quad \varepsilon_j = (-1)^{j-1}
$$
$$
\Downarrow
$$
$$
\| r^j\left(\tfrac{d}{dx}\right) f_j \|_p \le \tfrac{1}{2}L,
$$

so that function (4.1) associated with $g \in \mathcal{S}^{k,p}(B;L)$ is the sum of two functions from $\mathcal{D}^{k,p}(B;L/2)$.

Motivated by the latter example, we see that it makes sense to know how to recover regression functions from the families $\mathcal{W}^{l,k,p}(B;L)$ defined as follows:

Definition 4.1.2 *Let k,l be positive integers, $p \in [1,\infty]$, $L > 0$ and B be a segment contained in $[0,1]$.*

We say that a function $f : [0,1] \to \mathbf{C}$ belongs to the family $\mathcal{W}^{l,k,p}(B;L)$, if f can be represented as

$$
f(x) = \sum_{j=1}^{l} f_j(x)
$$

with $f_j \in \mathcal{D}^{k,p}(B;L_j)$ and

$$
\sum_{j=1}^{l} L_j \le L.
$$

Below, we build estimates for regression functions from classes $\mathcal{W}^{l,k,p}(B;L)$; since we have agreed to work with complex-valued functions, it makes sense to speak about complex-valued noises, so that our model of observations from now on will be

$$
y = y_f(\xi) = \{y_t = f(t/n) + \sigma \xi_t\}_{t=1}^{n}, \tag{4.3}
$$

where $\xi = \{\xi_t\}_{t=1}^{n}$ is a collection of independent complex-valued standard Gaussian noises (i.e., of random 2D real Gaussian vectors with zero mean and the unit covariance matrix). Of course, if the actual observations are real, we always can add to them artificial imaginary Gaussian noises to fit the model (4.3).

Note that when recovering a highly oscillating function f via observations (4.3), we may hope to say something reasonable *only* about the restriction of f on the observation grid $\Gamma_n = \{x_t = t/n\}_{t=1}^{n}$, and not on the behaviour of f outside the grid. Indeed, it may happen that f is a sine of amplitude 1 which vanishes on Γ_n, so that observations (4.3) give no hint that f is not identically zero. By the just indicated reason, in what follows we are interested to recover functions *on the observation grid* Γ_n only, and we measure the estimation error in the "discrete versions" of q-norms

$$|g|_{q,B} = \left(\frac{1}{n} \sum_{x \in \Gamma_n \cap B} |g(x)|^q \right)^{1/q},$$

with the standard interpretation of the right hand side in the case of $q = \infty$; here g is a complex-valued function defined at least on Γ_n, and $B \subset [0,1]$ is a segment.

We shall see that our possibilities to recover functions from class $\mathcal{W}^{l,k,p}(B;L)$ are essentially the same as in the case when the functions belong to the Sobolev ball $\mathcal{S}_1^{k,p}(B;L)$ (up to the fact that now we are recovering the restriction of a function on Γ_n rather than the function itself), in spite of the fact that the former class is "incomparably wider" than the latter one.

Our strategy will be as follows. When estimating a smooth function f – one satisfying the differential inequality

$$\| r_k \left(\frac{d}{dx} \right) f \|_p \le L \qquad\qquad [r_k(z) = z^k]$$

– at a point x, we observe that locally it can be well approximated by a polynomial of degree $k - 1$, i.e., by a solution of the *homogeneous* differential equation

$$r_k \left(\frac{d}{dx} \right) p = 0$$

associated with our differential inequality; and when estimating $f(x)$, we act as if f were equal to its local polynomial approximation in the neighbourhood of x used by the estimate.

Basically the same strategy can be used for estimating a regression function satisfying a general differential inequality

$$\| r \left(\frac{d}{dx} \right) f \|_p \le L, \qquad\qquad [\deg r = k]$$

with the only difference that now a "local model" of f should be a solution of the associated homogeneous equation

$$r \left(\frac{d}{dx} \right) p = 0 \qquad\qquad (4.4)$$

rather than an algebraic polynomial. This is, however, an essential difference: it is easy to act "as if f were an algebraic polynomial", because we know very well how to recover algebraic polynomials of a given order from noisy observations. Now we need to solve similar recovering problem for a solution to *unknown* homogeneous differential equation of a given order, which by itself is a nontrivial problem. We start with this problem; after it is resolved, the remaining part of the job will be carried out in the same manner as in the standard case of estimating smooth regression functions.

4.2   Estimating solutions of homogeneous equations

When restricting a solution of a homogeneous differential equation (4.4) on an equidistant grid, we get a sequence satisfying a homogeneous finite-difference equation. Since we are interested to recover signals on the grid only, we may temporarily forget about "continuous time" and focus on estimating sequences satisfying finite-difference equations.

4.2.1   Preliminaries

Space of sequences. Let $\mathcal{F}$ be the space of two-sided complex-valued sequences $\phi = \{\phi_t\}_{t \in \mathbf{Z}}$, and $\mathcal{F}_*$ be the subspace of "finite" sequences – those with finitely many nonzero entries. In what follows we identify a sequence $\phi = \{\phi_t\} \in \mathcal{F}_*$ with the rational function

$$\phi(z) = \sum_t \phi_t z^t.$$

The space $\mathcal{F}$ is equipped with the natural linear operations - addition and multiplication by scalars from $\mathbf{C}$, and $\mathcal{F}_*$ – also with multiplication

$$(\phi\psi)(z) = \phi(z)\psi(z)$$

(which corresponds to the convolution in the initial "sequence" representation of the elements of $\mathcal{F}_*$). For $\phi \in \mathcal{F}_*$ we denote by $\deg(\phi)$ the minimum of those $\tau \geq 0$ for which $\phi_t = 0$, $|t| > \tau$, so that

$$\phi(z) = \sum_{|t| \leq \deg(\phi)} \phi_t z^t;$$

if ϕ is a sequence with infinitely many nonzero entries then by definition $\deg(\phi) = \infty$. Let $\mathcal{F}_N$ denote the subspace of $\mathcal{F}$ comprised of all ϕ with $\deg(\phi) \leq N$; clearly, one always has $\phi \in \mathcal{F}_{\deg(\phi)}$ (by definition $\mathcal{F}_\infty \equiv \mathcal{F}$).

Further, let Δ stand for the backward shift operator on $\mathcal{F}$:

$$(\Delta\phi)_t = \phi_{t-1}.$$

Given $\phi \in \mathcal{F}_*$, we can associate with ϕ the finite difference operator $\phi(\Delta)$ on $\mathcal{F}$:

$$\phi(\Delta)\psi = \left\{\sum_s \phi_s \psi_{t-s}\right\}_{t \in \mathbf{Z}}, \quad \psi \in \mathcal{F}.$$

Discrete Fourier transformation. Let N be a nonnegative integer, and let G_N be the set of all roots

$$\zeta_k = \exp\left\{i\frac{2\pi k}{2N+1}\right\}, \quad k = 0, 1, ..., 2N,$$

of the unity of the degree $2N+1$. Let $\mathbf{C}(G_N)$ be the space of complex–valued functions on G_N, i.e., the vector space $\mathbf{C}^{2N+1}$ with the entries of the vectors indexed by the elements of G_N. We define the discrete Fourier transformation $F_N : \mathcal{F} \to \mathbf{C}(G_N)$ by the usual formula

$$(F_N\phi)(\zeta) = \frac{1}{\sqrt{2N+1}} \sum_{|t| \leq N} \phi_t \zeta^t, \quad \zeta \in G_N.$$

Clearly, for $\phi \in \mathcal{F}_N$ one has

$$(F_N\phi)(\zeta) = \frac{1}{\sqrt{2N+1}} \phi(\zeta), \quad \zeta \in G_N.$$

The inverse Fourier transformation is given by

$$\phi_t = \frac{1}{\sqrt{2N+1}} \sum_{\zeta \in G_N} (F_N\phi)(\zeta)\zeta^{-t}, \quad |t| \leq N.$$

Norms on $\mathcal{F}$. For $0 \leq N \leq \infty$ and $p \in [1, \infty]$ let

$$\| \phi \|_{p,N} = \left(\sum_{t=-N}^{N} |\phi_t|^p \right)^{1/p}$$

(if $p = \infty$, then the right hand side, as usual, is $\max_{|t| \leq N} |\phi_t|$). This is the standard p-seminorm on $\mathcal{F}$; restricted on $\mathcal{F}_N$, this is an actual norm. We shall omit explicit indicating N in the notation of the norm in the case of $N = \infty$; thus, $\| \phi \|_p$ is the same as $\| \phi \|_{p,\infty}$.

Let $\phi \in \mathcal{F}$ be such that there exists a positive integer k satisfying

(i) $\| \phi \|_{\infty,k} = 1$,

(ii) the smallest of t's with nonzero ϕ_t is zero, and the largest is $\leq k$;

in this case we say that $\phi \in \mathcal{F}$ is *normalized polynomial of the degree $\leq k$*. In the other words, the sequence ϕ from $\mathcal{F}$ is normalized polynomial of the degree $\leq k$ if it can be identified with polynomial $\phi(z) = \sum_{t=0}^{k} \phi_t z^t$ with $\max_{0 \leq t \leq k} |\phi_t| = 1$.

It is well–known that the Fourier transformation F_N being restricted on $\mathcal{F}_N$ is an isometry in 2-norms:

$$\langle \phi, \psi \rangle_N \equiv \sum_{|t| \leq N} \phi_t \overline{\psi_t} = \langle F_N\phi, F_N\psi \rangle \equiv \sum_{\zeta \in G_N} (F_N\phi)(\zeta)\overline{(F_N\psi)(\zeta)}, \quad \phi, \psi \in \mathcal{F}, \qquad (4.5)$$

where $\bar{a}$ denotes the conjugate of $a \in \mathbf{C}$. The space $\mathbf{C}(G_N)$ also can be equipped with p-norms

$$\| g(\cdot) \|_p = \left(\sum_{\zeta \in G_N} |g(\zeta)|^p \right)^{1/p}$$

with the already indicated standard interpretation of the right hand side in the case of $p = \infty$. Via Fourier transformation, the norms on $\mathbf{C}(G_N)$ can be translated to $\mathcal{F}$, and we set

$$\| \phi \|_{p,N}^* = \| F_N\phi \|_p;$$

these are seminorms on $\mathcal{F}$, and their restrictions on $\mathcal{F}_N$ are norms on the latter subspace.

Useful inequalities. We list here several inequalities which are used repeatedly in the sequel.

$$\| \phi \|_{2,N} = \| \phi \|^*_{2,N}, \tag{4.6}$$

$$\| \phi\psi \|_{p,N} \leq \| \phi \|_1 \| \psi \|_{p,N+\deg(\phi)}, \tag{4.7}$$

$$\| \phi \|_{1,N} \leq \| \phi \|^*_{1,N} \sqrt{2N+1}, \tag{4.8}$$

$$\| \phi \|^*_{\infty,N} \leq (2N+1)^{1/2-1/p} \| \phi \|_{p,N}, \tag{4.9}$$

$$\deg(\phi) + \deg(\psi) \leq N \Rightarrow \| \phi\psi \|^*_{1,N} \leq \| \phi \|_{1,N} \| \psi \|^*_{1,N}, \tag{4.10}$$

Proofs of the above inequalities are straightforward; we note only that (4.6) is the Parseval equality, and (4.7) is the Young inequality.

4.2.2 Estimating sequences

The problem we want now to focus on is as follows. Assume we are given noisy observations

$$y = y_f(\xi) = \{y_t = f_t + \sigma\xi_t\}_{t \in \mathbf{Z}} \tag{4.11}$$

of a sequence $f \in \mathcal{F}$; here $\{\xi_t\}$ is a sequence of independent random Gaussian 2D noises with zero mean and the unit covariance matrix.

Assume that f "nearly satisfies" an (unknown) finite-difference equation of a given order k:

$$|\phi(\Delta)f| \leq \varepsilon, \tag{4.12}$$

for some normalized polynomial ϕ of degree $\leq k$; here ε is small. We want to recover a given entry of f, say, f_0, via a given number of observations (4.11) around the time instant $t = 0$. For our purposes it is convenient to parameterize the number of observations we use to estimate f_0 as

$$8\mu T + 1,$$

where μ is a once for ever a priori fixed positive integer ("order" of the estimate to be built) and $T \in \mathbf{N}$ is the parameter ("window width"). Thus, we want to estimate f_0 via the vector of observations

$$y^T = \{y_t\}_{|t| \leq 4\mu T}.$$

The idea of the estimate we are about to build is very simple. Assume for a moment that our signal satisfies a homogeneous difference equation – $\varepsilon = 0$. If we knew the underlying difference operator ϕ, we could use the Least Squares approach to estimate f_τ, and the resulting estimator would be linear in observations. By analogy, let us postulate a "filter" form

$$\hat{f}_\tau = - \sum_{|s| \leq 2\mu T} \psi_s y_{\tau-s}. \tag{4.13}$$

of estimate of f_τ in the case of unknown ϕ as well (By reasons which will become clear in a moment, our filter recovers f_τ via reduced number of observations – $4\mu T + 1$ observations around τ instead of the allowed number $8\mu T + 1$.)

If we knew ϕ, we could specify "good weights" ψ_s in advance, as we did it when estimating algebraic polynomials. Since we do not know ϕ, we should determine the weights ψ_s on the basis of observations. The first requirement to the weights is that $\sum\limits_{|s|\leq 2\mu T} |\psi_s|^2$ should be small enough in order to suppress the observation noises. Imposing such a restriction on the weights ψ_s, we can determine the weights themselves by a kind of "bootstrapping" – by fitting the output $\{\hat{f}_\tau\}$ of our filter to its input – to the sequence of observations $\{y_t\}$. Our hope is that if our filter suppresses the noises, then the only possibility for the output to "reproduce" the input is to reproduce its deterministic component f – since the "white noise" component of the input (the sequence of observation noises) is "irreproducible". In other words, let us form the residual $g[T, \psi, y] \in \mathcal{F}$ according to

$$g_t[T, \psi, y] = \begin{cases} y_t + \sum\limits_{|s|\leq 2\mu T} \psi_s y_{t-s}, & |t| \leq 2\mu T \\ 0, & |t| > 2\mu T \end{cases} \qquad (4.14)$$

and let us choose the weights by minimizing a properly chosen norm of this residual in ψ under the restriction that the filter associated with ψ "suppresses the observation noises". After these weights are found, we use them to build the estimate $\hat{f}_0$ of f_0 according to (4.13).

Note that a procedure of the outlined type indeed recovers f_0 via y^T, since our residual depends on y^T rather than on the entire sequence of observations (the reason to reduce the number of observations used by $\hat{f}$ was exactly the desire to ensure the latter property).

We have outlined our "estimation strategy" up to the following two issues:

(a) what is an appropriate for us form of the restriction "the filter with weights ψ suppresses the observations noises";

(b) what is a proper choice of the norm used to measure the residual.

Surprisingly enough, it turns out that it makes sense to ensure (a) by imposing an upper bound on the $\|\cdot\|_1$-norm of the Fourier transform of ψ, and to use in (b) the $\|\cdot\|_\infty$-norm of the Fourier transform of the residual. The "common sense" reason for such a choice is that the difference between a highly oscillating "regular" signal observed in noise and the noise itself is much better seen in the frequency domain than in the time domain (look at the plots below!).

The estimate we have outlined formally is defined as follows. Let us fix a positive integer μ – the *order* of our estimate. For every positive T we define the estimate

$$\hat{f}[T, y]$$

of f_0 via observations $y^T = \{y_t\}_{|t| \leq 4\mu T}$, namely,

• We associate with T, y the optimization problem

$$(P_T[y]): $$
$$\| g[T, \psi, y] \|^*_{\infty, 2\mu T} \to \min$$
s.t.
$$(a) \quad \psi \in \mathcal{F}_{2\mu T};$$
$$(b) \quad \| \psi \|^*_{1, 2\mu T} \leq \alpha(T) \equiv 2^{2\mu+2}\sqrt{\tfrac{\mu}{T}}.$$

As we remember, for $\psi \in \mathcal{F}_{2\mu T}$ the residual $g[T, \psi, y]$ depends on y^T only, so that our optimization problem involves only the observations y_t with $|t| \leq 4\mu T$. The problem

163

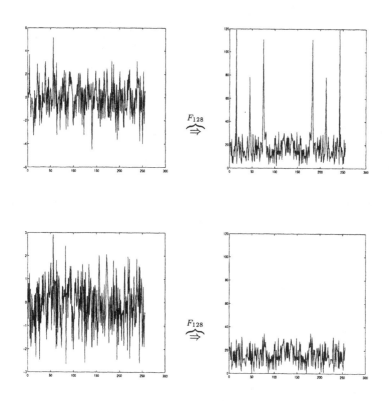

Figure 4.2: Who is who?
Up: a noisy sum of 3 sines and the modulus of its Fourier transform
        (257 observations, signal-to-noise ratio 1)
Down: noise and the modulus of its Fourier transform

clearly is a convex optimization program, and its solution $\widehat{\psi}[T, y^T]$ can be chosen to be a Borel function of observations. By definition,

$$\widehat{f}[T, y] = - \sum_{|s| \le 2\mu T} \widehat{\psi}_s[T, y^T] y_{-s}.$$

The main result on the estimate we have built is as follows.

Theorem 4.2.1 *Let*

- k, l *be two positive integers such that* $kl \le \mu$, μ *being the order of the estimate* $\widehat{f}[\cdot, \cdot]$;

- T *be a positive integer;*

- $\varepsilon \ge 0$.

Assume that the sequence f *underlying observations* (4.11) *can be decomposed as*

$$f = \sum_{j=1}^{l} f^j \qquad (4.15)$$

and for every component f^j *there exists normalized polynomial* η^j *of degree* $\le k$ *such that*

$$\sum_{j=1}^{l} \| \eta^j(\Delta) f^j \|_{p, 4\mu T} \le \varepsilon. \qquad (4.16)$$

Then the inaccuracy of the estimate $\widehat{f}[T, \cdot]$ *of* f_0 *can be bounded from above as follows:*

$$|f_0 - \widehat{f}[T, y]| \le C \left[T^{k-1/p} \varepsilon + \sigma T^{-1/2} \Theta^T(\xi) \right] \qquad (4.17)$$

where C *depends on* μ *only and*

$$\begin{aligned}
\Theta^T(\xi) &= \max_{|s| \le 2\mu T} \| \Delta^s \xi \|_{\infty, 2\mu T}^* \\
&= \max_{|s| \le 2\mu T} \max_{\zeta \in G_{2\mu T}} \frac{1}{\sqrt{4\mu T + 1}} \left| \sum_{t=-2\mu T}^{2\mu T} \xi_{t-s} \zeta^t \right|.
\end{aligned} \qquad (4.18)$$

Proof. Let us fix f satisfying the premise of our theorem, and let η^j, f_j be the associated sequences.

1^0. We start with

Lemma 4.2.1 *There exists* $\eta \in \mathcal{F}_{2\mu T}$ *such that*
(i) $\eta(z) = \delta(z) + \omega(z)$, $\delta(z) \equiv 1$ *being the convolution unit, with*

$$\| \eta \|_1 \le 2^\mu \qquad (4.19)$$

and

$$\| \omega \|_{1, N}^* \le 2^\mu \frac{\sqrt{2N+1}}{T} \quad \forall N \ge 2\mu T; \qquad (4.20)$$

(ii) *for every* $j = 1, ..., l$ *there exists representation*

$$\eta(z) = \eta^j(z) \rho^j(z) : \quad \rho^j \in \mathcal{F}_{2\mu T}, \| \rho^j \|_\infty \le 2^{2\mu} T^{k-1}. \qquad (4.21)$$

The proof of Lemma is placed in Section 4.4.

2^0. Let ψ be a feasible solution of the optimization problem $(P_T[y_f(\xi)])$. We claim that the value of the objective at ψ can be bounded from above as follows:

$$\| g[T, \psi, y_f(\xi)] \|^*_{\infty, 2\mu T} \leq \| g^*[\psi, f] \|^*_{\infty, 2\mu T} + 2^{2\mu+4}\mu\sigma\Theta^T(\xi),$$

$$g^*_t[\psi, f] = \begin{cases} f_t + \sum\limits_{|s| \leq 2\mu T} \psi_s f_{t-s}, & |t| \leq 2\mu T \\ 0, & |t| > 2\mu T \end{cases}. \tag{4.22}$$

Indeed, we have

(a) $\qquad g[T, \psi, y_f(\xi)] = g^*[\psi, f] + h[\psi, \xi],$

(b) $\qquad h[\psi, \xi] = \begin{cases} \sigma\xi_t + \sum\limits_{|s| \leq 2\mu T} \psi_s \sigma\xi_{t-s}, & |t| \leq 2\mu T \\ 0, & |t| > 2\mu T \end{cases}$

$\Rightarrow$

$\qquad \| g[T, \psi, y_f(\xi)] \|^*_{\infty, 2\mu T} \leq \| g^*[\psi, f] \|^*_{\infty, 2\mu T} + \| h[\psi, \xi] \|^*_{\infty, 2\mu T};$

(c) $\qquad \| h[\psi, \xi] \|^*_{\infty, 2\mu T} \leq \| \sigma\xi \|^*_{\infty, 2\mu T} + \sum\limits_{|s| \leq 2\mu T} |\psi_s| \| \sigma\Delta^s\xi \|^*_{\infty, 2\mu T}$

$\qquad$ [by definition of h]

$\qquad \leq \sigma\Theta^T(\xi) \left[1 + \sum\limits_{|s| \leq 2\mu T} |\psi_s| \right]$ $\qquad\qquad\qquad$ (4.23)

$\qquad$ [see (4.18)]

$\qquad = \sigma\Theta^T(\xi) [1 + \| \psi \|_{1, 2\mu T}]$

$\qquad \leq \sigma\Theta^T(\xi) \left[1 + \| \psi \|^*_{1, 2\mu T} \sqrt{4\mu T + 1} \right]$

$\qquad$ [by (4.8)]

$\qquad \leq 2^{2\mu+4}\mu\sigma\Theta^T(\xi)$

$\qquad$ [in view of the constraints in $(P_T[\cdot])$],

and (4.22) follows.

3^0. We claim that the optimal value P^*_ξ in $(P_T[y_f(\xi)])$ can be bounded from above as follows:

$$P^*_\xi \leq 2^{2\mu+3}\mu^{3/2}T^{1/2+k-1/p}\varepsilon + 2^{2\mu+4}\mu\sigma\Theta^T(\xi). \tag{4.24}$$

Indeed, let $\eta, \omega \in \mathcal{F}_{2\mu T}$ be given by Lemma 4.2.1. Applying (4.20) with $N = 2\mu T$, we conclude that ω is a feasible solution of $P_T[y_f(\xi)]$. In view of (4.22), to prove (4.24) it suffices to verify that

$$\| g^*[\omega, f] \|^*_{\infty, 2\mu T} \leq 2^{2\mu+3}\mu^{3/2}T^{1/2+k-1/p}\varepsilon \tag{4.25}$$

which is given by the following computation. Let

$$\phi^j = \eta^j(\Delta)f^j, \quad j = 1, ..., l.$$

We have

$$\| g^*[\omega, f] \|^*_{\infty, 2\mu T} \leq \sum_{j=1}^{l} \| g^*[\omega, f^j] \|^*_{\infty, 2\mu T}$$
[since $g^*[\omega, \cdot]$ is linear in the second argument]

$$= \sum_{j=1}^{l} \| f^j + \omega(\Delta) f^j \|^*_{\infty, 2\mu T}$$

$$= \sum_{j=1}^{l} \| \eta(\Delta) f^j \|^*_{\infty, 2\mu T}$$

$$= \sum_{j=1}^{l} \| \rho^j(\Delta) [\eta^j(\Delta) f^j] \|^*_{\infty, 2\mu T}$$
[the origin of ρ^j, see Lemma 4.2.1.(ii)]

$$= \sum_{j=1}^{l} \| \rho^j \phi^j \|^*_{\infty, 2\mu T}$$

$$\leq (4\mu T + 1)^{1/2 - 1/p} \sum_{j=1}^{l} \| \rho^j \phi^j \|_{p, 2\mu T}$$
[by (4.9) applied with $N = 2\mu T$]

$$\leq (4\mu T + 1)^{1/2 - 1/p} \sum_{j=1}^{l} \| \rho^j \|_1 \| \phi^j \|_{p, 4\mu T}$$
[by (4.7) and since $\deg(\rho^j) \leq 2\mu T$]

$$\leq (4\mu T + 1)^{1/2 - 1/p} \sum_{j=1}^{l} (2\mu T + 1) \| \rho^j \|_\infty \| \phi^j \|_{p, 4\mu T}$$
[since $\rho^j \in \mathcal{F}_{2\mu T}$]

$$\leq (4\mu T + 1)^{1/2 - 1/p} (2\mu T + 1) 2^{2\mu} T^{k-1} \sum_{j=1}^{l} \| \phi^j \|_{p, 4\mu T}$$
[by (4.21)]

$$\leq 2^{2\mu+3} \mu^{3/2} T^{1/2 + k - 1/p} \varepsilon$$
[see (4.16)],

as required in (4.25).

4^0. We claim that

$$\| g^*[\omega, f] \|_\infty \leq 2^{2\mu+3} \mu T^{k - 1/p} \varepsilon. \tag{4.26}$$

Indeed, similar to the preceding computation,

$$
\begin{aligned}
\| g^*[\omega, f] \|_\infty &\leq \sum_{j=1}^{l} \| g^*[\omega, f^j] \|_\infty \\
&= \sum_{j=1}^{l} \| f^j + \omega(\Delta) f^j \|_{\infty, 2\mu T} \\
&= \sum_{j=1}^{l} \| \eta(\Delta) f^j \|_{\infty, 2\mu T} \\
&= \sum_{j=1}^{l} \| \rho^j(\Delta) [\eta^j(\Delta) f^j] \|_{\infty, 2\mu T} \\
&= \sum_{j=1}^{l} \| \rho^j \phi^j \|_{\infty, 2\mu T} \\
&\leq \sum_{j=1}^{l} \| \rho^j \|_\infty \max_{|s| \leq 2\mu T} \| \Delta^s \phi^j \|_{1, 2\mu T} \\
&\quad [\text{since } \deg(\rho^j) \leq 2\mu T] \\
&\leq 2^{2\mu} T^{k-1} \sum_{j=1}^{l} \max_{|s| \leq 2\mu T} \| \Delta^s \phi^j \|_{1, 2\mu T} \\
&\quad [\text{by } (4.21)] \\
&\leq 2^{2\mu} T^{k-1} (4\mu T + 1)^{1-1/p} \sum_{j=1}^{l} \| \phi^j \|_{p, 4\mu T} \\
&\quad [\text{by Hölder inequality}] \\
&\leq 2^{2\mu+3} \mu T^{k-1/p} \varepsilon \\
&\quad [\text{see } (4.16)],
\end{aligned}
$$

as required.

5^0. Let us fix a realization ξ of the noises, and let $\widehat{\psi}$ be the corresponding optimal solution of (P_T). By (4.24) one has

$$
\begin{aligned}
2^{2\mu+3} \mu^{3/2} T^{1/2+k-1/p} \varepsilon + 2^{2\mu+4} \mu \sigma \Theta^T(\xi) &\geq P_\xi^* \\
&= \| g^*[\widehat{\psi}, f] + h[\widehat{\psi}, \xi] \|^*_{\infty, 2\mu T} \\
&\quad [\text{see } (4.23.a)] \\
&\geq \| g^*[\widehat{\psi}, f] \|^*_{\infty, 2\mu T} - \| h[\widehat{\psi}, \xi] \|^*_{\infty, 2\mu T},
\end{aligned}
$$

whence

$$
\begin{aligned}
\| g^*[\widehat{\psi}, f] \|^*_{\infty, 2\mu T} &\leq A(\xi) \\
&\equiv 2^{2\mu+3} \mu^{3/2} T^{1/2+k-1/p} \varepsilon + 2^{2\mu+4} \mu \sigma \Theta^T(\xi) + \| h[\widehat{\psi}, \xi] \|^*_{\infty, 2\mu T} \\
&\leq 2^{2\mu+3} \mu^{3/2} T^{1/2+k-1/p} \varepsilon + 2^{2\mu+5} \mu \sigma \Theta^T(\xi) \\
&\quad [\text{see } (4.23.c)]
\end{aligned}
$$

$$\tag{4.27}$$

6^0. Let η, ω be the same as in 3^0–4^0, and let

$$
\alpha = (1 + \widehat{\psi}(\Delta)) f.
$$

Note that by the definition of g^* one has

$$
g^*_t[\widehat{\psi}, f] = \alpha_t \quad \forall t : |t| \leq 2\mu T. \tag{4.28}
$$

We claim that

$$
|(\eta(\Delta)\alpha)_0| \leq 2^{4\mu+5} \mu^2 T^{k-1/p} \varepsilon. \tag{4.29}
$$

Indeed, we have

$$
\begin{aligned}
\eta(\Delta)\alpha &= \eta(\Delta)(1 + \widehat{\psi}(\Delta))f \\
&= (1 + \widehat{\psi}(\Delta))[\eta(\Delta)f] \\
\Rightarrow \quad (\eta(\Delta)\alpha)_0 &= (\eta(\Delta)f)_0 + \sum_{|s|\le 2\mu T} \widehat{\psi}_s\,(\eta(\Delta)f)_{-s} \\
&= g_0^*[\omega, f] + \sum_{|s|\le 2\mu T} \widehat{\psi}_s g_{-s}^*[\omega, f] \\
&\quad [\text{since } g_s^*[\omega, f] = (\eta(\Delta)f)_s,\ |s| \le 2\mu T] \\
\Rightarrow \quad |(\eta(\Delta)\alpha)_0| &\le |g_0^*[\omega, f]| + \|\,\widehat{\psi}\,\|_{1,2\mu T}^*\,\| g^*[\omega, f]\,\|_{\infty,2\mu T}^* \\
&\quad [\text{by Parseval equality and since } |\langle u, v\rangle| \le \| u \|_1 \| v \|_\infty, \\
&\quad u, v \in \mathbf{C}(G_{2\mu T})] \\
&\le 2^{2\mu+3}\mu T^{k-1/p}\varepsilon + \|\,\widehat{\psi}\,\|_{1,2\mu T}^*\,\| g^*[\omega, f]\,\|_{\infty,2\mu T}^* \\
&\quad [\text{by } (4.26)] \\
&\le 2^{2\mu+3}\mu T^{k-1/p}\varepsilon + 2^{2\mu+2}\mu^{1/2}T^{-1/2}2^{2\mu+3}\mu^{3/2}T^{1/2+k-1/p}\varepsilon \\
&\quad [\text{since } \psi \text{ is feasible for } (P_T) \text{ and by } (4.25)],
\end{aligned}
$$

as claimed.

7^0. Now – the concluding step. Setting $\widehat{f} = \widehat{f}[T, y]$, we have

$$
\begin{aligned}
f_0 - \widehat{f} &= f(0) + \big(\widehat{\psi}(\Delta)y\big)_0 \\
&\quad [\text{the construction of the estimate}] \\
&= \big((1 + \widehat{\psi}(\Delta))f\big)_0 + \sigma\big(\widehat{\psi}(\Delta)\xi\big)_0 \\
&= \alpha_0 + \sigma\big(\widehat{\psi}(\Delta)\xi\big)_0 \\
&\quad [\text{the definition of } \alpha]
\end{aligned}
$$

$$
\Rightarrow
$$

$$
\begin{aligned}
|f_0 - \widehat{f}| &\le |\alpha_0| + \sigma\left|\sum_{|s|\le 2T} \widehat{\psi}_s \xi_{-s}\right| \\
&\le |\alpha_0| + \sigma\,\|\,\widehat{\psi}\,\|_{1,2\mu T}^*\,\|\xi\,\|_{\infty,2\mu T}^* \\
&\quad [\text{same as in the previous computation}] \\
&\le |\alpha_0| + 2^{2\mu+2}\mu^{1/2}T^{-1/2}\sigma\Theta^T(\xi) \\
&\quad [\text{since } \widehat{\psi} \text{ is feasible for } (P_T) \text{ and by definition of } \Theta^T];
\end{aligned}
$$

Thus,

$$
|f_0 - \widehat{f}| \le |\alpha_0| + 2^{2\mu+2}\mu^{1/2}\sigma T^{-1/2}\Theta^T(\xi). \tag{4.30}
$$

It remains to bound $|\alpha_0|$. We have

$$
\begin{aligned}
\alpha_0 &= (\eta(\Delta)\alpha)_0 - (\omega(\Delta)\alpha)_0 \Rightarrow \\
|\alpha_0| &\leq |(\eta(\Delta)\alpha)_0| + |(\omega(\Delta)\alpha)_0| \\
&\leq 2^{4\mu+5}\mu^2 T^{k-1/p}\varepsilon + |(\omega(\Delta)\alpha)_0| \\
&\qquad [\text{see } (4.29)] \\
&\leq 2^{4\mu+5}\mu^2 T^{k-1/p}\varepsilon + \| \omega \|_{1,2\mu T}^* \| \alpha \|_{\infty,2\mu T}^* \\
&\qquad [\text{as in the previous two computations}] \\
&= 2^{4\mu+5}\mu^2 T^{k-1/p}\varepsilon + 2^{2\mu+2}\mu^{1/2}T^{-1/2} \| \alpha \|_{\infty,2\mu T}^* \\
&\qquad [\text{by } (4.20) \text{ applied with } N = 2\mu T] \\
&\leq 2^{4\mu+5}\mu^2 T^{k-1/p}\varepsilon + 2^{2\mu+2}\mu^{1/2}T^{-1/2} \| g^*[\widehat{\psi}, f] \|_{\infty,2\mu T}^* \\
&\qquad [\text{by } (4.28)] \\
&\leq 2^{4\mu+5}\mu^2 T^{k-1/p}\varepsilon \\
&\quad + 2^{2\mu+2}\mu^{1/2}T^{-1/2}\left[2^{2\mu+3}\mu^{3/2}T^{1/2+k-1/p}\varepsilon + 2^{2\mu+5}\mu\sigma\Theta^T(\xi) \right] \\
&\qquad [\text{by } (4.27)]
\end{aligned}
$$

Thus,

$$
|\alpha_0| \leq 2^{4\mu+6}\mu^2 T^{k-1/p}\varepsilon + 2^{4\mu+7}\mu^{3/2}\sigma T^{-1/2}\Theta^T(\xi).
$$

Combining this inequality with (4.30), we come to (4.17). ∎

4.2.3 Discussion

Theorem 4.2.1 has a number of important consequences already in the "parametric case" – when the signal f we observe according to (4.11) satisfies a homogeneous finite difference equation with constant coefficients:

$$
\eta(\Delta)f \equiv 0, \tag{4.31}
$$

η being normalized polynomial of degree $\leq \mu$. In the notation of Theorem 4.2.1, this is in the case when $l = 1$, $k \leq \mu$ and $\varepsilon = 0$.

A) In the case of (4.31) relation (4.17) becomes

$$
|f_0 - \widehat{f}[T, y_f(\xi)]| \leq C\sigma T^{-1/2}\Theta^T(\xi). \tag{4.32}
$$

Due to the origin of Θ^T, we have

$$
\left(\mathcal{E}\left\{ (\Theta^T(\xi))^2 \right\} \right)^{1/2} \leq O(1)\sqrt{\ln T},
$$

so that

$$
\left(\mathcal{E}\left\{ |f_0 - \widehat{f}[T, y_f(\xi)]|^2 \right\} \right)^{1/2} \leq O_\mu(1)\sigma\sqrt{\frac{\ln T}{T}}. \tag{4.33}
$$

We see that

(!) *For every T, it is possible to recover an entry f_t in a sequence f satisfying unknown homogeneous difference equation with constant coefficients of a given order μ via $O_\mu(1)T$ noisy observations of the entries of the sequence around the instant t with "nearly parametric risk" $O_\mu(1)\sigma\sqrt{\frac{\ln T}{T}}$.*

It should be stressed that the result is uniform with respect to all solutions of all difference equations of a given order, which is rather surprising. Note that if the equation were known in advance, the quality of recovering f_t could be slightly improved - we could get rid of the $\sqrt{\ln T}$-factor, thus coming to the result completely similar to the case of recovering algebraic polynomials of order $\mu - 1$ (their restrictions on an equidistant observation grid are the solutions of a particular finite difference equation of order μ, namely, $(1 - \Delta)^\mu f = 0$).

In the case when the equation is unknown, the logarithmic factor turns out to be unavoidable: it is proved in [22] that when the signal to be recovered is known to be a harmonic oscillation $f_t = c\sin(\omega t + \phi)$, the uniform, with respect to all values of c, ω, ϕ, risk of an arbitrary estimate of f_0 via $2T + 1$ observations (4.11) around the time instant $t = 0$ is at least $O(1)\sigma\sqrt{\frac{\ln T}{T}}$. Note that the problem of recovering a harmonic oscillation $c\sin(\omega t + \phi)$ is a parametric problem; indeed, all we need is to recover the triple of parameters c, ω, ϕ. As we see, the minimax risk associated with this parametric estimation problem is not the parametric risk $O(T^{-1/2})$.

B) The estimate we have built solves an "interpolation" problem – it recovers f_0 via observations "placed symmetrically" around the time instant $t = 0$ we are interested in. In some applications we should solve the "forecast" problem – we would like to estimate f_0 via a given number of observations (4.11) placed at least τ units of time before the instant $t = 0$, i.e., via the observations $y_{-\tau-4\mu T}, y_{-\tau-4\mu T+1}, ..., y_{-\tau}$. What can be done in this situation?

Slight modification of the construction we have presented demonstrates the following:

(!!) *In addition to the premise of Theorem 4.2.1, assume that every finite-difference equation*

$$\eta^j(\Delta)h = 0$$

is "quasi-stable": every solution of this equation grows with t no faster than an algebraic polynomial (equivalently: all roots of the polynomial $\eta^j(z)$ are ≥ 1 in absolute value). Then the result of the theorem is valid for a properly chosen "forecast" estimate, namely, for the estimate

$$\widehat{f}^+[T, y] = -\sum_{s=T}^{4\mu T} \widehat{\psi}_s y_{-s},$$

where $\widehat{\psi}$ is an optimal solution to the optimization program

$$\| \Delta^{4\mu T}(I + \psi(\Delta))y \|^*_{\infty, 4\mu T} \to \min$$

s.t.

$$
\begin{aligned}
\psi &\in \mathcal{F}_{4\mu T}; \\
\psi_s &= 0, \quad -4\mu T \leq s < T; \\
\| \psi \|^*_{1, 4\mu T} &\leq B(\mu)T^{-1/2}
\end{aligned}
$$

with properly chosen $B(m)$.

As a consequence, given N subsequent noisy observations (4.11) of a solution to an unknown *quasi-stable* homogeneous difference equation of order $\leq \mu$, we may predict the value of the solution $O(N/\mu)$ units of time forward, with the worst-case, over all solutions of all quasi-stable equations of order $\leq \mu$, risk not exceeding $O_\mu(1)\sigma\sqrt{\frac{\ln N}{N}}$.

Note that the assumption of quasi-stability of the underlying finite-difference equation is crucial in the forecast problem. E.g., given all observations y_t, $t < 0$, of a solution to a *known* (unstable) equation

$$ f_{t+1} - 2f_t = 0, $$

you cannot say definitely what is the solution at 0 (provided, of course, that $\sigma > 0$).

4.3 From sequences to functions

The main step in passing from estimating sequences "nearly satisfying" homogeneous difference equations to estimating functions satisfying differential inequalities is given by the following simple

Lemma 4.3.1 *Let*

- *n, k, $\mu \geq k$ and T be positive integers;*

- *$g : (-\infty, \infty) \to \mathbf{C}$ be a $k-1$ times continuously differentiable function with absolute continuous $g^{(k-1)}$;*

- *$g^n \in \mathcal{F}$ be the restriction of g on the grid $\Gamma^n = \{t/n\}_{t=-\infty}^{\infty}$:*

$$ g_t^n = g(t/n) \ t \in \mathbf{Z}; $$

- *$q(z) = z^k + q_1 z^{k-1} + ... + q_k$ be a polynomial of degree k with unit leading coefficient;*

- *B be a segment centered at the origin and containing at least $8\mu T + 2k + 1$ points of the grid Γ^n;*

- *$p \in [1, \infty]$.*

There exists a normalized polynomial $\theta(z)$ of degree k such that

$$ \| \theta(\Delta)g^n \|_{p,4\mu T} \leq O_k(1)n^{-k+1/p} \| q\left(\frac{d}{dx}\right) g \|_{p,B} . \tag{4.34} $$

The proof is placed in Section 4.4.

Combining Lemma 4.3.1 with Theorem 4.2.1, we can extend – in a quite straightforward manner – basically all estimation techniques we have considered so far to the case of functions satisfying unknown differential inequalities. We shall focus on "the best" – the spatial adaptive – estimate.

4.3.1 Spatial adaptive estimate: preliminaries

The recovering routine we are about to build, same as the spatial adaptive estimate from Chapter 3, is specified by a single parameter – its order μ which should be a positive real. Let observations (4.3) be given, and let $x = t/n$ be a point from the observation grid. For every positive integer T such that the grid contains $8\mu T + 1$ observations around x – i.e., such that $0 < t - 4\mu T$, $t + 4\mu T \leq n$ – we have built in the previous Section an estimate $\hat{f}^T(x;y)$ of $f(x)$ via the segment of observations $\{y_{t-4\mu T}, y_{t-4\mu T+1}, ..., y_{t+4\mu T}\}$. Let us associate with the estimate $\hat{f}^T(x;y)$ its window

$$B_T(x) = [x - (4T + 2)\mu n^{-1}, x + (4T + 2)\mu n^{-1}].$$

From Theorem 4.2.1 and Lemma 4.3.1 we know that

(*) Let f be the function underlying observations (4.3), $x = t/n$ be a point from the observation grid Γ_n, and let $T \geq 1$ be such that the window $B_T(x)$ is contained in $[0, 1]$.

  (i) For every collection $\mathcal{U}$ comprised of

  • positive integers k, l with $kl \leq \mu$;

  • l polynomials η^j, $j = 1, ..., l$, normalized of degree k each;

  • a decomposition

$$f(u) = \sum_{j=1}^{l} f^j(u), \quad u \in B_T(x);$$

  • $p \in [1, \infty]$

the error of the estimate $\hat{f}^T(x;y)$ can be bounded from above as

$$
\begin{aligned}
|\hat{f}^T(x; y_f(\xi)) - f(x)| &\leq C_1(\mu)\left[\varepsilon(T,\mathcal{U}) + \sigma T^{-1/2}\Theta_n(\xi)\right], \\
\varepsilon(T,\mathcal{U}) &= T^{k-1/p} \sum_{j=1}^{l} \| \eta^j(\Delta)\tilde{f}^j \|_{p,4\mu T}, \\
\tilde{f}^j_s &= f^j\left(\tfrac{s-t}{n}\right),
\end{aligned}
\tag{4.35}
$$

where $\Theta_n(\xi)$ is the maximum of the $\| \cdot \|_\infty$-norms of discrete Fourier transforms of all segments, of odd cardinality, of the sequence $\{\xi_s\}_{s=1}^n$ (so that Θ_n is the maximum of norms of $\leq n^2$ standard Gaussian 2D vectors with zero mean and unit covariance matrix).

  (ii) Let l, k be positive integers with $kl \leq \mu$, let $p \in [1, \infty]$ and let $f \in \mathcal{W}^{l,k,p}(B_T(x); A)$ for some A. Then there exists a collection $\mathcal{U}$ of the type described in (i) such that

$$\varepsilon(T,\mathcal{U}) \leq C_2(\mu)(T/n)^{k-1/p}A \leq C_3(\mu)D^{k-1/p}(B_T(x))A; \tag{4.36}$$

here, as always $D(B)$ is the length of a segment B.

Combining (*.i) and (*.ii) and observing that $T^{-1/2}$, up to a factor depending on μ only, is the same as $\dfrac{1}{\sqrt{nD(B_T(x))}}$, we come to the conclusion as follows:

(**) *Given a positive integer μ, a function f and a segment $B \in [0,1]$, let us set*

$$\Phi_\mu(f, B) = \inf\{D^{k-1/p}(B)A \mid p \in [1,\infty]; k, l \in \mathbf{N}, kl \leq \mu; \\ A \geq 0, f \in \mathcal{W}^{l,k,p}(B;A)\}.$$

Then for every point $x = t/n$ from the observation grid Γ_n and every integer $T \geq 1$ such that $B_T(x) \subset [0,1]$ one has

$$|\hat{f}^T(x; y_f(\xi)) - f(x)| \leq C(\mu)\left[\Phi_f(x, B_T(x)) + \frac{\sigma}{\sqrt{nD(B_T(x))}}\Theta_n(\xi)\right]. \tag{4.37}$$

Besides this,

$$\forall w \geq 1: \quad \mathrm{Prob}\left\{\Theta_n \geq O_\mu(1)w\sqrt{\ln n}\right\} \leq \exp\left\{\frac{-w^2 \ln n}{2}\right\}. \tag{4.38}$$

Finally, from the definitions of the classes $\mathcal{W}$ and the quantity Φ_μ it immediately follows that

If $f \in \mathcal{W}^{l,k,p}(B;L)$ with $lk \leq \mu$, then there exists a function $\tilde{f} : B \to \mathbf{R}_+$ such that

$$\begin{aligned}
\|\tilde{f}\|_{p,B} &\leq L; \\
\forall B' \subset B: \quad \Phi_\mu(f, B') &\leq D^{k-1/p}(B')\|\tilde{f}\|_{p,B'}
\end{aligned} \tag{4.39}$$

Note that (4.37), (4.38), (4.39) are completely similar to the basic relations (3.5), (3.17), (3.6), respectively, underlying all developments of Chapter 3.

4.3.2 Spatial adaptive estimate: construction and quality

The construction. Let us choose $\omega = \omega(\mu)$ so large that

$$\mathrm{Prob}\left\{\Theta_n > \omega\sqrt{\ln n}\right\} \leq n^{-4\mu} \tag{4.40}$$

(cf. (3.8)).

The adaptive estimate $\hat{f}_n(x; y)$ of the value $f(x)$ at a point $x \in \Gamma_n$ is as follows (cf. Section 3.2). Let us say that a positive integer T is *admissible* for x, if the segment $B_T(x)$ is contained in $[0,1]$. Assume that x admits admissible T's, i.e., that

$$6\mu n^{-1} < x < 1 - 6\mu n^{-1}. \tag{4.41}$$

We already have associated with every T admissible for x certain estimate $\hat{f}^T(x; \cdot)$ of $f(x)$ via observations (4.3). Given these observations y, let us call a positive integer T x *normal* for x (cf. (3.13)), if it is admissible for x and

$$|\hat{f}^{T'}(x; y) - \hat{f}^T(x; y)| \leq 4C(\mu)\frac{\sigma\omega\sqrt{\ln n}}{\sqrt{nD(B_{T'}(x))}} \quad \forall T', \ 1 \leq T' \leq T,$$

$C(\mu)$ being the constant from (4.37). Normal for x values of T clearly exist (e.g., $T = 1$); let $T(x; y)$ be the largest of these values; note that this indeed is a well-defined deterministic function of x, y. Our order μ adaptive estimate of $f(x)$, by construction, is

$$\hat{f}_n(x; y) = \hat{f}^{T(x;y)}(x; y). \tag{4.42}$$

The quality of our adaptive estimate $\hat{f}_n$ is given by the following

Theorem 4.3.1 *Let* $\gamma \in (0,1)$, *let* μ *be a positive integer, and let* $\mathcal{W} = \mathcal{W}^{l,k,p}(B;L)$, *where* $kl \leq \mu$ *and* $pk > 1$. *For properly chosen* $P \geq 1$ *depending solely on* μ, p, γ *and nonincreasing in* p *the following statement takes place:*

If the volume n *of observations* (4.3) *is large enough, namely,*

$$P^{-1}n^{\frac{2k-2\pi+1}{2}} \geq \frac{L}{\sigma_\mu} \geq PD^{-\frac{2k-2\pi+1}{2}}(B)$$
$$\left[\hat{\sigma}_n = \sigma\sqrt{\tfrac{\ln n}{n}}, \quad \pi := \tfrac{1}{p}\right] \tag{4.43}$$

($D(B)$ is the length of segment B), then for every $q \in [1,\infty]$ *the worst case, with respect to* $\mathcal{W}$, *discrete q-risk of the order* μ *adaptive estimate* $\hat{f}_n(\cdot;\cdot)$ *can be bounded as follows (cf.* (3.16)):

$$\widetilde{\mathcal{R}}_q\left(\hat{f}_n;\mathcal{W}\right) \equiv \sup_{f\in\mathcal{W}}\left(\mathcal{E}\left\{|\hat{f}(\cdot;y_f(\xi)) - f(\cdot)|^2_{q,B_\gamma}\right\}\right)^{1/2}$$

$$\leq PL\left(\tfrac{\hat{\sigma}_n}{L}\right)^{2\beta(p,k,q)} D^{\lambda(p,k,q)}(B),$$

$$\beta(p,k,q) = \begin{cases} \frac{k}{2k+1}, & \theta \geq \pi\frac{1}{2k+1} \\ \frac{k+\theta-\pi}{2k-2\pi+1}, & \theta \leq \pi\frac{1}{2k+1} \end{cases}, \tag{4.44}$$

$$\theta = \tfrac{1}{q};$$

$$\lambda(p,k,q) = \begin{cases} \theta - \frac{\pi}{2k+1}, & \theta \geq \pi\frac{1}{2k+1} \\ 0, & \theta \leq \pi\frac{1}{2k+1} \end{cases};$$

here B_γ *is the concentric to* B γ *times smaller segment and*

$$|g|_{q,B} = \left(\frac{1}{n}\sum_{x\in\Gamma_n\cap B}|g(x)|^q\right)^{1/q}.$$

Proof of the theorem repeats word by word the proof of Theorem 3.3.1, with (4.37), (4.38), (4.39) playing the role of (3.5), (3.17), (3.6), respectively.

Optimality issues. The upper bounds on risks given by Theorem 4.3.1 are exactly the univariate ($d = 1$) versions of bounds from Theorem 3.3.1. Since now we are working with wider families of functions wider than local Sobolev balls, all results of Chapter 3 (see Section 3.4) on the non-optimality index of the adaptive estimate remain valid for our new estimate as considered on the nested family of collections of regression functions (cf. Theorem 3.4.2)

$$\mathbf{W} \equiv \mathbf{W}^{p,\mu} = \{\mathbf{W}_n\}_{n=1}^\infty$$

($p \in (1,\infty]$, $\mu \in \mathbf{N}$) d fined as follows:

$$\mathbf{W}_n = \left\{\mathcal{W}^{l,k,p'}(B;L) \left| \begin{array}{lrcl} (a) & p' & \geq & p, \\ (b) & 1 \leq kl & \leq & \mu, \\ (c) & P^{-1}n^{\frac{2-2\pi+1}{2}} \geq \frac{L}{\sigma_n} & \geq & PD^{-\frac{2\mu-2\pi+1}{2}}(B), \end{array}\right. \right\} \tag{4.45}$$
$$\left[\begin{array}{c} P \text{ is given by Theorem 4.3.1}, \pi = \frac{1}{p} \\ \hat{\sigma}_n = \frac{\sigma\sqrt{\ln n}}{\sqrt{n}} \end{array}\right]$$

the non-optimality index of our estimate on **W** does not exceed

$$\Phi(n) = (\ln n)^{\frac{\mu}{2\mu+1}}. \quad ^{2)}$$

4.3.3 "Frequency modulated signals"

A function f from class $\mathcal{W}^{l,k,p}([0,1]; L)$ is a sum of l functions f^j satisfying each its own differential inequality of order k on the entire segment $[0,1]$. What happens if we "localize" this property, allowing the decomposition to vary from point to point? The precise definition is as follows:

Definition 4.3.1 *Let us fix positive integers k,l and reals $p \in [1,\infty]$, $L > 0$, $d \in (0,1/6]$. We say that a function $f : [0,1] \to \mathbf{C}$ belongs to the class $\mathcal{A}^{l,k,p,d}(L)$, if there exists a function $L_f(x) \in L_p[d, 1-d]$ such that*

$$\| L_f \|_{p,[d,1-d]} \leq L \tag{4.46}$$

and

$$\forall x \in [d, 1-d]: \quad f \in \mathcal{W}^{l,k,p}([x-d, x+d]; (2d)^{1/p}L_f(x)). \tag{4.47}$$

Note that the classes $\mathcal{A}$ extend our previous classes $\mathcal{W}$:

$$\forall d \in (0,1/6]: \\ \mathcal{W}^{l,k,p}([0,1]; L) \subset \mathcal{A}^{l,k,p,d}(L) \tag{4.48}$$

Indeed, let $f \in \mathcal{W}^{l,k,p}([0,1]; L)$, let $f = \sum_{j=1}^{l} f^j$ be the corresponding decomposition, and let $q^j(z) = z^k + q_1^j z^{k-1} + ... + q_k^j$ be the associated polynomials:

$$\sum_{j=1}^{l} \| q^j \left(\frac{d}{dx}\right) f^j \|_p \leq L.$$

Let us set

$$L_f(x) = (2d)^{-1/p} \sum_{j=1}^{l} \| q^j \left(\frac{d}{dx}\right) f^j \|_{p,[x-d,x+d]}$$

and let us verify that this choice fits (4.46), (4.47). The latter relation is evident, while the former one is given by the following computation: setting

$$L(\cdot) = \sum_{j=1}^{l} \left| q^j \left(\frac{d}{dx}\right) f^j \right|,$$

---

[2] Formally, the announced statement is *not* a straightforward corollary of the lower bounds on the minimax risk established in Chapter 3: there we were dealing with the usual q-norms of the estimation errors, while now we are speaking about discrete versions of these norms. However, looking at the proofs of the lower bounds, one can observe that they remain valid for the discrete versions of q-risks as well.

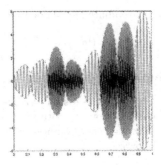

Figure 4.3: A "frequency modulated" signal.

and assuming $p < \infty$, we have

$$
\begin{aligned}
\| L_f \|^p_{p,[d,1-d]} &= (2d)^{-1} \int_d^{1-d} \left\{ \int_{x-d}^{x+d} L^p(u)du \right\} dx \\
&= (2d)^{-1} \int_0^1 \left\{ \int_{\max[0,u-d]}^{\min[1,u+d]} dx \right\} L^p(u)du \\
&\leq \| L(\cdot) \|^p_{p,[0,1]} \Rightarrow
\end{aligned}
$$
$$
\| L_f \|_{p,[d,1-d]} \leq L,
$$

as required in (4.46). We have established the latter relation in the case of $p < \infty$; by continuity, it is valid in the case $p = \infty$ as well.

Our interest in classes $\mathcal{A}$ comes from the fact that they contained not only "amplitude modulated", but also "frequency modulated" signals. Consider, e.g., the following construction. Given a positive integer N, we partition the segment $[0,1]$ into N non-overlapping segments B_t, $t = 1, ..., N$, of the length $2d = \frac{1}{N}$ each; let $x_t = 2td$, $t = 1, ..., N$, be the right endpoints of these segments. Now let $g \in \mathcal{S}^{k,p}([0,1]; L)$ be an "amplitude" which is supposed to vanish, along with its derivatives of order $< k$, at all points x_t, $t = 1, ..., N$. Consider the family of functions obtained from g by "frequency modulation": A function f from the family on every segment B_t is of the form

$$
g(x)\sin(\omega_t x + \phi_t)
$$

with somehow chosen frequency ω_t and phase ϕ_t. One can immediately verify that all functions from this family belong to $\mathcal{A}^{4,k,p,d}(4L)$.

It turns out that the quality of our adaptive estimate on classes $\mathcal{A}$ is basically the same as on narrower classes $\mathcal{W}$:

Theorem 4.3.2 *Let $\gamma \in (0,1)$, let μ be a positive integer, and let $\mathcal{A} = \mathcal{A}^{l,k,p,d}(L)$, where $kl \leq \mu$ and $pk > 1$. Assume that the volume of observations n is large enough (the critical value depends on $\mu, p, L/\sigma$ only and is independent of d), and that d is* *not too small, namely,*

$$d \geq \left(\frac{\widehat{\sigma}_n}{L}\right)^{\frac{2}{2k+1}}, \qquad \widehat{\sigma}_n = \frac{\sigma\sqrt{\ln n}}{\sqrt{n}}. \tag{4.49}$$

Then, for every $q \in [1, \infty]$, the $|\cdot|_{q,[0,1]_\gamma}$-risk of the order μ adaptive estimate $\widehat{f}_n$ on the class $\mathcal{A}$ can be bounded as follows:

$$
\begin{aligned}
\widetilde{\mathcal{R}}_q\left(\widehat{f}_n; \mathcal{A}\right) &\equiv \sup_{f \in \mathcal{A}} \left(\mathcal{E}\left\{|\widehat{f}(\cdot; y_f(\xi)) - f(\cdot)|^2_{q,[0,1]_\gamma}\right\}\right)^{1/2} \\
&\leq PL\left(\frac{\widehat{\sigma}_n}{L}\right)^{2\beta(p,k,q)}, \\
\beta(p,k,q) &= \begin{cases} \frac{k}{2k+1}, & \theta \geq \pi\frac{1}{2k+1} \\ \frac{k+\theta-\pi}{2k-2\pi+1}, & \theta \leq \pi\frac{1}{2k+1} \end{cases}, \\
\pi &= \frac{1}{p}, \\
\theta &= \frac{1}{q}.
\end{aligned} \tag{4.50}
$$

Here $[0,1]_\gamma = [0.5(1-\gamma), 1 - 0.5(1-\gamma)]$ is the γ-shrinkage of the segment $[0,1]$ to its center and P depends on μ, p, γ only and is nonincreasing in p.

If (4.49) is equality rather than inequality, then, for all large enough values of n, the upper bound (4.50) coincides (up to a factor depending on μ, p, γ only) with the minimax $|\cdot|_{q,[0,1]_\gamma}$-risk of estimating functions from $\mathcal{A}$ via observations (4.3).

For proof, see [10].

4.4 Appendix: Proofs of Lemmas 4.2.1, 4.3.1

4.4.1 Proof of Lemma 4.2.1

1^0. To simplify notation, let us assume that every polynomial η^j is of degree k (the modifications in the case of $\deg \eta^j < k$ are quite straightforward), and let $\lambda_{j\ell}$, $\ell = 1, ..., k$, be the roots of the polynomial η_j (taken with their multiplicities). For every j, let $\mathcal{L}_j$ be the set of those ℓ for which $\lambda_{j\ell}$ are ≥ 1 in absolute value, and let $\mathcal{S}_j$ be the set of the remaining indices from $[\overline{1,k}]$.

2^0. Let us fix $j \leq l$, and let

$$\nu^j(z) = \left(\prod_{\ell \in \mathcal{L}_j} (1 - z/\lambda_{j\ell})\right)\left(\prod_{\ell \in \mathcal{S}_j} (z - \lambda_{j\ell})\right). \tag{4.51}$$

Then

$$\eta^j(z) = c_j \nu^j(z). \tag{4.52}$$

We claim that

$$|c_j| \geq 2^{-k}. \tag{4.53}$$

Indeed, it is clear that the maximum of absolute values of the coefficients of ν^j is not greater than the one of the polynomial $(z+1)^k$, i.e., is $\leq 2^k$; since the product $c_j \pi^j(z)$ is a normalized polynomial (i.e., with the maximum of modules of coefficients equal to 1), the factor c_j must satisfy (4.53).

3^0. **Mini-lemma.** Let $\lambda \in \mathbf{C}$. Then there exists a polynomial $\pi_T^\lambda(z)$ of degree $2T$ such that

(i) If $|\lambda| \geq 1$, then

$$1 + \pi_T^\lambda(z) = (1 - z/\lambda)r_T^\lambda(z)$$

with

(a) $r_T^\lambda \in \mathcal{F}_{2T}$,   (4.54)
(b) $\| r_T^\lambda \|_1 \leq 2T$,
(c) $\| r_T^\lambda \|_\infty \leq 2$;

If $|\lambda| < 1$, then

$$z^{2T} + \pi_T^\lambda(z) = (z - \lambda)r_T^\lambda(z)$$

with

(a) $r_T^\lambda \in \mathcal{F}_{2T}$,   (4.55)
(b) $\| r_T^\lambda \|_1 \leq 2T$,
(c) $\| r_T^\lambda \|_\infty \leq 2$.

(ii) One has

$$\forall N \geq 2T : \quad \| \pi_T^\lambda \|_{1,N}^* \leq \frac{\sqrt{2N+1}}{T}. \tag{4.56}$$

and

$$\| \pi_T^\lambda \|_1 \leq 1. \tag{4.57}$$

Indeed, let us set

$$\psi(z) = \begin{cases} \frac{1}{T} \sum_{t=1}^{T} (z/\lambda)^t, & \text{if } |\lambda| \geq 1 \\ \frac{1}{T} \sum_{t=0}^{T-1} z^t \lambda^{T-t}, & \text{otherwise} \end{cases},$$
$$\pi_T^\lambda(z) = -\psi^2(z).$$

Note that in the case of $|\lambda| \geq 1$ we have

$$\begin{aligned}
1 + \pi_T^\lambda(z) &= \left(T^{-1} \sum_{t=1}^{T} [1 - (z/\lambda)^t] \right) \left(1 + T^{-1} \sum_{t=1}^{T} (z/\lambda)^t \right) \\
&= (1 - z/\lambda) \underbrace{\left(T^{-1} \sum_{t=1}^{T} \sum_{\tau=0}^{t-1} (z/\lambda)^\tau \right)}_{q_1(z)} \underbrace{\left(1 + T^{-1} \sum_{t=1}^{T} (z/\lambda)^t \right)}_{q_2(z)} \\
&\equiv (1 - z/\lambda)r_T^\lambda(z)
\end{aligned}$$

and

$$\begin{aligned}
r_T^\lambda &\in \mathcal{F}_{2T}, \\
\| r_T^\lambda \|_1 &\leq \| q_1 \|_1 \| q_2 \|_1 &&[\text{by } (4.8) \text{ with } p = 1] \\
&\leq T \times 2 &&[\text{since } |\lambda| \geq 1] \\
&= 2T, \\
\| r_T^\lambda \|_\infty &\leq \| q_1 \|_\infty \| q_2 \|_1 &&[\text{by } (4.8) \text{ with } p = \infty] \\
&\leq 2 &&[\text{since } |\lambda| \geq 1].
\end{aligned}$$

as required in (4.54). Completely similar computation demonstrates (4.55) in the case of $|\lambda| < 1$.

Now, by construction, $\| \pi_T^\lambda \|_1 \leq \| \psi \|_1^2 = 1$, as required in (4.57). To check (4.56), note that for $N \geq 2T$ and $\zeta \in G_N$ we have

$$
\begin{aligned}
|(F_N \pi_T^\lambda)(\zeta)| &= \frac{1}{\sqrt{2N+1}} |\pi_T^\lambda(\zeta)| \\
&= \frac{1}{\sqrt{2N+1}} |\psi(\zeta)|^2 \\
&= \sqrt{2N+1} \left[\frac{1}{\sqrt{2N+1}} |\psi(\zeta)| \right]^2 \\
&= \sqrt{2N+1} |(F_N \psi)(\zeta)|^2 \\
\Rightarrow \quad \| \pi_T^\lambda \|_{1,N}^* &= \sqrt{2N+1} \, \| F_N \psi \|_2^2 \\
&= \sqrt{2N+1} \, \| \psi \|_2^2 \qquad \text{[by (4.6) and in view of } \psi \in \mathcal{F}_T] \\
&= \frac{\sqrt{2N+1}}{T} \qquad\qquad \text{[by construction of } \psi]
\end{aligned}
$$

4^0. Now let us set

$$
\begin{aligned}
\pi_+^j(z) &= \prod_{s \in \mathcal{L}_j} (1 + \pi_T^{\lambda_{js}}(z)), \\
\pi_-^j(z) &= \prod_{s \in \mathcal{S}_j} (z^{2T} + \pi_T^{\lambda_{js}}(z)), \\
\pi^j(z) &= \pi_+^j(z)\pi_-^j(z), \\
\pi(z) &= \prod_{j=1}^{l} \pi^j(z), \\
\eta(z) &= z^{-2TM} \pi(z),
\end{aligned}
$$

where M is the sum, over $j \leq l$, of the cardinalities of the sets $\mathcal{S}_j$. Let us verify that η meets all requirements of Lemma 4.2.1.

$4^0.1$) By construction, we have $\deg(\pi_+^j(z)\pi_-^j(z)) \leq 2Tk$, whence $\pi \in \mathcal{F}_{2lkT}$; since $M \leq lk$, we have $2TM \leq 2lkT$ as well. Since $\pi(z)$ is a polynomial, we have $\eta \in \mathcal{F}_{2klT} \subset \mathcal{F}_{2\mu T}$, as required.

$4^0.2$) By (4.57) we have $\| \pi_T^\lambda \|_1 \leq 1$, whence

$$
\| \pi^j \|_1 \leq 2^k, \tag{4.58}
$$

so that $\| \eta \|_1 = \| \pi \|_1 \leq (2^k)^l = 2^{kl} \leq 2^\mu$, as required in (4.19).

$4^0.3$) Let $N \geq 2\mu T$. Let us fix $j \leq l$, and let $M_j = \mathrm{Card}(\mathcal{S}_j)$. By construction, we have

$$
\pi^j(z) z^{-2TM_j} = \prod_{s=1}^{k} (1 + \theta_s^j(z)), \tag{4.59}
$$

where (see Mini-lemma) $\theta_s^j \in \mathcal{F}_{2T}$ are of $\| \cdot \|_1$-norms not exceeding 1 and of $\| \cdot \|_{1,N}^*$ norms not exceeding $\gamma \equiv \frac{\sqrt{2N+1}}{T}$. By (4.7) applied with $p = 1$ and (4.10), every nonempty product of a number of $\theta_s^j(z)$ with distinct values of the index s is of $\| \cdot \|_1$-norm not exceeding 1 and of $\| \cdot \|_{1,N}^*$-norm not exceeding γ. When opening parentheses in the right hand side of (4.59), we get the sum of 1 and $2^k - 1$ products of the just outlined type; consequently,

$$
\theta^j(z) \equiv \pi^j(z) z^{-2TM_j} - 1 \in \mathcal{F}_{2kT}
$$

is of $\| \cdot \|_1$-norm not exceeding 2^k and of $\| \cdot \|_{1,N}^*$-norm not exceeding $2^k \gamma$. Observing that

$$
\eta(z) = \prod_{j=1}^{l} (1 + \theta^j(z))
$$

and repeating the reasoning we just have used, we conclude that $\omega(z) = \eta(z) - 1$ is of $\| \cdot \|_{1,N}^*$-norm not exceeding $2^{kl}\gamma$, as required in (4.20).

$4^0.4$) It remains to verify (4.21). To save notation, let us prove this relation for $j = l$. By construction (see Mini-lemma and (4.51)) we have

$$\pi(z) = \pi_1(z)\nu^l(z)\prod_{s=1}^{k} r_T^{\lambda_{ls}}(z),$$

$$\pi_1(z) = \prod_{j=1}^{l-1} \pi^j(z),$$

whence, in view of (4.52),

$$\eta(z) = \eta^l(z)\,c_l^{-1} z^{-2MT} \underbrace{\pi_1(z)\prod_{s=1}^{k} r_T^{\lambda_{ls}}(z)}_{\rho^l(z)}.$$

Due to its origin, $\rho^l \in \mathcal{F}_{2\mu T}$. Furthermore, we have

$$\begin{array}{rcll}
|c_l|^{-1} & \leq & 2^k & \text{[by (4.53)]} \\
\| \pi_1 \|_1 & \leq & 2^{k(l-1)} & \text{[by (4.58)]} \\
\| r_T^{\lambda_{ls}}(z) \|_1 & \leq & 2T & \text{[by Mini-lemma]} \\
\| r_T^{\lambda_{ls}}(z) \|_\infty & \leq & 2 & \text{[by Mini-lemma]};
\end{array}$$

applying (4.7), we come to (4.21). ∎

4.4.2 Proof of Lemma 4.3.1

Proof. We may assume that q has k distinct roots $\lambda_1, ..., \lambda_k$ [3]. Let the first ν of the roots belong to the closed left half-plane, and the rest of the roots belong from the open right half-plane.

Let us set

$$\mu_s = \exp\{\lambda_s n^{-1}\}, \quad s = 1, ..., k;$$

$$\widehat{\theta}(z) = \left(\prod_{s=1}^{\nu}(1 - z\mu_s)\right)\left(\prod_{s=\nu+1}^{k}(z - 1/\mu_s)\right);$$

$$\chi_s(x) = \begin{cases} \begin{cases} 0, & x \leq 0 \\ \exp\{\lambda_s x\}, & x > 0 \end{cases}, & s \leq \nu \\[2ex] \begin{cases} -\exp\{\lambda_s x\}, & x \leq 0 \\ 0, & x > 0 \end{cases}, & k \geq s > \nu \end{cases};$$

note that the fundamental solutions $\exp\{\lambda_s x\}$ of the homogeneous equation $q\left(\frac{d}{dx}\right)p = 0$, being restricted on the grid $\{t/n\}_{t\in\mathbf{Z}}$, are proportional to the progressions $\{\mu_s^t\}_{t\in\mathbf{Z}}$ and therefore satisfy the homogeneous difference equation

$$\widehat{\theta}(\Delta)g \equiv 0.$$

Let

$$(a * b)(x) = \int_{-\infty}^{\infty} a(u)b(x - u)du$$

---

[3] The case when q has multiple roots can be obtained from the one with simple roots by perturbing q to make its roots distinct and then passing to limit as the perturbation tends to 0.

be the usual convolution, $\delta(x)$ be the Dirac delta-function and

$$\gamma(x) = \chi_1 * \ldots * \chi_k.$$

We have $q(z) = (z - \lambda_1)\ldots(z - \lambda_n)$, so that

$$
\begin{aligned}
q\left(\tfrac{d}{dx}\right)\gamma &= \left((\tfrac{d}{dx} - \lambda_1)\chi_1\right) * \ldots * \left((\tfrac{d}{dx} - \lambda_k)\chi_k\right) \\
&= \underbrace{\delta * \ldots * \delta}_{k \text{ times}} \\
&= \delta,
\end{aligned}
$$

whence, setting

$$
\begin{aligned}
h(x) &= \begin{cases} \left(q\left(\tfrac{d}{dx}\right)g\right)(x), & x \in B \\ 0, & x \notin B \end{cases}, \\
r &= \gamma * h,
\end{aligned}
$$

we get

$$
q\left(\frac{d}{dx}\right)r = \left(q\left(\frac{d}{dx}\right)\gamma\right) * h = h = \left(q\left(\frac{d}{dx}\right)g\right)\chi_{x \in B}.
$$

Thus, for $x \in \text{int } B$ we have

$$
\left(q\left(\frac{d}{dx}\right)(g - r)\right)(x) = 0 \Rightarrow g(x) - r(x) = \sum_{s=1}^{k} c_s \exp\{\lambda_s x\},
$$

whence

$$
\left(\widehat{\theta}(\Delta)(g^n - r^n)\right)_t = 0 \quad \forall t : \frac{t \pm k}{n} \in \text{int } B \Rightarrow \|\,\widehat{\theta}(\Delta)(g^n - r^n)\,\|_{p,4\mu T} = 0 \tag{4.60}
$$

(recall that for $|t| \leq 4\mu T$ the points $(t \pm k)/n$ belong to B, since B is centered at the origin and contains at least $8\mu T + 2k + 1$ points of the grid Γ^n).

Now let us compute $\widehat{\theta}(\Delta)r^n$. Let $\overline{\Delta}$ be the shift by n^{-1} in the space of functions on the axis:

$$
(\overline{\Delta}f)(x) = f(x - n^{-1}).
$$

Then

$$
\begin{aligned}
\left(\widehat{\theta}(\Delta)r^n\right)_t &= \left(\widehat{\theta}(\overline{\Delta})r\right)(tn^{-1}), \\
\widehat{\theta}(\overline{\Delta})r &= \widehat{\theta}(\overline{\Delta})(\gamma * h) \\
&\quad [\text{since } r = \gamma * h] \\
&= \left(\widehat{\theta}(\overline{\Delta})\gamma\right) * h \\
&\quad [\text{since } \overline{\Delta}(f * e) = (\overline{\Delta}f) * e] \\
&= \underbrace{\left(\chi_1 - \mu_1 \overline{\Delta}\chi_1\right)}_{\psi_1} * \ldots * \underbrace{\left(\chi_\nu - \mu_\nu \overline{\Delta}\chi_\nu\right)}_{\psi_\nu} \\
&\quad * \underbrace{\left(\overline{\Delta}\chi_{\nu+1} - \mu_{\nu+1}^{-1}\chi_{\nu+1}\right)}_{\psi_{\nu+1}} * \ldots * \underbrace{\left(\overline{\Delta}\chi_k - \mu_k^{-1}\chi_k\right)}_{\psi_k} * h.
\end{aligned}
$$

Now note that every one of the functions $\psi_s(\cdot)$ in absolute value does not exceed 1, and that it vanishes outside $[0, n^{-1}]$. It follows that the function $\psi = \psi_1 * \ldots * \psi_k$ vanishes outside $[0, kn^{-1}]$ and does not exceed in absolute value the quantity $\|\,\psi_1\,\|_1 \ldots \|\,\psi_{k-1}\,\|_1 \|\,\psi_k\,\|_\infty \leq n^{-(k-1)}$.

Assuming $1 \leq p < \infty$, we have

$$
\begin{aligned}
\| \, \widehat{\theta}(\Delta) r^n \, \|_{p,4\mu T}^p \;\; &= \;\; \sum_{t=-4\mu T}^{4\mu T} \left| \left(\widehat{\theta}(\overline{\Delta}) r \right) (tn^{-1}) \right|^p \\
&= \;\; \sum_{t=-4\mu T}^{4\mu T} \left| (\psi * h)(tn^{-1}) \right|^p \\
&= \;\; \sum_{t=-4\mu T}^{4\mu T} \left| \int_0^{kn^{-1}} \psi(u) h(tn^{-1} - u) du \right|^p \\
&\leq \;\; \sum_{t=-4\mu T}^{4\mu T} \left(\int_0^{kn^{-1}} n^{-(k-1)} |h(tn^{-1} - u)| du \right)^p \\
&\leq \;\; \sum_{t=-4\mu T}^{4\mu T} n^{-(k-1)p} \int_0^{kn^{-1}} |h(tn^{-1} - u)|^p du (kn^{-1})^{p-1} \\
&= \;\; k^{p-1} n^{-kp+1} \int |h(u)|^p C(u) du \\
& \qquad [C(u) = \mathrm{Card}\,(\{ t \in \mathbf{Z} : |t| \leq 4\mu T, (-k+t)n^{-1} \leq u \leq tn^{-1} \})] \\
&\leq \;\; k^p n^{-kp+1} \| \, h \, \|_{p,B}^p \\
\Rightarrow \quad \| \, \widehat{\theta}(\Delta) r^n \, \|_{p,4\mu T} \;\; &\leq \;\; kn^{-k+1/p} \| \, q\left(\frac{d}{dx} \right) g \, \|_{p,B} \, .
\end{aligned}
$$

Combining the resulting inequality with (4.60), we get

$$
\| \, \widehat{\theta}(\Delta) g^n \, \|_{p,4\mu T} \leq kn^{-k+1/p} \| \, q\left(\frac{d}{dx} \right) g \, \|_{p,B} \, . \tag{4.61}
$$

This inequality was obtained in the case of $p < \infty$; by continuity reasons, it is valid for $p = \infty$ as well.

Relation (4.61) is nearly what we need; the only bad thing is that the polynomial $\widehat{\theta}$ is not normalized. Let w be the maximum of absolute values of the coefficients of $\widehat{\theta}$; setting

$$
\theta = w^{-1} \widehat{\theta},
$$

we get a normalized polynomial of degree k such that

$$
\| \, \theta(\Delta) g^n \, \|_{p,4\mu T} \leq w^{-1} kn^{-k+1/p} \| \, q\left(\frac{d}{dx} \right) g \, \|_{p,B} \, . \tag{4.62}
$$

It remains to bound from above the quantity w^{-1}, which is immediate: there exists a point z^* in the unit circle which is at the distance at least $d = (1+\sqrt{k})^{-1}$ from all points $\mu_{\nu+1}^{-1}, ..., \mu_k^{-1}$ and at at least at the same distance from the boundary of the circle (otherwise the circles of the radius d centered at the points were covering the circle of the radius $1 - d$ centered at the origin, which is clearly impossible – compare the areas!). From the formula for $\widehat{\theta}$ it follows that

$$
\sum_{s=0}^{k} |\widehat{\theta}_s| \geq |\widehat{\theta}(z^*)| \geq (1 + \sqrt{k})^{-k},
$$

whence

$$
w^{-1} \leq (k+1)(1 + \sqrt{k})^k.
$$

Combining this inequality with (4.62), we come to (4.34). ∎

Chapter 5

Aggregation of estimates, I

5.1 Motivation

The non-parametric regression estimates we have built so far heavily depend on a priori assumptions on the structure of the function to be recovered. As a matter of fact, this dependence of estimation techniques on a priori hypotheses concerning the structure of "true signals" is a characteristic feature of the non-parametric regression estimates; we can reduce sometimes the "size" of the required a priori knowledge, but we never can get rid of it completely. Now, typically there are many "concurrent" a priori hypotheses on the structure of a signal rather than a single hypothesis of this type; if we knew which one of our a priori hypotheses indeed takes place, we would know how to recover the signal. The difficulty, however, is that we do not know in advance which one of our concurrent hypotheses actually takes place. We already met this situation in adaptive estimation of smooth functions, where the hypotheses were parameterized by the smoothness parameters of local Sobolev balls, a particular hypothesis saying that the signal belongs to a particular Sobolev ball (and similarly in the case of recovering functions satisfying differential inequalities). As another example of this type, assume that we are recovering a smooth regression function f of $d > 1$ variables and that we have reasons to suppose that in fact f depends on $d' < d$ "properly chosen" variables:

$$f(x) = F(P^T x), \qquad (5.1)$$

where P is a $d' \times d$ matrix. If we knew P in advance, we could reduce the problem of recovering f to the one of recovering F. Since the rates of convergence of non-parametric estimates rapidly slows down with the dimensionality of the problem (e.g., for Lipschitz continuous functions of d variables the convergence rate is $O(n^{-\frac{1}{2+d}})$ – think how many observations we need to get a reasonable accuracy when estimating a Lipschitz continuous function of just 4 variables), such an opportunity would look very attractive. But what to do when we know that a representation (5.1) exists, but do not know the matrix P?

The "general form" of the situation we are interested in is as follows. We have a family $\mathcal{H}$ of a priori hypotheses on the signal f, and we know in advance that at least one of these hypotheses is true. If we knew that f fits a particular hypothesis $H \in \mathcal{H}$, we would know how to recover f – in other words, every hypothesis H is associated with a recovering routine $\hat{f}^H$ which "works fine" when f fits H. However, we do not know what is the hypothesis the observed signal fits. What to do?

Sometimes (e.g., in the case of recovering smooth functions or functions satisfying differential inequalities) we may act as if we knew the "true" hypothesis, but this possibility heavily depends on the specific nature of the corresponding family of hypotheses $\mathcal{H}$; for other families $\mathcal{H}$, no results of this type are known. This is the case, e.g., for the family associated with representation (2.1) with given d, d' and varying P.

In the general case we could act as follows: we could partition our observations y into two groups and use the observations of the first group, y^I, to build all estimates $f^H(\cdot) = \hat{f}^H(\cdot, y^I)$, $H \in \mathcal{H}$, of f; after this is done, we could use the second group of observations, y^{II}, in order to "aggregate" the estimates f^H – to build a new estimate which reproduces f (nearly) as good as the best of the functions f^H, $H \in \mathcal{H}$. Since in our approach the family of hypotheses/estimates is given in advance and is therefore beyond our control, our problem is how to implement the "aggregation" stage; how we resolve this problem, it depends on what exactly is our target. Mathematically natural targets could be to find an "aggregated" estimate which is nearly as good as

L. The closest to f *linear* combination of the functions f^H, $H \in \mathcal{H}$;

C. The closest to f *convex* combination of the functions f^H, $H \in \mathcal{H}$;

V. The closest to f of the functions f^H, $H \in \mathcal{H}$.

To the moment, the three outlined versions of the Aggregation problem were investigated in the case when

- The number of "basic estimates" is finite.

- The estimation error is measured in $L_2(X, \mu)$, X being a space on which f, f^H are defined and μ being a probability measure on this space.

The majority of known results relate to the version **V** of the aggregation problem (see [11] and references therein). In our course, we prefer to start with the version **C**, postponing the versions **L**, **V** till Chapter 6.

5.2 The problem and the main result

5.2.1 Aggregation problem

We are about to consider the following

> *Aggregation problem* **C.** Let
> - $\Lambda \subset \mathbf{R}^M$ be a convex compact set contained in the $\|\cdot\|_1$-ball, i.e., let
>
> $$\max\{\| \lambda \|_1 | \ \lambda \in \Lambda\} \leq 1;$$
>
> - X be a Polish space equipped with Borel probability measure μ;
> - $f_j : X \to \mathbf{R}$, $j = 1, ..., M$, $M \geq 3$, be given Borel functions;
> - $f : X \to \mathbf{R}$ be a Borel function.

Assume that we are given n noisy observations of f:

$$z = \{z_t = (x_t, y_t = f(x_t) + e_t)\}_{t=1}^n, \qquad (5.2)$$

where x_t are mutually independent random points from X, each of them being distributed according to μ, and e_t are independent of each other and of $\{x_t\}$ random noises such that

$$\mathcal{E}\{e_t\} = 0 \text{ and } \mathcal{E}\{e_t^2\} \leq \sigma^2 < \infty, \ t = 1, ..., n. \qquad (5.3)$$

Let f_Λ be the closest to f, in $L_2(X, \mu)$, linear combination of functions $f_1, ..., f_M$ with coefficients from Λ:

$$
\begin{aligned}
f_\Lambda &= \sum_{j=1}^M \lambda_j^* f_j, \\
\lambda_* &\in \operatorname*{Argmin}_{\lambda \in \Lambda} \Psi(\lambda), \\
\Psi(\lambda) &= \int_X (f(x) - \sum_{j=1}^M \lambda_j f_j(x))^2 \mu(dx).
\end{aligned}
\qquad (5.4)
$$

Our goal is to find, given $f_1, ..., f_M$ and n observations (5.2), a combination $\sum_j \lambda_j f_j$ with $\lambda \in \Lambda$ which is nearly as close to f as f_Λ.

It should be stressed that we do *not* assume that the measure μ is known in advance. From now on, we make the following crucial for us

Boundedness assumption: Functions $f, f_1, ..., f_M$ are bounded.
   From now on, we set

$$L = \max\{\| f \|_\infty, \| f_1 \|_\infty, ..., \| f_M \|_\infty\} < \infty, \qquad (5.5)$$

the ∞-norm being associated with the measure μ.

5.2.2   The recovering routine

Our recovering routine is extremely simple. The function $\Psi(\lambda)$ from (5.4) is a convex quadratic form of λ:

$$
\begin{aligned}
\Psi(\lambda) &= \Psi^*(\lambda) + c^*, \\
\Psi^*(\lambda) &= \sum_{i,j=1}^M Q_{ij}^* \lambda_i \lambda_j - \sum_{j=1}^M q_j^* \lambda_j, \\
Q_{ij}^* &= \int_X f_i(x) f_j(x) \mu(dx), \\
q_j^* &= 2 \int_X f(x) f_j(x) \mu(dx), \\
c^* &= \int_X f^2(x) \mu(dx).
\end{aligned}
\qquad (5.6)
$$

Given a quadratic form $\Phi(\lambda)$ on $\mathbf{R}^M$ with $\Phi(0) = 0$:

$$\Phi(\lambda) = \sum_{i,j=1}^M Q_{ij} \lambda_i \lambda_j - \sum_{j=1}^M q_j \lambda_j \qquad [Q_{ij} = Q_{ji}]$$

let us denote by

$$\text{Coef}(\Phi) = (\{Q_{ij}\}_{1 \leq j \leq i \leq M}, \{q_j\}_{j=1}^M)$$

the $\left(\frac{M(M+1)}{2} + M\right)$-dimensional vector of coefficients of the form.

Note that every observation $(x_t, y_t = f(x_t) + e_t)$ provides us with a noisy observation

$$\zeta^t = (\{f_i(x_t)f_j(x_t)\}_{1 \leq j \leq i \leq M}, \{2y_t f_j(x_t)\}_{j=1}^M) \tag{5.7}$$

of the vector

$$\zeta^* = \text{Coef}(\Psi^*).$$

and that ζ^t is the vector of coefficients of the convex quadratic form of rank 1

$$\Psi^{z_t}(\lambda) = \left(y_t - \sum_{j=1}^M \lambda_j f_j(x_t)\right)^2 - y_t^2.$$

Our aggregation procedure is as follows: given observations (5.2), we
1) build the form

$$\Psi^z(\lambda) = \frac{1}{n} \sum_{t=1}^n \Psi^{z_t}(\lambda),$$

and
2) solve the convex optimization problem

$$\Psi^z(\lambda) \to \min \mid \lambda \in \Lambda. \tag{P_z}$$

An optimal solution $\lambda(z)$ to this problem clearly can be chosen to be Borel in z;
3) We define our "aggregated estimate" as

$$\hat{f}(\cdot; z) = \sum_{j=1}^M \lambda_j(z) f_j(\cdot).$$

5.2.3 Main result

Our main result bounds the difference between the quality of the "ideal", as far as closeness to f is concerned, aggregate of f_j with coefficients from Λ and the expected quality of the aggregate $\hat{f}$ we have built, i.e., the difference between the quantities

$$\Psi(\lambda^*) = \min_{\lambda \in \Lambda} \int_X (f(x) - \sum_{j=1}^M \lambda_j f_j(x))^2 \mu(dx)$$

and

$$\mathcal{E}\{\Psi(\lambda(z))\} = \mathcal{E}\left\{\int_X (f(x) - \hat{f}(x; z))^2 \mu(dx)\right\}.$$

Note that a meaningful "quality measure" for an aggregation routine should be exactly of this type – it should bound the *difference* between the expected distance from f to the result of the aggregation routine in question and the distance from f to the "ideal" aggregate f_Λ, not the distance from f to the result of the aggregation routine separately. Indeed, since we make no assumptions on how well the "ideal" aggregate approximates f, we have no hope to ensure that the result of an aggregation routine (which cannot be closer to f than the ideal aggregate) is a good approximation of f; all we should worry about is to get an aggregate which is nearly as good as the ideal one.

Theorem 5.2.1 *For the aggregation routine $\widehat{f}$ we have built, one has*

$$\varepsilon_n \equiv \mathcal{E}\left\{\Psi(\lambda(z))\right\} - \Psi(\lambda^*) \le O(1)\frac{(L^2 + L\sigma)\sqrt{\ln M}}{\sqrt{n}} \tag{5.8}$$

with absolute constant $O(1)$.

Discussion

The quantity ε_n in the left hand side of (5.8) can be treated as the "aggregation price" – the loss in accuracy of approximating f by a linear combination of f_j (with coefficients from Λ) coming from the fact that we do not know the "true" optimal combination (since neither f nor even μ are known in advance) and are enforced to recover a nearly optimal combination from observations. Note that ε_n is the expected loss in the *squared* $\|\cdot\|_2$-distance from f ($\|\cdot\|_2$ is associated with the measure μ). A more natural price is the loss in the $\|\cdot\|_2$-distance itself – the quantity

$$\nu_n = \| f - \widehat{f} \|_2 - \| f - f_\Lambda \|_2 \,.$$

Since for $0 \le a \le b$ one has $(b - a)^2 \le b^2 - a^2$, (5.8) implies that

$$E_n \equiv \left(\mathcal{E}\left\{\nu_n^2\right\}\right)^{1/2} \le \sqrt{\varepsilon_n} \le O(1)\frac{(L + \sqrt{L\sigma})(\ln M)^{1/4}}{n^{1/4}}. \tag{5.9}$$

A good news about the latter bound is that it is "nearly independent of the number M of functions we are estimating" – it is proportional to $(\ln M)^{1/4}$. Thus, if our aggregation problem comes from the desire to aggregate estimates associated with a number of concurrent hypotheses on the signal f to be recovered, this number can be "very large". From the applied viewpoint, it means that our abilities to handle many concurrent hypotheses are limited not by the statistics – by growth of the aggregation price with the number of hypotheses – but by the necessity to process these hypotheses computationally. And a bad news about our aggregation routine is that the aggregation price E_n decreases rather slowly (as $n^{-1/4}$) as the volume n of observations used for aggregation grows. We shall see, however, that in our setting of the aggregation problem this rate is unimprovable.

Note that one can replace the "off-line" aggregation routine we have described (where we first accumulate all observations (5.2) and only then solve a (large-scale, for large M) convex optimization problem (P_z) to build the desired aggregate) with a Stochastic Approximation-type on-line routine where neither the observations should be stored, nor a separate stage of solving a convex optimization problem is needed (for details, see [16]).

Proof of Main result

Proof of Theorem 5.2.1 is given by combination of two simple observations; the second of them is interesting by its own right.

The first observation is given by

Lemma 5.2.1 *The random vectors ζ^t given by (5.7) are mutually independent and unbiased estimates of ζ^*:*

$$\mathcal{E}\{\zeta^t\} = \zeta^*. \tag{5.10}$$

Besides this,

$$\mathcal{E}\left\{\|\zeta^t - \zeta^*\|_\infty^2\right\} \leq 4(2L^2 + \sigma L)^2, \tag{5.11}$$

(From now on, for $\xi = (\xi_1, ..., \xi_K) \in \mathbf{R}^K$ $\|\xi\|_\infty$ is the norm $\max_k |\xi_k|$ of the vector ξ).

Proof. Mutual independence of $\{\zeta^t\}_{t=1}^n$ and relation (5.10) are evident. To establish (5.11), note that

$$
\begin{aligned}
|Q_{ij}^* - f_i(x_t)f_j(x_t)| &\leq 2L^2, \\
|q_j - 2(f(x_t) + e_t)f_j(x_t)| &\leq 4L^2 + 2L|e_t| \Rightarrow \\
\|\zeta^t - \zeta^*\|_\infty^2 &\leq 4(2L^2 + L|e_t|)^2 \Rightarrow \\
\mathcal{E}\{\|\zeta^t - \zeta^*\|_\infty^2\} &\leq 4(2L^2 + L\sigma)^2.
\end{aligned}
$$
∎

2^0. Our second observation is an extremely useful "Tschebyshev inequality in the ∞-norm". Recall that the usual Tschebyshev inequality gives a rough upper bound on the probability of the event $|\sum_{t=1}^n \xi^t| > a$, where ξ^t are independent scalar random variables with zero mean and finite variance; this inequality is an immediate consequence of the observation that in the case in question

$$\mathcal{E}\left\{|\sum_{t=1}^n \xi^t|^2\right\} = \sum_{t=1}^n \mathcal{E}\{|\xi^t|^2\}.$$

Similar equality *with respect to the Euclidean norm* takes place if ξ^t are independent vectors with zero mean and bounded variances:

$$\mathcal{E}\left\{\|\sum_{t=1}^n \xi^t\|_2^2\right\} = \sum_{t=1}^n \mathcal{E}\{\|\xi^t\|_2^2\}, \tag{*}$$

where for $\xi = (\xi_1, ..., \xi_K) \in \mathbf{R}^K$

$$\|\xi\|_p = \begin{cases} \left(\sum_{i=1}^K |\xi_i|^p\right)^{1/p}, & 1 \leq p < \infty \\ \max_i |\xi_i|, & p = \infty \end{cases}.$$

Now, (*) reflects specific algebraic properties of the Euclidean norm $\|\cdot\|_2$ and fails to be valid for the standard norms $\|\cdot\|_p$ with $p \neq 2$. As far as statistical consequences are concerned, the "$\|\cdot\|_p$-version" of (*) is played by the following result[1]:

Lemma 5.2.2 *Let $\xi_t \in \mathbf{R}^K$, $t = 1, ..., n$, be independent random vectors with zero means and finite variance, and let $K \geq 3$. Then for every $p \in [2, \infty]$ one has*

$$\mathcal{E}\left\{\|\sum_{t=1}^n \xi^t\|_p^2\right\} \leq O(1)\min[p, \ln K]\sum_{t=1}^n \mathcal{E}\left\{\|\xi^t\|_p^2\right\}; \tag{5.12}$$

here, as always, $O(1)$ is an absolute constant.

---

[1] I am using this fact for more than 20 years; all this time I was (and still am) sure that the fact is well-known, all this time I was looking for a reference and found none.

Proof. Given $\pi \in [2, \infty)$, let us set

$$V_\pi(\xi) = \| \xi \|_\pi^2 : \mathbf{R}^K \to \mathbf{R}.$$

The function V_π is continuously differentiable with Lipschitz continuous gradient; it can be easily verified (for the proof, see [21]) that

$$V_\pi(\xi + \eta) \leq V_\pi(\xi) + \eta^T \nabla V_\pi(\xi) + C\pi V_\pi(\eta) \tag{5.13}$$

with absolute constant C. We conclude that

$$
\begin{aligned}
\mathcal{E}\left\{V_\pi(\sum_{t=1}^{k+1} \xi^t)\right\} &\leq \mathcal{E}\left\{V_\pi(\sum_{t=1}^{k} \xi^t) + (\xi^{k+1})^T \nabla V_\pi(\sum_{t=1}^{k} \xi^t)\right\} + C\pi\mathcal{E}\left\{V_\pi(\xi^t)\right\} \\
&= \mathcal{E}\left\{V_\pi(\sum_{t=1}^{k} \xi^t)\right\} + C\pi\mathcal{E}\left\{V_\pi(\xi^t)\right\} \\
&\quad \text{[since } \mathcal{E}\{\xi^{k+1}\} = 0 \text{ and } \xi^{k+1} \text{ is independent of } \xi^1, ..., \xi^k]
\end{aligned}
$$

The resulting recurrence implies that whenever $p \in [2, \infty)$, one has

$$\mathcal{E}\left\{\| \sum_{t=1}^{n} \xi^t \|_p^2\right\} \leq Cp \sum_{t=1}^{n} \mathcal{E}\left\{\| \xi^t \|_p^2\right\}. \tag{5.14}$$

To complete the proof of (5.12), it suffices to verify that we can replace the factor Cp in the right hand side by a factor of the type $O(1) \ln K$. This is immediate: there is nothing to prove when $p \leq p(K) \equiv 2 \ln K$. Now let us assume that $p > 2 \ln K$. Since for $p \geq p' \geq 1$ one has

$$\| \xi \|_p \leq \| \xi \|_{p'} \leq K^{\frac{1}{p'} - \frac{1}{p}} \| \xi \|_p \qquad\qquad \forall \xi \in \mathbf{R}^K$$

we have

$$
\begin{aligned}
\mathcal{E}\left\{\| \sum_{t=1}^{n} \xi^t \|_p^2\right\} &\leq \mathcal{E}\left\{\| \sum_{t=1}^{n} \xi^t \|_{p(K)}^2\right\} \\
&\leq Cp(K) \sum_{t=1}^{n} \mathcal{E}\left\{\| \xi^t \|_{p(K)}^2\right\} \\
&\qquad \text{[by (5.14) applied with } p = p(K)] \\
&\leq Cp(K) \sum_{t=1}^{n} \mathcal{E}\left\{K^{\frac{2}{p(K)} - \frac{2}{p}} \| \xi^t \|_p^2\right\} \\
&\leq Cp(K) K^{\frac{2}{p(K)}} \sum_{t=1}^{n} \mathcal{E}\left\{\| \xi^t \|_p^2\right\} \\
&= 2Ce \ln K \sum_{t=1}^{n} \mathcal{E}\left\{\| \xi^t \|_p^2\right\} \\
&\qquad \text{[since } p(K) = 2 \ln K]
\end{aligned}
\qquad \blacksquare
$$

3^0. We are basically done. Indeed, since Λ is contained in the unit $\| \cdot \|_1$-ball in $\mathbf{R}^M$, the uniform, on Λ, distance between a pair of quadratic forms Ψ, Ψ' of λ, both forms being with zero constant terms, does not exceed 3 times the $\| \cdot \|_\infty$-distance between the coefficient vectors of the forms:

$$
\begin{aligned}
\Psi(\lambda) &= \sum_{i,j=1}^{M} Q_{ij} \lambda_i \lambda_j - \sum_{j=1}^{M} q_j \lambda_j, \\
\Psi'(\lambda) &= \sum_{i,j=1}^{M} Q'_{ij} \lambda_i \lambda_j - \sum_{j=1}^{M} q'_j \lambda_j \\
\Rightarrow \max_{\lambda \in \Lambda} |\Psi(\lambda) - \Psi'(\lambda)| &\leq 3 \| \operatorname{Coef}(\Psi) - \operatorname{Coef}(\Psi') \|_\infty.
\end{aligned}
$$

It follows that if λ' is a minimizer of Ψ' on Λ and $\| \operatorname{Coef}(\Psi) - \operatorname{Coef}(\Psi') \|_\infty$ is small, then λ' is a "nearly minimizer" of Ψ on Λ:

$$
\begin{aligned}
\lambda' \in \operatorname*{Argmin}_\Lambda \Psi'(\cdot) \Rightarrow & \\
\Psi(\lambda') - \min_\Lambda \Psi(\cdot) \leq & \; 2\max_{\lambda \in \Lambda} |\Psi(\lambda) - \Psi'(\lambda)| \qquad (5.15)\\
\leq & \; 6 \, \| \operatorname{Coef}(\Psi) - \operatorname{Coef}(\Psi') \|_\infty .
\end{aligned}
$$

Now, the output of our aggregation routine -- the vector of aggregation weights $\lambda(z)$ -- by construction is a minimizer, on Λ, of a random quadratic form $\Psi^z(\lambda) = \frac{1}{n} \sum_{t=1}^{n} \Psi^{z_t}(\lambda)$, so that our quality measure -- the "aggregation price" -- can be bounded as follows:

$$
\begin{aligned}
\Psi(\lambda(z)) - \min_\Lambda \Psi(\cdot) = & \; \Psi^*(\lambda(z)) - \min_\Lambda \Psi^*(\cdot) \\
& \text{[since } \Psi \text{ differs from } \Psi^* \text{ by a constant]} \\
\leq & \; 6 \, \| \operatorname{Coef}(\Psi^*) - \operatorname{Coef}(\Psi^z) \|_\infty \\
& \text{[by (5.15)]} \\
= & \; \tfrac{6}{n} \, \| \sum_{t=1}^{n} [\zeta^* - \zeta^t] \|_\infty \\
& \text{[by construction]} \\
\Rightarrow \\
\varepsilon_n \equiv & \; \mathcal{E} \{ \Psi(\lambda(z)) - \min_\Lambda \Psi(\cdot) \} \\
\leq & \; \tfrac{6}{n} \mathcal{E} \left\{ \| \sum_{t=1}^{n} [\zeta^* - \zeta^t] \|_\infty \right\} \\
\leq & \; \tfrac{6}{n} \left(\mathcal{E} \left\{ \| \sum_{t=1}^{n} [\zeta^* - \zeta^t] \|_\infty^2 \right\} \right)^{1/2} \\
\leq & \; \tfrac{6}{n} \left(O(1) \ln M \left[\sum_{t=1}^{n} 4(2L^2 + \sigma L)^2 \right] \right)^{1/2} \\
& \text{[by Lemmas 5.2.1, 5.2.2]} \\
\leq & \; O(1) \tfrac{(L^2 + \sigma L)\sqrt{\ln M}}{\sqrt{n}} ,
\end{aligned}
$$

as required. ∎

5.2.4 "Concentration"

From the computational viewpoint, a drawback of our aggregation routine is that the resulting aggregate $\hat{f}$ can involve all our M functions $f_1, ..., f_M$. If M is very large (and this is the case we indeed are interested in), such an aggregate is computationally difficult to use.

We are about to prove that in fact the aggregate $\hat{f}$ can be enforced to involve at most $O(n)$ or even $O(n^{1/2})$ of the functions $f_1, ..., f_M$, provided that Λ is "simple", e.g.,

$$
\begin{aligned}
\Lambda = & \; \{\lambda \in \mathbf{R}^M \,|\, \| \lambda \|_1 \leq 1\} & (5.16)\\
\Lambda = & \; \{\lambda \in \mathbf{R}^M \,|\, \lambda \geq 0, \| \lambda \|_1 \leq 1\} & (5.17)\\
\Lambda = & \; \{\lambda \in \mathbf{R}^M \,|\, \lambda \geq 0, \| \lambda \|_1 = 1\} & (5.18)
\end{aligned}
$$

"n-concentrated" aggregation. Given an M-dimensional vector ω with coordinates ± 1, let us set

$$\mathbf{R}_\omega^M = \{\lambda \in \mathbf{R}^M \mid \omega_j \lambda_j \geq 0,\ j = 1, ..., M\}.$$

Let us call Λ k-*simple*, if the intersection of Λ with every one of 2^M "orthants" $\mathbf{R}_\omega^M$ is a polyhedral set cut off $\mathbf{R}_\omega^M$ by at most k linear equalities and inequalities (in addition to M "sign constraints" which define $\mathbf{R}_\omega^M$ itself). E.g., every one of the sets (5.16) – (5.18) is 1-simple.

Note that the weight vector $\lambda(z)$ yielded by our aggregation routine is not necessarily unique. Indeed, we can choose as $\lambda(z)$ *any* minimizer (on Λ) of the quadratic form $\Psi^z(\cdot)$. The quadratic part of each of the forms $\Psi^{z_t}(\cdot)$, $t = 1, ..., n$, is of rank 1, so that the rank of the quadratic part of the form $\Psi^z(\cdot)$ is of rank at most n. It follows that there exists a linear subspace $E^z \subset \mathbf{R}^M$ of codimension at most $n + 1$ such that $\Psi^z(\cdot)$ is constant along every translation of this subspace. In particular, after we have found a minimizer $\lambda(z)$ of $\Psi^z(\cdot)$ on Λ, we can "refine" it as follows. Let ω be such that $\lambda(z) \in \mathbf{R}_\omega^M$. Consider the set

$$P = \Lambda \cap \mathbf{R}_\omega^M \cap [E^z + \lambda(z)].$$

Every point of this set (which contains $\lambda(z)$) is a minimizer of $\Psi^z(\cdot)$ on Λ, along with $\lambda(z)$ (since Ψ^z is constant on $E^z + \lambda(z)$). Assuming that Λ is k-simple, we observe that P is a compact polyhedral set given by M "sign constraints" defining $\mathbf{R}_\omega^M$ and no more than $k + n + 1$ additional linear inequalities and equations (at most k linear constraints which cut off $\Lambda \cap \mathbf{R}_\omega^M$ from $\mathbf{R}_\omega^M$ plus $n + 1$ linear equation defining the affine plane $E^z + \lambda(z)$). As any compact polyhedral set, P has extreme points, and by the standard results of Linear Programming every extreme point of P fits at least M of equations/inequalities defining P as equations. We are in our right to choose, as a minimizer of $\Psi^z(\cdot)$ on Λ, any one of these extreme points, let the chosen point be denoted $\lambda^+(z)$, and to treat $\lambda(z)$ as an intermediate, and $\lambda^+(z)$ – as the actual output of our aggregation routine. It remains to note that among $\geq M$ of equations/inequalities defining P which are satisfied at $\lambda^+(z)$ as equalities, at least $M - (k + n + 1)$ must come from the sign constraints defining the orthant $\mathbf{R}_\omega^M$, i.e., at least $M - (k + n + 1)$ coordinates in $\lambda^+(z)$ must be zero. We have arrived at the following

Proposition 5.2.1 *Assume that Λ is k-simple. Then in our aggregation routine we can specify the rules for choosing the weight vector $\lambda(z)$ in such a way that the aggregate*

$$\widehat{f}(\cdot; z) = \sum_{j=1}^M \lambda_j(z) f_j(\cdot)$$

will include, with positive weights $\lambda_j(z)$, no more than $k + n + 1$ of the functions f_j.

"$n^{1/2}$-concentrated" aggregation. The construction we are about to present goes back to Maurey [28]. We shall implement the construction under the assumption that Λ is the $\|\cdot\|_1$-unit ball (5.16); however, our reasoning can be easily modified to handle the case of simplices (5.17), (5.18).

Our new aggregation routine is randomized. Namely, we first apply our basic routine to get the vector of aggregation weights $\lambda(z)$. After it is found, we set

$$\nu(z) = \sum_{j=1}^{M} |\lambda_j(z)|$$

(note that $\nu(z) \leq 1$) and define a probability measure $\{\pi_j^z\}_{j=0}^{M}$ on the set $\{0, 1, ..., M\}$ as follows:

$$\pi_j^z = \begin{cases} |\lambda_j(z)|, & j > 0 \\ 1 - \nu, & j = 0 \end{cases}$$

For $0 \leq j \leq M$, let us set

$$g_j^z(\cdot) = \begin{cases} 0, & j = 0 \\ f_j(\cdot), & j > 0, \lambda_j(z) \geq 0 \\ -f_j(\cdot), & j > 0, \lambda_j(z) < 0 \end{cases}.$$

Note that we can represent the aggregate $\widehat{f}(\cdot; z) = \sum_{j=1}^{M} \lambda_j(z) f_j(\cdot)$ as the expectation of "random function" g_j^z with respect to the distribution π^z of the index j:

$$\widehat{f}(\cdot; z) = \sum_{j=0}^{M} \pi_j^z g_j^z(\cdot).$$

Now let us draw independently of each other K indices $j_1, ..., j_K$ according to the probability distribution π^z and let us set

$$\widetilde{f}(\cdot; z, \bar{j}) = \frac{1}{K} \sum_{l=1}^{K} g_{j_l}^z(\cdot) \qquad [\bar{j} = (j_1, ..., j_k)]$$

Note that the resulting function is obtained from $f_1, ..., f_M$ by linear aggregation with the weight vector $\widetilde{\lambda}(z, \bar{j}) \in \Lambda$ which is "K-concentrated" -- has at most K nonzero entries.

Now let us look at the "aggregation price"

$$\widetilde{\varepsilon}_n(K) \equiv \mathcal{E}_{z, \bar{j}} \left\{ \Psi(\widetilde{\lambda}(z, \bar{j})) - \min_{\Lambda} \Psi(\cdot) \right\}$$

of our new – randomized – aggregation routine. Treating $g_j^z(\cdot)$ as a random element of $L_2(X, \mu)$, the conditional, for z fixed, distribution of j being π^z, we observe that

(a) $g_{j_1}^z, ..., g_{j_K}^z$ are conditionally, z being fixed, independent and identically distributed with conditional expectation $\widehat{f}(\cdot; z)$

(b) The conditional, z being fixed, expectation of $\| g_{j_l}^z(\cdot) - \widehat{f}(\cdot; z) \|_{2,\mu}^2$ does not exceed L^2, where $\| \cdot \|_{2,\mu}$ is the standard norm of $L_2(X, \mu)$.

We now have

$$\mathcal{E}_{z,\bar{j}}\left\{\Psi(\tilde{\lambda}(z,\bar{j}))\right\}$$
$$= \mathcal{E}_z\left\{\mathcal{E}_{\bar{j}|z}\left\{\|\, \tfrac{1}{K}\sum_{l=1}^{K}g_{\bar{j}_l}^z - f\,\|_{2,\mu}^2\right\}\right\}$$
$$= \mathcal{E}_z\left\{\mathcal{E}_{\bar{j}|z}\left\{\|\left[\tfrac{1}{K}\sum_{l=1}^{K}[g_{\bar{j}_l}^z(\cdot) - \hat{f}(\cdot;z)]\right] + \left[\hat{f}(\cdot;z) - f(\cdot)\right]\|_{2,\mu}^2\right\}\right\}$$
$$= \mathcal{E}_z\left\{\mathcal{E}_{\bar{j}|z}\left\{\|\, \tfrac{1}{K}\sum_{l=1}^{K}[g_{\bar{j}_l}^z(\cdot) - \hat{f}(\cdot;z)]\,\|_{2,\mu}^2\right\} + \|\,\hat{f}(\cdot;z) - f(\cdot)\,\|_{2,\mu}^2\right\} \qquad \text{[by (a)]}$$
$$= \mathcal{E}_z\left\{\tfrac{1}{K^2}\sum_{l=1}^{K}\mathcal{E}_{\bar{j}|z}\left\{\|\, g_{\bar{j}_l}^z(\cdot) - \hat{f}(\cdot;z)\,\|_{2,\mu}^2\right\} + \|\,\hat{f}(\cdot;z) - f(\cdot)\,\|_{2,\mu}^2\right\} \qquad \text{[by (a)]}$$
$$\leq \mathcal{E}_z\left\{\tfrac{L^2}{K} + \|\,\hat{f}(\cdot;z) - f(\cdot)\,\|_{2,\mu}^2\right\} \qquad \text{[by (b)]}$$
$$\leq \tfrac{L^2}{K} + \mathcal{E}_z\left\{\|\,\hat{f}(\cdot;z) - f(\cdot)\,\|_{2,\mu}^2\right\}$$
$$= \tfrac{L^2}{K} + \mathcal{E}\left\{\Psi(\lambda(z))\right\}.$$

Combining the resulting inequality with (5.8), we come to the result as follows:

Proposition 5.2.2 *For the randomized, with parameter K, aggregate $\tilde{f}(\cdot; z, \bar{j})$, the aggregation price can be bounded from above as*

$$\tilde{\varepsilon}_n(K) \equiv \mathcal{E}_{z,\bar{j}}\left\{\Psi(\tilde{\lambda}(z,\bar{j})) - \min_{\Lambda}\Psi(\cdot)\right\} \leq O(1)\frac{(L^2 + L\sigma)\sqrt{\ln M}}{\sqrt{n}} + \frac{L^2}{K}. \qquad (5.19)$$

In particular, choosing K as the smallest integer which is $\geq \sqrt{\frac{n}{\ln M}}$, we get a randomized aggregation routine which is "$\sqrt{n}$-concentrated" – the resulting aggregate always is combination of at most $K \leq \sqrt{n}$ of the functions $f_1, ..., f_M$, and the aggregation price of the routine, up to factor 2, is the same as for our basic aggregation routine, see Theorem 5.2.1.

5.3 Lower bound

We have seen that when aggregating M functions on the basis of n observations (5.2), the expected aggregation price

$$\mathcal{E}\left\{\Psi(\lambda(\cdot)) - \min_{\Lambda}\Psi(\cdot)\right\}, \qquad \Psi(\lambda) = \int_X \left(f(x) - \sum_{j=1}^{M}\lambda_j f_j(x)\right)^2 \mu(dx)$$

can be made as small as $O(\sqrt{\ln M}\,n^{-1/2})$. We are about to demonstrate that this bound is optimal in order in the minimax sense.

Theorem 5.3.1 *For appropriately chosen absolute constant $\kappa > 0$ the following is true.*

Let positive L, σ and integer $M \geq 3$ be given, and let n be a positive integer such that

$$\frac{\sigma^2 \ln M}{L^2} \leq n \leq \kappa\frac{\sigma^2 M \ln M}{L^2}. \qquad (5.20)$$

For every aggregation routine $\mathcal{B}$ solving the Aggregation problem $\mathbf{C}$ on the basis of n observations (5.2) one can point out

- M *continuous functions* $f_1, ..., f_M$ *on the segment* $[0, 1]$ *not exceeding* L *in absolute value,*

- *a function* f *which is a convex combination of the functions* $f_1, ..., f_M$,

with the following property. Let

$$\hat{f}^{\mathcal{B}}(\cdot; z) = \sum_{j=1}^{M} \lambda_j^{\mathcal{B}}(z) f_j(\cdot)$$

be the aggregate yielded by the routine $\mathcal{B}$ *as applied to the Aggregation problem with the data given by*
  - $f_j, \ j = 1, ..., M$, *as the basic functions,*
  - *the uniform distribution on* $X = [0, 1]$ *as the distribution* μ *of the observation points,*
  - *the* $\mathcal{N}(0, \sigma^2)$ *observation noises* e_t,
  - f *as the "true" function,*
and
  - *the simplex* (5.18) *as* Λ.
The expected aggregation price of the aggregate $\hat{f}^{\mathcal{B}}$ *can be bounded from below as*

$$\mathcal{E}\left\{ \Psi(\lambda^{\mathcal{B}}) - \min_{\Lambda} \Psi(\cdot) \right\} = \mathcal{E}\left\{ \Psi(\lambda^{\mathcal{B}}) \right\} \geq \kappa \frac{L\sigma\sqrt{\ln M}}{\sqrt{n}}. \tag{5.21}$$

In particular, under assumption (5.20) *the aggregation price associated with the routines from Section 5.2.2 is optimal in order, in the minimax sense, provided that* $L = O(1)\sigma$.

Proof. Let $M \geq 3$, and let

$$f_j(x) = L\cos(2\pi j x), \ j = 1, ..., M.$$

Given a positive integer $p \leq M/2$, let us denote by $\mathcal{F}_p$ the set of all convex combinations of the functions $f_1, ..., f_M$ with the coefficients as follows: $2p$ of the coefficients are equal to $(2p)^{-1}$ each, and the remaining coefficients vanish.

It is easily seen that if $p \leq \sqrt{M}$, then $\mathcal{F}_p$ contains a subset $\mathcal{F}_p^*$ with the following properties:

I. Every two distinct functions from $\mathcal{F}_p^*$ have at most p common nonzero coefficients in the basis $f_1, ..., f_M$, so that

$$\frac{L^2}{4p} \leq \| f - g \|_2^2 \leq \frac{L^2}{2p} \tag{5.22}$$

(note that $f_1, ..., f_M$ are mutually orthogonal in $L_2[0, 1]$ and that $\| f_j \|_2^2 = \frac{1}{2}$);

II. The cardinality K of $\mathcal{F}_p^*$ satisfies the relation

$$K \geq M^{\kappa_1 p} \tag{5.23}$$

(from now on, $\kappa_i > 0$ are appropriate absolute constants).

Now let

$$\varepsilon(p) = \max_{f \in \mathcal{F}_p^*} \left[\mathcal{E} \left\{ \Psi_f(\lambda_f^\mathcal{B}) - \min_\Lambda \Psi_f(\cdot) \right\} \right] = \max_{f \in \mathcal{F}_p^*} \left[\mathcal{E} \left\{ \Psi_f(\lambda_f^\mathcal{B}) \right\} \right], \qquad (5.24)$$

where

$$\Psi_f(\lambda) = \| f - \sum_{j=1}^M \lambda_j f_j \|_2^2$$

and $\lambda_f^\mathcal{B}$ is the vector of aggregation weights yielded by the aggregation routine $\mathcal{B}$, the observations being associated with f. Note that the second equality in (5.24) comes from the fact that Λ is the simplex (5.18) and all $f \in \mathcal{F}_p$ are convex combinations of $f_1, ..., f_M$.

We claim that if $p \le \sqrt{M}$, then, for properly chosen κ_2, the following implication holds true:

$$\varepsilon(p) < \frac{L^2}{64p} \Rightarrow n \ge \kappa_2 \frac{\sigma^2 p^2 \ln M}{L^2}. \qquad (5.25)$$

Note that (5.25) implies the conclusion of the Theorem. Indeed, believing in (5.25), choosing

$$p = \rfloor \frac{L}{\sigma} \sqrt{\frac{n}{\kappa_2 \ln M}} \lfloor$$

and taking into account that in the case of (5.20) the resulting p is $\le \sqrt{M}$, provided that κ is chosen properly, we see that the conclusion in (5.25) fails to be true, so that

$$\varepsilon(p) \ge \frac{L^2}{64p} \ge O(1) \frac{\sigma L \sqrt{\ln M}}{\sqrt{n}};$$

the latter inequality, in view of the origin of $\varepsilon(p)$, is exactly what we need.

It remains to prove (5.25), which can be done by our standard information-based considerations. Indeed, let p satisfy the premise in (5.25), and let $\mathcal{B}$ be a method for solving the Aggregation problem with the data we have built. Let us associate with $\mathcal{B}$ a method $\mathcal{B}'$ for distinguishing between K hypotheses H_ℓ, $\ell = 1, ..., K$, on the distribution of the observation (5.2), ℓ-th of them saying that the observations are associated with ℓ-th signal f^ℓ from $\mathcal{F}_p^*$. Namely, given observations z, we call $\mathcal{B}$ to solve the Aggregation problem; after the corresponding aggregated estimate $F_\mathcal{B} = f_\mathcal{B}(z)$ is obtained, we find the $\| \cdot \|_2$-closest to $f_\mathcal{B}$ function f^ℓ in $\mathcal{F}_p^*$ (if there are several functions of this type, we choose, say, the first of them) and accept the hypotheses H_ℓ.

Since the pairwise $\| \cdot \|_2$-distances between the signals from $\mathcal{F}_p^*$ are $\ge d \equiv L/\sqrt{4p}$ by (5.22), and for every $f \in \mathcal{F}_p^*$ it holds $\mathcal{E} \{ \| f_\mathcal{B} - f \|_2^2 \} \le \varepsilon(p)$ by (5.24), we see that the probability to reject hypothesis H_ℓ if it is true is, for every $\ell = 1, ..., K$, at most $\sqrt{\varepsilon(p)}/(d/2) \le 1/4$. On the other hand, it is immediately seen that

(!) The Kullback distance between every pair of distributions associated with our K hypotheses does not exceed

$$\mathcal{K} \equiv \frac{n}{2\sigma^2} \max_{f,g \in \mathcal{F}_p^*} \| f - g \|_2^2 \le \frac{nL^2}{4p\sigma^2}. \qquad (5.26)$$

Indeed, let $f, g \in \mathcal{F}_p^*$ and F_f^n, F_g^n be the corresponding distributions of observations (5.2). Since the entries z_t are independent identically distributed, we have

$$
\begin{aligned}
\mathcal{K}(F_f^n : F_g^n) &= n\mathcal{K}(F_f^1 : F_g^1) \\
&= n \int_0^1 dx \left\{ \int_{-\infty}^{\infty} \psi(t - f(x)) \ln \frac{\psi(t - f(x))}{\psi(t - g(x))} dt \right\} \\
&\qquad \left[\psi(t) = \tfrac{1}{\sqrt{2\pi}\sigma} \exp\{-t^2/(2\sigma^2)\} \right] \\
&= \tfrac{n}{2\sigma^2} \int_0^1 (f(x) - g(x))^2 dx \\
&= \tfrac{n}{2\sigma^2} \| f - g \|_2^2,
\end{aligned}
$$

and we conclude that the Kullback distance between F_f^n and F_g^n does not exceed the quantity $\mathcal{K}$ defined in (5.26). The inequality in (5.26) is given by (5.22). $\square$

Applying the Fano inequality (Theorem 1.2.1), we come to

$$
\frac{nL^2}{4p\sigma^2} \geq \frac{3}{4} \ln(K - 1) - \ln 2;
$$

taking into account (5.23), we come to the conclusion of (5.25). $\blacksquare$

5.4 Application: Recovering functions from Barron's class

Usually, the "complexity" of approximating a multivariate function (e.g., the number of "simple terms" used in approximation) grows rapidly with dimensionality. This is why the Artificial Intelligence community was happy with the following "dimension-independent" result:

Theorem 5.4.1 [Barron '93 [1]] *Let* $f : \mathbf{R}^d \to \mathbf{R}$ *be the Fourier transform of a complex-valued measure of variation 1:*

$$
f(x) = \int \exp\{i\omega^T x\} F(d\omega), \quad \int |F(d\omega)| \leq 1,
$$

and let μ *be a probability distribution on* $\mathbf{R}^d$. *Then for every* $n \geq 1$ *there exists an* n-*term sum of cosines*

$$
\tilde{f}(x) = \sum_{j=1}^{n} a_j \cos(\omega_j^T x + \phi_j)
$$

such that

$$
\int |\tilde{f}(x) - f(x)|^2 \mu(dx) \leq \frac{1}{n}.
$$

In fact, this theorem goes back to Maurey. In order to simplify notation, assume that

$$
\int |F(d\omega)| = 1,
$$

so that

$$\nu(d\omega) = |F(d\omega)|$$

is a probability distribution. Let

$$p(\omega) = \frac{F(d\omega)}{\nu(d\omega)}$$

be the density of complex-valued measure F with respect to the probability measure ν, and let $g(\cdot)$ be random element of the space $L_2(\mathbf{R}^d, \mu)$ of complex-valued μ-square summable functions on $\mathbf{R}^n$ given by

$$g_\omega(x) = p(\omega) \exp\{i\omega^T x\},$$

ω being distributed according to ν.

The expected value of the random function $g_\omega(\cdot)$ clearly is f, while the second moment of the $L_2(\mathbf{R}^d, \mu)$-norm of this random function does not exceed 1:

$$\mathcal{E}\left\{\int |g_\omega(x)|^2 \mu(d\omega)\right\} \leq 1,$$

since $\| g_\omega(\cdot) \|_\infty \leq 1$ and μ is a probabilistic measure.

It follows that if $\omega_1, ..., \omega_n$ is a sample of n independent random vectors ω_j distributed each according to ν, then

$$\mathcal{E}\left\{\int \left|\frac{1}{n}\sum_{j=1}^n g_{\omega_j}(x) - f(x)\right|^2 \mu(dx)\right\} = \frac{1}{n^2}\sum_{j=1}^n \mathcal{E}\left\{\int |g_{\omega_j}(x) - f(x)|^2 \mu(dx)\right\} \leq \frac{1}{n}$$

and, consequently, there exists a particular collection $\bar\omega_1, ...\bar\omega_n$ such that

$$\int \left|f(x) - \frac{1}{n}\sum_{j=1}^n g_{\bar\omega_j}(x)\right|^2 \mu(dx) \leq \frac{1}{n};$$

it suffices to take, as $\tilde{f}(\cdot)$, the real part of the function

$$\frac{1}{n}\sum_{j=1}^n g_{\bar\omega_j}(x) = \frac{1}{n}\sum_{j=1}^n p(\bar\omega_j)\exp\{i\bar\omega_j^T x\}. \qquad \blacksquare$$

The advantage of Barron's result is that the quality of approximation in his theorem depends on the "number of simple terms" in the approximating aggregate and is independent of the dimensionality of the function to be approximated. A disadvantage of the construction is that in order to build the approximation, we need complete knowledge of F, or, which is the same, of f.

We are about to demonstrate that the aggregation technique developed in the previous section allows to build a "simple" approximation of f directly from its noisy observations, with basically no a priori knowledge of the function. Namely, assume that all our a priori knowledge about f is that f is the Fourier transform of a complex-valued measure of variation not exceeding a given upper bound $L/2 < \infty$ and vanishing outside the ball of a given radius R:

$$f(x) \in \mathcal{F}(L, R) = \left\{f(x) = \int_{\|\omega\|_2 \leq R} \exp\{i\omega^T x\}F(d\omega) \,\Big|\, \int |F(d\omega)| \leq L/2\right\}. \qquad (5.27)$$

Besides this a priori knowledge, we are given n noisy observations

$$z = \{z_t = (x_t, y_t = f(x_t) + e_t)\}_{t=1}^n \qquad (5.28)$$

of the values of f, where the observation points x_t are independent of each other and are distributed according to certain probability measure μ, and the observation noises e_t are independent of each other and of $\{x_t\}_{t=1}^n$ and have zero mean and bounded variance:

$$\mathcal{E}\{e_t\} = 0; \quad \mathcal{E}\{e_t^2\} \leq \sigma^2. \qquad (5.29)$$

We do not assume the measure μ to be known; all our a priori information on this measure is that

$$\int \| x \|_2^2 \, \mu(dx) \leq \sigma_x^2 \qquad (5.30)$$

with certain known in advance $\sigma_x < \infty$.

In order to recover f via observations (5.28), we act as follows:

Initialization. Given $\sigma, n, d, L, R, \sigma_x$, we set

$$
\begin{aligned}
(a) \quad & \eta = \frac{\sqrt{L^2 + L\sigma}}{n^{1/4}}, \\
(b) \quad & \varepsilon = \frac{2\eta}{L\sigma_x} = \frac{2\sqrt{L^2 + L\sigma}}{n^{1/4} L \sigma_x}
\end{aligned}
\qquad (5.31)
$$

and build an ε-net $\Omega = \{\omega_k\}_{k=1}^K$ in the ball $W_R = \{\omega \in \mathbf{R}^d \mid \| \omega \|_2 \leq R\}$.

It is easily seen that the cardinality K of the net can be chosen to satisfy the bound

$$K \leq (1 + 2\varepsilon^{-1}R)^d. \qquad (5.32)$$

Estimation. We set $M = 2K$, $\Lambda = \{\lambda \in \mathbf{R}^M \mid \| \lambda \|_1 \leq 1\}$ and define the basic functions f_j, $j = 1, ..., M$, as

$$f_{2k-1}(x) = L\cos(\omega_k^T x), \ f_{2k}(x) = L\sin(\omega_k^T x), \ k = 1, 2, ..., K.$$

Then we use the aggregation routine from Section 5.2.2 to get "nearly closest to f" weighted combination

$$\widehat{f}_n(\cdot; z) = \sum_{j=1}^M \lambda_j(z) f_j(\cdot) \qquad [\sum_{j=1}^M |\lambda_j(z)| \leq 1]$$

of functions f_j and treat this combination as the resulting approximation of f.

Remark 5.4.1 Applying our "n-concentration" technique, we can enforce $\widehat{f}_n$ to be a weighted sum of at most $n + 2$ cosines, similarly to the approximation given by Barron's Theorem.

The rate of convergence of the outlined approximation scheme is given by the following

Theorem 5.4.2 _Let $f \in \mathcal{F}(L, R)$ and let (5.29), (5.30) be satisfied. Then for all n one has_

$$\mathcal{E}\left\{\| \widehat{f}_n(\cdot, z) - f(\cdot) \|_{2,\mu}^2\right\} \leq O(1)\frac{(L^2 + L\sigma)\sqrt{d \ln M_n}}{\sqrt{n}}, \quad M_n = 2 + \frac{n^{1/4} L R \sigma_x}{\sqrt{L^2 + L\sigma}}. \qquad (5.33)$$

Proof. 1^0. Let us verify that for every $f \in \mathcal{F}(L, R)$ there exists a function

$$\widetilde{f}(x) = \sum_{j=1}^{M} \lambda_j f_j(x)$$

with $\lambda \in \Lambda$ such that

$$\| f - \widetilde{f} \|_{2,\mu} \leq \eta. \tag{5.34}$$

Indeed, we have

$$f(x) = \int_{W_R} \exp\{i\omega^T x\} F(d\omega) \text{ with } \int_{W_R} |F(d\omega)| \leq L/2.$$

Since Ω is an ε-net in W_R, we can partition W_R into K non-overlapping sets Ω_k in such a way that $\omega_k \in \Omega_k$ and Ω_k is contained in the ball of radius ε centered at ω_k, for all k. Setting

$$
\begin{aligned}
p_k &= \int_{\Omega_k} F(d\omega) = a_k + b_k i, \ k = 1, ..., K, \\
\widetilde{f} &= \sum_{k=1}^{K} \Re\left\{ p_k \exp\{i\omega_k^T x\} \right\} = \sum_{k=1}^{K} \left[\lambda_{2k-1} f_{2k-1}(x) + \lambda_{2k} f_{2k}(x) \right], \\
\lambda_{2k-1} &= \frac{1}{L} a_k, \\
\lambda_{2k} &= -\frac{1}{L} b_k,
\end{aligned}
$$

we get

$$\sum_{j=1}^{M} |\lambda_j| \leq \sqrt{2} L^{-1} \sum_{k=1}^{K} |p_k| \leq \int_{W_R} |F(d\omega)| \leq 1$$

and

$$
\begin{aligned}
|\widetilde{f}(x) - f(x)| &\leq \left| \sum_{k=1}^{K} p_k \exp\{i\omega_k^T x\} - f(x) \right| \quad \text{[since } f \text{ is real-valued]} \\
&= \left| \sum_{k=1}^{K} \int_{\Omega_k} \left[\exp\{i\omega^T x\} - \exp\{i\omega_k^T x\} \right] F(d\omega) \right| \\
&\leq \sum_{k=1}^{K} \int_{\Omega_k} \left| \exp\{i\omega^T x\} - \exp\{i\omega_k^T x\} \right| |F(d\omega)| \\
&\leq \varepsilon \| x \|_2 \sum_{k=1}^{K} \int_{\Omega_k} |F(d\omega)| \quad \text{[since } |\omega - \omega_k| \leq \varepsilon \ \forall \omega \in \Omega_k] \\
&\leq \varepsilon \| x \|_2 L/2 \\
\Rightarrow \| \widetilde{f} - f \|_{2,\mu} &\leq 0.5\varepsilon L \sigma_x \\
&= \eta \quad \text{[see (5.31.}(b))]}
\end{aligned}
$$

as required.

2^0. Applying Theorem 5.2.1, we get

$$
\begin{aligned}
\mathcal{E}\left\{ \| f(\cdot) - \widehat{f}_n(\cdot; z) \|_{2,\mu}^2 \right\} &\leq O(1) \frac{(L^2 + L\sigma)\sqrt{\ln M}}{\sqrt{n}} + \min_{\lambda \in \Lambda} \| f - \sum_{j=1}^{M} \lambda_j f_j \|_{2,\mu}^2 \\
&\leq O(1) \frac{(L^2 + L\sigma)\sqrt{\ln M}}{\sqrt{n}} + \| f - \widetilde{f} \|_{2,\mu}^2,
\end{aligned}
$$

which combined with (5.34) implies that

$$\mathcal{E}\left\{\| \, f(\cdot) - \hat{f}_n(\cdot;z) \, \|_{2,\mu}^2\right\} \leq O(1)\frac{(L^2 + L\sigma)\sqrt{\ln M}}{\sqrt{n}} + \eta^2.$$

It remains to note that $M \leq 2M_n^d$ by (5.32) and that $\eta^2 \leq \frac{L^2+L\sigma}{\sqrt{n}}$ by (5.31.(a)). ∎

Discussion. Theorem 5.4.2 establishes "nearly dimension-independent" rate of convergence of approximations of a function $f \in \mathcal{F}(L, R)$ to the function: when all but the dimension parameters (i.e., σ, L, R, σ_x) are fixed, the rate of convergence (measured as $\mathcal{E}\left\{\| \, f - \hat{f}_n \, \|_{2,\mu}^2\right\}$) is $O(\sqrt{dn^{-1}\ln n})$, so that the volume of observations required to approximate f within a given margin is just proportional to the dimension d. To understand that this linear growth indeed means "nearly dimension-independence" of the complexity of recovering a function, note that for the "usual" functional classes, like Sobolev and Hölder balls, the number of observations (even noiseless) needed to recover a function within a given inaccuracy grows with the dimension d like $\exp\{\alpha d\}$ ($\alpha > 0$ depends on the parameters of smoothness of the class in question). It should be stressed that the rate of convergence given by (5.33) is nearly independent of the parameters R, σ_x; we could allow these parameters to grow with n in a polynomial fashion, still preserving the $O(\sqrt{dn^{-1}\ln n})$-rate of convergence. By similar reasons, we would not loose much when replacing the assumption that the Fourier transform of f vanishes outside a given compact with bounds on the "tails" of this transform, thus coming to the classes like

$$\mathcal{F}(L,\gamma) \;=\; \{f = \textstyle\int \exp\{i\omega^T x\}F(d\omega) \Big| \textstyle\int |F(d\omega)| \leq L,$$
$$\textstyle\int\limits_{\|\omega\|_2 > R} |F(d\omega)| \leq R^{-\gamma} \; \forall R > 0\}.$$

As compared to the original result of Barron, the result stated by Theorem 5.4.2 has, essentially, only one drawback: the rate of convergence (5.33) is nearly $O(n^{-1/2})$, while in Barron's theorem the rate of convergence is $O(n^{-1})$. This "slowing down" is an unavoidable price for the fact that Theorem 5.4.2 deals with the case of approximating *unknown* function from Barron's-type class. In this case, the convergence rate $O(n^{-1/2})$ is nearly optimal in the minimax sense, as stated by the following result of [16]:

Theorem 5.4.3 *Let $L > 0$. Consider the problem of estimating a univariate function $f : \mathbf{R} \to \mathbf{R}$ via observations (5.28), where x_t are uniformly distributed on $[0,1]$ and $e_t \sim \mathcal{N}(0, \sigma^2)$. Let $\mathcal{F}_n$ be the class of all real-valued trigonometric polynomials of degree $\leq n$ with the sum of absolute values of the coefficients not exceeding L. Then, for appropriately chosen absolute constant $\kappa > 0$ and for all large enough values of n, for every algorithm $\mathcal{B}$ approximating $f \in \mathcal{F}_n$ via n associated with f observations (5.28) it holds*

$$\sup_{f \in \mathcal{F}_n} \mathcal{E}\left\{\| \, f - \hat{f}_{\mathcal{B}} \, \|_2^2\right\} \geq \kappa L\sigma \sqrt{\frac{\ln n}{n}}; \qquad (5.35)$$

here $\hat{f}_{\mathcal{B}}$ is the estimate yielded by $\mathcal{B}$, the function underlying observations being f.

5.5 Numerical example: nonparametric filtration

Following [16], consider a nonlinear time-invariant dynamic system:

$$y_t = f(y_{t-1}, y_{t-2}, ..., y_{t-d}) + e_t, \tag{5.36}$$

$e_0, e_1, ...$ being independent noises. We do not know f, and our target is to predict, given $y_0, ..., y_n$, the state y_{n+1}.

A natural way to approach our target is to recover f from observations and to form the prediction as

$$y_{n+1}^p = \hat{f}_n(y_n, ..., y_{n-d+1}), \tag{5.37}$$

$\hat{f}_n$ being the estimate of f built upon the first n observations (5.36). Setting $x_t = (y_{t-1}, ..., y_{t-d})^T$, we can represent the observations accumulated at time instant n as

$$z = \{z_t = (x_t, y_t = f(x_t) + e_t)\}_{t=d}^n. \tag{5.38}$$

The situation resembles the observation scheme (5.2), up to the fact that now the points x_t where we observe f depend on each other in a complicated and unknown fashion rather than to be i.i.d. Let us ignore this "minor difference" (we are not going to *prove* anything, just to *look* how it works) and act as if $\{x_t\}$ were i.i.d.

Assume that the dynamic system in question is known to be *semilinear* ("a system with single output nonlinearity"):

$$f(x) = \phi(p^T x).$$

If p were known, we could project our observation points x_t onto the corresponding axis, thus reducing the situation to the one where we are observing a *univariate* function ϕ. As a result, we would be capable to recover the multivariate function f as if it were a univariate function. In the case when p is unknown (this is the case we are interested in) it makes sense to use the approach outlined in Section 5.1, namely, to choose a "fine finite grid" Π in the space of d-dimensional directions and to associate with every direction $p \in \Pi$ the estimate $\hat{f}_p$ of f corresponding to the hypothesis that the "true" direction is p. We can use, say, the first half of our n observations to build the associated realizations f_p, $p \in \Pi$, of our estimates, and use the remaining half of observations to aggregate the resulting basic estimates, as described in Section 5.2.2, thus coming to the aggregated estimate $\hat{f}_n$ to be used in the predictor (5.37).

We are about to present the results yielded by the just outlined scheme as applied to systems of the type

$$(\mathcal{D}_d) : \begin{cases} y_t &= F(p^T x) + \sigma \eta_t, \ x_t^T = (y_{t-1}, ..., y_{t-d}), \\ F(z) &= \cos(4\pi z) + \cos(5\pi z), \\ \eta_t &\sim \mathcal{N}(0, 1), \\ p &= d^{-1/2}(1, ..., 1)^T \in \mathbf{R}^d. \end{cases}$$

In our simulations, we dealt with the dynamics $(\mathcal{D}_d)$ with $d = 2, 3$. In the case of $d = 2$, the grid Π of directions was

$$\left\{ p_i = \begin{pmatrix} \cos(\phi_0 + jM^{-1}\pi) \\ \sin(\phi_0 + jM^{-1}\pi) \end{pmatrix} \right\}_{j=1}^M,$$

ϕ_0 being a randomly chosen "phase shift"; we used $M = 400$. In the case of $d = 3$, the grid Π was comprised of $M = 3144$ randomly generated directions in $\mathbf{R}^3$. In both cases, the basic estimates f_p were the zero order spatial adaptive estimates from Chapter 3 (modified in an evident manner to get the possibility to work with non-equidistant grids of observation points).

In our experiments, we used the first 1024 observations z_t to build the basic estimates, the next 1024 observations to aggregate these estimates by the aggregation routine from Section 5.2.2, the underlying set Λ being the standard simplex

$$\{\lambda \in \mathbf{R}^M \mid \lambda \geq 0, \sum_j \lambda_j = 1\},$$

and used the resulting predictor (5.37) at 2048 subsequent time instants in order to measure the empirical standard deviation

$$\delta = \sqrt{\frac{1}{2048} \sum_{t=2049}^{4096} (f(x_t) - y_t^{\mathrm{p}})^2}.$$

In order to understand what is the effect of our "structure-based" prediction scheme – one which exploits the a priori knowledge that the actual dynamics is semilinear, we have compared its performance with the one of the "standard" prediction scheme based on the zero order spatial adaptive non-parametric recovering of f (treated as a "general-type" function of d variables) from the first 2048 observations (5.38).

The results of the experiments are as follows:

Method	$\sigma = 0.1$	$\sigma = 0.33$
Structure-based predictor, dynamics $(\mathcal{D}_2)$	0.093	0.275
Standard predictor, dynamics $(\mathcal{D}_2)$	0.483	0.623
Structure-based predictor, dynamics $(\mathcal{D}_3)$	0.107	0.288
Standard predictor, dynamics $(\mathcal{D}_3)$	0.244	1.013

Empirical standard deviation

The histograms of the prediction errors $f(x_t) - y_t^{\mathrm{p}}$ and typical prediction patterns are as follows: Finally, this is how the function f itself was recovered in the case of dynamics $(\mathcal{D}_2)$:

203

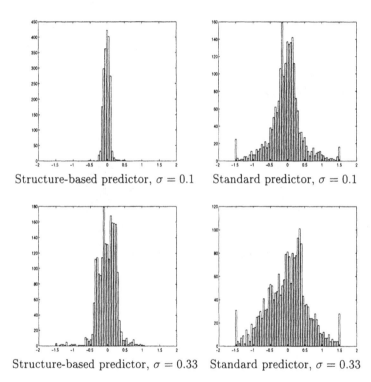

Structure-based predictor, $\sigma = 0.1$ Standard predictor, $\sigma = 0.1$

Structure-based predictor, $\sigma = 0.33$ Standard predictor, $\sigma = 0.33$

Figure 5.1: Distribution of prediction errors, dynamics $(\mathcal{D}_2)$.

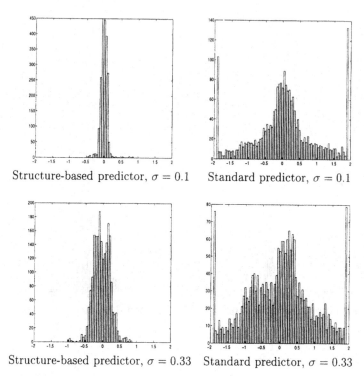

Structure-based predictor, $\sigma = 0.1$ Standard predictor, $\sigma = 0.1$

Structure-based predictor, $\sigma = 0.33$ Standard predictor, $\sigma = 0.33$

Figure 5.2: Distribution of prediction errors, dynamics $(\mathcal{D}_3)$.

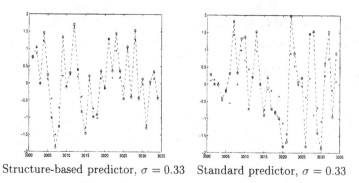

Structure-based predictor, $\sigma = 0.33$ Standard predictor, $\sigma = 0.33$

Figure 5.3: Prediction patterns, dynamics $(\mathcal{D}_2)$.
[circles: $f(x_t)$; crosses: y_t^{p}]

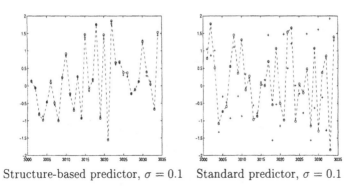

Structure-based predictor, $\sigma = 0.1$ Standard predictor, $\sigma = 0.1$

Figure 5.4: Prediction patterns, dynamics $(\mathcal{D}_3)$.
[circles: $f(x_t)$; crosses: y_t^{p}]

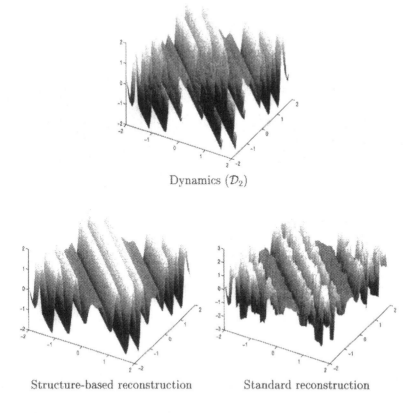

Dynamics $(\mathcal{D}_2)$

Structure-based reconstruction   Standard reconstruction

Figure 5.5: Reconstructions of dynamics $\mathcal{D}_2$, $\sigma = 0.1$.

206

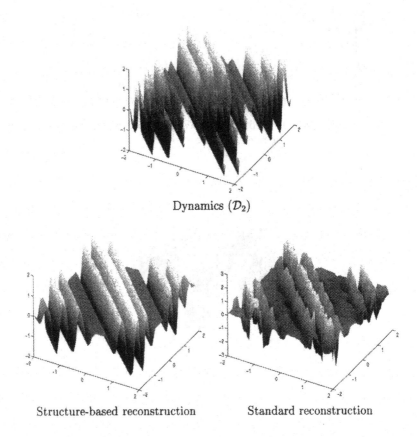

Dynamics ($\mathcal{D}_2$)

Structure-based reconstruction   Standard reconstruction

Figure 5.6: Reconstructions of dynamics $\mathcal{D}_2$, $\sigma = 0.33$.

Chapter 6

Aggregation of estimates, II

We proceed with aggregating estimates associated with a number of "concurrent hypotheses" on the observed regression function. In the previous chapter our goal was, essentially, to reproduce the best convex combination of the estimates, while now we focus on reproducing the best of the estimates or their best linear combination.

6.1 Gaussian white noise model of observations

It makes sense now to switch from the "discrete" models of observations we dealt with to the moment to the "continuous" model. In this new model, a signal $f : [0,1] \to \mathbf{R}$ is observed in continuous time Gaussian white noise of intensity ε^2. In other words, our observation is the random function

$$y(x) = y_{f,\varepsilon}(x) = \int_0^x f(s)ds + \varepsilon W(x), \qquad (6.1)$$

$W(x)$ being the standard Wiener process.

Model (6.1) is very popular in Nonparametric Statistics by the reasons as follow. There exists a rich "L_2 regression theory", where the quality of restoring f is measured in the L_2 norm and a priori assumptions on the signal are expressed in geometric form – usually, as hypotheses on the rate at which f can be approximated by elements of a given sequence of finite-dimensional subspaces $E_1 \subset E_2 \subset ...$ of L_2. A typical example is a periodic with derivatives of order $< k$, of the period 1, signal from the Sobolev ball $\mathbf{S}_1^{k,2}(L)$:

$$\int_0^1 (f^{(k)}(x))^2 dx \le L^2.$$

The indicated properties of f are equivalent to the fact that

$$\sum_{j=1}^{\infty} (2\pi j)^{2k} [f_{2j-1}^2 + f_{2j}^2] \le L^2, \qquad (6.2)$$

where $\{f_j\}_{j=0}^{\infty}$ are the Fourier coefficients of f in the standard trigonometric orthonormal basis of $L_2[0,1]$

$$\phi_0(x) \equiv 1, \phi_{2j-1}(x) = \sqrt{2}\cos(2\pi jx), \phi_{2j}(x) = \sqrt{2}\sin(2\pi jx), \ j = 1,2,...$$

Note that (6.2) is just a way to fix the rate at which f can be approximated, in the L_2-metric, by a trigonometric polynomial of degree j.

As far as the L_2 regression theory is concerned, (6.1) definitely is the most convenient model of observations, since it admits a very transparent and simple "translation" to the language of the L_2-geometry. As a result, with this model we get a "convenient road" to a number of interesting and instructive results. Now the role of "volume of observations" n is played by the quantity ε^{-2}; instead of asking "how well can we recover a signal from a large number n of noisy observations of the signal", we now ask how well we can recover a signal affected by Gaussian white noise of small intensity ε^2.

"Scientific practice" demonstrates that the majority of asymptotic, $\varepsilon \to 0$, results of the L_2 regression theory with observations (6.1) can as well be established (under appropriate technical assumptions) for more (or less?) realistic discrete models of observations like the one where we observe the signal along an equidistant (or random) n-point grid, variance of the noise affecting a particular observation being σ^2. The "translation" of the results obtained for the continuous model of observations to those for the discrete model is given by the correspondence $\sigma^2 n^{-1} = \varepsilon^2$. Which one of these models to use, it is, essentially, the question of mathematical convenience, and in our course we have reached the point when it definitely is easier to deal with model (6.1).

L_2 regression theory: the language. It is well-known that observations (6.1) are equivalent to the possibility to observe the $L_2[0,1]$-inner products of the signal f with functions $\phi \in L_2[0,1]$. Namely, given a function $\phi \in L_2[0,1]$, one can convert a realization of observation (6.1) in a realization of the random variable

$$\int_0^1 \phi(x)dy(x) = (f, \phi) + \varepsilon\xi_\phi, \qquad (6.3)$$

where

$$(f, g) = \int_0^1 f(x)g(x)dx$$

is the standard inner product in $L_2[0,1]$. It turns out that the vector of random noises $\{\xi_{\phi_i}\}_{i=1}^k$ corresponding to every finite collection of $\phi_i \in L_2$ is Gaussian, and its covariance matrix is just the Gram matrix of $\phi_1, ..., \phi_k$:

$$\mathcal{E}\{\xi_\phi \xi_\psi\} = (\phi, \psi) \quad \forall \phi, \psi \in L_2. \qquad (6.4)$$

It should be mentioned that for every $\phi \in L_2$ the left hand side in (6.3) is well-defined with probability one, the probability space in question being generated by the underlying Wiener process; thus, it makes no sense to speak simultaneously about values of *all* random noises $\{\xi_\phi \mid \phi \in L_2\}$, but it does make sense to speak about values of any countable collection from this set, and this is the only situation we shall deal with.

The outlined properties of model (6.1) allow to pass from the "functional" language to the geometric one and to represent the situation we are interested in as follows. We fix a real separable Hilbert space H with inner product $(\cdot, \cdot)$ and the associated norm $\| \cdot \|$; the "signals" we are observing are just the elements of this space. An observation y of a signal $f \in H$ is comprised of noisy measurements

$$\{y_\phi(f, \varepsilon) = (f, \phi) + \varepsilon\xi_\phi\}_{\phi \in H} \qquad (6.5)$$

of the projections of f on vectors from H, all finite collections of the noises ξ_ϕ being Gaussian random vectors with covariance matrices given by (6.4). In (6.5), ε is given "noise intensity"[1] Note that a sufficient statistics for (6.5) is given already by the sequence of observations

$$y^{f,\varepsilon} = \left\{ y_i^{f,\varepsilon} \equiv y_{\phi_i}(f,\varepsilon) = (f,\phi_i) + \varepsilon\xi_i \equiv (f,\phi_i) + \varepsilon\xi_{\phi_i} \right\} \qquad (6.6)$$

associated with a fixed orthonormal basis $\{\phi_i\}_{i=1}^\infty$ of H; given these observations, we can recover $y_\phi(f,\varepsilon)$ for every $\phi \in H$ according to

$$y_\phi(f,\varepsilon) = \sum_{i=1}^\infty (\phi,\phi_i) y_{\phi_i}(f,\varepsilon).$$

Thus, in fact our observations are just noisy observations of the coordinates of the signal in a somehow fixed orthonormal basis of H, the noises in the observations forming a sequence of independent $\mathcal{N}(0,\varepsilon^2)$ random variables.

Our goal is to recover signal f from the associated observations. A *recovering routine* $\widehat{f}(\cdot)$ is a Borel mapping acting from the set $\mathbf{R}^{\mathbf{Z}}$ of sequences with real entries to H, the set of sequences being equipped with the usual Tikhonov topology of the direct product (in this topology, $\mathbf{R}^{\mathbf{Z}}$ is a Polish space). The reconstruction associated with observations (6.5) is the random vector

$$\widehat{f}(y^{f,\varepsilon}) \in H,$$

where $y^{f,\varepsilon}$ are given by (6.6), $\{\phi_i\}$ being a fixed orthonormal basis in H (it does not matter how we choose this basis: as explained above, the observations associated with a basis can be converted to those associated with any other basis).

Given noise intensity ε, we measure the quality of a recovering routine $\widehat{f}$ at a signal $f \in H$ by the quantity

$$\mathcal{R}_\varepsilon(\widehat{f},f) = \left(\mathcal{E}\left\{ \| \widehat{f}(y^{f,\varepsilon}) - f \|^2 \right\} \right)^{1/2}, \qquad (6.7)$$

the expectation being taken over the observation noise. Given a subset $F \subset H$, we measure the quality of the routine $\widehat{f}$ *on the set* F by the corresponding worst-case risk

$$\mathcal{R}_\varepsilon(\widehat{f},F) = \sup_{f \in F} \mathcal{R}_\varepsilon(\widehat{f},f). \qquad (6.8)$$

The *minimax risk* associated with F is the function

$$\mathcal{R}^*(\varepsilon,F) = \inf_{\widehat{f}} \mathcal{R}_\varepsilon(f,F) = \inf_{\widehat{f}} \sup_{f \in F} \mathcal{R}_\varepsilon(\widehat{f},f). \qquad (6.9)$$

Finally, an *estimation method* is a family $\{\widehat{f}_\varepsilon\}_{\varepsilon>0}$ of recovering routines parameterized by the noise intensity; we say that such a method is asymptotically optimal/optimal in order in the minimax sense on a set $F \subset H$, if

$$\mathcal{R}_\varepsilon(\widehat{f}_\varepsilon,F) \le C(\varepsilon)\mathcal{R}^*(\varepsilon,F)$$

where $C(\varepsilon)$ converges to 1, respectively, remains bounded as $\varepsilon \to +0$.

---

[1] In the standard terminology, the intensity of noise in (6.5) is ε^2 rather than ε. In order to get a name for the quantity ε, we prefer to call it, and not its square, the intensity of noise.

6.2 Approximating the best linear combination of estimates

The problem. Assume we observe signals from a separable Hilbert space H according to (6.6) and are given a collection

$$\mathcal{M} = \left\{ \mathcal{M}^j = \{\widehat{f}_\varepsilon^j\}_{\varepsilon > 0}, \; j = 1, ..., M \right\}$$

of M estimation methods. For every signal $f \in H$, let

$$\mathcal{M}_\varepsilon(f, y) = \min_{\mu \in \mathbf{R}^M} \left\| f - \sum_j \mu_j \widehat{f}_\varepsilon^j(y) \right\|$$

be the distance from f to the linear span of the estimates $\widehat{f}_\varepsilon^j(y)$. When aggregating the given estimates in a linear fashion (however, with the weights which may depend on observations), and being clever enough to find, for every signal f underlying observations and every sequence of observation noises, the best – the closest to f – "mixture" of this type, we would recover f with inaccuracy $\mathcal{M}_\varepsilon(f, y)$; the risk of this "ideal linear aggregation" would be

$$\mathcal{R}_\mathcal{M}^{\mathrm{LA}}(\varepsilon, f) = \left(\mathcal{E} \left\{ \mathcal{M}_\varepsilon^2(f, y^{f, \varepsilon}) \right\} \right)^{1/2}. \tag{6.10}$$

The problem we are about to address is as follows:

> *Aggregation problem* **L.** *Given a collection $\mathcal{M}$ of M estimation methods, find an estimation method with the risk, at every $f \in H$, "close" to the risk $\mathcal{R}_\mathcal{M}^{\mathrm{LA}}(\varepsilon, f)$ of the "ideal" linear aggregation of the methods from $\mathcal{M}$.*

A solution: the idea. The problem we are interested in admits an extremely simple (and, as we shall see in a while, quite powerful) "solution" as follows. Assume we observe a signal $f \in H$ twice, so that we have two realizations y', y'' of observation $y^{f, \cdot}$, the noises affected the realizations being independent of each other; let the intensities of noise in y' and y'' be $\varepsilon', \varepsilon''$, respectively.

Let us use the first realization of observations to build the M estimates $f^j = \widehat{f}_{\varepsilon'}^j(y')$, $j = 1, ..., M$. Consider the linear span

$$L = L(y') = \left\{ g = \sum_{j=1}^M \mu_j f^j \; | \; \mu \in \mathbf{R}^M \right\} \subset H$$

of these estimates; this is a random linear subspace of H of dimension not exceeding M. To simplify notation, assume that this dimension almost surely is equal to M (what follows can be modified in an evident fashion to capture the general case as well). Applying the orthogonalization process, we may build a basis in L comprised of M orthonormal vectors $h^1, ..., h^M$; these vectors are deterministic functions of y'.

Now let us use the second observation, y'', to evaluate the orthogonal projection f_L of f onto $L = L(y')$. The orthogonal projection itself is given by

$$f_L = \sum_{j=1}^M (f, h^j) h^j, \tag{6.11}$$

and is the closest to f linear combination of $f^j = \hat{f}_{\varepsilon'}^j(y')$:

$$\| f - f_L \|^2 = \mathcal{M}_{\varepsilon'}^2(f, y'). \tag{6.12}$$

Observation y'' provide us with noisy observations

$$z_j = (f, h^j) + \varepsilon'' \xi_j'',$$

ξ_j'' being independent of each other and of y' $\mathcal{N}(0,1)$ random noises. Using z_j in (6.11) instead of the "true" Fourier coefficients (f, h^j), we come to the estimate

$$\tilde{f} = \tilde{f}(y', y'') = \sum_{j=1}^{M} z_j h^j = f_L + \varepsilon'' \sum_{j=1}^{M} \xi_j'' h^j. \tag{6.13}$$

Let us evaluate the quality of the resulting estimate of f. We have

$$\| f - \tilde{f} \|^2 = \| f - f_L \|^2 + 2\varepsilon''(f - f_L, \sum_{j=1}^{M} \xi_j'' h^j) + (\varepsilon'')^2 M.$$

Taking expectation over noises affecting y', y'' and taking into account that ξ_j'' are independent of y', we get

$$\mathcal{E}\left\{ \| f - \tilde{f} \|^2 \right\} = \left(\mathcal{R}_{\mathcal{M}}^{\mathrm{LA}}(\varepsilon', f) \right)^2 + (\varepsilon'')^2 M, \tag{6.14}$$

whence, in particular,

$$\left(\mathcal{E}\left\{ \| f - \tilde{f} \|^2 \right\} \right)^{1/2} \le \mathcal{R}_{\mathcal{M}}^{\mathrm{LA}}(\varepsilon', f) + \varepsilon'' \sqrt{M}. \tag{6.15}$$

The simple result we have obtained looks as a "nearly solution" to the Aggregation problem **L**: in the right hand side of (6.15) we see the risk $\mathcal{R}_{\mathcal{M}}^{\mathrm{LA}}$ of the "ideal" linear aggregation (associated, however, with noise intensity ε' rather than ε), plus the "aggregation price" $\varepsilon'' \sqrt{M}$. As we shall see, in many important cases this price is negligible small as compared to the risk of the ideal linear aggregation, so that (6.15) is, basically, what we need. There is, however, a difficulty: our estimation method requires two independent observations of the signal, while in our setting of the Aggregation problem we are allowed to use only one observation. We are about to demonstrate that this difficulty can be easily avoided – we always can "split" a single observation we have into two (or 1000) independent observations.

Splitting observations. Let us start with the following simple situation: we are given a realization ζ of an $\mathcal{N}(a, \sigma^2)$ random variable; σ is known, a is unknown. Can we "split" our observation ζ in a given number k of independent of each other realizations ζ_ℓ, $\ell = 1, ..., k$, of $\mathcal{N}(a, \sigma_\ell^2)$ random variables? What could be the corresponding variances σ_ℓ^2?

The answer is immediate: we claim that the required partitioning is possible, provided that

$$\frac{1}{\sigma^2} = \sum_{\ell=1}^{k} \frac{1}{\sigma_\ell^2}. \tag{6.16}$$

Indeed, we claim that under assumption (6.16) there exists a $k \times k$ matrix of the form

$$
Q = \begin{pmatrix}
1 & q_{12} & q_{13} & \cdots & q_{1k} \\
1 & q_{22} & q_{23} & \cdots & q_{2k} \\
\cdots & \cdots & \cdots & \cdots & \cdots \\
1 & q_{k2} & q_{k3} & \cdots & q_{kk}
\end{pmatrix}
$$

such that for the rows $q_1, ..., q_k$ of the matrix it holds

$$
q_j^T q_\ell = \frac{\sigma_j^2}{\sigma^2} \delta_{j\ell}, \tag{6.17}
$$

$\delta_{j\ell}$ being the Kronecker symbols.

Matrix Q can be built as follows. Indeed, let $e_1, ..., e_k$ be the standard basic orths in $\mathbf{R}^k$, and let

$$
r_j = \frac{\sigma_j}{\sigma} e_j, \; j = 1, ..., k; \quad \bar{u} = \left(\frac{\sigma}{\sigma_1}, ..., \frac{\sigma}{\sigma_k} \right)^T .
$$

By construction we have

$$
r_j^T \bar{u} = 1, \; j = 1, ..., k,
$$

and $\bar{u}$ is a unit vector by (6.16). Let us pass to an orthonormal basis of $\mathbf{R}^k$ where the first vector of the basis is $\bar{u}$, and let q_j be the vector of coordinates of r_j in this new basis. Then

$$
(q_j)_1 = r_j^T \bar{u} = 1 \quad \forall j \text{ and } q_j^T q_\ell = r_j^T r_\ell = \frac{\sigma_j^2}{\sigma^2} \delta_{j\ell}, \tag{6.18}
$$

as required.

Now assume that we are given $\sigma, \{\sigma_i\}_{i=1}^k$ satisfying (6.16), and a realization ζ of $\mathcal{N}(a, \sigma^2)$ random variable, and our goal is to "split" ζ in a sample of k independent $\mathcal{N}(a, \sigma_i^2)$ random variables $\zeta_1, ..., \zeta_k$. To this end let us build matrix Q satisfying (6.17), generate $k - 1$ independent of each other and of ζ "artificial" $\mathcal{N}(0, 1)$ random variables $\omega_1, ..., \omega_{k-1}$ and set

$$
\begin{pmatrix}
\zeta_1 \\
\zeta_2 \\
\cdots \\
\zeta_k
\end{pmatrix} = Q \begin{pmatrix}
\zeta \\
\sigma \omega_1 \\
\sigma \omega_2 \\
\cdots \\
\sigma \omega_{k-1}
\end{pmatrix}. \tag{6.19}
$$

From (6.17) combined with the fact that the first column of Q is comprised of ones it immediately follows that ζ_j, $j = 1, ..., k$, are independent of each other $\mathcal{N}(a, \sigma_j^2)$ random variables.

After we know how to split a single realization of an $\mathcal{N}(a, \sigma^2)$ random variable, we know how to split a single realization $y^{f,\varepsilon}$ of observation (6.6) into a desired number k of *independent* realizations y^{f,ε_i}, $i = 1, ..., k$, of the same signal with prescribed noise intensities $\sigma_1, ..., \sigma_k$ satisfying the "balance equation"

$$
\frac{1}{\varepsilon^2} = \sum_{i=1}^k \frac{1}{\varepsilon_i^2} \tag{6.20}
$$

– it suffices to apply the above randomized routine to every one of the observations $y_j^{f,\varepsilon}$, using, for every index $j = 1, 2, ...,$ "its own" artificial random ω-variables. Thus, from the statistical viewpoint, we always may assume that instead of observation (6.6) we are given a desired number k of independent of each other similar observations, the noise intensities of the observations being linked by (6.20). From the implementation viewpoint, our "observation splitting" just means that we pass from deterministic recovering routines to randomized ones.

As a byproduct of our "splitting result", we see that as far as model (6.6) of observations is concerned, the quantity ε^{-2} indeed behaves itself as the "volume of observations": given an observation of "volume $n = \varepsilon^{-2}$", we can partition it into a prescribed number k of independent observations of prescribed volumes $n_k = \varepsilon_k^{-2}$, provided that $n = n_1 + ... + n_k$. And of course vice versa: given k independent observations y^{f,ε_i} of the same signal, we can aggregate them into a single observation y of the volume $n = \sum_i n_i \equiv \sum_i \frac{1}{\varepsilon_i^2}$: it suffices to set

$$y = \frac{1}{n_1 + ... + n_k} \sum_{i=1}^k n_i y^{f,\varepsilon_i}.$$

Finally, note that in the discrete model of observations similar "splitting" is given by "physical" splitting of observations, like partitioning all observations in subsequent segments, 5 observations per each, and putting the first observation from every segment to the first group, two next – to the second group, and two more – to the third one.

Intermediate summary. Let us come back to Aggregation problem **L**, and let us fix somehow a set $F \subset H$ of signals we are interested in, along with a collection $\mathcal{M} = \left\{ \hat{f}_\varepsilon^j(\cdot) \right\}_{\substack{\varepsilon > 0 \\ j = 1, ..., M}}$ of M estimation methods. Assume that

A. The worst-case, over $f \in F$, risk

$$\mathcal{R}_\mathcal{M}^{\mathrm{LA}}(\varepsilon, F) = \sup_{f \in F} \mathcal{R}_\mathcal{M}^{\mathrm{LA}}(\varepsilon, f)$$

of "ideal linear aggregation" of the estimation methods from $\mathcal{M}$ is a "well-behaved" function of ε as $\varepsilon \to 0$: whenever $\delta(\varepsilon) \geq \varepsilon$ is such that $\delta(\varepsilon)/\varepsilon \to 1$, $\varepsilon \to +0$, one has

$$\mathcal{R}_\mathcal{M}^{\mathrm{LA}}(\delta(\varepsilon), F) \leq (1 + o(1))\mathcal{R}_\mathcal{M}^{\mathrm{LA}}(\varepsilon, F), \ \varepsilon \to 0. \tag{6.21}$$

B. The worst-case, over $f \in F$, risk of "ideal linear aggregation" of the estimation methods from $\mathcal{M}$ is "non-parametric":

$$\varepsilon^{-1}\mathcal{R}_\mathcal{M}^{\mathrm{LA}}(\varepsilon, F) \to \infty, \ \varepsilon \to 0. \tag{6.22}$$

Both of these assumptions are very natural. As about **B**, note that already the minimax risk of estimating k-parametric signals

$$f \in F_k(L) = \{f = \sum_{i=1}^k f_i \phi_i \mid \sum_{i=1}^k f_i^2 \leq L^2\}$$

is $(1+o(1))\varepsilon\sqrt{k}$ as $\varepsilon \to +0$. As about **A**, this assumption is satisfied in all applications known to us.

Under assumptions **A**, **B** we can implement the outlined aggregation scheme as follows:

Setup. Choose $\delta_1(\varepsilon), \delta_2(\varepsilon)$ satisfying the relations

$$
\begin{aligned}
(a) & \quad \frac{1}{\delta_1^2(\varepsilon)} + \frac{1}{\delta_2^2(\varepsilon)} = \frac{1}{\varepsilon^2}; \\
(b) & \quad \frac{\delta_1(\varepsilon)}{\varepsilon} \to 1, \ \varepsilon \to +0; \\
(c) & \quad \delta_2^{-1}(\varepsilon)\mathcal{R}_\mathcal{M}^{\mathrm{LA}}(\varepsilon, F) \to \infty, \ \varepsilon \to 0,
\end{aligned}
\tag{6.23}
$$

which is possible in view of (6.22).

Aggregation.

1) Given observation $y = y^{f,\varepsilon}$ with known noise intensity ε, we split it into two independent observations $y' = y^{f,\delta_1(\varepsilon)}, y'' = y^{f,\delta_2(\varepsilon)}$.

2) We build M vectors $f^j = \hat{f}_{\delta_1(\varepsilon)}^j(y')$, $j = 1, ..., M$, and apply to these vectors orthogonalization procedure to get an orthonormal system $h^1, ..., h^M$ with the same linear span.

3) We use the observation y'' to get estimates $z_j = (f, h^j) + \delta_2(\varepsilon)\xi_j$ of the projections of f on the directions $h^1, ..., h^M$ and define the resulting estimate of f as

$$
\tilde{f}_\varepsilon(y) = \sum_{j=1}^M z_j h^j.
$$

Relation (6.15) immediately yields the following

Proposition 6.2.1 _Under assumptions_ **A**, **B** _one can solve the Aggregation problem_ **L** _associated with the collection_ $\mathcal{M}$ _of estimation methods and the set of signals_ F _"asymptotically ideally" in the minimax sense. Namely, for the outlined estimation method_ $\{\tilde{f}_\varepsilon\}_{\varepsilon>0}$ _one has_

$$
\mathcal{R}_\varepsilon(\tilde{f}_\varepsilon, F) \equiv \sup_{f \in F} \left(\mathcal{E}\left\{\| f - \tilde{f}_\varepsilon(y^{f,\varepsilon}) \|^2\right\}\right)^{1/2} \le (1 + o(1))\mathcal{R}_\mathcal{M}^{\mathrm{LA}}(\varepsilon, F), \ \varepsilon \to +0. \tag{6.24}
$$

Indeed, from (6.15) it follows that

$$
\mathcal{R}_\varepsilon(\tilde{f}_\varepsilon, F) \le \mathcal{R}_\mathcal{M}^{\mathrm{LA}}(\delta_1(\varepsilon), F) + \delta_2(\varepsilon)\sqrt{M}.
$$

By (6.23.b) and Assumption **A**, the first term in the right hand side of this bound is $(1 + o(1))\mathcal{R}_\mathcal{M}^{\mathrm{LA}}(\varepsilon, F)$, while the second term, by (6.23.c), is $o(1)\mathcal{R}_\mathcal{M}^{\mathrm{LA}}(\varepsilon, F)$.

Note that we are not restricted to deal with mimicking the best linear aggregation of _once for ever fixed_ number M of estimation methods: we can allow the collection to extend at certain, not too high, rate as $\varepsilon \to +0$. Thus, assume that we have a "nested family"

$$
\mathcal{M} = \left\{\hat{f}_\varepsilon^j(\cdot)\right\}_{\substack{\varepsilon>0 \\ j=1,...,M(\varepsilon)}}
$$

of estimation methods. The notions of the ideal linear aggregation of the methods from the family and the associated "ideal aggregation risks" $\mathcal{R}_\mathcal{M}^{\mathrm{LA}}(\varepsilon, f)$ and $\mathcal{R}_\mathcal{M}^{\mathrm{LA}}(\varepsilon, F)$

at a given signal f and at a given family $F \subset H$ of signals can be straightforwardly extended to our new situation. The assumptions **A, B** which allowed us to get Proposition 6.2.1 now should be modified as follows: **A** remains unchanged, and **B** is replaced with the assumption

> **B.1.** *The worst-case, over $f \in F$, risk of "ideal linear aggregation" of the estimation methods from $\mathcal{M}$ satisfies the relation*
>
> $$\left(\varepsilon\sqrt{M(\varepsilon)}\right)^{-1} \mathcal{R}_{\mathcal{M}}^{\mathrm{LA}}(\varepsilon, F) \to \infty, \ \varepsilon \to +0 \qquad (6.25)$$

which is an upper bound on the rate at which $M(\varepsilon)$ is allowed to grow as $\varepsilon \to +0$. Finally, the setup rule (6.23.c) should be replaced with

$$\left(\delta_2(\varepsilon)\sqrt{M(\varepsilon)}\right)^{-1} \mathcal{R}_{\mathcal{M}}^{\mathrm{LA}}(\varepsilon, F) \to \infty, \ \varepsilon \to +0. \qquad (6.26)$$

With these modifications of the assumptions and the construction, we still ensure (6.24), i.e., still are able to get "asymptotically ideal" linear aggregation of our, now extending as $\varepsilon \to +0$, nested family of estimation methods.

6.3 Application: aggregating projection estimates

Recall that we have fixed an orthonormal basis $\{\phi_i\}_{i=1}^{\infty}$ in our "universe" – in the Hilbert space H. To the moment this basis was playing a completely technical role of representing an observation as a countable (and thus - "tractable") sample of random variables. In fact, in the traditional L_2 regression theory basis plays a much more important role – the majority of the traditional estimators are "basis-dependent". As the simplest – and typical – example, consider a *linear* or, better to say, a simple *filter* estimate associated with a given basis $\{\phi_i\}$.

6.3.1 Linear estimates

A *linear estimate* is specified by a square-summable sequence of its *weights* $\lambda = \{\lambda_i\}_{i=1}^{\infty}$ and is just

$$\widehat{f}^{\lambda}(y) = \sum_{i=1}^{\infty} \lambda_i y_i \phi_i. \qquad (6.27)$$

As applied to an observation $y^{f,\varepsilon}$, the estimate becomes

$$\widehat{f}^{\lambda}(y^{f,\varepsilon}) = \sum_{i=1}^{\infty} \lambda_i(f, \phi_i)\phi_i + \varepsilon \left[\sum_{i=1}^{\infty} \lambda_i \xi_i \phi_i\right] \qquad (6.28)$$

The "stochastic vector series" $\varepsilon \left[\sum_{i=1}^{\infty} \lambda_i \xi_i \phi_i\right]$ in the right hand side of this expression clearly converges in the mean square sense to a random element of H (recall that λ is a square summable sequence), so that the estimate makes sense. One can easily compute the squared expected error of this estimate:

$$
\begin{aligned}
\mathcal{R}^2_\varepsilon(\hat{f}^\lambda, f) &= \sum_{i=1}^{\infty}(1-\lambda_i)^2(f,\phi_i)^2 + \varepsilon^2\sum_{i=1}^{\infty}\lambda_i^2 \\
&= d^2(\lambda, f) + \varepsilon^2 e^2(\lambda), \\
d(\lambda, f) &= \sqrt{\sum_{i=1}^{\infty}(1-\lambda_i)^2(f,\phi_i)^2} \\
e(\lambda, f) &= \sqrt{\sum_{i=1}^{\infty}\lambda_i^2}.
\end{aligned}
\tag{6.29}
$$

The "deterministic" component $d^2(\lambda, f)$ of the squared risk depends on the signal f and is nothing but the squared norm of the bias of our filter (the difference between the input $f = \sum_i f_i \phi_i$ of the filter and its output $\sum_i \lambda_i f_i \phi_i$ in the absence of errors; from now on,

$$
f_i = (f, \phi_i)
$$

stand for the coordinates of a signal in our fixed basis). The stochastic component $\varepsilon^2 e^2(\lambda)$ of the squared risk is nothing but the energy of the noise component of the output, the input being affected by white noise of intensity ε.

The simplest linear estimates are the so called *projection estimates* $\hat{f}^k$ – the weights λ_j are equal to 1 for j not exceeding certain k (called the *degree* of the estimate) and are zero for $j > k$. Note that for the projection estimate of degree k relation (6.29) becomes

$$
\mathcal{R}^2_\varepsilon(\hat{f}^k, f) = \sum_{i=k+1}^{\infty} f_i^2 + \varepsilon^2 k
\tag{6.30}
$$

and is very transparent: the larger is the degree of the estimate, the less is the deterministic component of the squared risk and the larger is its stochastic component – the situation similar, "up to vice versa", to the one with window estimates. "Reversed", as compared to the case of window estimates, monotonicity properties of the deterministic and the stochastic components of the squared risk as functions of the "window width" (the role of the latter now is played by the degree k of the estimate) is quite natural: narrow windows in "time domain" correspond to wide windows in the "frequency domain".

From the theoretical viewpoint, the interest in linear and projection estimates comes from the fact that they are minimax optimal in order on very natural classes of signals – on "ellipsoids".

An "ellipsoid" is given by a sequence of its "half-axes"

$$
a_1 \geq a_2 \geq \dots : \quad a_i \in \mathbf{R} \cup \{+\infty\}, a_i \to 0, i \to \infty
$$

and its "radius" – a positive real L – and is defined as

$$
E(\{a_i\}, L) = \{f \in H \mid \sum_{i=1}^{\infty} \frac{f_i^2}{a_i^2} \leq L^2\}.
$$

For example, the class of k times differentiable periodic with derivatives of order $< k$, of period 1, signals f with $\int_0^1 |f^{(k)}(x)|^2 dx \leq L^2$ is an ellipsoid with respect to the standard trigonometric orthonormal basis in $L_2[0,1]$, and its half-axes are $a_i = (1 + o(1))(\pi i)^k$ (see (6.2)). Similarly, a Sobolev ball $\mathcal{S}_1^{k,2}(L)$ (see Chapter 2) is an ellipsoid with respect to a properly chosen (depending on k) orthonormal basis in $L_2[0, 1]$, the half-axes of the ellipsoid possessing the same asymptotics as in the periodic case (6.2).

It can be easily seen that when estimating signals from a given ellipsoid, one can find optimal in order estimates already among the simplest – the projection – ones, choosing properly the degree of the projection estimate as a function of noise intensity ε. Moreover, given an ellipsoid E and a noise intensity ε, we can easily build the best, in the minimax sense on E, among all linear estimates. In view of (6.29), to this end it suffices to solve the optimization program

$$\Phi_\varepsilon(\lambda) \rightarrow \min$$
$$\Phi_\varepsilon(\lambda) \equiv \sup\{\sum_{i=1}^\infty (1 - \lambda_i)^2 f_i^2 + \varepsilon^2 \sum_{i=1}^\infty \lambda_i^2 \mid f : \sum_{i=1}^\infty (f_i/a_i)^2 \le L^2\}$$
$$= L^2 \max_i (1 - \lambda_i)^2 a_i^2 + \varepsilon^2 \sum_{i=1}^\infty \lambda_i^2.$$

It is immediately seen that the optimal solution to this optimization program has the following structure:

$$\lambda_i^* = \frac{(a_i - t(\varepsilon))_+}{a_i}, \tag{6.31}$$

where $a_+ = \max(a, 0)$ and $t(\varepsilon)$ is the minimizer of the univariate function

$$\phi_\varepsilon(t) = L^2 t^2 + \varepsilon^2 \sum_i \frac{[(a_i - t)_+]^2}{a_i^2}$$

over $t > 0$.

A remarkable result of M.S. Pinsker [26] is that under minimal regularity assumptions on the sequence of half-axes of the ellipsoid in question (which are satisfied for the case when the axes decrease as a power sequence $a_j \sim j^{-\alpha}$ or as a geometric progression), the optimal in the minimax sense on E *linear* estimate is asymptotically optimal in the minimax sense among *all possible* estimates. As a byproduct of this fact, we can point out not only the *order* of the principal term of the minimax risk $\mathcal{R}(\varepsilon, E)$ as $\varepsilon \rightarrow +0$, but this principal term itself; this is a very rare case in the non-parametric regression when we know both the principal term of the minimax risk and an asymptotically optimal up to factor $(1 + o(1))$, not just in order, estimation method.

A shortcoming of the initial results on minimax optimality in order/minimax optimality up to factor $(1 + o(1))$ of projection/linear estimates on ellipsoids is that to build an estimate of this type we should know the parameters of the ellipsoid – the sequence of its half-axes and its radius (cf. the case of estimates from Chapters 1 – 2). As far as the projection estimates are concerned, there are several popular, although not too well understood theoretically, techniques for specifying the degree of the estimate from observations; for linear estimates, for a long time no theoretically valid "adaptation schemes" were known. A breakthrough in the area is due to Efroimovich and Pinsker [27] who proposed an *adaptive* estimation method which is asymptotically optimal (up to $(1 + o(1))$!) in the minimax sense on a wide spectrum of ellipsoids.

We are about to demonstrate that the results completely similar to those of Efroimovich and Pinsker can be obtained just by linear aggregation of projection estimates.

6.3.2 Aggregating projection estimates

Looking at the structure (6.31) of the optimal, in the minimax sense on an ellipsoid E, linear estimate, we see that this estimate has a nonincreasing sequence of weights belonging to the segment $[0,1]$ [2]. In other words, all these estimates belong to the set Λ of linear estimates with nonincreasing weights from $[0,1]$:

$$\Lambda = \{\lambda \in \ell_2 \mid 1 \geq \lambda_1 \geq \lambda_2 \geq ..., \sum_i \lambda_i^2 < \infty\}.$$

Now, given a signal $f \in H$ and a positive ε, we may ask ourselves what is the best, for these f and ε, linear estimate from the class Λ. The answer is clear: the corresponding weights are given by the solution to the optimization problem

$$(P_{f,\varepsilon}): \qquad \min\left\{\sqrt{\sum_{i=1}^{\infty}[(1-\lambda_i)^2 f_i^2 + \varepsilon^2 \lambda_i^2]} \mid \lambda \in \Lambda\right\}.$$

The optimal value in this problem, i.e., the best quality of reproducing f from observations (6.6) by a linear estimate with nonincreasing weights, the intensity of noise being ε, is certain function $\Phi(f,\varepsilon)$ of f,ε. What we are about to build is an estimation method $\mathcal{B}^m = \{\widehat{f}_\varepsilon^m(\cdot)\}_{\varepsilon>0}$ depending on a single "design parameter" $m \in \mathbf{N}$ with the following property:

(!) Whenever $\| f \| \leq 1$ and $0 < \varepsilon < 1$, the risk of the estimate $\widehat{f}_\varepsilon^m$ at f can be bounded as follows:

$$\mathcal{R}_\varepsilon(\widehat{f}_\varepsilon^m, f) \leq (1 + \gamma_m(\varepsilon))\Phi(f,\varepsilon) + C_m \varepsilon \mathrm{Ln}_m(1/\varepsilon), \qquad (6.32)$$

where $\gamma_m(\varepsilon) \to 0$, $\varepsilon \to 0$, is independent of f, C_m depends on m only, and

$$\mathrm{Ln}_m(x) = \underbrace{\ln\left(1 + \ln\left(1 + \ln\left(1 + ... + \ln\left(1 + \ln\left(1 + x\right)\right)...\right)\right)\right)}_{m \; times}$$

is the "m-iterated" logarithm.

Postponing for the moment the construction which leads to (6.32), let us look what are the consequences. Consider an ellipsoid $E(\{a_i\}, L)$ and assume (in fact this assumption can be eliminated) that the ellipsoid is contained in the unit ball. According to Pinsker's result, for a given intensity of noise the best, in the minimax sense on E, linear estimate is minimax optimal up to $(1 + o(1))$ factor as $\varepsilon \to +0$, and this estimate, as we have seen, for every ε is given by certain weight sequence $\lambda = \lambda(\varepsilon) \in \Lambda$. Combining this fact with the definition of $\Phi(\cdot,\cdot)$, we conclude that for the minimax risk $\mathcal{R}^*(\varepsilon, E)$ associated with the ellipsoid E it holds

$$\mathcal{R}^*(\varepsilon, E) \geq (1 - o(1))\sup_{f\in E}\Phi(f,\varepsilon), \; \varepsilon \to +0.$$

In view of this relation, (6.32) implies that

$$\mathcal{R}_\varepsilon(\widehat{f}_\varepsilon^m, F) \leq (1 + o(1))\mathcal{R}^*(\varepsilon, E) + C_m \varepsilon \mathrm{Ln}_m(\varepsilon^{-1}), \; \varepsilon \to +0.$$

Consequently,

---

[2] From (6.29) it is absolutely clear that there is no sense to speak about linear estimates with part of the weights outside $[0,1]$: replacing a weight $\lambda_i \notin [0,1]$ by the closest weight from this segment, we always improve the quality of the estimate. The actually important observation is that the weights λ_i^* given by (6.31) form a nonincreasing sequence.

(!!) *The estimation method* $\mathcal{B}^m$ *is asymptotically optimal in the minimax sense, up to* $(1 + o(1))$ *factor, on every ellipsoid* E *such that*

$$\left(\varepsilon \mathrm{Ln}_m(\varepsilon^{-1})\right)^{-1} \mathcal{R}^*(\varepsilon, E) \to \infty, \varepsilon \to \infty.$$

(!!) is a very strong "certificate of adaptive optimality", since the minimax risks associated with interesting ellipsoids do not decrease with ε too fast. E.g., in the case when $\{\phi_i\}$ is the standard trigonometric basis in $L_2[0,1]$, it turns out that

- When the half-axes a_i of E decrease sub-linearly:

$$a_i \geq O(i^{-\alpha}),$$

for some α, as it is the case for ellipsoids comprised of smooth periodic functions of fixed degree of smoothness, one has

$$\frac{\mathcal{R}^*(\varepsilon, E)}{\varepsilon \ln(\varepsilon^{-1})} \to \infty, \ \varepsilon \to +0,$$

so that already the method $\mathcal{B}^1$ is asymptotically optimal on E;

- When a_i decrease at most exponentially:

$$a_i \geq O(\exp\{-\alpha i\}), \ i \to \infty,$$

for some α, as it is the case, e.g., for classes of functions $f(x) = \phi(\exp\{2\pi i x\})$, $\phi(z)$ being analytic in a fixed ring containing the unit circumference, one has

$$\frac{\mathcal{R}^*(\varepsilon, E)}{\varepsilon \mathrm{Ln}_2(\varepsilon^{-1})} \to \infty, \ \varepsilon \to +0,$$

so that the method $\mathcal{B}^2$ is asymptotically optimal on E;

- When a_i decrease at most double-exponentially:

$$a_i \geq O(\exp\{-\exp\{O(i)\}\}),$$

the method $\mathcal{B}^3$ is asymptotically optimal on E, etc.

6.3.3 The construction

We are about to build the estimation method $\mathcal{B}^m$ underlying (!). In what follows, $0 < \varepsilon < 1$.

1^0. Let us set

$$\rho(\varepsilon) = \mathrm{Ln}_m^{-1/6}(10\varepsilon^{-1}). \tag{6.33}$$

Given $\varepsilon > 0$, let us define a sequence of positive integers $\{k_j(\varepsilon)\}_{j=1}^\infty$ as follows. Let $\nu(\varepsilon)$ be the first integer ν such that $(1 + \rho(\varepsilon))^\nu > \frac{1}{\rho(\varepsilon)}$. We set

$$k_j(\varepsilon) = \begin{cases} j, & j \leq \nu(\varepsilon) \\ k_{j-1} + \lfloor (1 + \rho(\varepsilon))^j \rfloor, & j > \nu(\varepsilon) \end{cases}, \tag{6.34}$$

where $\lfloor a \rfloor$ is the largest integer not exceeding a.

The structure of the sequence $\{k_j\}$ is quite transparent:

$$\nu(\varepsilon) = O\left(\rho^{-1}(\varepsilon)\ln(\rho^{-1}(\varepsilon))\right)$$

initial terms of the sequence are just subsequent integers 1,2,..., so that the corresponding differences

$$d_j = k_{j+1}(\varepsilon) - k_j(\varepsilon)$$

are equal to 1. Starting with $j = \nu(\varepsilon) + 1$, the differences d_j of two subsequent terms of our sequence become integer approximations of the geometric progression $(1 + \rho(\varepsilon))^{j+1}$. Note that the number $K(n, \varepsilon)$ of terms $k_j(\varepsilon)$ not exceeding a positive integer n is not too large:

$$K(n, \varepsilon) = \max\{j : k_j(\varepsilon) \le n\} \le O_m(1)\rho^{-1}(\varepsilon)\left[\ln(\rho^{-1}(\varepsilon)) + \ln n\right]. \qquad (6.35)$$

2^0. Let us set

$$\widetilde{N}_\ell(\varepsilon) = \mathrm{Ln}_{\ell-1}^2(10^2\varepsilon^{-2}), \quad \ell = 1, ..., m, \qquad (6.36)$$

where for $\ell \ge 1$ $\mathrm{Ln}_\ell(\cdot)$ is the ℓ-iterated logarithm and $\mathrm{Ln}_0(x) = x$, and let $N_\ell(\varepsilon)$ be the first integer in the sequence $\{k_j(\varepsilon)\}$ which is $\ge \widetilde{N}_\ell(\varepsilon)$.

For $\ell = 1, ..., m$, let $P_\ell(\varepsilon)$ be the set of all projection estimates $\widehat{f}^k$ of degrees belonging to the sequence $\{k_j(\varepsilon) - 1\}$ and not exceeding $N_\ell(\varepsilon) - 1$; note that

$$P_1(\varepsilon) \supset P_2(\varepsilon) \supset ... \supset P_m(\varepsilon).$$

Let $K_\ell(\varepsilon)$ be the cardinality of $P_\ell(\varepsilon)$; according to (6.35), for all small enough values of ε we have

$$K_\ell(\varepsilon) \le O_m(1)\rho^{-1}(\varepsilon)\left[\ln(\rho^{-1}(\varepsilon)) + \ln N_\ell(\varepsilon)\right] \le O_m(1)\rho^{-1}(\varepsilon)\mathrm{Ln}_\ell(\varepsilon^{-1}). \qquad (6.37)$$

Our plan is as follows: given $\varepsilon > 0$, we aggregate all projection estimates from $P_\ell(\varepsilon)$ according to the scheme of Section 6.2, thus getting m "aggregated estimates" $\widehat{f}_\varepsilon^\ell$, $\ell = 1, ..., m$, and then aggregate these m estimates, thus coming to the desired estimate $\widetilde{f}_\varepsilon$. The precise description of the construction is as follows:

Setup. We choose in advance three positive functions $\delta_1(\varepsilon), \delta_2(\varepsilon), \delta_3(\varepsilon)$ in such a way that

$$\begin{array}{lll} (a) & \sum_{\nu=1}^{3} \frac{1}{\delta_\nu^2(\varepsilon)} = & \frac{1}{\varepsilon^2} \\ (b) & \frac{\delta_1(\varepsilon)}{\varepsilon} \rightarrow & 1, \ \varepsilon \rightarrow +0; \\ (c) & \delta_\nu(\varepsilon) \le & O_m(1)\frac{\varepsilon}{\rho(\varepsilon)}, \ \nu = 2, 3, \end{array} \qquad (6.38)$$

which of course is possible.

Building estimate $\widetilde{f}_\varepsilon$. 1) Given observation $y = y^{f,\varepsilon}$ with known noise intensity ε, we split it into three independent observations $y^\nu = y^{f,\delta_\nu(\varepsilon)}$, $\nu = 1, 2, 3$.

2) We build $K_1(\varepsilon)$ vectors $f^j = \hat{f}^{k_j(\varepsilon)-1}(y^1)$, $j = 1, ..., K_1(\varepsilon)$, and apply to the vectors the orthogonalization procedure to get an orthonormal system $\{h^j\}_{j=1}^{K_1(\varepsilon)}$ such that the linear span of $h^1, ..., h^s$ is, for every $s = 1, 2, ..., K_1(\varepsilon)$, coincides with the linear span of $f^1, ..., f^s$.

3) We use the observation y^2 to get estimates

$$z_j = (f, h^j) + \delta_2(\varepsilon)\xi_j$$

of the projections of f on the directions h^j, $j = 1, ..., K_1(\varepsilon)$ (the noises ξ_j, $j = 1, ..., K_1(\varepsilon)$, are independent of each other and of y^1 $\mathcal{N}(0,1)$ random variables), and for every $\ell = 1, ..., m$ define $g^\ell \equiv \tilde{f}_\varepsilon^\ell(y) \in H$ as

$$g^\ell = \sum_{j=1}^{K_\ell(\varepsilon)} z_j h^j.$$

4) We apply to the m vectors $g^1, ..., g^m$ the orthogonalization process to get an orthonormal system $\{e^\ell\}_{\ell=1}^m$ with the same linear span, and use the observation y^3 to get estimates $w_\ell = (f, e^\ell) + \delta_3(\varepsilon)\eta_\ell$ of the projections of f onto $e^1, ..., e^m$, the noises η_ℓ, $\ell = 1, ..., m$, being independent of each other and of y^1, y^2 $\mathcal{N}(0,1)$ random variables, and define the resulting estimate $\tilde{f}_\varepsilon$ of f as

$$\tilde{f}_\varepsilon = \tilde{f}_\varepsilon(y^{f,\varepsilon}) = \sum_{\ell=1}^m w_\ell e^\ell.$$

Accuracy analysis, I. Let

$$\Lambda(\varepsilon) = \left\{ \lambda = \{\lambda_j\}_{j=1}^\infty \in \ell_2 : \lambda_l = \lambda_{l'}, k_j(\varepsilon) \leq l \leq l' < k_{j+1}(\varepsilon), \, \forall j = 1, 2, ... \right\},$$

and let

$$\Lambda_\ell(\varepsilon) = \{\lambda \in \Lambda(\varepsilon) \mid \lambda_l = 0, l \geq N_\ell(\varepsilon)\}, \quad \ell = 1, ..., m.$$

Let us set

$$\mathcal{R}_\ell(\varepsilon, f) = \inf_{\lambda \in \Lambda_\ell(\varepsilon)} \mathcal{R}_\varepsilon(\hat{f}^\lambda, f), \tag{6.39}$$

where $\hat{f}^\lambda$ is the linear estimate with weight vector λ.

Observe that every weight vector $\lambda \in \Lambda_\ell(\varepsilon)$ is a linear combination of the weight vectors of projection estimates $\hat{f}^k \in P_\ell(\varepsilon)$. It follows that the risk $\mathcal{R}_{P_\ell(\varepsilon)}^{LA}(\varepsilon, f)$ of "ideal linear aggregation" of the estimates from $P_\ell(\varepsilon)$ is, for every f and $\varepsilon > 0$, at most $\mathcal{R}_\ell(\varepsilon, f)$. Applying (6.14), we get

$$\mathcal{R}_\varepsilon^2(\tilde{f}_\varepsilon^\ell, f) \leq \left(\mathcal{R}_{P_\ell(\varepsilon)}^{LA}(\delta_1(\varepsilon), f) \right)^2 + \delta_2^2(\varepsilon)K_\ell(\varepsilon) \leq \mathcal{R}_\ell^2(\delta_1(\varepsilon), f) + \delta_2^2(\varepsilon)K_\ell(\varepsilon). \tag{6.40}$$

Recalling how the resulting estimate $\tilde{f}_\varepsilon$ is obtained from the estimates $\tilde{f}_\varepsilon^\ell$ and applying the same arguments as those used to get (6.14), we conclude that

$$\mathcal{R}_\varepsilon^2(\tilde{f}_\varepsilon, f) \leq \min_{\ell=1,...,m} \left[\mathcal{R}_\ell^2(\delta_1(\varepsilon), f) + \delta_2^2(\varepsilon)K_\ell(\varepsilon) \right] + \delta_3^2(\varepsilon)m,$$

whence also

$$\mathcal{R}_\varepsilon(\tilde{f}_\varepsilon, f) \leq \min_{\ell=1,...,m} \left[\mathcal{R}_\ell(\delta_1(\varepsilon), f) + \delta_2(\varepsilon)\sqrt{K_\ell(\varepsilon)} \right] + \delta_3(\varepsilon)\sqrt{m}. \tag{6.41}$$

Accuracy analysis, II. We are ready to demonstrate that the estimation method we have built satisfies (!). Let us fix $f \in H$, $\| f \| \leq 1$, and $\varepsilon \in (0,1)$.

1^0. It is clear that the optimization program $(P_{f,\varepsilon})$ specifying the best, for noise intensity ε, linear estimate of f with weights from Λ is solvable; let $\lambda = \lambda(f,\varepsilon)$ be an optimal solution to this problem. The corresponding squared risk is

$$\Phi^2(f,\varepsilon) = \sum_{j=1}^{\infty}(1 - \lambda_j)^2 f_j^2 + \varepsilon^2 \sum_{j=1}^{\infty} \lambda_j^2, \tag{6.42}$$

and

$$1 \geq \lambda_1 \geq \lambda_2 \geq ...; \ \lambda_j \to 0, \ j \to \infty \tag{6.43}$$

by the definition of Λ.

2^0 Let n be the largest of integers i such that $\lambda_i \geq \rho(\varepsilon)$ (if no $i \geq 1$ with this property exists, $n = 0$). Note that (6.42), (6.43) imply that

$$\Phi(f,\varepsilon) \geq \varepsilon n^{1/2} \rho(\varepsilon). \tag{6.44}$$

On the other hand, it is clear that $\Phi(f,\varepsilon) \leq 1$ (since the value of the objective in $(P_{f,\varepsilon})$ is $\| f \| \leq 1$ already at the trivial feasible solution $\lambda = 0$). We conclude that

$$n \leq \frac{1}{\varepsilon^2 \rho^2(\varepsilon)} < N_1(\varepsilon).$$

Let $\ell_* \equiv \ell_*(f,\varepsilon)$ be the largest of values $\ell = 1, ..., m$ such that $n < N_\ell(\varepsilon)$.

3^0. Let us build weight vector $\widehat{\lambda} \in \Lambda_{\ell_*}(\varepsilon)$ as follows:

- If $j \geq N_{\ell_*}(\varepsilon)$, then $\widehat{\lambda}_j = 0$;

- If $j < N_{\ell_*}(\varepsilon)$, then there exists the largest $i = i(j)$ such that $k_i(\varepsilon) \leq j$, and we set
$$\widehat{\lambda}_j = \lambda_{k_i(\varepsilon)}, \ i = i(j).$$

Note that by construction $\widehat{\lambda} \in \Lambda_{\ell_*}(\varepsilon)$.

Let

$$R^2 = \sum_{j=1}^{\infty}(1 - \widehat{\lambda}_j)^2 f_j^2 + \delta_1^2(\varepsilon) \sum_{j=1}^{\infty} \widehat{\lambda}_j^2 \tag{6.45}$$

be the squared risk of recovering f by the linear estimate with the weight vector $\widehat{\lambda}$, the intensity of noise being $\delta_1(\varepsilon)$. Our local goal is to verify that

$$R^2 \leq (1 + \Theta_m(\varepsilon))^2 \Phi^2(f,\varepsilon), \tag{6.46}$$

$\Theta_m(\varepsilon) \geq 0$ being an *independent of f* and converging to 0 as $\varepsilon \to +0$ function. The cases of $f = 0$ and/or $\lambda = 0$ are trivial; assume that $f \neq 0$, $\lambda \neq 0$, and let us bound from above the ratio

$$\begin{aligned}
\theta^2 &= \frac{R^2}{\Phi^2(f,\varepsilon)} \leq \max\{\theta_d^2, \theta_s^2\}, \\
\theta_d^2 &= \frac{\sum_j (1-\widehat{\lambda}_j)^2 f_j^2}{\sum_j (1-\lambda_j)^2 f_j^2}, \\
\theta_s^2 &= \frac{\delta_1^2(\varepsilon)}{\varepsilon^2} \frac{\sum_j \widehat{\lambda}_j^2}{\sum_j \lambda_j^2}
\end{aligned} \tag{6.47}$$

By construction, for $j < N_{\ell_*}(\varepsilon)$ we have $0 \leq \lambda_j \leq \widehat{\lambda}_j \leq 1$, while for $j \geq N_{\ell_*}(\varepsilon)$ we have $\lambda_j < \rho(\varepsilon)$ and $\widehat{\lambda}_j = 0$. Thus, we have

$$(1 - \widehat{\lambda}_j)^2 \leq (1 - \rho(\varepsilon))^{-2}(1 - \lambda_j)^2$$

for all j, whence

$$\theta_d^2 \leq (1 - \rho(\varepsilon))^{-2}. \tag{6.48}$$

It remains to bound from above θ_s^2; the first ratio in the expression defining θ_s^2 does not depend on f and tends to 1 as $\varepsilon \to +0$ by (6.38.b), so that we may focus on bounding the ratio

$$\vartheta_s^2 = \frac{\sum\limits_j \widehat{\lambda}_j^2}{\sum\limits_j \lambda_j^2} \leq \frac{\sum\limits_{j=1}^{N} \widehat{\lambda}_j^2}{\sum\limits_{j=1}^{N} \lambda_j^2}, \quad N = N_{\ell_*}(\varepsilon).$$

Note that if the initial N-dimensional segment of $\widehat{\lambda}$ differs from that one of λ (this is the only case we should consider), then the connection between these segments is as follows. We can partition the range $\{1, ..., N\}$ of values of index j in subsequent groups $I_1, ..., I_p$ in such a way that

1. The first $\nu = \nu(\varepsilon) = O\left(\rho^{-1}(\varepsilon)\ln\rho^{-1}(\varepsilon)\right)$ of the groups are singletons: $I_j = \{j\}$, $j \leq \nu$, and $\widehat{\lambda}_j = \lambda_j$ for $j \leq \nu$;

2. For $\nu < l \leq p$, the group $I_l = \{j \mid k_l \leq j < k_{l+1}\}$ contains d_l indices, where $d_l = \lfloor(1 + \rho(\varepsilon))^l\rfloor$, and $\widehat{\lambda}_j = \lambda_{k_l}$ for $j \in I_l$.

Let

$$\begin{aligned} S^\nu &= \sum_{j=1}^{\nu} \lambda_j^2 \quad \left[= \sum_{j=1}^{\nu} \widehat{\lambda}_j^2\right], \\ S_l &= \sum_{j \in I_l} \lambda_j^2, \; l = \nu + 1, ..., p. \end{aligned}$$

Note that for $l \geq \nu + 2$ we have

$$\lambda_{k_l}^2 \geq \frac{S_{l-1}}{d_{l-1}}$$

(see (6.43)), and therefore

$$\begin{aligned} \sum_{j=1}^{N} \widehat{\lambda}_j^2 &= S^\nu + \sum_{l=\nu+1}^{p} d_l \lambda_{k_l}^2 \\ &\leq S^\nu + d_{\nu+1}\lambda_{k_{\nu+1}}^2 + \sum_{l=\nu+2}^{p} d_l d_{l-1}^{-1} S_{l-1} \\ &\leq \left(\max_{l \geq \nu+2}[d_l d_{l-1}^{-1}]\right)\left(S^\nu + \sum_{l=\nu+1}^{p} S_l\right) + d_{\nu+1}\lambda_{k_{\nu+1}}^2 \\ &\leq \left(\max_{l \geq \nu+2}[d_l d_{l-1}^{-1}]\right)\left(\sum_{j=1}^{N} \lambda_j^2\right) + d_{\nu+1}\lambda_{k_{\nu+1}}^2, \end{aligned}$$

whence

$$\vartheta_s^2 \leq \left(\max_{l \geq \nu+2}[d_l d_{l-1}^{-1}]\right) + d_{\nu+1}\lambda_{k_{\nu+1}}^2/S^\nu. \tag{6.49}$$

When $l \geq \nu + 2$, we have

$$
\begin{aligned}
\frac{d_l}{d_{l-1}} &= \frac{\lfloor (1+\rho(\varepsilon))^l \rfloor}{\lfloor (1+\rho(\varepsilon))^{l-1} \rfloor} \\
&\leq \frac{(1+\rho(\varepsilon))^l}{(1+\rho(\varepsilon))^{l-1} - 1} \\
&\leq (1+\rho(\varepsilon))(1+2\rho(\varepsilon)) \quad [\text{since } (1+\rho(\varepsilon))^\nu \geq \rho^{-1}(\varepsilon)]
\end{aligned}
\tag{6.50}
$$

Besides this, $S^\nu \geq \nu \lambda_{k_{\nu+1}}^2$ by (6.43), while $d_{\nu+1} \leq (1+\rho(\varepsilon))^{\nu+1}$, so that

$$
d_{\nu+1}\lambda_{\nu+1}^2/S^\nu \leq (1+\rho(\varepsilon))^{\nu+1}\nu^{-1} \leq O_m(1)\frac{1}{\ln \rho^{-1}(\varepsilon)}
\tag{6.51}
$$

(recall that $\nu = \nu(\varepsilon) = O\left(\rho^{-1}(\varepsilon)\ln \rho^{-1}(\varepsilon)\right)$ and $\rho(\varepsilon)$ is small when ε is small).

Combining (6.47), (6.48), (6.49) – (6.51), we come to (6.46).

4^0. With (6.46) at hand, we are nearly done. Indeed, by origin of R we have

$$
\mathcal{R}_{\ell_*}(\delta_1(\varepsilon), f) \leq R
$$

(see the definition of $\mathcal{R}_\ell$ in "Accuracy analysis I"). Combining this observation, (6.46) and (6.41), we come to the inequality

$$
\mathcal{R}_\varepsilon(\tilde{f}_\varepsilon, f) \leq (1 + \Theta_m(\varepsilon))\Phi(f,\varepsilon) + \delta_2(\varepsilon)\sqrt{K_{\ell_*}(\varepsilon)} + \delta_3(\varepsilon)\sqrt{m},
$$

whence, by (6.38.b, c),

$$
\mathcal{R}_\varepsilon(\tilde{f}_\varepsilon, f) \leq (1 + \Theta_m(\varepsilon))\Phi(f,\varepsilon) + O_m(1)\frac{\varepsilon}{\rho(\varepsilon)}\left[\sqrt{K_{\ell_*}(\varepsilon)} + \sqrt{m}\right].
\tag{6.52}
$$

For a given f, there are two possible cases:

(I): $\ell_* < m$;

(II): $\ell_* = m$.

In the case of (I) we have $n \geq N_{\ell_*+1}(\varepsilon)$, whence, by (6.44),

$$
\Phi(f,\varepsilon) \geq \varepsilon\rho(\varepsilon)\sqrt{n} \geq \varepsilon\rho(\varepsilon)\sqrt{N_{\ell_*+1}(\varepsilon)} \geq O_m(1)\varepsilon\rho(\varepsilon)\mathrm{Ln}_{\ell_*}(\varepsilon^{-1})
$$

(note that due to their origin, $N_\ell(\varepsilon) = O(\mathrm{Ln}_{\ell-1}^2(\varepsilon^{-1}))$ when $\varepsilon \to 0$). Therefore in the case of (I) the ratio of the second right hand side term in (6.52) to the first one does not exceed $O_m(1)$ times the quantity

$$
\begin{aligned}
\frac{\sqrt{K_{\ell_*}(\varepsilon)}}{\rho^2(\varepsilon)\mathrm{Ln}_{\ell_*}(\varepsilon^{-1})} &\leq O_m(1)\frac{\rho^{-5/2}(\varepsilon^{-1})\sqrt{\mathrm{Ln}_{\ell_*}(\varepsilon^{-1})}}{\mathrm{Ln}_{\ell_*}(\varepsilon^{-1})} \quad [\text{we have used (6.37)}] \\
&\leq O_m(1)\frac{\mathrm{Ln}_m^{5/12}(\varepsilon^{-1})}{\sqrt{\mathrm{Ln}_{\ell_*}(\varepsilon^{-1})}} \quad [\text{see (6.33)}] \\
&\leq O_m(1)\mathrm{Ln}_m^{-1/6}(\varepsilon^{-1}) \quad [\text{since } \ell_* < m] \\
&\equiv \Omega_m(\varepsilon) \to 0, \quad \varepsilon \to +0
\end{aligned}
$$

Thus, if f is such that (I) is the case, then relation (6.52) implies that

$$
\mathcal{R}_\varepsilon(\tilde{f}_\varepsilon, f) \leq (1 + \gamma_m(\varepsilon))\Phi(f,\varepsilon)
\tag{6.53}
$$

with independent of f function $\gamma_m(\varepsilon) \to 0$, $\varepsilon \to +0$. It remains to consider the case when f is such that (II) is the case. Here the second right hand side term in (6.52) is

$$
\begin{aligned}
O_m(1)\frac{\varepsilon}{\rho(\varepsilon)}\left[\sqrt{K_{\ell_*}(\varepsilon)} + \sqrt{m}\right] &\leq O_m(1)\varepsilon\rho^{-3/2}(\varepsilon)\sqrt{\mathrm{Ln}_m(\varepsilon^{-1})} \\
&\leq O_m(1)\varepsilon\mathrm{Ln}_m(\varepsilon^{-1}) \quad [\text{see (6.33)}].
\end{aligned}
$$

Combining the latter relation with (6.53) and (6.52), we come to (6.32). ∎

6.4 Approximating the best of given estimates

We have considered two of our three aggregation problems – **C**, where we are interested to mimic the best convex combination of a given family estimates, and **L**, where the goal is to reproduce the best linear combination of the estimates from the family. Now let us address the third problem. Thus, assume we are given a nested family $\mathcal{M} = \{\widehat{f}_\varepsilon^j(\cdot)\}_{\substack{\varepsilon > 0 \\ j=1,\dots,M(\varepsilon)}}$ of estimates of signals $f \in H$, H being a separable Hilbert space with an orthonormal basis $\{\phi_i\}$, via observations (6.6). For every $f \in H$ and every $\varepsilon > 0$, let us denote by

$$\mathcal{R}_\mathcal{M}(\varepsilon, f) = \min_{j \le M(\varepsilon)} \mathcal{R}_\varepsilon(\widehat{f}_\varepsilon^j, f) \equiv \min_{j \le M(\varepsilon)} \left(\mathcal{E}\left\{\| f - \widehat{f}_\varepsilon^j(y^{f,\varepsilon}) \|^2\right\}\right)^{1/2}$$

the minimal, over the estimates from the family, risk of recovering f, the intensity of noise being ε. We are interested to solve the following

> *Aggregation problem* **V**. *Given a nested family $\mathcal{M}$ of estimation methods, find an estimation method with the risk, at every $f \in H$, "close" to the risk $\mathcal{R}_\mathcal{M}(\varepsilon, f)$ of the best, with respect to f, estimate from the family.*

A solution to the problem can be obtained by straightforward exploiting the aggregation technique from Section 6.2, which now should be used in a "cascade" mode. Namely, without loss of generality we may assume that $M(\varepsilon)$, for every ε, is an integral power of 2:

$$M(\varepsilon) = 2^{\mu(\varepsilon)}$$

and that $\mu(\varepsilon)$ is nonincreasing in $\varepsilon > 0$. What we intend to do is to split a given observation $y^{f,\varepsilon}$ into $\mu(\delta_0(\varepsilon))+1$ independent observations $y^j = y^{f,\delta_j(\varepsilon)}$, $j = 0, 1, ..., \mu(\delta_0(\varepsilon))$, and to use y^0 to build all $2^{\mu(\delta_0(\varepsilon))}$ of the estimates from the family, let us call them "estimates of generation 0". We partition these estimates into pairs and use the observation y^1 to approximate the closest to f linear combinations of estimates in every of the resulting $2^{\mu(\varepsilon)-1}$ pairs, thus coming to $2^{\mu(\delta_0(\varepsilon))-1}$ estimates of "generation 1". Applying the same construction to estimates of generation 1 with y^2 playing the role of y^1, we get $2^{\mu(\delta_0(\varepsilon))-2}$ estimates of "generation 2", and so on, until a single "estimate of generation $\mu(\delta_0(\varepsilon))$" is built; this estimate is the result of our aggregation routine. The precise description of the routine is as follows:

<u>*Setup*</u>. We choose somehow a function $\delta(\varepsilon) > \varepsilon$ and set

$$\widehat{\delta}(\varepsilon) = \sqrt{\mu(\delta(\varepsilon))}\, \frac{\varepsilon\delta(\varepsilon)}{\sqrt{\delta^2(\varepsilon) - \varepsilon^2}}. \tag{6.54}$$

<u>*Recovering routine $\widetilde{f}_\varepsilon$*</u>. 1) Given observation $y = y^{f,\varepsilon}$ of a signal $f \in H$, we set

$$\widehat{\varepsilon} = \delta(\varepsilon)$$

and split y into $\mu(\widehat{\varepsilon})+1$ independent observations $y^0, y^1, ..., y^{\mu(\widehat{\varepsilon})}$, the noise intensities being $\delta(\varepsilon)$ for y^0 and $\widehat{\delta}(\varepsilon)$ for every one of the remaining y's.

Note that

$$\frac{1}{\delta^2(\varepsilon)} + \frac{\mu(\widehat{\varepsilon})}{\widehat{\delta}^2(\varepsilon)} = \frac{1}{\delta^2(\varepsilon)} + \frac{\delta^2(\varepsilon) - \varepsilon^2}{\varepsilon^2\delta^2(\varepsilon)} = \frac{1}{\varepsilon^2},$$

so that the required splitting is possible.

2) We use y^0 to build $2^{\mu(\widehat{\varepsilon})}$ vectors $f_0^j \equiv f_0^j(y^0) = \widehat{f}_{\widehat{\varepsilon}}^j(y^0) \in H$ – "estimates of generation 0".

3) For $\nu = 1, ..., \mu(\widehat{\varepsilon})$, we perform the following operations.

Given $2M_\nu = 2^{\mu(\widehat{\varepsilon})-\nu+1}$ "estimates of generation $\nu - 1$" – vectors $f_{\nu-1}^j = f_{\nu-1}^j(y^0, ..., y^{\nu-1}) \in H$ – partition them into M_ν pairs P_ℓ^ν, $\ell = 1, ..., M_\nu$. For every pair $P_\ell^\nu = \{f_\ell^{\nu-1}, g_\ell^{\nu-1}\}$, we build an orthonormal basis $\{h_\kappa^{\ell,\nu}\}_{\kappa=1,2}$ in the linear span of the vectors from the pair and use the observation y^ν to build estimates

$$z_\kappa^{\nu,\ell} = (f, h_\kappa^{\nu,\ell}) + \widehat{\delta}(\varepsilon)\xi^{\nu,\ell}, \kappa = 1, 2$$

with independent of each other and of $y^0, ..., y^{\nu-1}$ $\mathcal{N}(0,1)$ random noises $\xi_\kappa^{\nu,\ell}$, $\kappa = 1, 2$.

We set

$$f_\nu^\ell = z_1^{\nu,\ell} h_1^{\ell,\nu} + z_2^{\nu,\ell} h_2^{\ell,\nu}.$$

After all M_ν pairs P_ℓ^ν are processed, $M_\nu = 2^{\mu(\widehat{\varepsilon})-\nu}$ estimates f_ν^ℓ of "generation ν" are built, and we either pass to the next step (if $\nu < \mu(\widehat{\varepsilon})$), increasing ν by one, or terminate (if $\nu = \mu(\widehat{\varepsilon})$), the single estimate of generation $\mu(\widehat{\varepsilon})$ being the result $\widetilde{f}_\varepsilon(y)$ of our aggregation routine.

Exactly the same reasoning which led us to (6.14) demonstrates that for every $f \in H$ and for every $\nu = 1, ..., \mu(\widehat{\varepsilon})$ and every $\ell = 1, ..., M_\nu$ it holds

$$\mathcal{E}\left\{\| f - f_\nu^\ell(y^0, ..., y^\nu) \|^2\right\} \leq \mathcal{E}\left\{\min_{g \in \mathrm{Lin}\{P_\ell^\nu\}} \| f - g \|^2\right\} + 2\widehat{\delta}^2(\varepsilon)$$
$$\leq \min_{g \in P_\ell^\nu}\mathcal{E}\left\{\| f - g \|^2\right\} + 2\widehat{\delta}^2(\varepsilon),$$

while

$$\mathcal{E}\left\{\| f - f_0^j(y^0) \|^2\right\} \leq \mathcal{R}_{\delta(\varepsilon)}(\widehat{f}_{\widehat{\varepsilon}}^j, f), \ j = 1, ..., M(\delta(\varepsilon)).$$

Combining these observations, we come to

$$\mathcal{E}\left\{\| f - \widetilde{f}_\varepsilon \|^2\right\} \leq \min_{j=1,...,M(\delta(\varepsilon))} \mathcal{R}_{\delta(\varepsilon)}(\widehat{f}_{\delta(\varepsilon)}^j, f) + 2\mu(\delta(\varepsilon))\widehat{\delta}^2(\varepsilon).$$

Recalling the origin of $\widehat{\delta}(\varepsilon)$, we come to the following

Proposition 6.4.1 *Let* $\mathcal{M} = \{f_\varepsilon^j\}_{\substack{\varepsilon > 0 \\ j=1,...,M(\varepsilon)}}$ *be a nested family of estimation methods,* $M(\varepsilon)$ *being nonincreasing in* $\varepsilon > 0$*. For every function* $\delta(\varepsilon) > \varepsilon$*, the risk of the associated with* $\delta(\cdot)$*, according to the above construction, aggregated estimation method* $\{\widetilde{f}_\varepsilon\}_{\varepsilon>0}$ *satisfies the relation*

$$\mathcal{R}_\varepsilon(\widetilde{f}_\varepsilon, f) \leq \mathcal{R}_\mathcal{M}(\delta(\varepsilon), f) + O(1)\frac{\varepsilon\delta(\varepsilon)}{\sqrt{\delta^2(\varepsilon) - \varepsilon^2}} \ln M(\varepsilon) \quad \forall(f \in H, \varepsilon > 0). \tag{6.55}$$

In particular, we get a sufficient condition for "asymptotically efficient", in the minimax sense, aggregation:

Corollary 6.4.1 *Let $F \subset H$ be a family of signals, and let $\mathcal{M}$ be the same nested family of estimation methods as in Proposition 6.4.1. Assume that*
  I. *The "minimax risk"*

$$\mathcal{R}_{\mathcal{M}}(\varepsilon, F) = \sup_{f \in F} \min_{j=1,\ldots,M(\varepsilon)} \left(\mathcal{E} \left\{ \| f - \widehat{f}_\varepsilon^j \|^2 \right\} \right)^{1/2}$$

associated with $F, \mathcal{M}$ is a "well-behaved" function of ε as $\varepsilon \to 0$: whenever a function $\delta(\varepsilon)$ is such that $\delta(\varepsilon)/\varepsilon \to 1$ as $\varepsilon \to +0$, one has

$$\mathcal{R}_{\mathcal{M}}(\delta(\varepsilon), F) \leq (1 + o(1))\mathcal{R}_{\mathcal{M}}(\varepsilon, F), \ \varepsilon \to +0;$$

  II. *The risk $\mathcal{R}_{\mathcal{M}}(\varepsilon, F)$ satisfies the relation*

$$\varepsilon \ln M(\varepsilon) = o(1)\mathcal{R}_{\mathcal{M}}(\varepsilon, F), \ \varepsilon \to +0$$

*(**II** in fact is an upper bound on the rate at which the number $M(\varepsilon)$ of estimates to be aggregated can grow as $\varepsilon \to +0$).*

Under these assumptions, the estimation methods from the family $\mathcal{M}$ restricted on the class of signals F admit "asymptotically efficient aggregation": there exists an estimation method $\{\widetilde{f}_\varepsilon\}_{\varepsilon > 0}$ such that

$$\mathcal{R}_\varepsilon(\varepsilon, F) \leq (1 + o(1))\mathcal{R}_{\mathcal{M}}(\varepsilon, F), \ \varepsilon \to +0.$$

To get the asymptotically efficient aggregation mentioned in the Corollary, it suffices to implement the above construction with $\delta(\varepsilon)/\varepsilon$ approaching 1 as $\varepsilon \to +0$ so slowly that

$$\frac{\varepsilon\delta(\varepsilon)}{\sqrt{\delta^2(\varepsilon) - \varepsilon^2}} \ln M(\varepsilon) = o(1)\mathcal{R}_{\mathcal{M}}(\varepsilon, F), \ \varepsilon \to +0;$$

the possibility of such a choice of $\delta(\cdot)$ is guaranteed by assumption **II**.

Chapter 7

Estimating functionals, I

From now on we switch from the problem of estimating a nonparametric regression function to the problem of estimating functional of such a function.

7.1 The problem

We continue to work within the bounds of the L_2-theory and Gaussian white noise model of observations. Geometrical setting of the generic problem we are interested in is as follows:

We are given

- a real separable Hilbert space H with inner product $(\cdot, \cdot)$ and an orthonormal basis $\{\phi_i\}_{i=1}^{\infty}$,

- a set $\Sigma \subset H$,

- a real-valued functional F defined in a neighbourhood of Σ.

A "signal" $f \in \Sigma$ is observed in Gaussian white noise of intensity ε, i.e., we are given a sequence of observations

$$y^{f,\varepsilon} = \left\{ y_i^{f,\varepsilon} \equiv (f, \phi_i) + \varepsilon \xi_i \right\}, \qquad (7.1)$$

$\{\xi_i\}_{i=1}^{\infty}$ being a collection of independent $\mathcal{N}(0,1)$ random variables ("the noise"), and our goal is to estimate via these observations the value $F(f)$ of F at f.

As always, we will be interested in asymptotic, $\varepsilon \to 0$, results.

Recall that the model (7.1) is the geometric form of the standard model where signals f are functions from $L_2[0,1]$, and observation is the "functional observation"

$$y_f(x) = \int_0^x f(s)ds + \varepsilon W(x), \qquad (7.2)$$

$W(x)$ being the standard Wiener process; in this "functional language", interesting examples of functionals F are the Gateau functionals

$$F(f) = \int_0^1 G(x, f(x))dx \qquad (7.3)$$

or

$$F(f) = \int\limits_0^1 ... \int\limits_0^1 G(x_1, ..., x_k, f(x_1), ..., f(x_k))dx_1...dx_k. \tag{7.4}$$

In this chapter we focus on the case of a smooth functional F. As we shall see, if the parameters of smoothness of F "fit" the geometry of Σ, then $F(f)$, $f \in \Sigma$, can be estimated with "parametric convergence rate" $O(\varepsilon)$, and, moreover, we can build *asymptotically efficient*, uniformly on Σ, estimates.

7.1.1 Lower bounds and asymptotical efficiency

In order to understand what "asymptotical efficiency" should mean, the first step is to find out what are limits of performance of an estimate. The answer can be easily guessed: if $F(f) = (f, \psi)$ is a continuous linear functional, so that

$$\psi = \sum_{i=1}^\infty \psi_i \phi_i, \quad \{\psi_i = (\psi, \phi_i)\}_{i=1}^\infty \in \ell^2,$$

then seemingly the best way to estimate $F(f)$ is to use the "plug-in" estimate

$$\widehat{F}(y) = \sum_{i=1}^\infty \psi_i y_i^{f,\varepsilon} = (f, \psi) + \varepsilon \sum_{i=1}^\infty \psi_i \xi_i$$

(the series in the right hand side converges in the mean square sense, so that the estimate makes sense); the estimate is unbiased, and its variance clearly is $\varepsilon^2 \parallel \psi \parallel^2$. Now, if F is Frechet differentiable in a neighbourhood of a signal $f \in \Sigma$, then we have all reasons to expect that locally it is basically the same -- to estimate F or the linearized functional $\bar{F}(g) = \bar{F}(f) + (F'(f), g - f)$, so that the variance of an optimal estimate in this neighbourhood should be close to $\varepsilon^2 \parallel F'(f) \parallel^2$. Our intuition turns out to be true:

Theorem 7.1.1 [13] *Let $\bar{f} \in \Sigma$ and F be a functional defined on Σ. Assume that*
   (i) *Σ is convex, and F is Gateau differentiable "along Σ" in a neighbourhood U of $\bar{f}$ in Σ: for every $f \in U$, there exists a vector $F'(f) \in H$ such that*

$$\lim_{t \to +0} \frac{F(f + t(g - f)) - F(f)}{t} = (F'(f), g - f) \quad \forall g \in \Sigma,$$

and assume that every one of the functions $\psi_g(t) = (F'(\bar{f} + t(g - \bar{f})), g - \bar{f})$, $g \in \Sigma$, is continuous in a neighbourhood of the origin of the ray $\{t \geq 0\}$
   (ii) *The "tangent cone" of Σ at $\bar{f}$ - the set*

$$T = \{h \in H \mid \exists t > 0 : \bar{f} + th \in \Sigma\}$$

- is dense in a half-space $H_+ = \{h \in H \mid (\psi, h) \geq 0\}$ associated with certain $\psi \neq 0$.
   Then the local, at $\bar{f}$, squared minimax risk of estimating $F(f)$, $f \in \Sigma$, via observations (7.1) is at least $\varepsilon^2(1 + o(1)) \parallel F'(\bar{f}) \parallel^2$:

$$\lim_{\delta \to +0} \liminf_{\varepsilon \to +0} \inf_{\widehat{F} \in \mathcal{F}} \sup_{f \in \Sigma, \|f - \bar{f}\| \leq \delta} \mathcal{E}\left\{\varepsilon^{-2}\left[\widehat{F}(y^{f,\varepsilon}) - F(f)\right]^2\right\} \geq \parallel F'(\bar{f}) \parallel^2, \tag{7.5}$$

where $\mathcal{F}$ is the family of all possible estimates (i.e., real-valued Borel functions $\widehat{F}(y)$ on the space $\mathbf{R}^\infty$ of real sequences[1]) and $\mathcal{E}$ is the expectation with respect to the noises $\{\xi_i\}$.

In other words, for every fixed $\delta > 0$ the squared minimax risk of estimating $F(f)$ in a δ-neighbourhood (in Σ) of $\bar{f}$ is at least $\varepsilon^2 \left(\| F'(\bar{f}) \|^2 + o(1) \right)$, $\varepsilon \to +0$.

Proof. Let $d = F'(\bar{F})$; there is nothing to prove is $d = 0$, so that we may assume that $d \neq 0$. By (ii), either d, or $-d$ is a limit of a sequence $\{h_i \in T\}$; for the sake of definiteness, assume that $d = \lim_{i\to\infty} h_i$ (the alternative case is completely similar).

Let us fix positive δ.

1^0 Let $\kappa \in (0, 1/4)$. Since d is a limiting point of the set T, there exists a unit vector $h \in T$ such that $(h, d) \geq \| d \| (1 - \kappa)$. By definition of T, there exists a segment $\Delta = [0, r]$, with $0 < r < \delta$ such that $f_t = \bar{f} + th \in \Sigma$ for all $t \in \Delta$. Taking into account (i) and decreasing, if necessary, the value of r, we may assume that the function

$$\alpha(t) = F(f_t)$$

satisfies the condition

$$(1 - 2\kappa) \| d \| \leq \alpha'(t) \leq (1 + 2\kappa) \| d \|, \ t \in \Delta, \tag{7.6}$$

whence the inverse function $\alpha^{-1}(s)$ satisfies the relation

$$|\alpha^{-1}(s) - \alpha^{-1}(s')| \leq \frac{1}{(1 - 2\kappa) \| d \|} |s - s'|, \ \alpha(0) \leq s, s' \leq \alpha(r). \tag{7.7}$$

2^0. Now let us fix $\varepsilon > 0$, let $\widehat{F}$ be an arbitrary estimate from $\mathcal{F}$, and let

$$\rho^2 = \sup_{t\in\Delta} \mathcal{E} \left\{ \left[\widehat{F}(y^{f_t,\varepsilon}) - F(f_t) \right]^2 \right\}$$

be the squared minimax risk of estimating the value of F on the segment $S = \{f_t\}_{t\in\Delta}$ of signals. We claim that

$$\rho^2 \geq \left(\frac{r\varepsilon(1 - 2\kappa) \| d \|}{r + 2\varepsilon} \right)^2, \tag{7.8}$$

Postponing for a while the justification of our claim, let us derive from (7.8) the required lower bound. Indeed, since $\widehat{F}$ is an arbitrary estimate and by construction segment S is contained in Σ and in the δ-neighbourhood of $\bar{f}$, we get

$$\inf_{\widehat{F}\in\mathcal{F}} \sup_{f\in\Sigma, \|f-\bar{f}\|\leq\delta} \mathcal{E} \left\{ \varepsilon^{-2} \left[\widehat{F}(y^{f,\varepsilon}) - F(f) \right]^2 \right\} \geq \varepsilon^{-2}\rho^2 = \left(\frac{r(1 - 2\kappa) \| d \|}{r + 2\varepsilon} \right)^2,$$

whence

$$\liminf_{\varepsilon\to+0} \inf_{\widehat{F}\in\mathcal{F}} \sup_{f\in\Sigma, \|f-\bar{f}\|\leq\delta} \mathcal{E} \left\{ \varepsilon^{-2} \left[\widehat{F}(y^{f,\varepsilon}) - F(f) \right]^2 \right\} \geq (1 - 2\kappa)^2 \| d \|^2 .$$

The resulting inequality is valid for all $\delta, \kappa > 0$, and (7.5) follows.

---

[1] As always, $\mathbf{R}^\infty$ is equipped with metric defining the Tikhonov topology

3^0. It remains to verify (7.8). Assume, on contrary, that (7.8) is wrong: there exists $\hat{F} \in \mathcal{F}$ and $\varepsilon > 0$ such that

$$\sup_{t \in \Delta} \mathcal{E}\left\{\left[\hat{F}(y^{f_t,\varepsilon}) - F(f_t)\right]^2\right\} < \left(\frac{r\varepsilon(1 - 2\kappa) \|d\|}{r + 2\varepsilon}\right)^2. \tag{7.9}$$

3^0.1) Since $F(f_t)$, $0 \le t \le r$, takes its values in the segment $[\alpha(0), \alpha(r)]$, we may assume that $\hat{F}$ takes its values in the latter segment; indeed, if it is not the case, we may pass from $\hat{F}$ to the "truncated" estimate

$$\tilde{F}(y) = \begin{cases} \alpha(0), & \hat{F}(y) < \alpha(0) \\ \hat{F}(y), & \alpha(0) \le \hat{F}(y) \le \alpha(r) \ ; \\ \alpha(r), & \hat{F}(y) > \alpha(r) \end{cases}$$

when replacing $\hat{F}$ with $\tilde{F}$, we may only decrease the left hand side in (7.9), and the truncated estimate takes its values in $[\alpha(0), \alpha(r)]$.

3^0.2) Thus, we may assume that $\alpha(0) \le \hat{F}(\cdot) \le \alpha(r)$. Now let us set

$$\hat{t}(y) = \alpha^{-1}(\hat{F}(y)).$$

Combining (7.9) and (7.7), we conclude that

$$\forall t \in \Delta = [0, r]: \qquad \mathcal{E}\left\{\left[\hat{t}(y^{f_t,\varepsilon}) - t\right]^2\right\} < \frac{r^2\varepsilon^2}{(r + 2\varepsilon)^2}. \tag{7.10}$$

3^0.3) Without loss of generality we may assume that $\bar{f} = 0$; changing, if necessary, our orthonormal basis in H, we may assume also that h is the first basic orth ϕ_1 (recall that our observations have the same structure in every orthonormal basis). Then $f_t = t\phi_1$, and (7.10) says the following:

(*) There exists possibility to recover parameter $t \in [0, r]$ from observations

$$y_1 = t + \varepsilon\xi_1, y_2 = \varepsilon\xi_2, y_3 = \varepsilon\xi_3, \dots \tag{7.11}$$

with independent $\mathcal{N}(0, 1)$ random noises $\xi_1, \xi_2, \dots$ in such a way that the variance of the recovering error, for every $t \in [0, r]$, is $< \frac{r^2\varepsilon^2}{(r+2\varepsilon)^2}$.

Since observations $y_2, y_3, \dots$ impart no information on t, (*) simply says that

(**) Given that $t \in [0, r]$, there exists possibility to recover the mean t of $\mathcal{N}(t, \varepsilon^2)$ random variable from a single realization of this variable with the variance of the error, uniformly in $t \in [0, r]$, less than $\frac{r^2\varepsilon^2}{(r+2\varepsilon)^2}$.

Formal reasoning corresponding to our "impart no information" arguments is as follows: passing from the estimate $\hat{t}(y)$ to the estimate

$$\tilde{t}(y_1) = \mathcal{E}_{\xi_2, \xi_3, \dots}\left\{\hat{t}(y_1, \xi_2, \xi_3, \dots)\right\},$$

we may only improve the variance of recovering t from observations (7.11) and get an estimate which depends on y_1 only.

It remains to note that (**) is forbidden by the Kramer-Rao inequality. To be self-contained, let us reproduce the corresponding reasoning for the simplest case we are interested in.

Let $\hat{t}(t+\varepsilon\xi)$ be an estimate of $t \in [0, r]$ via noisy observation $t+\xi$ of t, $\xi \sim \mathcal{N}(0, 1)$, and let

$$
\begin{aligned}
(a) \quad \delta(t) &= \mathcal{E}_\xi\left\{t - \hat{t}(t + \varepsilon\xi)\right\} = \int (t - \hat{t}(s))p(t, s)ds, \\
p(t, s) &= (\varepsilon\sqrt{2\pi})^{-1}\exp\{-(s - t)^2/(2\varepsilon^2)\}, \\
(b) \quad \gamma^2(t) &= \mathcal{E}_\xi\left\{\left[\hat{t}(t + \varepsilon\xi) - t\right]^2\right\} = \int (\hat{t}(s) - t)^2 p(t, s)ds
\end{aligned}
\tag{7.12}
$$

be the expectation and the variance of the estimation error; we are interested to bound from below the quantity

$$
\gamma^2 \equiv \sup_{0 \le t \le r} \gamma^2(t).
$$

In this bounding, we may assume that the estimate $\hat{t}$ takes its values in $[0, r]$ (cf. the above "truncation" reasoning). When $\hat{t}$ is bounded, the bias $\delta(t)$ is continuously differentiable in $[0, r]$, and from (7.12.a) we get

$$
\begin{aligned}
\delta'(t) &= 1 - \int (t - \hat{t}(s))p'_t(t, s)ds \\
&= 1 - \int \left[(t - \hat{t}(s))\sqrt{p(t, s)}\right]\left[\frac{p'_t(t, s)}{\sqrt{p(t, s)}}\right]ds \\
&\ge 1 - \left(\int (t - \hat{t}(s))^2 p(t, s)ds\right)^{1/2}\left(\int \frac{(p'_t(t, s))^2}{p(t, s)}ds\right)^{1/2} \quad \text{[Cauchy's inequality]} \\
&= 1 - \varepsilon^{-1}\left(\int (t - \hat{t}(s))^2 p(t, s)ds\right)^{1/2} \quad \text{[direct computation]} \\
&= 1 - \varepsilon^{-1}\gamma(t) \\
&\ge 1 - \varepsilon^{-1}\gamma
\end{aligned}
$$

Integrating the resulting inequality from $t = 0$ to $t = r$ and taking into account that $|\delta(t)| \le \gamma(t) \le \gamma$, we get

$$
2\gamma \ge \delta(r) - \delta(0) \ge r(1 - \varepsilon^{-1}\gamma),
$$

whence

$$
\gamma^2 \ge \left(\frac{r\varepsilon}{r + 2\varepsilon}\right)^2
$$

so that (**) indeed is impossible. ∎

The lower bound on local minimax risk of estimating smooth functionals stated by Theorem 7.1.1 motivates the following definition of an *asymptotically efficient* estimation method:

Definition 7.1.1 *Let $\Sigma \subset H$ be a convex family of signals and $F : \Sigma \to \mathbf{R}$ be a functional such that for every $f \in \Sigma$ there exists a vector $F'(f) \in H$:*

$$
\lim_{t \to +0} \frac{F(f + t(g - f)) - F(f)}{t} = (F'(f), g - f) \quad \forall f, g \in \Sigma.
$$

Assume also that linear combinations of elements of Σ *are dense in* H, *so that* $F'(f)$ *is uniquely defined by* F, f. *An estimation method* $\{\widehat{F}_\varepsilon(\cdot) \in \mathcal{F}\}_{\varepsilon>0}$ *is called asymptotically efficient on* Σ, *if*

$$\limsup_{\varepsilon \to +0} \sup_{f \in \Sigma} \left[\varepsilon^{-2} \mathcal{E} \left\{ \left[\widehat{F}(y^{f,\varepsilon}) - F(f) \right]^2 \right\} - \| F'(f) \|^2 \right] \leq 0. \tag{7.13}$$

E.g., we have seen that a continuous linear functional $F(f) = (f, \psi)$ admits asymptotically efficient, on the entire H, estimation method. Such a functional is a simplest – linear – polynomial on H. We shall see in a while that a polynomial of a degree > 1 also can be estimated in an asymptotically efficient, on every bounded subset of H, fashion, provided that the polynomial is a *Hilbert-Schmidt* one. On the other hand, it turns out that already the function $F(f) = \| f \|^2$ cannot be estimated in an asymptotically efficient fashion on the entire unit ball. Thus, in order to be able to build asymptotically efficient estimates of "smooth", but not "very smooth" functionals, we should restrict the class of signals Σ to be "not too massive", similarly to what we did when recovering the signals themselves. A very convenient way to control the "massiveness" of Σ is to impose restrictions on the *Kolmogorov diameters* $d_k(\Sigma)$:

Definition 7.1.2 *Let* $\Sigma \subset H$ *and* m *be a positive integer. We say that the* m-*dimensional Kolmogorov diameter* $d_m(\Sigma)$ *of* Σ *is* $\leq \delta$, *if there exists an* m-*dimensional linear subspace* $H_m \subset H$ *such that*

$$\forall f \in \Sigma: \quad \mathrm{dist}(f, H_m) \equiv \min_{f' \in H_m} \| f - f' \| \leq \delta. \qquad {}^{2)}$$

In what follows, we impose on Σ restrictions like

$$d_m(\Sigma) \leq L m^{-\beta}, \ m \geq m_0 \qquad [\beta > 0], \tag{7.14}$$

i.e., say at which rate the "non-parametric" set of signals Σ can be approximated by "m-parametric" sets – by the projections of Σ on appropriately chosen m-dimensional subspaces of H. E.g., if Σ is an ellipsoid

$$\Sigma = \{ f \in H \mid \sum_{i=1}^{\infty} \frac{(f, \phi_i)^2}{a_i^2} \leq L^2 \} \qquad [a_1 \geq a_2 \geq ..., a_i \to 0, \ i \to \infty], \tag{7.15}$$

then one clearly has

$$d_m(\Sigma) \leq L a_{m+1}, \ m = 1, 2, ...$$

In particular, the Kolmogorov diameters of the "periodic part" of a Sobolev ball $\mathbf{S}_1^{k,2}(L)$ (same as the diameters of the ball itself) decrease as m^{-k} (cf. (6.2)):

$$d_m \left(\mathbf{S}_1^{k,2}(L) \right) \leq c_k L m^{-k}, \ k = m + 1, m + 2, ...$$

Thus, (7.14) in typical applications is an a priori restriction on the smoothness of signals we deal with.

${}^{2)}$ The "canonical" definition of the Kolmogorov diameters deals with affine rather than linear subspaces of H; note, however, that if there is an affine m-dimensional subspace H' of H such that $\mathrm{dist}(f, H') \leq \delta \ \forall f \in \Sigma$, there exists $(m+1)$-dimensional linear subspace of H with the same property; thus, "up to shift by 1 in the dimension" (absolutely unimportant in what follows), we may speak about approximation by linear, rather than affine, subspaces.

The goal. In what follows we focus on the questions (a) *what should be the relations between the "degree of smoothness" of a functional F to be estimated and the "asymptotical width" of* Σ *(i.e., the value of* β *in (7.15)) in order for F to admit an asymptotically efficient, on* Σ, *estimation method, and* (b) *how to build an asymptotically efficient estimation method, provided that it exists.*

To get a kind of preliminary orientation, let us start with the simplest case of a once continuously differentiable functional.

7.2 The case of once continuously differentiable functional

Consider the problem of estimating a functional F on a set of signals Σ and assume that

A.1. Σ is a bounded subset of H, and the Kolmogorov diameters of Σ satisfy (7.14) with certain a priori known β, L.

For the sake of definiteness, assume that Σ is contained in the unit ball

$$\mathcal{O} = \{f \mid \parallel f \parallel \leq 1\}$$

of H.

A.2. The functional F to be estimated is defined in the ball

$$\mathcal{O}_{2\rho} = \{f \mid \parallel f \parallel < 1 + 2\rho\} \qquad [\rho > 0],$$

is continuously Fréchet differentiable in $\mathcal{O}_{2\rho}$, and its derivative $F'(\cdot)$ is Hölder continuous in $\mathcal{O}_{2\rho}$ with exponent $\gamma > 0$ and constant L:

$$\forall f. g \in \mathcal{O}_{2\rho} : \quad \parallel F'(f) - F'(g) \parallel \leq L \parallel f - g \parallel^\gamma . \tag{7.16}$$

E.g., the Gateau functional (7.3) satisfies **A.2**, provided that the integrand $G(x,t)$ is continuously differentiable in t for almost all $x \in [0,1]$, is measurable in x for every t and

$$
\begin{aligned}
G(\cdot,0) &\in L_1[0,1], \\
G'_t(x,0) &\in L_2[0,1], \\
\parallel G'_t(\cdot,\tau) - G'_t(\cdot,\tau') \parallel_\infty &\leq C \max\left[|\tau - \tau'|, |\tau - \tau'|^\gamma\right] \ \forall \tau, \tau' \in \mathbf{R}
\end{aligned}
$$

Similarly, the Gateau functional (7.4) satisfies **A.2**, provided that

$$G(x_1, ..., x_k, t_1, ..., t_k) = G(\bar{x}, \bar{t})$$

is continuously differentiable in $\bar{t}$ for almost all $\bar{x}$, is measurable in $\bar{x}$ for all $\bar{t}$ and

$$
\begin{aligned}
G(\cdot,0) &\in L_1([0,1]^k), \\
G'_t(\cdot,0) &\in L_2([0,1]^k), \\
\parallel G'_t(\cdot,\bar{\tau}) - G'_t(\cdot,\bar{\tau}') \parallel_\infty &\leq C \max\left[|\bar{\tau} - \bar{\tau}'|, |\bar{\tau} - \bar{\tau}'|^\gamma\right] \ \forall \bar{\tau}, \bar{\tau}' \in \mathbf{R}^k.
\end{aligned}
$$

We are about to establish the following result:

Theorem 7.2.1 *Assume that* **A.1**, **A.2** *are satisfied and that the parameters* β *and* γ *are linked by the inequality*

$$\gamma > \frac{1}{2\beta}. \tag{7.17}$$

Then F admits asymptotically efficient on Σ estimation method.

Proof. We build explicitly the corresponding estimation method.

The idea of the construction is quite transparent. Given noise intensity $\varepsilon > 0$, we choose an appropriate $m = m(\varepsilon)$, find an m-dimensional linear subspace H_m such that $\text{dist}(f, H_m) \leq Lm^{-\beta}$, and build the associated projection estimate $\widehat{f}_m$ of f. After $\widehat{f}_m$ is built, we approximate F by the first order Taylor expansion of F at $\widehat{f}_m$:

$$F(f) \approx F(\widehat{f}_m) + (F'(\widehat{f}_m), f - f^m),$$

f^m being the projection of f onto H_m, and estimate the linear part of this expansion as a linear functional – just substituting, instead of $f - f^m$, the observation of this vector. A nice feature of this scheme is that the noises affecting the observation of $f - f^m$ are independent of those affecting the estimate $\widehat{f}_m$, which allows for easy evaluation of the risk.

The construction is as follows.
1^0. We first choose the "order" $m = m(\varepsilon)$ of the estimate $\widehat{f}_m$ from a very natural desire to get an optimal in order nonparametric estimate of $f \in \Sigma$. To understand what is this order, we use the quite familiar to us reasoning as follows. For a given m, we build an m-dimensional subspace H_m in H such that the norm of the projection $f^\perp$ of $f \in \Sigma$ on the orthogonal complement to H_m (this norm is nothing but $\text{dist}(f, H_m)$) is guaranteed to be $\leq Lm^{-\beta}$, build an orthonormal basis $h_1, ..., h_m$ in H_m and define $\widehat{f}_m$ as

$$\widehat{f}_m = \sum_{i=1}^{m} z_i h_i,$$

where $z_i = (f, h_i) + \varepsilon\eta_i$, $\{\eta_i\}_{i=1}^{m}$ are independent $\mathcal{N}(0, 1)$ random variables, are the estimates of the projections of f onto h_i given by observation $y^{f,\varepsilon}$. The squared risk $\mathcal{E}\left\{\| f - \widehat{f}_m \|^2\right\}$ clearly can be bounded as

$$\mathcal{E}\left\{\| f - \widehat{f}_m \|^2\right\} \leq m\varepsilon^2 + \| f^\perp \|^2 \leq m\varepsilon^2 + L^2 m^{-2\beta}, \tag{7.18}$$

and to get an optimal in order estimate, we should balance the stochastic term $m\varepsilon^2$ and the deterministic term $L^2 m^{-2\beta}$, i.e., to set

$$m = m(\varepsilon) = \lfloor \varepsilon^{-\frac{2}{2\beta+1}} \rfloor \qquad {}^{3)}. \tag{7.19}$$

After our choice of $m(\varepsilon)$ is specified, we may assume – just to save notation – that H_m is simply the linear span of the first basic orths $\phi_1, ..., \phi_m$ of the basis where the

---

${}^{3)}$ In order to avoid messy expressions, in what follows we do not opimize the choice of parameters with respect to the constant L involved in **A.1**, **A.2**.

observations (7.1) are given. Indeed, we are working now with fixed ε (and therefore – with fixed $H_{m(\varepsilon)}$) and are in our right to use whatever orthonormal basis we want, updating the observations (without any change in their structure) accordingly.

2^0. Let $f \in \Sigma$ be the observed signal, f^m be its projection on the subspace spanned by the first $m = m(\varepsilon)$ basic orths ϕ_i, and $\hat{f}_m$ be the corresponding projection estimate of f:

$$\hat{f}_m = f^m + \varepsilon \sum_{i=1}^{m} \eta_i \phi_i.$$

In order to implement the outlined approximation-based scheme, we should ensure that the "preliminary estimate" we use belongs to the domain of the functional F, which is not the case for some realizations of $\hat{f}_m$. This is, however, a minor difficulty: since $f \in \Sigma \subset \mathcal{O}$, we only improve the quality $\| \cdot - f \|$ of our estimate by projecting $\hat{f}_m$ on $\mathcal{O}_\rho$ – by passing from $\hat{f}_m$ to the estimate

$$\tilde{f}_m = \begin{cases} \hat{f}_m, & \| \hat{f}_m \| \le 1 + \rho \\ (1 + \rho) \| \hat{f}_m \|^{-1} \hat{f}_m, & \| \hat{f}_m \| > 1 + \rho \end{cases}.$$

The estimate $\tilde{f}_m$ is the one we actually use in the above approximation scheme. Important for us properties of the estimate can be summarized as follows:

(a) For a given $f \in \Sigma$, the estimate $\tilde{f}_m$ depends on the collection $\xi^m = \{\xi_i\}_{i=1}^{m}$ of the observations noises in (7.1) and does not depend on the sequence $\xi_{m+1}^{\infty} = \{\xi_i\}_{i=m+1}^{\infty}$ of the "remaining" noises;

(b) We have (from now on all C's stand for different positive quantities depending only on F and Σ and independent of ε and of a particular choice of $f \in \Sigma$):

$$
\begin{array}{lrl}
(a) & \| \tilde{f}_m \| \le & 1 + \rho \\
(b) & \| \tilde{f}_m - f^m \| \le & \| \hat{f}_m - f^m \| \\
(c) & \| f - f^m \| \le & Cm^{-\beta}(\varepsilon) \le C\varepsilon^{\frac{2\beta}{2\beta+1}} \\
(d) & \mathcal{E}\left\{ \| f^m - \tilde{f}_m \|^2 \right\} = & \mathcal{E}_{\xi^m}\left\{ \| f^m - \tilde{f}_m \|^2 \right\} \le C\varepsilon^2 m(\varepsilon) \\
& \le & C\varepsilon^{\frac{4\beta}{2\beta+1}}
\end{array}
\tag{7.20}
$$

Note that (d) is given by (7.19) and the fact that $\| \tilde{f}_m - f^m \| \le \| \hat{f}_m - f^m \|$.

3^0. The estimate of $F(f)$ we arrive at is

$$\hat{F}_\varepsilon \equiv \hat{F}_\varepsilon(y^{f,\varepsilon}) = F(\tilde{f}_m) + \left(F'(\tilde{f}_m), \sum_{i=m+1}^{\infty} y_i \phi_i \right), \quad y_i = y_i^{f,\varepsilon} \tag{7.21}$$

(of course, $\tilde{f}_m$ depends on observations $y_i^{f,\varepsilon}$, $i = 1, ..., m$, and $m = m(\varepsilon)$; to save notation, we omit explicit indication of these dependencies).

Accuracy analysis. To evaluate the accuracy of the estimate we have built, let

$$
\begin{array}{rl}
R = & F(f) - F(f^m) - (F'(f^m), f - f^m), \\
\zeta = & \varepsilon \sum_{i=m+1}^{\infty} \eta_i [F'(\tilde{f}_m)]_i \quad [\text{for } g \in H, \, g_i = (g, \phi_i)]
\end{array}
$$

so that

$$\begin{aligned} F(f) - \widehat{F}_\varepsilon &= [F(f^m) + (F'(f^m), f - f^m) + R] - [F(\tilde{f}_m) + (F'(\tilde{f}_m), f - f^m) + \zeta] \\ &= R + \{F(f^m) - F(\tilde{f}_m)\}_1 + \{(F'(f^m) - F'(\tilde{f}_m), f - f^m)\}_2 - \zeta \end{aligned}$$

$$(7.22)$$

Observe that R is deterministic, $\{\ \}_1$, $\{\ \}_2$ depend only on ξ^m, while the conditional expectations, ξ^m being fixed, of ζ and ζ^2 are, respectively, 0 and $\varepsilon^2 \sum_{i=m+1}^{\infty} [F'(\tilde{f}_m)]_i^2$. Consequently,

$$\begin{aligned} \mathcal{E}\left\{\left[F(f) - \widehat{F}_\varepsilon\right]^2\right\} &= \mathcal{E}\left\{\left[R + F(f^m) - F(\tilde{f}_m) + (F'(f^m) - F'(\tilde{f}_m), f - f^m)\right]^2\right\} \\ &\quad + \varepsilon^2 \mathcal{E}\left\{\sum_{i=m+1}^{\infty} [F'(\tilde{f}_m)]_i^2\right\}. \end{aligned}$$

$$(7.23)$$

We claim that the following facts hold true:

A)
$$|R| \leq o(1)\varepsilon \tag{7.24}$$

From now on, $o(1)$'s stand for deterministic functions of ε (independent of a particular choice of $f \in \Sigma$) tending to 0 as $\varepsilon \to +0$.

B)
$$\mathcal{E}\left\{[F(f^m) - F(\tilde{f}_m)]^2\right\} \leq \varepsilon^2 \sum_{i=1}^{m} [F'(f)]_i^2 + \varepsilon^2 o(1) \tag{7.25}$$

C)
$$\mathcal{E}\left\{[(F'(f^m) - F'(\tilde{f}_m), f - f^m)]^2\right\} \leq \varepsilon^2 o(1) \tag{7.26}$$

D)
$$\varepsilon^2 \mathcal{E}\left\{\sum_{i=m+1}^{\infty} [F'(\tilde{f}_m)]_i^2\right\} \leq \varepsilon^2 \sum_{i=m+1}^{\infty} [F'(f)]_i^2 + \varepsilon^2 o(1) \tag{7.27}$$

Note that (7.23) combined with A) – D) clearly implies that

$$\mathcal{E}\left\{\left[F(f) - \widehat{F}_\varepsilon\right]^2\right\} \leq \varepsilon^2 \|F'(f)\|^2 + \varepsilon^2 o(1) \quad \forall f \in \Sigma,$$

i.e., that the estimate we have built is asymptotically efficient on Σ. Thus, all we need is to verify A) – D)

Verifying A) We have

$$\begin{aligned} |R| &\leq C \|f - f^m\|^{1+\gamma} && [\text{by } \mathbf{A.2}] \\ &\leq C[m(\varepsilon)]^{-\beta(1+\gamma)} && [\text{by } \mathbf{A.1}] \\ &\leq C\varepsilon^{\frac{2\beta(1+\gamma)}{2\beta+1}} && [\text{by } (7.19)] \\ &= \varepsilon o(1) && [\text{by } (7.17)] \end{aligned}$$

as required in (7.24).

Verifying B) We have

$$F(f^m) - F(\tilde{f}_m) = \left[F(f^m) + (F'(f^m), \tilde{f}_m - f^m) - F(\tilde{f}_m) \right] + \left[(F'(f^m), f^m - \hat{f}_m) \right]$$
$$+ \left[(F'(f^m), \hat{f}_m - \tilde{f}_m) \right],$$

$$(7.28)$$

and in order to verify (7.25) it suffices to demonstrate that

(a) $\quad \mathcal{E} \left\{ \left[F(f^m) + (F'(f^m), \tilde{f}_m - f^m) - F(\tilde{f}_m) \right]^2 \right\} \leq \varepsilon^2 o(1)$

(b) $\quad \mathcal{E} \left\{ \left[(F'(f^m), f^m - \hat{f}_m) \right]^2 \right\} \leq \varepsilon^2 \sum_{i=1}^{m} [F'(f)]_i^2 + \varepsilon^2 o(1)$

(c) $\quad \mathcal{E} \left\{ \left[(F'(f^m), \hat{f}_m - \tilde{f}_m) \right]^2 \right\} \leq \varepsilon^2 o(1)$

$$(7.29)$$

(7.29.a): We have

$$\mathcal{E} \left\{ \left[F(f^m) + (F'(f^m), \tilde{f}_m - f^m) - F(\tilde{f}_m) \right]^2 \right\}$$
$$\leq \mathcal{E} \left\{ C \parallel f^m - \tilde{f}_m \parallel^{2(1+\gamma)} \right\}$$

[by **A.2**]

$$\leq \mathcal{E} \left\{ C \parallel f^m - \hat{f}_m \parallel^{2(1+\gamma)} \right\}$$

[by (7.20.b)]

$$\leq \mathcal{E} \left\{ C \left[\varepsilon^{2(1+\gamma)} \sum_{i=1}^{m} \xi_i^2 \right]^{1+\gamma} \right\} \qquad\qquad \square$$

[since $\hat{f}_m - f^m = \varepsilon \sum_{i=1}^{m} \xi_i$]

$$\leq C[\varepsilon^2 m(\varepsilon)]^{1+\gamma}$$
$$\leq C\varepsilon^{\frac{4\beta(1+\gamma)}{2\beta+1}}$$

[by (7.19)]

$$\leq \varepsilon^2 o(1)$$

[by (7.17)]

$(7.29.b)$: We have

$$\mathcal{E}\left\{\left[(F'(f^m), f^m - \hat{f}_m)\right]^2\right\}$$
$$= \mathcal{E}\left\{\varepsilon^2\left[\sum_{i=1}^m [F'(f^m)]_i \xi_i\right]^2\right\}$$

$$\qquad\qquad\qquad \left[\text{since } \hat{f}_m - f^m = \varepsilon \sum_{i=1}^m \xi_i\right]$$

$$= \varepsilon^2 \sum_{i=1}^m [F'(f^m)]_i^2$$

$$= \varepsilon^2 \sum_{i=1}^m [[F'(f)]_i + \delta_i]^2 \quad [\delta_i = [F'(f^m)]_i - [F'(f)]_i]$$

$$\leq \varepsilon^2(1+\theta) \sum_{i=1}^m [F'(f)]_i^2 + \varepsilon^2(1+\theta^{-1}) \sum_{i=1}^m \delta_i^2 \;\; \forall \theta > 0$$
$$\qquad\qquad \left[\text{since } (a+b)^2 \leq (1+\theta)a^2 + (1+\theta^{-1})b^2\right] \qquad \square$$

$$\leq \varepsilon^2(1+\theta) \sum_{i=1}^m [F'(f)]_i^2$$
$$\qquad + C\varepsilon^2(1+\theta^{-1}) \parallel f - f^m \parallel^{2\gamma}$$
$$\qquad\qquad\qquad\qquad\qquad [\text{by } \mathbf{A.2}]$$

$$\leq \varepsilon^2(1+\theta) \sum_{i=1}^m [F'(f)]_i^2 + C\varepsilon^2(1+\theta^{-1})\varepsilon^{\frac{4\beta\gamma}{2\beta+1}}$$
$$\qquad\qquad\qquad\qquad\qquad [\text{by } (7.20.c)]$$

$$\leq \varepsilon^2(1+o(1)) \sum_{i=1}^m [F'(f)]_i^2 + \varepsilon^2 o(1)$$
$$\qquad\qquad\qquad\qquad\qquad \left[\text{set } \theta = \varepsilon^{\frac{2\beta\gamma}{2\beta+1}}\right]$$

$$\leq \varepsilon^2 \sum_{i=1}^m [F'(f)]_i^2 + \varepsilon^2 o(1)$$
$$\qquad\qquad\qquad\qquad\qquad [\text{by } \mathbf{A.2}]$$

$(7.29.c)$: Observe first that for every $q \geq 1$ one has

$$\mathcal{E}\left\{\parallel \sum_{i=1}^m \xi_i \phi_i \parallel^{2q}\right\} \leq C(q)m^q. \qquad (7.30)$$

Consequently, for every $q \geq 1$ and every $\theta \geq 1$ it holds

$$\mathcal{E}\left\{\parallel \tilde{f}_m - \hat{f}_m \parallel^q\right\}$$
$$\leq \left(\mathcal{E}\left\{\parallel \tilde{f}_m - \hat{f}_m \parallel^{2q}\right\}\right)^{1/2} \left(\text{Prob}\{\hat{f}_m \neq \tilde{f}_m\}\right)^{1/2}$$
$$\leq 2^q \left(\mathcal{E}\left\{\parallel \hat{f}_m - f^m \parallel^{2q}\right\}\right)^{1/2} \left(\text{Prob}\{\parallel \hat{f}_m - f^m \parallel > \rho\}\right)^{1/2}$$
$$\qquad\qquad \left[\text{since } \parallel \tilde{f}_m - f^m \parallel \leq \parallel \hat{f}_m - f^m \parallel\right]$$
$$\leq C_1(q)[\varepsilon^2 m]^{q/2} \left(\text{Prob}\{\parallel \sum_{i=1}^m \xi_i \phi_i \parallel \geq \rho/\varepsilon\}\right)^{1/2}$$
$$\qquad\qquad\qquad\qquad\qquad [\text{by } (7.30)]$$
$$\leq C(q,\theta)[\varepsilon^2 m]^{q/2+\theta}$$
$$\qquad \left[\text{since } \mathcal{E}\left\{\parallel \sum_{i=1}^m \xi_i \phi_i \parallel^{4\theta}\right\} \leq C(4\theta)m^{2\theta} \text{ by } (7.30)\right.$$
$$\left.\text{and therefore Prob}\{\parallel \sum_{i=1}^m \xi_i \phi_i \parallel > \rho/\varepsilon\} \leq \bar{C}(\theta)[\varepsilon^2 m]^{2\theta}\right]$$

Thus, we get

$$\forall q, \theta \geq 1: \quad \mathcal{E}\left\{\parallel \tilde{f}_m - \hat{f}_m \parallel^q\right\} \leq C(q,\theta)[\varepsilon^2 m(\varepsilon)]^{q/2+\theta}. \qquad (7.31)$$

We now have

$$\mathcal{E}\left\{\left[(F'(f^m), \hat{f}_m - \tilde{f}_m)\right]^2\right\}$$

$$\begin{aligned}
&\leq CardoneCE\left\{\| \hat{f}_m - \tilde{f}_m \|^2\right\} &&\text{[by A.2]}\\
&\leq C(\theta)[\varepsilon^2 m(\varepsilon)]^{1+\theta} \quad \forall\theta \geq 1 &&\text{[by (7.31)]} \quad \square\\
&\leq C(\theta)\varepsilon^{\frac{4\beta(1+\theta)}{2\beta+1}} \quad \forall\theta \geq 1 &&\text{[by (7.19)]}\\
&\leq \varepsilon^2 o(1) &&\text{[choose θ appropriately]}
\end{aligned}$$

<u>Verifying C)</u> We have

$$\mathcal{E}\left\{[(F'(f^m) - F'(\tilde{f}_m), f - f^m)]^2\right\}$$

$$\begin{aligned}
&\leq \mathcal{E}\left\{\| F'(f^m) - F'(\tilde{f}_m) \|^2 \| f - f^m \|^2\right\}\\
&\leq \mathcal{E}\left\{C \| f^m - \tilde{f}_m \|^{2\gamma} m^{-2\beta}(\varepsilon)\right\} &&\text{[by A.2 and (7.20.c)]} \quad \square\\
&\leq C\varepsilon^{\frac{4\beta\gamma}{2\beta+1}} m^{-2\beta}(\varepsilon) &&\text{[by (7.20.d) and since $\gamma \leq 1$]}\\
&\leq C\varepsilon^2 \varepsilon^{\frac{4\beta\gamma-2}{2\beta+1}} &&\text{[by (7.19)]}\\
&= \varepsilon^2 o(1) &&\text{[by (7.17)]}
\end{aligned}$$

<u>Verifying D)</u> We have

$$\varepsilon^2 \mathcal{E}\left\{\sum_{i=m+1}^{\infty} [F'(\tilde{f}_m)]_i^2\right\}$$

$$\leq \varepsilon^2 \mathcal{E}\left\{(1+\theta)\sum_{i=m+1}^{\infty} [F'(f)]_i^2 + (1+\theta^{-1})\sum_{i=m+1}^{\infty} \delta_i^2\right\} \quad \forall\theta > 0$$

$$[\delta_i = [F'(f)]_i - [F'(\tilde{f}_m)]_i,$$
$$\text{cf. verificaton of (7.29.b)]}$$

$$\begin{aligned}
&\leq \varepsilon^2(1+\theta)\sum_{i=m+1}^{\infty} [F'(f)]_i^2\\
&\quad + (1+\theta^{-1})\varepsilon^2\mathcal{E}\left\{\| F'(f) - F'(\tilde{f}_m) \|^2\right\}\\
&\leq \varepsilon^2(1+\theta)\sum_{i=m+1}^{\infty} [F'(f)]_i^2 + (1+\theta^{-1})\varepsilon^2\mathcal{E}\left\{\| f - \tilde{f}_m \|^{2\gamma}\right\} \quad \square\\
&\leq \varepsilon^2(1+\theta)\sum_{i=m+1}^{\infty} [F'(f)]_i^2 + C\varepsilon^2(1+\theta^{-1})\varepsilon^{\frac{4\beta\gamma}{2\beta+1}}
\end{aligned}$$

$$\text{[by (7.20.c, d) and since $\gamma \leq 1$]}$$

$$\leq \varepsilon^2(1+o(1))\sum_{i=m+1}^{\infty} [F'(f)]_i^2 + \varepsilon^2 o(1)$$

$$[\text{set } \theta = \varepsilon^{\frac{2\beta\gamma}{2\beta+1}}]$$

$$= \varepsilon^2 \sum_{i=m+1}^{\infty} [F'(f)]_i^2 + \varepsilon^2 o(1)$$

$$\text{[by A.2]}$$

The proof of Theorem 7.2.1 is completed. ∎

7.2.1 Whether condition (7.2.2) is sharp?

We have seen that if the "asymptotical width of Σ" β (see A.1) and the "degree of smoothness of F" γ are "properly linked", namely, $\gamma > \frac{1}{2\beta}$ (see (7.17)), then F admits an asymptotically efficient on Σ estimation method. A natural question is whether the condition (7.17) is "definitive" (i.e., if it is violated, then it may happen that F admits no asymptotically efficient estimation on Σ), or it is an "artifact" coming from the particular estimation method we were dealing with. It turns out that (7.17) indeed is "definitive":

Theorem 7.2.2 *Let $\beta > 0$, $\gamma \in (0,1]$ be such that*

$$\gamma < \frac{1}{2\beta}. \tag{7.32}$$

*Then there exist $\Sigma \subset \mathcal{O}$ satisfying **A.1** and a functional $F : H \to \mathbf{R}$ satisfying **A.2** on the entire space H such that F does not admit asymptotically efficient estimation on Σ.*

Proof. Let us set

$$\Sigma = \{f \in H \mid \sum_{i=1}^{\infty} i^{2\beta}(f, \phi_i)^2 \le 1\}, \tag{7.33}$$

so that Σ clearly satisfies **A.1** (one can choose as H_m the linear span of the first m basic orths $\phi_1, ..., \phi_m$).

We are about to build a functional F which satisfies **A.2** and does not admit asymptotically efficient estimation on Σ.

The idea. Assume we are given a noise intensity $\varepsilon > 0$. Let us choose somehow $k = k(\varepsilon)$ and $K = K(\varepsilon) = 2^{k(\varepsilon)}$ distinct elements $f_0, ..., f_{K-1} \in \Sigma$ such that for appropriately chosen $\rho = \rho(\varepsilon)$ it holds:

(i) $\| f_i \| = 8\rho \; \forall i$;

(ii) $\| f_i - f_j \| > 2\rho$ whenever $i \neq j$.

Let $\Psi(f)$ be a once for ever fixed smooth function on H which is equal to 1 at the point $f = 0$ and is zero outside the unit ball, e.g.,

$$\Psi(f) = \psi(\| f \|^2), \tag{7.34}$$

where ψ is a C^{∞} function on the axis which is 1 at the origin and vanishes outside $[-1, 1]$. Given an arbitrary collection $\omega = \{\omega_i \in \{-1; 1\}\}_{i=0}^{K-1}$, let us associate with it the functional

$$\Psi_{\omega}(f) = \sum_{i=0}^{K-1} \omega_i \Psi_i(f), \quad \Psi_i(f) = \rho^{1+\gamma} \Psi(\rho^{-1}(f - f_i)). \tag{7.35}$$

The structure of the functional is very transparent: every f_i is associated with the term $\omega_i \Psi_i(f)$ in Ψ; this term vanishes outside the centered at f_i ball of radius ρ and is equal to $\omega_i \rho^{1+\gamma}$ at the center f_i of this ball. Due to the origin of ρ, the supports of distinct terms have no points in common, so that

$$\Psi_{\omega}(f_i) = \omega_i \rho^{1+\gamma} \quad i = 0, ..., K - 1. \tag{7.36}$$

Besides this, from the fact that the supports of distinct terms in Ψ_ω are mutually disjoint it is immediately seen that Ψ_ω is C^∞ on H and

$$\| \Psi'_\omega(f) - \Psi'_\omega(g) \| \le C \| f - g \|^\gamma \quad \forall f, g \in H \tag{7.37}$$

with C depending on γ only.

We are about to demonstrate that with properly chosen $k(\varepsilon), \rho(\varepsilon)$, at least one of the 2^K functionals $\Psi_\omega(\cdot)$ corresponding to all 2^K collections of $\omega_i = \pm 1$ is "difficult to evaluate" already on the set $\mathcal{F}_\varepsilon = \{f_0, ..., f_{K-1}\}$, provided that the intensity of noises in (7.1) is ε. Namely, there exists a functional Ψ in the family such that no estimate $\hat{F}_\varepsilon$ is able to recover its values on $\mathcal{F}_\varepsilon$ with squared risk $\le \varepsilon^{2-\delta}$, $\delta > 0$ being chosen appropriately. After this central fact will be established, we shall combine the "difficult to estimate" functionals corresponding to different values of the noise intensity ε in a single functional which is impossible to evaluate in an asymptotically efficient (even in an order-efficient) way.

In order to prove that there exists a "difficult to estimate" functional of the type Ψ_ω, assume, on contrary, that all these functionals are easy to estimate. Note that we can "encode" a signal $f \in \mathcal{F}_\varepsilon = \{f_0, ..., f_{K-1}\}$ by the values of $k = \log_2 K$ functionals from our family, namely, as follows. Let I_ℓ, $\ell = 1, ..., k$, be the set of indices $i = 0, ..., K - 1 = 2^k - 1$ such that the ℓ-th binary digit in the binary representation of i is 1, and let $\Psi^\ell(\cdot)$ be the functional $\Psi_\omega(\cdot)$ corresponding to the following choice of ω:

$$\omega_i = \begin{cases} 1, & i \in I_\ell \\ -1, & i \notin I_\ell \end{cases}$$

In other words, the value of the functional $\Psi^\ell(\cdot)$ at f_i "says" what is the ℓ-th binary digit of i: if it is 1, then $\Psi^\ell(f_i) = \rho^{1+\gamma}$, and if it is 0, then $\Psi^\ell(f_i) = -\rho^{1+\gamma}$. It follows that the collection of values of k functionals $\Psi^1, \Psi^2, ..., \Psi^k$ at every $f \in \mathcal{F}_\varepsilon$ allows to identify f.

Now, if all k functionals Ψ^ℓ, $\ell = 1, ..., k$, are "easy to estimate" via observations (7.1), we can use their "good" estimates in order to recover a signal f (known to belong to $\mathcal{F}_\varepsilon$) from observations (7.1), since the collection of values of our functionals at $f \in \mathcal{F}_\varepsilon$ identifies f. On the other hand, we know from the Fano inequality what in fact are our abilities to recover signals from $\mathcal{F}_\varepsilon$ from observations (7.1); if these "actual abilities" are weaker than those offered by the outlined recovering routine, we may be sure that the "starting point" in developing this routine – the assumption that every one of the functionals Ψ^ℓ, $\ell = 1, ..., k$, is easy to estimate on $\mathcal{F}_\varepsilon$ – is false, so that one of these functionals is difficult to estimate, and this is exactly what we need.

The implementation of the above plan is as follows.

1^0. Let us fix β' such that

$$\begin{aligned} (a) \quad & \beta' < \beta \\ (b) \quad & 2\beta\gamma < 1 + 2\beta' - 2\beta \end{aligned} \tag{7.38}$$

(this is possible since $2\beta\gamma < 1$).

2^0. Let us fix $\varepsilon > 0$ and set

$$k = k(\varepsilon) = \lfloor \varepsilon^{-\frac{2}{1-2\beta'}} \rfloor. \tag{7.39}$$

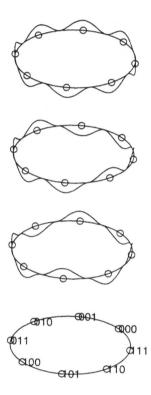

Figure 7.1: Three functionals "encóding" $8 = 2^3$ signals.

In the sequel we assume that ε is so small that $k(\varepsilon) \geq 7$.

3^0. The set Σ given by (7.33) contains the centered at the origin k-dimensional disk of the radius $r = k^{-\beta}$. Since m-dimensional unit sphere contains a set of 2^m points with pairwise distances at least $1/4^{4)}$, we conclude that for

$$\rho = \rho(\varepsilon) = \frac{1}{8}k^{-\prime}(\varepsilon) \tag{7.40}$$

there exist $K = 2^k$ signals $f_i \in \Sigma$ satisfying conditions (i) and (ii) from the previous item. Let Ψ^ℓ, $\ell = 1, ..., k$, be the functionals associated with $\mathcal{F}_\varepsilon = \{f_0, ..., f_{K-1}\}$ by the construction from the previous item. Let

$$\delta_k(\varepsilon) = \max_{\ell=1,...,k} \inf_{\widehat{F}_\varepsilon} \max_{i=0,...,K-1} \mathcal{E}\left\{\left[\widehat{F}_\varepsilon(y^{f_i,\varepsilon}) - \Psi^\ell(f_i)\right]^2\right\}$$

Our central auxiliary results is as follows:

Lemma 7.2.1 *For all small enough values of ε one has*

$$\delta_k(\varepsilon) \geq \frac{1}{128}\rho^{2+2\gamma}(\varepsilon) \geq C\varepsilon^{\frac{4\beta(1+\gamma)}{2\beta'+1}} \tag{7.41}$$

with positive $C > 0$.

Proof. Assume that (7.41) does not hold, so that

$$\delta_k(\varepsilon) < \frac{1}{128}\rho^{2+2\gamma}(\varepsilon) \tag{7.42}$$

Let $\widehat{F}_\varepsilon^\ell$, $\ell = 1, ..., k$ be estimates such that

$$\mathcal{E}\left\{\left[\widehat{F}_\varepsilon^\ell(y^{f_i,\varepsilon}) - \Psi^\ell(f_i)\right]^2\right\} \leq 2\delta_k(\varepsilon), \; \ell = 1, ..., k, i = 0, ..., K-1. \tag{7.43}$$

Let

$$m = \lfloor 10 \ln k \rfloor.$$

Consider $K = 2^k$ hypotheses $\mathcal{H}_i$ on the distribution of a sample Y of m observations $y^{(1)}, ..., y^{(m)}$; hypotheses $\mathcal{H}_i$ states that Y is a sample of m independent observations (7.1) associated with the signal f_i. Let us look at the following procedure for distinguishing between these hypotheses:

---

[4] To see this, note that if $X = \{x_i\}_{i=1}^N$ is the maximal subset of the unit sphere in $\mathbf{R}^m$ such that the pairwise distances between the points of the set are $> 1/4$, then N "spherical hats" $\{x \in \mathbf{R}^m \mid \|x\| = 1, \|x - x_i\| \leq \frac{1}{4}\}$ cover the entire sphere. On the other hand, the ratio of the "area" of such a hat and the one of the sphere is

$$\frac{\int_0^{2\arcsin(1/8)} \sin^{m-2}(s)ds}{2\int_0^{\pi/2} \sin^{m-2}(s)ds} \leq \frac{\int_0^{\sin(2\arcsin(1/8))} t^{m-2}(1-t^2)^{-1/2}dt}{\int_0^1 t^{m-2}(1-t^2)^{-1/2}dt}$$

$$\leq \frac{(m-1)\sin^{m-2}(2\arcsin(1/8))}{\cos(2\arcsin(1/8))} \leq 2^{-m}, m \geq 7,$$

so that $N \geq 2^m$ for $m \geq 7$.

Given $Y = \{y^{(1)}, ..., y^{(m)}\}$, we for every $\ell = 1, ..., k$ build m reals $F_{\ell j} = \widehat{F}_\varepsilon^\ell(y^{(j)})$. If more than one half of these reals are positive, we set $b_\ell = 1$, otherwise we set $b_\ell = 0$. After $b_1, ..., b_k$ are built, we treat them as the binary digits of (uniquely defined) integer i, $0 \le i \le 2^k - 1$ and claim that Y is given by the hypotheses $\mathcal{H}_i$.

Let us evaluate the probability θ to reject a particular hypotheses $\mathcal{H}_i$ when it is true. If for every $\ell = 1, ..., k$ in the sequence $\{F_{\ell j}\}_{j=1}^m$ more than one half of the entries are of the same sign as $\Psi^\ell(f_i)$, then b_ℓ will be exactly the ℓth binary digit $b_\ell(i)$ of i, and the hypotheses $\mathcal{H}_i$ will be accepted. Thus, if $\mathcal{H}_i$ is not accepted, it means that there exists ℓ such that among the entries of the sequence $\{F_{\ell j}\}_{j=1}^m$ at least one half is of the sign opposite to that one of $\Psi^\ell(f_i)$. The probability that it is the case for a particular value of ℓ is at most the probability that in a sequence of m independent identically distributed random variables $\zeta_j = \widehat{F}_\varepsilon^\ell(y^{(j)}) - \Psi^\ell(f_i)$ at least one half of the elements is in absolute value $\ge \rho^{1+\gamma}(\varepsilon)$. On the other hand, by (7.43) we have

$$\mathcal{E}\left\{\zeta_j^2\right\} \le 2\delta_k(\varepsilon),$$

whence

$$\text{Prob}\left\{|\zeta_j| \ge \rho^{1+\gamma}(\varepsilon)\right\} \le \frac{\sqrt{2\delta_k(\varepsilon)}}{\rho^{1+\gamma}(\varepsilon)} < \frac{1}{8}$$

(see (7.42)), so that

$$\text{Prob}_{\mathcal{H}_i}\left\{b_\ell \ne b_\ell(i)\right\} \le \sum_{m/2 \le j \le m} C_m^j (1/8)^j (7/8)^{m-j} \le 2^{-m}.$$

It follows that

$$\text{Prob}_{\mathcal{H}_i}\left\{\exists \ell \le k : b_\ell \ne b_\ell(i)\right\} \le k2^{-m} \le \frac{1}{4}$$

(we have taken into account the origin of m). Thus, for every $i = 0, ..., K - 1$ the probability to reject the hypotheses $\mathcal{H}_i$ when it is true is at most $1/4$. On the other hand, the pairwise Kullback distances between the distributions of $y^{(j)}$ associated with hypotheses $\mathcal{H}_0, ..., \mathcal{H}_{K-1}$ clearly do not exceed

$$\mathcal{K} = \frac{1}{2\varepsilon^2} \max_{i,j=0,...,K-1} \| f_i - f_j \|^2 \le \frac{128k^{-2\beta}}{\varepsilon^2}$$

(we have taken into account property (i) from the previous item). Applying the Fano inequality (1.27) and recalling that $m \le 10 \ln k(\varepsilon)$ and $K = 2^{k(\varepsilon)}$, we get

$$\frac{1280k^{-2\beta}(\varepsilon) \ln k(\varepsilon)}{\varepsilon^2} \ge \frac{1}{4} \ln(2^{k(\varepsilon)} - 1) - \ln 2,$$

In view of (7.39) and (7.38.a), the concluding inequality fails to be true for all small enough $\varepsilon > 0$. □

4^0. We have seen that for all small enough values of $\varepsilon > 0$ there exist functionals $\Psi^{(\varepsilon)}$ with the following properties:

A) $\Psi^{(\varepsilon)}$ is continuously differentiable on the entire H, and the derivative of the functional is Hölder continuous with exponent γ and constant independent of ε;

B) $\Psi^{(\varepsilon)}$ is zero outside the $\rho(\varepsilon)$-neighbourhood $U_\varepsilon = \{f \in H \mid 7\rho(\varepsilon) \leq \| f \| \leq 9\rho(\varepsilon)\}$ of the sphere $\{f \mid \| f \| = 8\rho(\varepsilon)\}$, where

$$\rho(\varepsilon) = \frac{1}{8}\left(\lfloor \varepsilon^{-\frac{2}{2\beta'+1}} \rfloor\right)^{-\beta};$$

C) There exists $\mathcal{F}_\varepsilon \subset \Sigma \cap U_\varepsilon$ such that

$$\inf_{\widehat{F}_\varepsilon} \sup_{f \in \mathcal{F}_\varepsilon} \mathcal{E}\left\{\left[\widehat{F}_\varepsilon(y^{f,\varepsilon}) - \Psi^{(\varepsilon)}(f)\right]^2\right\} \geq C\varepsilon^{\frac{4\beta(1+\gamma)}{2\beta'+1}}$$

with some positive C independent of ε.

Note that property C) clearly is preserved under arbitrary modification of $\Psi^{(\varepsilon)}$ which does not vary the functional in U_ε.

Now let us choose a decreasing sequence of positive reals ε_i which converges to 0 so fast that the "outer boundary" of $U_{\varepsilon_{i+1}}$ is inside the "inner boundary" of U_{ε_i} (see B)), and let us set

$$\Psi(f) = \sum_{i=1}^{\infty} \Psi^{(\varepsilon_i)}(f);$$

note that Ψ is well-defined, since at every point f at most one of the terms of the right hand side series differs from 0. Moreover, from A) combined with the fact that $\{U_{\varepsilon_i}\}$ are mutually disjoint it follows that Ψ satisfies **A.2**. We claim that the functional Ψ cannot be evaluated ε^2-consistently on Σ, which is immediate: since Ψ coincides with $\Psi^{(\varepsilon_i)}$ in U_{ε_i}, from C) and the remark accompanying this statement it follows that

$$\inf_{\widehat{F}_{\varepsilon_i}} \sup_{f \in \Sigma} \varepsilon_i^{-2}\mathcal{E}\left\{\left[\widehat{F}_{\varepsilon_i}(y^{f,\varepsilon_i}) - \Psi(f)\right]^2\right\} \geq C\varepsilon_i^{2\frac{2\beta - 2\beta' - 1 + 2\beta\gamma}{2\beta'+1}} \to \infty, \ i \to \infty$$

(see (7.38.b)), as claimed. ∎

7.3   Increasing smoothness of F

As we have seen, the sharp link between the "asymptotical width" β of the set of signals Σ and the "degree of smoothness" γ of the functional F we intend to estimate in an asymptotically efficient on Σ fashion is given by the inequality $\gamma > \frac{1}{2\beta}$. It follows that the "wider" is Σ (the less is β in **A.1**), the more smooth should be F. Note that the outlined tradeoff is possible in a restricted range of values of β only: since $\gamma \leq 1$, the "width" parameter β should be $> 1/2$. If we are interested to work with "wider" signal sets – those satisfying **A.1** with $\beta \leq 1/2$ – we should impose stronger requirements on the degree of smoothness of F and switch from the estimates based on the first-order approximation of F to those based on higher-order approximations. The general scheme of the associated estimates is quite transparent: in order to estimate the value of a $k \geq 1$ times differentiable functional F via observations (7.1) of the argument f, we choose somehow $m = m(\varepsilon)$, ε being the noise intensity, build an orthonormal basis where signals from Σ can be approximated as tight as possible by their order m projection estimates $\widehat{f}_m$ and write

$$F(f) \approx \sum_{\ell=0}^{k} \frac{1}{\ell!} D^\ell F(\widehat{f}_m)[f - f^m]_\ell, \tag{7.44}$$

where f^m is the projection of f on the linear span of the first m basic orths,

$$D^\ell F(f)[h_1, ..., h_\ell] = \left.\frac{\partial^\ell}{\partial t_1 \partial t_2 ... \partial t_\ell}\right|_{t=0} F(f + t_1 h_1 + ... + t_\ell h_\ell)$$

is the value of ℓ-th differential of F taken at f along the set of directions $h_1, ..., h_\ell$, and

$$D^\ell F(f)[h]_\ell = D^\ell F(f)[h, ..., h]$$

is the ℓ-th derivative of F taken at f in a direction h. In order to estimate $F(f)$, we use the observations of the first m coordinates of f in our basis to build $\hat{f}_m$ and therefore – to build the polynomials of $f - f^m$ in the right hand side of (7.44). After these polynomials are built, we use the observations of the remaining coordinates of f (i.e., those of the coordinates of $f - f^m$) in order to estimate the right hand side in (7.44). Note that the estimate we dealt with in the previous section is given by the outlined construction as applied with $k = 1$.

As we shall see in a while, passing from first-order local approximations of F to higher-order approximations allows to get "sharp" tradeoff between the "asymptotical width" of Σ and the degree of smoothness of F in the entire range $\beta > 0$ of the values of the width parameter. However, the implementation of this scheme heavily depends on whether $k \leq 2$ or $k \geq 3$; in the second case, a completely new curious phenomenon occurs. We postpone the case of $k \geq 3$ till the next chapter, and are about to complete the current one with considering the case of $k = 2$ (which is quite similar to the case of $k = 1$ we are already acquainted with).

7.3.1 The case of twice continuously differentiable functional

We are about to replace the assumption **A.2** with

A.3. The functional F to be estimated is defined in the ball

$$\mathcal{O}_{2\rho} = \{f \mid \| f \| < 1 + 2\rho\} \qquad [\rho > 0],$$

is twice continuously Fréchet differentiable in $\mathcal{O}_{2\rho}$, and its second derivative $F''(\cdot)$ (which is a symmetric bounded linear operator on H) is Hölder continuous in $\mathcal{O}_{2\rho}$ with exponent $\gamma > 0$ and constant L:

$$\forall f, g \in \mathcal{O}_{2\rho}: \quad \| F''(f) - F''(g) \| \leq L \| f - g \|^\gamma; \tag{7.45}$$

here for a bounded linear operator A on H $\| A \|$ is the operator norm of A:

$$\| A \| = \sup\{\| Ah \| \mid \| h \| \leq 1\}.$$

Note that the Gateau functional (7.3) with twice differentiable in f integrand $G(x, t)$ does *not* satisfy **A.3**, except the case when $G(x, t)$ is quadratic in t for almost all x and this integrand defines a continuous quadratic form on H (to this end $G(\cdot, 0)$ should belong to $L_1[0, 1]$, $G'_t(\cdot, 0)$ should belong to $L_2[0, 1]$ and $G''_{ff}(\cdot, 0)$ should belong to $L_\infty[0, 1]$). Similarly, in order to satisfy **A.3**, the Gateau functional (7.4) should have quadratic with respect to every t_i integrand

$G(x_1, ..., x_k, t_1, ..., t_k)$, the coefficient at t_i^2 depending on the x-variables only; an interesting example of this type is a "homogeneous Gateau polynomial"

$$F(f) = \int_0^1 ... \int_0^1 G(x_1, ..., x_k) f(x_1)...f(x_k) dx_1...dx_k \qquad (7.46)$$

with square summable kernel $G(x_1, ..., x_k)$.

We are about to prove the following extension of Theorem 7.2.1:

Theorem 7.3.1. *Let assumptions* **A.1**, **A.3** *be satisfied, and let*

$$\gamma > \frac{1}{2\beta} - 1. \qquad (7.47)$$

Then F *admits an asymptotically efficient on* Σ *estimation method.*

Proof. Let us build the estimation method as follows.

Setup. Given noise intensity $\varepsilon < 0.1$, we set

$$\begin{aligned} m = m(\varepsilon) &= \lfloor \varepsilon^{-\frac{2}{2\beta+1}} \rfloor, \\ M = M(\varepsilon) &= \lfloor \frac{1}{\varepsilon^2 \ln(1/\varepsilon)} \rfloor; \end{aligned} \qquad (7.48)$$

note that $M > 2m$, provided that ε is small enough (as it is assumed in the sequel).

According to **A.1**, we may find m-dimensional and $(M-m)$-dimensional subspaces H_m, H_{M-m} in H in such a way that

$$\text{dist}(f, H_m) \leq Cm^{-\beta}, \text{dist}(f, H_{M-m}) \leq CM^{-\beta} \quad \forall f \in \Sigma$$

(as above, C's stand for positive quantities depending on the data in **A.1**, **A.3** only and independent of ε and of a particular choice of $f \in \Sigma$). It follows that we may choose an orthonormal basis in H in such a way that H_m is the linear span of the first m vectors of the basis, while $H_m + H_{M-m}$ is contained in the linear span of the first M vectors from the basis; without loss of generality, we may assume that this basis is our original basis $\{\phi_i\}_{i=1}^\infty$. Denoting by f^ℓ the projection of $f \in H$ on the linear span of the first ℓ vectors of the basis, we therefore get

$$\| f - f^\ell \| \leq C\ell^{-\beta}, \qquad \ell = m \text{ and } \ell = M. \qquad (7.49)$$

Now, by **A.1** the closure of Σ is a compact set, and since by **A.3** F' is Lipschitz continuous on $\text{cl}\,\Sigma$, the image of $\text{cl}\,\Sigma$ under the mapping $f \mapsto F'(f)$ also is a compact set. Consequently, the quantities

$$\| f - f^N \|, \| F'(f) - [F'(f)]^N \|$$

converge to 0 as $N \to \infty$ uniformly in $f \in \Sigma$. Since by **A.3** both F and F' are Lipschitz continuous on Σ, there exists $N = N(\varepsilon) > M(\varepsilon)$ such that

$$\forall f \in \Sigma: \quad \| F(f) - F(f^N) \| \leq \varepsilon^4, \quad \| F'(f) - [F'(f^N)]^N \| \leq \varepsilon^4. \qquad (7.50)$$

The estimate $\widehat{F}_\varepsilon$ of F via observations (7.1) is as follows.

1) We use the observations $y_i^{f,\varepsilon}$, $i \leq m(\varepsilon)$, to build the projection estimate

$$\widehat{f}_m = \sum_{i=1}^m y_i^{f,\varepsilon} \phi_i = f^m + \varepsilon \sum_{i=1}^m \xi_i \phi_i \qquad (7.51)$$

and then "correct" it to get the estimate

$$\widetilde{f}_m = \begin{cases} \widehat{f}_m, & \| \widehat{f}_m \| \leq 1+\rho \\ (1+\rho) \| \widehat{f} \|_m^{-1} \widehat{f}_m, & \| \widehat{f}_m \| > 1+\rho \end{cases},$$

exactly as in the construction used to prove Theorem 5.3.1; in particular, we ensure (7.20) and (7.31).

2) In what follows, $f \in \Sigma$, y stands for the observation $y^{f,\varepsilon}$ and ξ is the corresponding sequence of noises. For a pair of nonnegative integers p, q with $p \leq q$ we set

$$\begin{aligned} f_p^q &= \sum_{i=p}^q (f, \phi_i)\phi_i, \\ \xi_p^q &= \sum_{i=p}^q \xi_i \phi_i, \\ y_p^q &= \sum_{i=p}^q y_i \phi_i = f_p^q + \varepsilon \sum_{i=p}^q \xi_i \phi_i = f_p^q + \varepsilon \xi_p^q; \end{aligned}$$

We write f_1^q, y_1^q, ξ_1^q simply as f^q, y^q, ξ^q.

Our estimate is

$$\widehat{F}_\varepsilon = F(\widetilde{f}_m) + (F'(\widetilde{f}_m), y_{m+1}^N) + \tfrac{1}{2}(F''(\widetilde{f}_m)y_{m+1}^M, y_{m+1}^N + y_{M+1}^N) - \frac{\varepsilon^2}{2} \sum_{i=1}^M F_{ii}''(\widetilde{f}_m),$$

$$[m = m(\varepsilon), M = M(\varepsilon), \text{ see } (7.48); \ N = N(\varepsilon), \text{ see } (7.50)]$$

(7.52)

where $F_{ij}''(\widetilde{f}_m)$ are the entries of the matrix of the operator $F''(\widetilde{f}_m)$ in the basis $\{\phi_i\}$.

The origin of the estimate is as follows. It is more convenient to think that we are estimating $F(f^N)$ rather than $F(f)$ – these two quantities, in view of (7.50), differ from each other by no more than ε^4, while the rate of convergence we are interested to get is $O(\varepsilon)$; at the same time, when estimating $F(f^N)$, we should not bother about convergence of infinite series. Now, we have

$$\begin{aligned} F(f^N) &\approx F(f^M) + (F'(f^M), f_{M+1}^N), \\ F(f^M) &\approx F(f^m) + (F'(f^m), f_{m+1}^M) + \tfrac{1}{2}(F''(f^m)f_{m+1}^M, f_{m+1}^M), \\ F'(f^M) &\approx F'(f^m) + F''(f^m)f_{m+1}^M; \end{aligned}$$

combining these approximations, we come to

$$\begin{aligned} F(f^N) &\approx \left[F(f^m) + \left(F'(f^m), f_{m+1}^M \right) + \tfrac{1}{2} \left(F''(f^m)f_{m+1}^M, f_{m+1}^M \right) \right] \\ &\quad + \left(F'(f^m) + F''(f^m)f_{m+1}^M, f_{M+1}^N \right) \\ &= F(f^m) + \left(F'(f^m), f_{m+1}^N \right) + \tfrac{1}{2} \left(F''(f^m)f_{m+1}^M, f_{m+1}^N + f_{M+1}^N \right). \end{aligned}$$

(7.53)

Our concluding step is to replace in the resulting approximation the value and the derivatives of F at f^m with the value and derivatives at $\widetilde{f}_m$ and the vectors f_p^q with their observations y_p^q. We should, however, take care of suppressing the ε^2-terms in the bias resulting from this substitution. There are two sources of ε^2-terms in the bias:

1) When replacing $F(f^m)$ with $F(\tilde{f}_m)$, the resulting error is, approximately,

$$(F'(f^m), \hat{f}_m - f_m) + \frac{1}{2}(F''(f^m)(\hat{f}_m - f^m), \hat{f}_m - f^m)$$

(recall that $\tilde{f}_m$ and $\hat{f}_m$ coincide with probability close to 1); a good approximation to the expectation of this error is

$$\frac{\varepsilon^2}{2} \sum_{i=1}^{m} F_{ii}''(f^m) \approx \frac{\varepsilon^2}{2} \sum_{i=1}^{m} F_{ii}''(\tilde{f}^m);$$

2) When replacing f_p^q with y_p^q, the ε^2-terms in the expectation of the resulting error are the same as in the expectation of

$$\frac{1}{2}\left(F''(f^m)\sum_{i=m+1}^{M}\xi_i\phi_i, \sum_{i=m+1}^{N}\xi_i\phi_i + \sum_{i=M+1}^{N}\xi_i\phi_i\right),$$

i.e., their sum is

$$\frac{\varepsilon^2}{2}\sum_{i=m+1}^{M}F_{ii}''(f^m) \approx \frac{\varepsilon^2}{2}\sum_{i=m+1}^{M}F_{ii}''(\tilde{f}_m)$$

Thus, a natural way to convert approximation (7.53) into an estimate of $F(f^N)$ is to plug in the right hand side $\tilde{f}_m$ instead of f^m and y_p^q instead of f_p^q, subtracting simultaneously the principal term of the bias, which is $\frac{\varepsilon^2}{2}\sum_{i=1}^{M}F_{ii}''(\tilde{f}_m)$; the resulting estimate is exactly (7.52).

Accuracy analysis. Note that for small enough values of ε, all $f \in \Sigma$ and all realizations of observation noise the points $\tilde{f}_m + f_{m+1}^N$ and $\tilde{f}_m$ belong to $\mathcal{O}_{2\rho}$. Indeed, the latter point, by construction, belongs to $\mathcal{O}_\rho$, while $\| f_{m+1}^N \| \le Cm^{-\beta}(\varepsilon)$ by (7.49), so that $\| f_{m+1}^N < \rho$, provided that ε is small.

Setting

$$G = F(\tilde{f}_m) + (F'(\tilde{f}_m), f_{m+1}^N) + \frac{1}{2}(F''(\tilde{f}_m)f_{m+1}^N, f_{m+1}^N), \tag{7.54}$$

we have

$$\hat{F}_\varepsilon - F(f^N) = \underbrace{G - F(\tilde{f}_m + f_{m+1}^N)}_{A} + \underbrace{\hat{F}_\varepsilon + \frac{\varepsilon^2}{2}\sum_{i=1}^{m}F_{ii}''(\tilde{f}_m) - G}_{B}$$

$$+ \underbrace{F(\tilde{f}_m + f_{m+1}^N) - F(f^N) - \frac{\varepsilon^2}{2}\sum_{i=1}^{m}F_{ii}''(\tilde{f}_m)}_{D} \tag{7.55}$$

As it was already explained, A is well-defined for small enough values of ε, and in the sequel we assume that ε meets this requirement.

We should prove that for all $f \in \Sigma$ we have

$$\mathcal{E}\left\{\left[\widehat{F}_\varepsilon - F(f)\right]^2\right\} \leq \varepsilon^2 \parallel F'(f) \parallel^2 + \varepsilon^2 o(1);$$

from now on, all $o(1)$ stand for deterministic functions of ε independent of $f \in \Sigma$ and converging to 0 as $\varepsilon \to +0$. In view of (7.50), in fact we should verify that

$$\mathcal{E}\left\{\left[\widehat{F}_\varepsilon - F(f^N)\right]^2\right\} \leq \varepsilon^2 \parallel F'(f) \parallel^2 + \varepsilon^2 o(1),$$

or, which is the same in view of (7.55), that

$$\mathcal{E}\left\{(A + B + C)^2\right\} \leq \varepsilon^2 \parallel F'(f) \parallel^2 + \varepsilon^2 o(1) \tag{7.56}$$

We claim that

A)
$$|A| \leq \varepsilon o(1) \tag{7.57}$$

B)

$$
\begin{aligned}
(a) \quad &|\mathcal{E}\{B|\xi^m\}| \leq o(1)\varepsilon \\
(b) \quad &\mathcal{E}\{B^2|\xi^m\} \leq \varepsilon^2 \sum_{i=m+1}^{N} [F'(\tilde{f}_m)]_i^2 + \varepsilon^2 o(1) \quad [\text{for } g \in H, \, g_i = (g, \phi_i)]
\end{aligned}
$$
$$\tag{7.58}$$
here $\mathcal{E}\{\cdot|\xi^m\}$ is the conditional expectation, the noises $\xi^m = (\xi_1, ..., \xi_m)$ being fixed;

C)
$$\mathcal{E}\left\{D^2\right\} \leq \varepsilon^2 \sum_{i=1}^{m} [F'(f^N)]_i^2 + \varepsilon^2 o(1) \tag{7.59}$$

D)
$$\mathcal{E}\left\{\sum_{i=m+1}^{N} [F'(\tilde{f}_m)]_i^2\right\} \leq \sum_{i=m+1}^{N} [F'(f^N)]_i^2 + o(1). \tag{7.60}$$

Let us check that A) – D) imply (7.56). Indeed, we have

$$\mathcal{E}\left\{(A+B+D)^2\right\}$$
$$\leq \quad (1+o(1))\mathcal{E}\left\{(B+D)^2\right\} + \varepsilon^2 o(1)$$

[by A)]

$$\leq \quad (1+o(1))\left[\mathcal{E}\left\{B^2\right\} + 2\mathcal{E}_{\xi^m}\left\{D\mathcal{E}\left\{B|\xi^m\right\}\right\} + \mathcal{E}\left\{D^2\right\}\right] + \varepsilon^2 o(1)$$

[since D depends on ξ^m only]

$$\leq \quad (1+o(1))\left\{\varepsilon^2\left[\mathcal{E}_{\xi^m}\left\{\sum_{i=m+1}^{N}[F'(\tilde{f}_m)]_i^2\right\} + o(1)\right] + o(1)\varepsilon\mathcal{E}_{\xi^m}\left\{|D|\right\} + \mathcal{E}\left\{D^2\right\}\right\}$$
$$+\varepsilon^2 o(1) \cdot$$

[by B)]

$$\leq \quad (1+o(1))\left\{\varepsilon^2\mathcal{E}_{\xi^m}\left\{\sum_{i=m+1}^{N}[F'(\tilde{f}_m)]_i^2\right\} + o(1)\varepsilon\sqrt{\mathcal{E}_{\xi^m}\left\{D^2\right\}} + \mathcal{E}\left\{D^2\right\}\right\} + \varepsilon^2 o(1)$$

$$\leq \quad (1+o(1))\left\{\varepsilon^2\mathcal{E}_{\xi^m}\left\{\sum_{i=m+1}^{N}[F'(\tilde{f}_m)]_i^2\right\} + \varepsilon^2 o(1) + \varepsilon^2\sum_{i=1}^{m}[F'(f^N)]_i^2\right\} + \varepsilon^2 o(1)$$

[by C)]

$$\leq \quad \varepsilon^2\sum_{i=1}^{N}[F'(f^N)]_i^2 + \varepsilon^2 o(1)$$

[by D)]

$$= \quad \varepsilon^2 \| F'(f) \|^2 + \varepsilon^2 o(1)$$

[by (7.50)]

It remains to verify A) – D)
  Verifying A) We have

$$|A| \quad = \quad |G - F(\tilde{f}_m + f_{m+1}^N)|$$
$$= \quad \left|F(\tilde{f}_m) + (F'(\tilde{f}_m), f_{m+1}^N) + \tfrac{1}{2}(F''(\tilde{f}_m)f_{m+1}^N, f_{m+1}^N) - F(\tilde{f}_m + f_{m+1}^N)\right|$$

[origin of G]

$$\leq \quad C \| f_{m+1}^N \|^{2+\gamma}$$

[by **A.3**]

$$\leq \quad Cm^{-\beta(2+\gamma)}(\varepsilon)$$

[by (7.49)]

$$\leq \quad C\varepsilon^{\frac{2\beta(2+\gamma)}{2\beta+1}}$$
$$\leq \quad \varepsilon o(1)$$

[by (7.47)]

Verifying B) We have

$$
\begin{aligned}
B &= \widehat{F}_\varepsilon + \tfrac{\varepsilon^2}{2}\sum_{i=1}^{m} F_{ii}''(\tilde{f}_m) - G \\
&= F(\tilde{f}_m) + (F'(\tilde{f}_m), y_{m+1}^N) + \tfrac{1}{2}(F''(\tilde{f}_m)y_{m+1}^M, y_{M+1}^N + y_{m+1}^N) - \tfrac{\varepsilon^2}{2}\sum_{i=1}^{M} F_{ii}''(\tilde{f}_m) \\
&\quad - F(\tilde{f}_m) - (F'(\tilde{f}_m), f_{m+1}^N) - \tfrac{1}{2}(F''(\tilde{f}_m)f_{m+1}^N, f_{m+1}^N) \\
&= \underbrace{\varepsilon(F'(\tilde{f}_m), \xi_{m+1}^N)}_{B_1} + \underbrace{\tfrac{\varepsilon^2}{2}\left[(F''(\tilde{f}_m)\xi_{m+1}^M, \xi_{m+1}^M) - \sum_{i=m+1}^{M} F_{ii}''(\tilde{f}_m)\right]}_{B_2} \\
&\quad \underbrace{-\tfrac{1}{2}(F''(\tilde{f}_m)f_{M+1}^N, f_{M+1}^N)}_{B_3} + \underbrace{\tfrac{\varepsilon}{2}(F''(\tilde{f}_m)f_{m+1}^M, \xi_{M+1}^N)}_{B_4} \\
&\quad + \underbrace{\tfrac{\varepsilon}{2}(F''(\tilde{f}_m)f_{m+1}^M, \xi_{m+1}^N)}_{B_5} + \underbrace{\tfrac{\varepsilon}{2}(F''(\tilde{f}_m)\xi_{m+1}^M, f_{M+1}^N)}_{B_6} \\
&\quad + \underbrace{\tfrac{\varepsilon}{2}(F''(\tilde{f}_m)\xi_{m+1}^M, f_{m+1}^N)}_{B_7} + \underbrace{\varepsilon^2(F''(\tilde{f}_m)\xi_{m+1}^M, \xi_{M+1}^N)}_{B_8}
\end{aligned}
$$

$$(7.61)$$

(7.58.a): Among the terms $B_1 - B_8$ in (7.61), the only one with nonzero conditional, ξ^m fixed, expectation is B_3, so that

$$
\begin{aligned}
|\mathcal{E}\{B|\xi^m\}| &= \left|(F''(\tilde{f}_m)f_{M+1}^N, f_{M+1}^N)\right| \\
&\leq C\|f_{M+1}^N\|^2 && [\text{by } \mathbf{A.3}] \\
&\leq CM^{-2\beta}(\varepsilon) && [\text{by } (7.49)] \qquad \square \\
&\leq C\left(\varepsilon\sqrt{\ln(1/\varepsilon)}\right)^{4\beta} && [\text{by } (7.48)] \\
&= \varepsilon o(1) && [\text{since } \beta > 1/4 \text{ by } (7.47)]
\end{aligned}
$$

(7.58.b): It suffices to demonstrate that

$$\mathcal{E}\left\{B_1^2|\xi^m\right\} = \varepsilon^2 \sum_{i=m+1}^{N} [F'(\tilde{f}_m)]_i^2 \tag{7.62}$$

(which is evident) and that

$$\mathcal{E}\left\{B_\ell^2|\xi^m\right\} \leq \varepsilon^2 o(1), \quad \ell = 2, 3, ..., 8. \tag{7.63}$$

(7.63) for $\ell = 2$: We have

$$
\begin{aligned}
\mathcal{E}\{B_2^2|\xi^m\} &= \tfrac{\varepsilon^4}{4}\mathcal{E}\left\{\left[(F''(\tilde{f}_m)\xi_{m+1}^M, \xi_{m+1}^M) - \sum_{i=m+1}^{M} F_{ii}''(\tilde{f}_m)\right]^2 |\xi^m\right\} \\
&= \tfrac{\varepsilon^4}{4}\mathcal{E}\left\{\left[\sum_{i,j=m+1}^{M} F_{ij}''(\tilde{f}_m)(\xi_i\xi_j - \delta_{ij})\right]^2 |\xi^m\right\} \\
&= \tfrac{\varepsilon^4}{4}\sum_{i,j=m+1}^{M} [F_{ij}''(\tilde{f}_m)]^2 (2 - \delta_{ij})\mathcal{E}\left\{(\xi_i\xi_j - \delta_{ij})^2\right\} \qquad \square \\
&\leq C\varepsilon^4 M \\
&\qquad [\text{since } \|F''(\tilde{f}_m)\| \leq C \text{ by } \mathbf{A.3}, \text{ whence } \sum_j [F_{ij}''(\tilde{f}_m)]^2 \leq C \ \forall i] \\
&\leq \varepsilon^2 o(1) \\
&\qquad [\text{by } (7.48)]
\end{aligned}
$$

(7.63) for $\ell = 3$: We have

$$
\begin{aligned}
\mathcal{E}\{B_3^2|\xi^m\} &\leq C\,\|f_{M+1}^N\|^4 && \text{[by } \mathbf{A.3]} \\
&\leq CM^{-4\beta}(\varepsilon) && \text{[by (7.49)]} \\
&\leq C\left(\varepsilon^2 \ln(1/\varepsilon)\right)^{4\beta} && \text{[by (7.49)]} \\
&\leq \varepsilon^2 o(1) && \text{[since } 4\beta > 1 \text{ due to (7.47) combined with } \gamma \leq 1]
\end{aligned}
$$
$\square$

(7.63) for $\ell = 4$: We have

$$
\begin{aligned}
\mathcal{E}\{B_4^2|\xi^m\} &\leq \tfrac{\varepsilon^2}{4}\,\|F''(\tilde{f}_m)f_{m+1}^M\|^2 \\
&\leq C\tfrac{\varepsilon^2}{4}\,\|f_{m+1}^M\|^2 && \text{[by } \mathbf{A.3]} \\
&= \varepsilon^2 o(1) && \text{[by (7.49)]}
\end{aligned}
$$
$\square$

(7.63) for $\ell = 5, 6, 7$: completely similar to the case of $\ell = 4$.

(7.63) for $\ell = 8$: We have

$$
\begin{aligned}
\mathcal{E}\{B_8^2|\xi^m\} &\leq \varepsilon^4 \mathcal{E}\{\|F''(\tilde{f}_m)\xi_{m+1}^M\|^2\,|\xi^m\} && \text{[since } \xi_{m+1}^M \text{ is independent of } \xi_{M+1}^N] \\
&\leq C\varepsilon^4 \mathcal{E}\{\|\xi_{m+1}^M\|^2\} && \text{[by } \mathbf{A.3]} \\
&= C\varepsilon^4 M \\
&\leq \varepsilon^2 o(1) && \text{[by (7.48)]}
\end{aligned}
$$
$\square$

B) is proved.

Verifying C) We have

$$
\begin{aligned}
D &= F(\tilde{f}_m + f_{m+1}^N) - F(f^N) - \tfrac{\varepsilon^2}{2}\sum_{i=1}^{m} F_{ii}''(\tilde{f}_m) \\
&= \underbrace{(F'(f^N), \hat{f}_m - f^m)}_{D_1} + \underbrace{(F'(f^N), \tilde{f}_m - \hat{f}_m)}_{D_2} \\
&\quad + \underbrace{F(\tilde{f}_m + f_{m+1}^N) - F(f^N) - (F'(f^N), \tilde{f}_m - f^m) - \tfrac{1}{2}\left(F''(f^N)(\tilde{f}_m - f^m), \tilde{f}_m - f^m\right)}_{D_3} \\
&\quad + \underbrace{\tfrac{1}{2}\left[\left(F''(f^N)(\tilde{f}_m - f^m), \tilde{f}_m - f^m\right) - \varepsilon^2 \sum_{i=1}^{m} F_{ii}''(\tilde{f}_m)\right]}_{D_4}
\end{aligned}
$$
(7.64)

To establish C), it suffices to verify that

$$
\mathcal{E}\{D_1^2\} = \varepsilon^2 \sum_{i=1}^{M}[F'(f^N)]_i^2
$$

(which is evident) and that

$$
\mathcal{E}\{D_\ell^2\} \leq \varepsilon^2 o(1), \quad \ell = 2, 3, 4. \tag{7.65}
$$

(7.65) for $\ell = 2$: We have

$$
\begin{aligned}
\mathcal{E}\{D_2^2\} &\leq C\mathcal{E}\{\|\tilde{f}_m - \hat{f}_m\|^2\} && \text{[by } \mathbf{A.3]} \\
&\leq C(\theta)(\varepsilon^2 m(\varepsilon))^{1+\theta}\ \forall\theta \geq 1 && \text{[by (7.31)]} \\
&\leq \varepsilon^2 o(1) && \text{[choose } \theta \text{ appropriately]}
\end{aligned}
$$
$\square$

(7.65) for $\ell = 3$: We have

$$
\begin{aligned}
|F(\tilde{f}_m + f^N_{m+1}) &- F(f^N) - \left(F(f^N), \tilde{f}_m - f^m\right) \\
&- \tfrac{1}{2}\left(F''(f^N)(\tilde{f}_m - f^m), \tilde{f}_m - f^m\right)| \\
\leq\ & C \parallel \tilde{f}_m - f^m \parallel^{2+\gamma}
\end{aligned}
$$

by **A.3**, whence

$$
\begin{aligned}
\mathcal{E}\{D_3^2\} &\leq\ C\mathcal{E}\left\{\parallel \tilde{f}_m - f^m \parallel^{2(2+\gamma)}\right\} \\
&\leq\ C\mathcal{E}\left\{\parallel \hat{f}_m - f^m \parallel^{2(2+\gamma)}\right\} && \text{[by (7.20.}b\text{]} \\
&\leq\ C[\varepsilon^2 m(\varepsilon)]^{2+\gamma} && \text{[by (7.30)]} \qquad\square \\
&\leq\ C\varepsilon^{\frac{4\beta(2+\gamma)}{2\beta+1}} && \text{[by (7.48)]} \\
&\leq\ \varepsilon^2 o(1) && \text{[by (7.47)]}
\end{aligned}
$$

(7.65) for $\ell = 4$: We have

$$
\begin{aligned}
2D_4 &= \left(F''(f^N)(\tilde{f}_m - f^m), \tilde{f}_m - f^m\right) - \varepsilon^2 \sum_{i=1}^m F''_{ii}(\tilde{f}_m) \\
&= \underbrace{\left(F''(f^N)(\hat{f}_m - f^m), \hat{f}_m - f^m\right) - \varepsilon^2 \sum_{i=1}^m F''_{ii}(\tilde{f}_m)}_{D_{4,1}} \\
&\quad + \underbrace{\left(F''(f^N)(\tilde{f}_m - f^m), \tilde{f}_m - f^m\right) - \left(F''(f^N)(\hat{f}_m - f^m), \hat{f}_m - f^m\right)}_{D_{4,2}} \\
&\quad + \underbrace{\varepsilon^2 \sum_{i=1}^m (F''_{ii}(f^N) - F''_{ii}(\tilde{f}_m))}_{D_{4,3}}
\end{aligned}
$$

and in order to establish (7.65) for $\ell = 4$ it suffices to verify that

$$
\mathcal{E}\left\{D_{4,\kappa}^2\right\} \leq \varepsilon^2 o(1), \quad \kappa = 1, 2, 3. \tag{7.66}
$$

(7.66) for $\kappa = 1$: We have

$$
\begin{aligned}
\mathcal{E}\left\{D_{4,1}^2\right\} &= \varepsilon^4 \mathcal{E}\left\{\left[\sum_{i,j=1}^m F''_{ij}(f^N)(\xi_i\xi_j - \delta_{ij})\right]^2\right\} \\
&= \varepsilon^4 \sum_{i,j=1}^m \left[F''_{ij}(f^N)\right]^2 (2 - \delta_{ij})\mathcal{E}\left\{(\xi_i\xi_j - \delta_{ij})^2\right\} \\
&\leq\ C\varepsilon^4 m(\varepsilon) && \square
\end{aligned}
$$
[since $\parallel F''(f^N) \parallel \leq C$ by **A.3**, whence $\sum_j [F''_{ij}(f^N)]^2 \leq C\ \forall i$]

$$
\leq\ \varepsilon^2 o(1)
$$

$$\text{[by (7.48)]}$$

(7.66) for $\kappa = 2$: We have

$$
\begin{aligned}
& \mathcal{E}\left\{D_{4,2}^2\right\} \\
= {}& \mathcal{E}\left\{\left|\left(F''(f^N)(\tilde{f}_m - f^m), \tilde{f}_m - f^m\right)\right.\right. \\
& \left.\left. - \left(F''(f^N)(\hat{f}_m - f^m), \hat{f}_m - f^m\right)\right|^2\right\} \\
\leq {}& C\mathcal{E}\left\{\|\hat{f}_m - \tilde{f}_m\|^2 + \|\hat{f}_m - \tilde{f}_m\|^4\right\} \qquad\qquad \text{[by } \mathbf{A.3}\text{]} \\
\leq {}& C(\theta)\left[[\varepsilon^2 m(\varepsilon)]^{1+\theta} + [\varepsilon^2 m(\varepsilon)]^{2+\theta}\right] \ \forall \theta \geq 1 \qquad \text{[by (7.31)]} \\
\leq {}& C(\theta)\varepsilon^{\frac{4\beta(1+\theta)}{2\beta+1}} \qquad\qquad\qquad\qquad\qquad\qquad \text{[by (7.48)]} \\
\leq {}& \varepsilon^2 o(1) \qquad\qquad\qquad\qquad\qquad \text{[choose } \theta \text{ appropriately]}
\end{aligned}
$$

$\square$

(7.66) for $\kappa = 3$: We have

$$
\begin{aligned}
\mathcal{E}\left\{D_{4,3}^2\right\} \leq {}& C\varepsilon^4 \mathcal{E}\left\{\left[m \, \|F''(f^N) - F''(\tilde{f}_m)\|\right]^2\right\} \\
\leq {}& C\varepsilon^4 \mathcal{E}\left\{m^2 \, \|f^N - \tilde{f}_m\|^{2\gamma}\right\} \qquad\quad \text{[by } \mathbf{A.3}\text{]} \\
\leq {}& C[\varepsilon^2 m]^2 \mathcal{E}\left\{\|f - \tilde{f}_m\|^{2\gamma}\right\} \\
\leq {}& C[\varepsilon^2 m]^2 \varepsilon^{\frac{4\beta\gamma}{2\beta+1}} \qquad\qquad\qquad \text{[by (7.20.}c, d)] \\
\leq {}& C\varepsilon^{\frac{4\beta(2+\gamma)}{2\beta+1}} \qquad\qquad\qquad\qquad \text{[by (7.48)]} \\
= {}& \varepsilon^2 o(1) \qquad\qquad\qquad\qquad\quad \text{[by (7.47)]}
\end{aligned}
$$

$\square$

C) is proved.

Verifying D) We have

$$
\begin{aligned}
& \mathcal{E}\left\{\sum_{i=m+1}^{N} [F'(\tilde{f}_m)]_i^2\right\} \\
\leq {}& \mathcal{E}\left\{(1+\theta) \sum_{i=m+1}^{N} [F'(f^N)]_i^2 + (1+\theta^{-1}) \sum_{i=m+1}^{N} \delta_i^2\right\} \ \forall \theta > 0 \\
& [\delta_i = [F'(f^N) - F'(\tilde{f}_m)]_i] \\
\leq {}& (1+\theta) \sum_{i=m+1}^{N} [F'(f^N)]_i^2 + (1+\theta^{-1}) \mathcal{E}\left\{\|F'(f^N) - F'(\tilde{f}_m)\|^2\right\} \\
\leq {}& (1+\theta) \sum_{i=m+1}^{N} [F'(f^N)]_i^2 + (1+\theta^{-1}) C\mathcal{E}\left\{\|f^N - \tilde{f}_m\|^2\right\} \\
& [\text{by } \mathbf{A.3}] \\
\leq {}& (1+\theta) \sum_{i=m+1}^{N} [F'(f^N)]_i^2 + C(1+\theta^{-1})\varepsilon^{\frac{4\beta}{2\beta+1}} \\
& [\text{by (7.20.}c, d)] \\
\leq {}& \sum_{i=m+1}^{N} [F'(f^N)]_i^2 + o(1) \\
& [\text{set } \theta = \varepsilon^{\frac{2\beta}{2\beta+1}}]
\end{aligned}
$$

$\square$

The proof of Theorem 7.3.1 is completed. $\blacksquare$

7.3.2   Concluding remarks

Sharpness of (7.3.4).   Relation (7.47) establishes "sharp" link between the asymptotical width of Σ (i.e., the parameter β) and the degree of smoothness γ of a functional satisfying **A.3** (cf. Section 7.2.1). A construction completely similar to the one used to prove Theorem 7.2.2 yields the following result:

Theorem 7.3.2 *Let $\gamma \in (0, 1]$ and $\beta > 0$ be such that*

$$\gamma < \frac{1}{2\beta} - 1.$$

*Then there exist a set $\Sigma \subset H$ and a functional $F : H \to \mathbf{R}$ satisfying **A.1**, **A.3** such that F does not admit asymptotically efficient (even efficient in order) on Σ estimation method.*

The case of quadratic functional.   Let $F(f) = (Af, f)$, where A is a bounded symmetric operator on H, and let Σ satisfy **A.1**. Consider the estimator resulting from (7.52) by letting $N \to \infty$ and replacing $\tilde{f}_m$ with $\hat{f}_m$. Tracing the proof of Theorem 7.3.1, one can see that in the case in question the squared risk of estimating $F(f)$ can be bounded from above as

$$\mathcal{E}\left\{\left[\hat{F}_\varepsilon - F(f)\right]^2\right\} \leq \varepsilon^2 \parallel F'(f) \parallel^2 + C(\varepsilon^4 M + M^{-4\beta}) + \varepsilon^2 o(1) \qquad (7.67)$$

(C is independent of ε and $f \in \Sigma$); here $M > m(\varepsilon)$ is a "free design parameter" of the estimate[5]. Assuming that $\beta \leq 1/4$ (the case of $\beta > 1/4$ is covered by Theorem 7.3.1) and setting

$$M = \lfloor \varepsilon^{-\frac{4\beta}{4\beta+1}} \rfloor,$$

we get an estimate of a *quadratic* functional with the squared risk satisfying the relation

$$\mathcal{E}\left\{\left[\hat{F}_\varepsilon - F(f)\right]^2\right\} \leq \varepsilon^2 \parallel F'(f) \parallel^2 + C\varepsilon^{\frac{16\beta}{4\beta+1}} + \varepsilon^2 o(1)$$

(C is independent of $f \in \Sigma$ and of ε). We see that if the asymptotical width of Σ is $\beta \leq \frac{1}{4}$, then a *quadratic* functional F can be estimated at points $f \in \Sigma$ with the squared risk not exceeding $\varepsilon^{\frac{16\beta}{4\beta+1}}$. It turns out (see [14]) that this rate of convergence is unimprovable in the minimax sense, provided that

$$d_k(\Sigma) \geq ck^{-\beta}, \; k = 1, 2, \ldots$$

and that for some $\kappa > 0$ it holds

$$F(f) \geq \kappa \parallel f \parallel^2 \quad \forall f \in H.$$

---

[5] In (7.52), $M = M(\varepsilon)$ was controlled according to (7.48); the estimate, however, makes sense for other values of the parameter as well.

Chapter 8

Estimating functionals, II

We proceed with constructing asymptotically efficient, on a given compact set Σ, estimates of a smooth functional F of a nonparametric signal f via observations

$$y^{f,\varepsilon} = \left\{ y_i^{f,\varepsilon} \equiv (f, \phi_i) + \varepsilon \xi_i \right\}, \tag{8.1}$$

of the signal ($\{\phi_i\}$ form an orthonormal basis in the Hilbert space H where the signals live, the "noise" $\{\xi_i\}_{i=1}^{\infty}$ is a collection of independent $\mathcal{N}(0,1)$ random variables).

8.1 Preliminaries: estimating polynomials

We already know that if the Kolmogorov diameters $d_k(\Sigma)$ admit an upper bound

$$d_k(\Sigma) \le ck^{-\beta}$$

and F is κ times ($\kappa = 1, 2$) continuously differentiable in a neighbourhood of Σ functional with Hölder continuous, with exponent γ, κ-th derivative, then F can be asymptotically efficiently estimated on Σ, provided that the asymptotic width of Σ and the degree of smoothness of F are linked according to

$$\kappa + \gamma > 1 + \frac{1}{2\beta}. \tag{8.2}$$

The "widest" Σ we can handle corresponds to the case of $\kappa = 2$, $\gamma = 1$, where (8.2) requires from β to be $> 1/4$. As we remember, (8.2) is sharp; thus, when interested to deal with wider – $\beta \le 1/4$ – sets of signals, we should impose stronger smoothness restrictions on F. On the other hand, it was mentioned in Section 7.3.2 that if

$$d_k(\Sigma) = O(k^{-\beta}), \quad \beta < 1/4,$$

then some quadratic functionals – e.g., $F(f) = \| f \|^2$ – *cannot be estimated* on Σ with uniform squared risk of order ε^2. Since a quadratic functional is "as smooth as a functional can be", we conclude that merely increasing the number of derivatives F is assumed to possess does not help; we should impose certain *structural restrictions* on these derivatives. In order to understand what these restrictions could be, note that if we are planning to build asymptotically efficient, on a "wide" set Σ, estimators of F and the estimators we intend to construct are based on local approximations of F by its Taylor polynomials, then at least the polynomials involved should admit asymptotically efficient, on Σ, estimation. And since we intend to work with "wider and wider" sets of signals – i.e., with β approaching 0 – the above polynomials should admit asymptotically efficient estimation on the entire space H (or at least on any bounded subset of H). Indeed, if our "structural restrictions" on the derivatives of F are such that ε^2-consistent estimation of, say, the Taylor polynomial of degree 5 of F already imposes a nontrivial restriction on the asymptotical width of Σ, we have no hope to work successfully with β too close to 0.

Now, there is a very natural family of polynomials on H admitting asymptotically efficient estimation on all bounded subsets of H – the *Hilbert-Schmidt* polynomials, and this is the family we will work with.

8.1.1 Hilbert-Schmidt polynomials

Recall that a *homogeneous polynomial of degree k* on H is a function

$$P(f) = \Pi_k[\underbrace{f, ..., f}_{k \text{ times}}],$$

where $\Pi_k[f_1, ..., f_k]$ is a symmetric k-linear continuous form on H. Given an orthonormal basis $\{\phi_i\}$ in H, we may associate with Π_k (and therefore – with $P(\cdot)$) the system of *coefficients* $\{P_\iota = \Pi_k[\phi_{\iota_1}, ..., \phi_{\iota_k}]\}_{\iota \in \mathcal{I}_k}$, where $\mathcal{I}_k$ is the set of all k-dimensional multi-indices $\iota = (\iota_1, ..., \iota_k)$ with positive integer entries. We clearly have

$$P(f) = \lim_{N \to \infty} \sum_{\iota:\iota_p \leq N,\ p=1,...,k} P_\iota f_{\iota_1} ... f_{\iota_k} \quad [f_i = (f, \phi_i)].$$

A homogeneous polynomial $P(f)$ of degree k is called a *Hilbert-Schmidt* polynomial, if

$$\| P \|_2 \equiv \sqrt{\sum_{\iota \in \mathcal{I}_k} P_\iota^2} < \infty;$$

$\| P \|_2$ is called the *Hilbert-Schmidt norm* of P. It can be proved that the Hilbert-Schmidt norm is independent of the (orthonormal) basis with respect to which the coefficients of P are taken. A generic example of a Hilbert-Schmidt polynomial is the Gateau polynomial

$$F(f) = \int_0^1 ... \int_0^1 G(x_1, ..., x_k) f(x_1) ... f(x_k) dx_1 ... dx_k$$

on $L_2[0, 1]$ with square-summable kernel G; the Hilbert-Schmidt norm of this polynomial is just the L_2-norm of the kernel.

A non-homogeneous polynomial P of degree $\leq k$ is a sum of homogeneous polynomials P^p of degrees 0 (a constant), 1,..., k:

$$P(f) = \sum_{p=0}^k P^p(f).$$

P is called a Hilbert-Schmidt polynomial, if its homogeneous components $P^1, ..., P^k$ are so.

8.1.2 Estimating Hilbert-Schmidt polynomials

Let P be a Hilbert-Schmidt polynomial of degree $\leq k$ on H. We are about to demonstrate that such a polynomial admits asymptotically efficient, on every bounded subset of H, estimate. Let us fix an orthonormal basis $\{\phi_i\}$, and let

$$f^N = \sum_{i=1}^{N}(f,\phi_i)\phi_i$$

be the projection of $f \in H$ onto the linear span of the first N basic orths. Let also

$$P_N(f) = P(f^N).$$

We start with building an estimator of P_N via observations (8.1). Note that P_N is a polynomial of N real variables and therefore it can be naturally extended onto the complexification $\mathbf{C}^N$ of $\mathbf{R}^N$. Let ζ^N be a random N-dimensional Gaussian vector with zero mean and unit covariance matrix. For $z \in \mathbf{C}^N$, let

$$\hat{P}_N(z) = \mathcal{E}\left\{P_N(z + i\varepsilon\zeta^N)\right\}.$$

i being the imaginary unit. Setting

$$y^N = y^N(f,\varepsilon) = \sum_{i=1}^{N} y_i^{f,\varepsilon}\phi_i = f^N + \varepsilon\xi^N, \ \xi^N = \sum_{i=1}^{N}\xi_i\phi_i,$$

consider the estimator

$$\tilde{P}_N = \hat{P}(y^N). \tag{8.3}$$

Theorem 8.1.1 $\tilde{P}_N$ *is an unbiased estimator of* P_N:

$$\mathcal{E}\left\{\tilde{P}_N(y^N(f,\varepsilon))\right\} = P_N(f) \quad \forall f \in H,$$

with the variance

$$\mathcal{E}\left\{\left[\tilde{P}_N(y^N(f,\varepsilon)) - P_N(f)\right]^2\right\} = \sum_{p=1}^{k}\frac{\varepsilon^{2p}}{p!}\parallel D^p P_N(f)\parallel_2^2. \tag{8.4}$$

Proof. Let $\omega^N = \xi^N + i\zeta^N$ (ζ^N is independent of ξ^N Gaussian vector with zero mean and unit covariance matrix). The distribution of ω^N remains invariant under rotations of $\mathbf{C}^N$ (viewed as a $2N$-dimensional real Euclidean space), while P_N is an analytic function on $\mathbf{C}^N$ and is therefore a harmonic function on $\mathbf{C}^N$ (again viewed as a $2N$-dimensional real space). Therefore

$$\begin{aligned}
\mathcal{E}\left\{\tilde{P}_N(y^N(f,\varepsilon))\right\} &= \mathcal{E}_{\xi^N}\left\{\mathcal{E}_{\zeta^N}\left\{P_N(f^N + \varepsilon\xi^N + i\varepsilon\zeta^N)\right\}\right\} \\
&= \mathcal{E}_{\omega^N}\left\{P_N(f^N + \varepsilon\omega^N)\right\} \\
&= P_N(f),
\end{aligned}$$

the concluding equality being given by the Mean Value Theorem for harmonic functions.

Since $\tilde{P}_N$ is unbiased, to determine the variance of the estimator at a fixed f we can confine ourselves to the case of $P_N(f) = 0$.

Let ρ^N be a random vector identically distributed like ξ^N, ζ^N and independent of these two vectors, and let $\omega^N = \xi^N + i\zeta^N$, $\lambda^N = \xi^N + i\rho^N$. Since $\tilde{P}_N$ clearly is real-valued, we have

$$\mathcal{E}\left\{\tilde{P}_N^2\right\} = \mathcal{E}\left\{P_N(f^N + \varepsilon\omega^N)P_N(f^N + \varepsilon\lambda^N)\right\},$$

whence, expanding P_N in a Taylor series around f^N,

$$\mathcal{E}\left\{\tilde{P}_N^2\right\} = \mathcal{E}\left\{\sum_{p,q=1}^{k} \frac{1}{p!q!} \left[D^p P_N(f^N)[\varepsilon\omega^N]_p\right]\left[D^q P_N(f^N)[\varepsilon\lambda^N]_q\right]\right\}, \qquad (8.5)$$

where $A[h]_p = A[\underbrace{h, ..., h}_{p \text{ times}}]$, $A[h_1, ..., h_p]$ being a p-linear form.

Let $\mathcal{J}_N^p$ be the set of multi-indices $\iota = (\iota_1, ..., \iota_N)$ with nonnegative entries and with $|\iota| \equiv \sum_{j=1}^{N} \iota_j = p$. For $\iota \in \mathcal{J}_N^p$, $z = \sum_{j=1}^{N} z_j\phi_j \in \mathbf{C}^N$ and $p = 1, ..., k$ let

$$\begin{aligned}
\iota! &= \iota_1!...\iota_N!, \\
z^\iota &= z_1^{\iota_1}...z_N^{\iota_N}, \\
P_\iota^p &= D^p P_N(f^N)[\underbrace{\phi_1, ..., \phi_1}_{\iota_1}, \underbrace{\phi_2, ..., \phi_2}_{\iota_2}, ..., \underbrace{\phi_N, ..., \phi_N}_{\iota_N}].
\end{aligned}$$

We have

$$\left[D^p P_N(f^N)[\varepsilon\omega^N]_p\right]\left[D^q P_N(f^N)[\varepsilon\lambda^N]_q\right] = \sum_{\iota \in \mathcal{J}_N^p, \nu \in \mathcal{J}_N^q} \varepsilon^{p+q}\frac{p!q!}{\iota!\nu!}P_\iota^p P_\nu^q (\omega^N)^\iota (\lambda^N)^\nu. \quad (8.6)$$

Observe now that

$$\mathcal{E}\left\{(\omega^N)^\iota (\lambda^N)^\nu\right\} = \prod_{j=1}^{N} \mathcal{E}\left\{\omega_j^{\iota_j}\lambda_j^{\nu_j}\right\} = \prod_{j=1}^{N} \left[\delta_{\iota_j\nu_j}\iota_j!\right]. \qquad (8.7)$$

Indeed, all we need to verify is the concluding equality, i.e., the fact that if ξ, ζ, ρ are independent $\mathcal{N}(0,1)$ random variables and r, s are nonnegative integers, then

$$\mathcal{E}\left\{(\xi + i\zeta)^r(\xi + i\rho)^s\right\} = \delta_{rs}r!. \qquad (8.8)$$

But $\mathcal{E}_\zeta\left\{(\xi + i\zeta)^r\right\} = H_r(\xi)$ is the r-th Hermite polynomial (see [31], p. 163), and (8.8) is precisely the orthogonality property of these polynomials:

$$\mathcal{E}\left\{H_r(\xi)H_s(\xi)\right\} = \delta_{rs}r!$$

(see [4], p. 133).

Combining (8.5), (8.6) and (8.7), we get

$$\mathcal{E}\left\{\tilde{P}_N^2\right\} = \sum_{p=1}^{k} \varepsilon^{2p} \sum_{\iota \in \mathcal{J}_N^p} \frac{(P_\iota^p)^2}{\iota!} = \sum_{p=1}^{k} \frac{\varepsilon^{2p}}{p!} \parallel D^p P_N(f) \parallel_2^2,$$

the concluding equality being given by the fact that every P_ι^p occurs exactly $\frac{p!}{\iota!}$ times among the coefficients of the p-linear form $D^p P_N(f)[\cdot, ..., \cdot]$ with respect to the basis $\{\phi_i\}_{i=1}^N$. ∎

Remark 8.1.1 A simple modification of the proof of Theorem 8.1.1 yields the following result. Let $G(x)$ be a function on $\mathbf{R}^N$ which can be continued to an entire function $G(z)$ on $\mathbf{C}^N$ such that

$$|G(z)| \le c \exp\left\{\theta \frac{\|\, z\,\|_2^2}{2\varepsilon^2}\right\}$$

with some $\theta \in (0,1)$, $c < \infty$. Assume that an observation $y = x + \varepsilon \xi$ of a point $x \in \mathbf{R}^N$ is given, where the noise ξ is Gaussian with zero mean and identity covariance matrix. Then the estimator

$$\widehat{G}(y) \equiv \mathcal{E}_\zeta G(y + i\varepsilon\zeta),$$

ζ being independent of ξ Gaussian random vector with zero mean and identity covariance matrix, is an unbiased estimator of $G(x)$, $x \in \mathbf{R}^N$, with variance

$$\mathcal{E}\left\{\left[\widehat{G} - G(x)\right]^2\right\} = \sum_{p=1}^{\infty} \frac{\varepsilon^{2p}}{p!} \|\, D^p G(x)\,\|_2^2 \qquad \left[\|\, D^p G(x)\,\|_2^2 \equiv \sum_{\iota \in \mathcal{J}_N^p} \left|\frac{\partial^p f(x)}{\partial x_1^{\iota_1}...\partial x_N^{\iota_N}}\right|^2 \frac{p!}{\iota!}\right]$$

Note that $\widehat{G}$ is the unique unbiased estimator of G in the class of estimators $\Psi(y)$ satisfying the condition

$$\forall y \in \mathbf{R}^N : \ \Psi(y) \le c_\Psi \exp\left\{\theta_\Psi \frac{\|\, y\,\|_2^2}{2\varepsilon^2}\right\} \quad [c_\Psi < \infty, \theta_\Psi \in (0,1)]$$

Corollary 8.1.1 *Let*

$$P(f) = \sum_{p=0}^{k} P^p(f)$$

be a polynomial on H with Hilbert-Schmidt homogeneous components $P^0, ..., P^k$ of the Hilbert-Schmidt norms not exceeding L. Then for every $\varepsilon > 0$ one can choose $N = N(P, \varepsilon) < \infty$ in such a way that for the associated estimator $\tilde{P}_N$ of $P(f)$ via observations (8.1) one has

$$\forall f \in H : \qquad \mathcal{E}\left\{\left[\tilde{P}_N(y^N(f,\varepsilon)) - P(f)\right]^2\right\} \le \varepsilon^2 \|\, P'(f)\,\|^2 + c(k)L^2\varepsilon^4(1 + \|\, f\,\|^{2k}).$$

$$(8.9)$$

In particular, the resulting estimator is asymptotically efficient on every bounded subset of H. .

Proof. For every positive integer N, for every $p \le k$ and every $f \in H$ we have

$$\left|P^p(f) - P^p(f^N)\right| \le \sum_{\substack{\iota_1,...,\iota_p: \\ \max_j \iota_j > N}} \left|P^p_{\iota_1,...,\iota_p} f_{\iota_1}...f_{\iota_p}\right|$$

$$\le \sqrt{\sum_{\substack{\iota_1,...,\iota_p: \\ \max_j \iota_j > N}} \left(P^p_{\iota_1,...,\iota_p}\right)^2} \|\, f\,\|^p,$$

whence for every positive δ there exists $N_1(\delta)$ such that

$$|P(f) - P(f^N)| \le \delta(1 + \|\, f\,\|^k) \qquad \forall f \forall N \ge N_1(\delta).$$

By similar reasons, for every $\delta > 0$ there exists $N_2(\delta)$ such that

$$\| P'(f) - DP_N(f) \| \le \delta(1+ \| f \|^{k-1}) \qquad \forall f \forall N \ge N_2(\delta).$$

It is also clear that for some $c_1(k)$ (depending only on k) and for all N and all $f \in H$ we have

$$\| D^p P_N(f) \|_2 \le Lc_1(k)(1+ \| f \|^k).$$

Letting $N = \max[N_1(L\varepsilon^2), N_2(L\varepsilon^2)]$, we get (8.9) as a consequence of (8.4). ∎

Remark 8.1.2 It is easily seen that if a polynomial P satisfies the premise of Corollary 8.1.1, then the estimators $\tilde{P}_N$ (see (8.3)) converge in the mean square as $N \to \infty$ to an unbiased estimator $\tilde{P}$ of $P(\cdot)$, the variance of the estimator being

$$\mathcal{E}\left\{ \left[\tilde{P}(y^{f,\varepsilon}) - P(f) \right]^2 \right\} = \sum_{p=1}^{k} \frac{\varepsilon^{2p}}{p!} \, \| D^p P(f) \|_2^2 \,.$$

Examples. I. A continuous linear form $P(f) = (p, f)$ always is a Hilbert-Schmidt polynomial, and the corresponding unbiased estimator is the standard plug-in estimator

$$\tilde{P}(y^{f,\varepsilon}) = \sum_{j=1}^{\infty} y_j^{f,\varepsilon} p_j \qquad [p_j = (p, \phi_j)]$$

II. Let $P(f) = (Af, f)$ be a homogeneous continuous quadratic form, and let $[a_{j\ell}]$ be the matrix of the form with respect to the basis $\{\phi_j\}$. The estimator $\tilde{P}_N$ of $P_N(f) = (Af^N, f^N)$ is

$$\tilde{P}_N = \sum_{j\neq\ell, j,\ell \le N} a_{j\ell} y_j^{f,\varepsilon} y_\ell^{f,\varepsilon} + \sum_{j=1}^{N} a_{jj} \left(\left[y_j^{f,\varepsilon} \right]^2 - \varepsilon^2 \right),$$

and the variance of this estimator is

$$\mathcal{E}\left\{ \left[\tilde{P}_N - P_N(f) \right]^2 \right\} = 4\varepsilon^2 \| (Af^N)^N \|^2 + 2\varepsilon^4 \sum_{j,\ell=1}^{N} a_{j\ell}^2.$$

For N fixed, this is an asymptotically efficient estimator of $P_N(f)$. The trivial plug-in estimator $P_N(y^N(f, \varepsilon))$ also is an asymptotically efficient estimator of $P_N(f)$ (N is fixed), but its risk is greater than the one of $\tilde{P}_N$ in terms of order of ε^4:

$$\mathcal{E}\left\{ \left[P_N(y^N(f, \varepsilon)) - P_N(f) \right]^2 \right\} = 4\varepsilon^2 \| (Af^N)^N \|^2 + 2\varepsilon^4 \left(\sum_{j,\ell=1}^{N} a_{j\ell}^2 + \frac{1}{2} \left| \sum_{j=1}^{N} a_{jj} \right|^2 \right);$$

when N is large, this difference can be decisive.

If A is a Hilbert-Schmidt operator (i.e., $\sum_{j,\ell} a_{j\ell}^2 < \infty$), then the estimators $\tilde{P}_N$ converge in the mean square, as $N \to \infty$, to an unbiased asymptotically efficient, on every bounded subset of H, estimator of $P(\cdot)$.

III. Let $P(f) = \sum_{j=1}^{\infty} [(f, \phi_j)]^3$. Then the unbiased estimator $\tilde{P}_N$ of $P_N(f) = \sum_{j=1}^{N} [(f, \phi_j)]^3$ is

$$\tilde{P}_N = \sum_{j=1}^{N} \left(\left[y_j^{f,\varepsilon} \right]^2 - 3\varepsilon^2 y_j^{f,\varepsilon} \right),$$

and its variance is

$$\mathcal{E}\left\{ \left[P_N(y^N(f,\varepsilon)) - P_N(f) \right]^2 \right\} = 9\varepsilon^2 \sum_{j=1}^{N} f_j^4 + 18\varepsilon^4 \sum_{j=1}^{N} f_j^2 + 6\varepsilon^6 N, \quad f_j = (f, \phi_j).$$

8.1.3   Extension

We have built asymptotically efficient, on bounded subsets of H, estimators for Hilbert-Schmidt polynomials. To achieve our final goals, we need to build a "nearly" asymptotically efficient estimate for a "nearly" Hilbert-Schmidt polynomial. Namely, assume that

$$P(f) = \sum_{p=0}^{k} P^p(f)$$

is a polynomial of degree $k \geq 2$ such that

(a) P^p are Hilbert-Schmidt polynomials for $p \leq k-1$ with $\| P^p \|_2 \leq L < \infty$
(b.1) $\| P^k \| \equiv \sup \{ |\Pi_k[f_1, ..., f_k]| \mid \| f_\ell \| \leq 1, \ell = 1, ..., k \} \leq L$
(b.2) $\| P^{k,h} \|_2 \leq L \| h \|$,

(8.10)

where $\Pi_k[f_1, ..., f_k]$ is the symmetric k-linear form associated with P^k and $P^{k,h}$ is the $(k-1)$-symmetric linear form obtained from $\Pi_k[f_1, ..., f_k]$ when the last argument is set to a constant value h. E.g., the quadratic form (Af, f) associated with a bounded symmetric operator A satisfies $(b.1), (b.2)$ with $L = \| A \|$. Another example of a homogeneous polynomial satisfying $(b.1), (b.2)$ is given by a "diagonal" polynomial

$$P^k(f) = \sum_{j=1}^{\infty} c_j f_j^k \quad [f_j := (f, \phi_j)]$$

with bounded sequence of coefficients $\{c_j\}$ or by a continuous "band-type" polynomial

$$P^k(f) = \sum_{\iota \in \mathcal{I}_k^d} c_\iota f_{\iota_1} \cdots f_{\iota_k} \quad [f_j = (f, \phi_j)],$$

where $\mathcal{I}_k^d$ is the set of multi-indices $\iota = (\iota_1, ..., \iota_k)$ such that $\max_{\ell=1,...,k} \iota_\ell - \min_{\ell=1,...,k} \iota_\ell \leq d < \infty$.

Under condition (8.10) we can build an estimator for the polynomial $P_N(f) = P(f^N)$ as follows. Let $M < N$ be a given natural number. Consider the polynomial

$$P_{*,M}(f) = \sum_{p=1}^{k-1} P^p(f) + P^k[f, ..., f, f^M] \tag{8.11}$$

Then, by virtue of (8.10.b.1),

$$\left| P_{*,M}(f^N) - P_N(f^N) \right| \leq L \parallel f_{M+1}^N \parallel \parallel f^N \parallel^{k-1},$$
$$f_{M+1}^N = \sum_{j=M+1}^{N} (f, \phi_j)\phi_j. \tag{8.12}$$

At the same time, the homogeneous polynomial $\bar{P}^k(f) = P^k[f, ..., f, f^M]$ corresponds to the symmetric k-linear form

$$\bar{\Pi}_k(h_1, ..., h_k) = \frac{1}{k}\left(\Pi_k[(h_1)^M, h_2, ..., h_k] + ... + \Pi_k[h_1, ..., h_{k-1}, (h_k)^M] \right),$$

and the coefficients of this form are as follows. Let us partition the set $\mathcal{I}_k$ of multi-indices $\iota = (\iota_1, ..., \iota_k)$ of the coefficients into $M + 1$ groups: the first M groups G_j contain the multi-indices ι with $\min_{\ell=1,...,k} \iota_\ell = j$, $j = 1, ..., M$, and the group G_{M+1} contains the multi-indices ι with $\min_{\ell=1,...,k} \iota_\ell > M$. The coefficients of $\bar{\Pi}_k$ with indices from G_{M+1} are zero, and absolute values of the coefficients with indices from G_j, $j = 1, ..., M$, are less than or equal to the absolute values of the coefficients $\Pi_{k,\iota}$ of Π_k with the same indices. By (8.10.b.2),

$$\sqrt{\sum_{\iota \in G_j} \Pi_{k,\iota}^2} \leq L,$$

whence

$$\parallel \bar{P}_k \parallel_2^2 \leq \sum_{j=1}^{M} \sum_{\iota \in G_j} \Pi_{k,\iota}^2 \leq ML^2. \tag{8.13}$$

Associating with the Hilbert-Schmidt polynomial $P_{*,M}(\cdot)$ estimator (8.3), let the latter be denoted by $\tilde{P}_{M,N}(\cdot)$, and applying Theorem 8.1.1, we get the following result:

Proposition 8.1.1 *Let P be a polynomial of degree $k \geq 2$ satisfying* (**8.10**). *Then, for every pair of positive integers M, N ($M < N$), the estimator $\tilde{P}_{M,N}(\cdot)$ for every $f \in H$ and every $\varepsilon \in (0,1)$ satisfies the relations*

$$(a) \qquad \left| \mathcal{E}\left\{ \tilde{P}_{M,N}(y^N(f, \varepsilon)) - P(f^N) \right\} \right| \leq L \parallel f_{M+1}^N \parallel \parallel f^N \parallel^{k-1}$$

$$(b) \quad \left(\mathcal{E}\left\{ \left[\tilde{P}_{M,N}(y^N(f, \varepsilon)) - P(f^N) \right]^2 \right\} \right)^{1/2} \leq \varepsilon \parallel P'_{*,M}(f^N) \parallel$$
$$+ c_1(k)L\varepsilon^2(1 + \parallel f^N \parallel^k)$$
$$+ c_2(k)\varepsilon^k \sqrt{M} L(1 + \parallel f^N \parallel^k)$$
$$+ L \parallel f_{M+1}^N \parallel \parallel f^N \parallel^{k-1}.$$
$$\tag{8.14}$$

8.2 From polynomials to smooth functionals

We are about to extend the techniques for asymptotically efficient estimating Hilbert-Schmidt polynomials to estimating smooth functionals with Hilbert-Schmidt derivatives. As before, we assume that the set of signals Σ satisfies **A.1**, i.e., it is a subset of the unit ball $\mathcal{O}$ of H with Kolmogorov diameters satisfying

$$d_k(\Sigma) \leq Lk^{-\beta} \tag{8.15}$$

As about the functional F to be estimated. we assume that

A.4. F is defined in the ball

$$\mathcal{O}_\rho = \{f \in H \mid \|f\| < 1 + 2\rho\} \quad [\rho > 0]$$

and is $k \geq 3$ times continuously Fréchet differentiable in $\mathcal{O}_\rho$. Moreover,

A.4.1. The derivatives $F^{(j)}(f)$, $f \in \mathcal{O}_\rho$, of order $j \leq k - 1$ have bounded Hilbert-Schmidt norms:

$$\sup\left\{\|F^{(j)}(f)\|_2 \mid f \in \mathcal{O}_\rho\right\} \leq L \qquad 1 \leq j \leq k - 1; \tag{8.16}$$

A.4.2. The k-th derivative $F^{(k)}(f)$ satisfies the inequality

$$\|F^{(k),g}(f)\|_2 \leq L \|g\| \qquad \forall f \in \mathcal{O}_\rho \ \forall g \in H \tag{8.17}$$

(cf. (8.10)), where

$$F^{(k),g}(f)[h_1, ..., h_{k-1}] \equiv D^k F(f)[h_1, ..., h_{k-1}, g].$$

A.4.3. $F^{(k)}(f)$ is Hölder continuous, with exponent $\gamma > 0$, in the usual norm:

$$\|F^{(k)}(f) - F^{(k)}(g)\| \leq L \|f - g\|^\gamma \qquad \forall f, g \in \mathcal{O}_\rho. \tag{8.18}$$

Note that **A.2**, **A.3** are nothing but the versions of **A.4** associated with $k = 1, 2$, respectively. In these cases the sharp link between the asymptotical width β of the set Σ and the smoothness parameters of F ensuring possibility for asymptotically efficient, on Σ, estimation of F was given by

$$\gamma > \frac{1}{2\beta} + 1 - k, \tag{8.19}$$

and it would be natural to suppose that the same link works for $k > 2$ as well. It turns out, however, that the "correct tradeoff" between the width of Σ and the smoothness of F under assumption **A.4** is given by

$$\gamma > \frac{1}{2\beta} - k, \ k \geq 3. \tag{8.20}$$

E.g., (8.19) says that to ensure asymptotically efficient estimation of twice continuously differentiable functional with Lipschitz continuous second derivative ($k = 2$, $\gamma = 1$) the asymptotical width of Σ should be $> \frac{1}{4}$, while (8.20) says that in order to ensure the same possibility for three times continuously differentiable functional with Hölder continuous, with *close to* 0 exponent γ, third derivative, it suffices to have $\beta > \frac{1}{6}$. At the same time, common sense says to us that a twice continuously differentiable functional with Lipschitz continuous second order derivative is basically the same as a three times continuously differentiable functional with small Hölder continuity exponent of the third derivative; if so, where the "jump down" $\beta > \frac{1}{4} \mapsto \beta > \frac{1}{6}$ in the condition ensuring possibility of asymptotically efficient estimation comes from?

The answer is that when passing from **A.3** to **A.4**, we do not merely increase the number of derivatives of the functional, but impose a *structural* assumption on the derivatives of order $< k$ - now they should be Hilbert-Schmidt polylinear operators. This structural assumption is exactly what is responsible for the above "jump down". More specifically, imposing on the second derivative of a smooth functional the restriction to be bounded in the Hilbert-Schmidt norm results in a completely new phenomenon - *measure concentration*.

8.2.1 Measure concentration

The phenomenon of measure concentration was discovered by P. Levy; in its rough form, the phenomenon is that a function G with fixed modulus of continuity, say, Lipschitz continuous with constant 1, on a high-dimensional unit Euclidean sphere "almost everywhere is almost constant": there exists a constant $a = a(G)$ such that $\mathrm{Prob}\{x \mid |G(x) - a(G)| > \varepsilon\}$, the probability being taken with respect to the uniform distribution of x on the unit n-dimensional sphere, for every fixed $\varepsilon > 0$ goes to 0 as the dimension $n \to \infty$. In the case we are interested in – the one when G is with Hilbert-Schmidt second-order derivative – this phenomenon can be expressed as follows:

Proposition 8.2.1 *Let G be a twice continuously differentiable in the ball*

$$V_r = \{x \in \mathbf{R}^n \mid \| x \| \le r\}$$

function, and let $\| G'(0) \| \le T$ and $\| G''(x) \|_2 \le T$ for all $x \in V_r$ and some $T < \infty$. For $L : V_r \to \mathbf{R}$, let $M_\rho[L]$ be the average of L taken over the uniform distribution on the sphere of radius ρ centered at the origin, $0 \le \rho \le r$. Then

$$M_r\left[(G(x) - G(0))^2\right] \le (1+\theta)\frac{r^2}{n}\left(\| G'(0) \|^2 + T^2 r(2+r)\right) + (2+\theta+\theta^{-1})\frac{r^4 T^2}{4n} \quad \forall \theta > 0.$$
$$(8.21)$$

Remark 8.2.1 Note that if T is fixed and n is large, then (8.21) demonstrates that G in V_r is close, in the mean square sense, to the constant $G(0)$. Thus, Proposition indeed demonstrates a kind of "measure concentration" phenomenon.

Proof. Let $g(x) = (G(x) - G(0))^2$. For $0 < \rho \le r$, let $Q_\rho(h) = \| h \|^{2-n} - \rho^{2-n}$. For $0 < \delta < \rho$ by Green's formula (Δ is the Laplacian) we have

$$\int_{\delta \le \|h\| \le \rho} \{g\Delta Q_\rho - Q_\rho \Delta g\}\, dh = \int_{\|h\|=R} \left\{g\frac{\partial Q_\rho}{\partial e} - Q_\rho \frac{\partial g}{\partial e}\right\} dS(h) + \int_{\|h\|=\delta} \left\{g\frac{\partial Q_\rho}{\partial e} - Q_\rho \frac{\partial g}{\partial e}\right\} dS(h),$$
$$(8.22)$$

where $dS(h)$ is the element of area of the boundary of the strip $\{\delta \le \| h \| \le \rho\}$ and e is the outer unit normal to the boundary. Since $\Delta Q_\rho = 0$, the left hand side in (8.22) is equal to

$$-\int_\delta^\rho s^{n-1}(s^{2-n} - \rho^{2-n})\sigma_n M_s\left[\Delta g\right] ds,$$

where σ_n is the surface area of a unit sphere in $\mathbf{R}^n$. As $\delta \to +0$, the right hand side in (8.22) tends to $(2-n)\sigma_n M_\rho[g]$ (note that $g(0) = 0$). Thus, passing to limit in (8.22) as $\delta \to +0$, we get

$$(n-2)M_\rho[g] = -\int_0^\rho (s - s^{n-1}\rho^{2-n})M_s[\Delta g] ds,$$

or, which is the same,

$$M_\rho[g] = (2n)^{-1}\rho^2 \int_0^\rho \theta_\rho(s) M_s[\Delta g] ds,$$
$$\theta_\rho(s) = \frac{2n}{\rho^2(n-2)}(s - s^{n-1}\rho^{2-n})$$
$$\geq 0, \qquad (8.23)$$
$$\int_0^\rho \theta_\rho(s) ds = 1.$$

Now let $\ell(x) = G(x) - G(0)$, so that $g(x) = \ell^2(x)$. We have

$$\frac{1}{2}\Delta g = \ell\Delta\ell + \| \nabla\ell \|^2 . \qquad (8.24)$$

Let

$$A(\rho) = \max_{0\leq s\leq\rho} M_s[g],$$
$$B(\rho) = \max_{0\leq s\leq\rho} M_s\left[(\Delta\ell)^2\right],$$
$$C(\rho) = \max_{0\leq s\leq\rho} M_s\left[\| \nabla\ell \|^2\right].$$

From (8.23) and (8.24) it follows that

$$M_\rho[g] = \frac{\rho^2}{n}\int_0^\rho \theta_\rho(s) M_s\left[|\ell\Delta\ell| + \| \nabla\ell \|^2\right] ds$$
$$\leq \frac{\rho^2}{n}\int_0^\rho \theta_\rho(s) \left(M_s^{1/2}[\ell^2]M_s^{1/2}[(\Delta\ell)^2] + M_s[\| \nabla\ell \|^2]\right) ds$$
$$\leq \frac{\rho^2}{n}\left(A^{1/2}(\rho)B^{1/2}(\rho) + C(\rho)\right)$$
$$\left[\text{since } \theta_\rho \geq 0 \text{ and } \int_0^\rho \theta_\rho(s) ds = 1\right]$$
$$\leq \frac{r^2}{n}\left(A^{1/2}(r)B^{1/2}(r) + C(r)\right).$$

Since the resulting inequality is valid for all $\rho \leq r$, we get for every $\delta > 0$:

$$A(r) \leq \frac{r^2}{n}\left[\frac{\delta}{2}A(r) + \frac{1}{2\delta}B(r) + C(r)\right]$$
$$\left[\text{setting } 1 - \frac{r^2\delta}{2n} = \frac{1}{\theta+1}\right] \qquad (8.25)$$
$$\Rightarrow A(r) \leq \frac{r^2}{n}(1+\theta)C(r) + \frac{r^4}{4n^2}\left(2+\theta+\theta^{-1}\right)B(r) \quad \forall\theta > 0.$$

Now, by assumptions of Proposition in V_r we have $\| \nabla\ell \| = \| \nabla G \| \leq \| G'(0) \|_2 + Tr$, whence

$$C(r) = \max_{0\leq\rho\leq r} M_\rho[\| \nabla\ell \|^2] \leq (\| G'(0) \| + Tr)^2 \leq \| G'(0) \|^2 + T^2 r(2 + r),$$

and

$$B(r) = \max_{0\leq\rho\leq r} M_\rho[(\Delta\ell)^2] = \max_{0\leq\rho\leq r} M_\rho[(\Delta G)^2] \leq nT^2,$$

the concluding inequality being given by

$$(\Delta G)^2 = \left(\sum_{i=1}^n \frac{\partial^2 G}{\partial x_i^2}\right)^2 \leq n\sum_{i=1}^n \left(\frac{\partial^2 G}{\partial x_i^2}\right)^2 \leq nT^2.$$

In view of these bounds, (8.25) implies (8.21). ∎

8.2.2 The estimate

We are about to prove the following

Theorem 8.2.1 *Let Σ, F satisfy conditions* **A.1, A.4** *and let* (8.20) *take place. The F admits asymptotically efficient on Σ estimation method.*

Remark 8.2.2 The link (8.20) between β and γ is sharp (in the same sense as in Theorem 7.2.2). The proof (see [24]) follows the same line of argument as in Theorem 7.2.2, but is more involving, since now we should ensure the Hilbert-Schmidt property of the derivatives.

Proof. We just build the asymptotically efficient estimation method.

Setup. Given noise intensity $\varepsilon < 0.1$, let us set

$$m = m(\varepsilon) = \lfloor \frac{1}{\varepsilon^2 \ln(1/\varepsilon)} \rfloor, \quad M = M(\varepsilon) = \lfloor \frac{1}{\varepsilon^{2(k-1)} \ln(1/\varepsilon)} \rfloor \qquad (8.26)$$

(note that $M > m$ for all small enough values of ε, which is assumed from now on). Same as in the proof of Theorem 7.3.1, without loss of generality we may assume that

$$\forall f \in \Sigma: \quad \| f - f^n \| \leq cn^{-\beta}, \quad n = m, M \qquad (8.27)$$

and can find $N = N(\varepsilon) > M$ such that

$$\forall f \in \Sigma: \quad |F(f) - F(f^N)| \leq \varepsilon^4, \; \| F'(f) - F'(f^N) \| \leq \varepsilon^4; \qquad (8.28)$$

here and in what follows, as usual,

$$\begin{aligned}
f_p^q &= \sum_{i=p}^{q} (f, \phi_i)\phi_i, \\
f^q &= f_1^q; && [f \in H] \\
y_p^q &= y_p^q(f, \varepsilon) = \sum_{i=p}^{q} y_i^{f,\varepsilon} \phi_i \\
&= f_p^q + \varepsilon \sum_{i=p}^{q} \xi_i \phi_i, \\
y^q &= y_1^q; \\
\xi_p^q &= \{\xi_i\}_{i=p}^q, \\
\xi^q &= \xi_1^q.
\end{aligned}$$

In view of (8.28), we may focus on estimating the functional $F_N(f) = F(f^N)$, $f \in \Sigma$.

The estimate is as follows. Let

$$\begin{aligned}
\widehat{f}_m &= y^m = f^m + \varepsilon \sum_{i=1}^{m} \xi_i \phi_i, \\
\widetilde{f}_m &= \begin{cases} \widehat{f}_m, & \| \widehat{f}_m \| \leq 1 + \rho \\ (1 + \rho) \| \widehat{f}_m \|^{-1} \widehat{f}_m, & \| \widehat{f}_m \| > 1 + \rho \end{cases}
\end{aligned} \qquad (8.29)$$

and let

$$G(h) = G^{\tilde{f}_m}(h) \equiv \sum_{\ell=0}^{n} \frac{1}{\ell!} F^{(\ell)}(\tilde{f}_m) \underbrace{[h_{m+1}^N, ..., h_{m+1}^N]}_{\ell} \qquad (8.30)$$

Note that the polynomial G is random – it depends, as on parameters, on the "initial fragments" f^m, ξ^m of the observed signal and the observation noise; usually we skip indicating this dependence in notation.

Since the polynomial $G(h)$ depends on h_{m+1}^N only and clearly satisfies (8.10) with L depending only on the parameters involved into **A.1**, **A.4**, we may apply to this polynomial the construction from Section 8.1.3 with already specified M, N to get an estimator

$$\hat{F}_\varepsilon = \hat{F}_\varepsilon^{\tilde{f}_m}(y_{m+1}^N)$$

of $G^{\tilde{f}_m}(f_{m+1}^N)$ via observations $y_{m+1}^N = y_{m+1}^N(f, \varepsilon)$ with conditional (ξ^m being fixed) bias and risk satisfying the relations (see Proposition 8.1.1 and take into account that $G(h)$, as a function of h, depends on the "tail" h_{m+1}^N of h only)

(a) $\qquad \left| \mathcal{E}\left\{ \hat{F}_\varepsilon - G(f_{m+1}^N) \big| \xi^m \right\} \right| \leq C \parallel f_{M+1}^N \parallel \parallel f_{m+1}^N \parallel^{k-1},$

(b) $\qquad \left(\mathcal{E}\left\{ \left[\hat{F}_\varepsilon - G(f_{m+1}^N) \right]^2 \big| \xi^m \right\} \right)^{1/2} \leq \varepsilon \parallel G_*'(f_{m+1}^N) \parallel$
$$+ C\left(\varepsilon^2 + \varepsilon^k \sqrt{M} + \parallel f_{M+1}^N \parallel \parallel f_{m+1}^N \parallel^{k-1} \right);$$
$$(8.31)$$

where

$$G_*(h) = \sum_{\ell=0}^{k-1} \frac{1}{\ell!} F^{(\ell)}(\tilde{f}_m)[h_{m+1}^N, ..., h_{m+1}^N] + \frac{1}{k!} F^{(k)}(\tilde{f}_m)[h_{m+1}^N, ..., h_{m+1}^N, h_{m+1}^M]; \quad (8.32)$$

here and in what follows, all C denote positive quantities depending only on the data involved **A.1**, **A.4** and all $o(1)$ are deterministic functions of ε depending on the same "side parameters" as C's and converging to 0 as $\varepsilon \to +0$.

The above $\hat{F}_\varepsilon$ is our estimate of $F(f)$ via observations (8.1).

Accuracy analysis. We should prove (see (8.28)) that if $f \in \Sigma$, then

$$\mathcal{E}\left\{ \left[\hat{F}_\varepsilon - F_N(f) \right]^2 \right\} \leq \varepsilon^2 \parallel F_N'(f) \parallel^2 + \varepsilon^2 o(1), \ \varepsilon \to 0 \qquad (8.33)$$

Assume that ε is so small that $\parallel f_{m+1}^N \parallel \leq \rho$ for all $f \in \Sigma$ (this indeed is the case for all small enough values of ε in view of (8.27)). Since F is well-defined in $\mathcal{O}_\rho$ and $\parallel \tilde{f}_m \parallel \leq 1 + \rho$ by construction, the functional $F(\tilde{f}_m + f_{m+1}^N)$ is well-defined for all $f \in \Sigma$ and all realizations of noises. Representing

$$\hat{F}_\varepsilon - F_N(f) = \underbrace{\hat{F}_\varepsilon - G^{\tilde{f}_m}(f_{m+1}^N)}_{A} + \underbrace{G^{\tilde{f}_m}(f_{m+1}^N) - F(\tilde{f}_m + f_{m+1}^N)}_{B}$$
$$+ \underbrace{F(\tilde{f}_m + f_{m+1}^N) - F(f^N)}_{D},$$

we claim that in order to get (8.33) it suffices to verify that

A)

$$(a) \qquad \mathcal{E}\left\{\left[\widehat{F}_\varepsilon - G^{\tilde{f}_m}(f^N_{m+1})\right]^2\right\} \leq \varepsilon^2 \sum_{i=m+1}^{N} [F'(f^N)]_i^2 + \varepsilon^2 o(1)$$
$$[\text{for } g \in H, \, g_i = (g, \phi_i)] \qquad (8.34)$$

$$(b) \qquad \left|\mathcal{E}\left\{\left[\widehat{F}_\varepsilon - G^{\tilde{f}_m}(f^N_{m+1})\right]\Big|\xi^m\right\}\right| \leq \varepsilon o(1)$$

B)

$$\mathcal{E}\left\{\left[G^{\tilde{f}_m}(f^N_{m+1}) - F(\tilde{f}_m + f^N_{m+1})\right]^2\right\} \leq \varepsilon^2 o(1) \qquad (8.35)$$

C)

$$\mathcal{E}\left\{\left[F(\tilde{f}_m + f^N_{m+1}) - F(f^N)\right]^2\right\} \leq \varepsilon^2 \sum_{i=1}^{m} [F'(f^N)]_i^2 + \varepsilon^2 o(1). \qquad (8.36)$$

Indeed, assuming that $(8.34) - (8.36)$ take place, we have

$$\mathcal{E}\left\{\left[\widehat{F}_\varepsilon - F_N(f)\right]^2\right\}$$
$$= \mathcal{E}\left\{[A + B + D]^2\right\}$$
$$\leq (1+\theta)\mathcal{E}\left\{[A+D]^2\right\} + (1+\theta^{-1})\mathcal{E}\left\{B^2\right\} \quad [\forall \theta > 0]$$
$$\leq (1+\theta)\mathcal{E}\left\{[A+D]^2\right\} + (1+\theta^{-1})\varepsilon^2 o(1)$$
$$\qquad\qquad\qquad\qquad\qquad\qquad [\text{by } (8.35)]$$
$$\leq (1+\theta)\left[\mathcal{E}\{A^2 + D^2\} + 2\mathcal{E}_{\xi^m}\left\{D\mathcal{E}\left\{A\big|\xi^m\right\}\right\}\right] + (1+\theta^{-1})\varepsilon^2 o(1)$$
$$\qquad\qquad\qquad\qquad\qquad [\text{since } D \text{ depends on } \xi^m \text{ only}]$$
$$\leq (1+\theta)\left[\mathcal{E}\{A^2 + D^2\} + \varepsilon o(1)\mathcal{E}\{|D|\}\right] + (1+\theta^{-1})\varepsilon^2 o(1)$$
$$\qquad\qquad\qquad\qquad\qquad\qquad [\text{by } (8.34.b)]$$
$$\leq (1+\theta)\left[\varepsilon^2\left(\| F'_N(f) \|^2 + o(1)\right) + \varepsilon o(1)\mathcal{E}\{|D|\}\right] + (1+\theta^{-1})\varepsilon^2 o(1)$$
$$\qquad\qquad\qquad\qquad\qquad [\text{by } (8.34.a), (8.36)]$$
$$\leq (1+\theta)\varepsilon^2\left(\| F'_N(f) \|^2 + o(1)\right) + (1+\theta^{-1})\varepsilon^2 o(1)$$
$$\qquad\qquad\qquad\qquad\qquad\qquad [\text{by } (8.36)]$$
$$\leq \varepsilon^2 \| F'_N(f) \|^2 + \varepsilon^2 o(1)$$
$$\qquad\qquad [\text{choose appropriate } \theta = \theta(\varepsilon) \to 0, \varepsilon \to +0]$$

as required in (8.33).

It remains to verify A) – C)

Verifying A) We have

$$\left|\mathcal{E}\left\{\left[\widehat{F}_\varepsilon - G^{\tilde{f}_m}(f^N_{m+1})\right]\Big|\xi^m\right\}\right|$$
$$\leq C \| f^N_{M+1} \|\| f^N_{m+1} \|^{k-1} \qquad\qquad [\text{by } (8.31.a)]$$
$$\leq C M^{-\beta} m^{-(k-1)\beta} \qquad\qquad\qquad [\text{by } (8.27)] \qquad (8.37)$$
$$\leq C\varepsilon^{4(k-1)\beta}\left(\ln(1/\varepsilon)\right)^C \qquad\qquad [\text{by } (8.26)]$$
$$\leq \varepsilon o(1) \qquad\qquad\qquad\qquad\qquad [\text{since}$$
$$4\beta(k-1) > 2\frac{k-1}{k+\gamma} \geq 2\frac{k-1}{k+1} \geq 1 \text{ by } (8.20) \text{ and due to } \gamma \leq 1, \, k \geq 3]$$

as required in (8.34.b). To prove (8.34.a), observe first that

$$\mathcal{E}\left\{\left[\hat{F}_\varepsilon - G^{\tilde{f}m}(f_{m+1}^N)\right]^2\right\}$$
$$\leq \quad (1+\theta)\mathcal{E}\left\{\varepsilon^2 \parallel G'_*(f_{m+1}^N) \parallel^2\right\}$$
$$+(1+\theta^{-1})C\left(\varepsilon^4 + \varepsilon^{2k}M + \parallel f_{M+1}^N \parallel^2 \parallel f_{m+1}^N \parallel^{2k-2}\right) \quad [\forall \theta > 0]$$
$$[\text{see } (8.31.b)]$$
$$\leq \quad (1+\theta)\mathcal{E}\left\{\varepsilon^2 \parallel G'_*(f_{m+1}^N) \parallel^2\right\} + (1+\theta^{-1})\varepsilon^2 o(1)$$
$$[\text{since } \varepsilon^{2k}M \leq C\varepsilon^2/\ln(1/\varepsilon) \text{ by } (8.26)$$
$$\text{and } \parallel f_{M+1}^N \parallel^2 \parallel f_{m+1}^N \parallel^{2k-2} \leq \varepsilon^2 o(1) \text{ as in } (8.37)]$$

$$(8.38)$$

To complete the proof of (8.34.a), it suffices to show that

$$\mathcal{E}\left\{\parallel G'_*(f_{m+1}^N) \parallel^2\right\} \leq \sum_{i=m+1}^N [F'_N(f)]_i^2 + o(1); \qquad (8.39)$$

given (8.39), we can choose in the resulting estimate of (8.38) $\theta = \theta(\varepsilon)$ so slowly converging to 0 as $\varepsilon \to +0$ that the estimate will imply (8.34.a).

To verify (8.39), note that by (8.32) and in view of **A.4**

$$\parallel G'_*(f_{m+1}^N) - \left([F'(\tilde{f}_m)]_{m+1}^N\right) \parallel \leq C \parallel f_{m+1}^N \parallel \leq o(1)$$

(the concluding inequality is given by (8.27)), whence

$$\left(\mathcal{E}\left\{\parallel G'_*(f_{m+1}^N) \parallel^2\right\}\right)^{1/2}$$
$$\leq \quad \sqrt{\sum_{i=m+1}^N [F'(f^N)]_i^2} + \left(\mathcal{E}\left\{\parallel F'(\tilde{f}_m) - F'(f^N) \parallel^2\right\}\right)^{1/2} + o(1)$$
$$\leq \quad \sqrt{\sum_{i=m+1}^N [F'(f^N)]_i^2} + C\left(\mathcal{E}\left\{\parallel f^N - \tilde{f}_m \parallel^2\right\}\right)^{1/2} + o(1)$$
$$[\text{since } F' \text{ is Lipschitz continuous on } \mathcal{O}_\rho \text{ by } \mathbf{A.4}]$$
$$\leq \quad \sqrt{\sum_{i=m+1}^N [F'(f^N)]_i^2} + C\left(\mathcal{E}\left\{\parallel f^N - \hat{f}_m \parallel^2\right\}\right)^{1/2} + o(1)$$
$$\leq \quad \sqrt{\sum_{i=m+1}^N [F'(f^N)]_i^2} + C\left(m\varepsilon^2 + \parallel f_{m+1}^N \parallel^2\right)^{1/2} + o(1)$$
$$= \quad \sqrt{\sum_{i=m+1}^N [F'(f^N)]_i^2} + o(1)$$
$$[\text{see } (8.26), (8.27)] \ ;$$

since F' is bounded in $\mathcal{O}_\rho$, (8.39) follows. A) is proved.

Verifying B) As it was already mentioned, for all small enough values of ε the segment $[\tilde{f}_m, \tilde{f}_m + f_{m+1}^N]$ is, for all $f \in \Sigma$ and all realizations of noises, contained in $\mathcal{O}_\rho$. Due to the origin of $G(h) = G^{\tilde{f}m}(h)$ and in view of **A.4.3** we have

$$|F(\tilde{f}_m + f_{m+1}^N) - G(f_{m+1}^N)| \leq C \parallel f_{m+1}^N \parallel^{k+\gamma}$$
$$\leq Cm^{-\beta(k+\gamma)} \qquad [\text{by } (8.27)] \qquad \square$$
$$\leq \varepsilon o(1) \qquad [\text{by } (8.26) \text{ and } (8.20)]$$

Verifying C) We have

$$\mathcal{E}\left\{\left[F(\tilde{f}_m + f^N_{m+1}) - F(f^N)\right]^2\right\} = \mathcal{E}\left\{\left[F(\hat{f}_m + f^N_{m+1}) - F(f^N)\right]^2 \chi_{\varepsilon\|\xi^m\|\leq\rho}\right\}$$
$$+ \mathcal{E}\left\{\left[F(\tilde{f}_m + f^N_{m+1}) - F(f^N)\right]^2 \chi_{\varepsilon\|\xi^m\|>\rho}\right\},$$

so that to verify C) it suffices to check that

$$\begin{aligned}
(a) \quad & \mathcal{E}\left\{\left[F(\tilde{f}_m + f^N_{m+1}) - F(f^N)\right]^2 \chi_{\varepsilon\|\xi^m\|>\rho}\right\} \leq \varepsilon^2 o(1), \\
(b) \quad & \mathcal{E}\left\{\left[F(\hat{f}_m + f^N_{m+1}) - F(f^N)\right]^2 \chi_{\varepsilon\|\xi^m\|\leq\rho}\right\} \leq \varepsilon^2 \sum_{i=1}^{m}[F'(f^N)]^2_i + \varepsilon^2 o(1).
\end{aligned} \tag{8.40}$$

Verifying (8.40.a): Since F is bounded in $\mathcal{O}_\rho$, it suffices to prove that

$$\text{Prob}\left\{\varepsilon \parallel \xi^m \parallel > \rho\right\} \leq \varepsilon^2 o(1),$$

which is immediately given by Bernstein's inequality; for the sake of completeness, here is the proof:

$$\begin{aligned}
& \text{Prob}\left\{\varepsilon \parallel \xi^m \parallel > \rho\right\} \\
=\ & \text{Prob}\left\{\sum_{i=1}^{m} \xi^2_i > \rho^2\varepsilon^{-2}\right\} \\
=\ & \text{Prob}\left\{\frac{1}{4}\sum_{i=1}^{m}\xi^2_i > \frac{1}{4}\rho^2\varepsilon^{-2}\right\} \\
\leq\ & \mathcal{E}\left\{\exp\left\{\sum_{i=1}^{m}\frac{\xi^2_i}{4}\right\}\right\}\exp\left\{-\frac{1}{4}\rho^2\varepsilon^{-2}\right\} \quad \text{[by Tschebyshev's inequality]} \\
=\ & \left[\mathcal{E}\left\{\exp\left\{\frac{\xi^2_i}{4}\right\}\right\}\right]^m \exp\left\{-\frac{1}{4}\rho^2\varepsilon^{-2}\right\} \\
\leq\ & \exp\left\{Cm - \frac{1}{4}\rho\varepsilon^{-2}\right\} \\
\leq\ & \exp\left\{-\frac{1}{8}\rho^2\varepsilon^{-2}\right\} \quad \forall \varepsilon \leq \varepsilon_0 \quad \text{[by (8.26)]} \\
\leq\ & \varepsilon^2 o(1).
\end{aligned}$$

$\square$

Verifying (8.40.b): this is the central point, and this is the point where the "measure concentration" is exploited. Let

$$g(h) = F(f^N + h) - F(f^N), \quad h \in H_m,$$

where H_m is the linear span of $\phi_1, ..., \phi_m$. By **A.4.1**, this function satisfies the premise of Proposition 8.2.1 with $r = \rho$ and with $T = C$. Denoting by

$$\psi_m(s) = a_m \exp\{-s^2/2\} s^{m-1}$$

the density of the Euclidean norm of m-dimensional random Gaussian vector ξ^m, we have

$$\mathcal{E}\left\{\left[F(\hat{f}_m + f_{m+1}^N) - F(f^N)\right]^2 \chi_{\varepsilon\|\xi^m\|\leq\rho}\right\}$$

$$= \mathcal{E}\left\{g^2(\varepsilon\xi^m)\chi_{\|\xi^m\|\leq\rho/\varepsilon}\right\}$$

$$= \int_0^{\rho/\varepsilon} M_{\varepsilon s}[g^2]\psi_m(s)ds \qquad \text{[averages } M_t[\cdot] \text{ are defined in Proposition 8.2.1]}$$

$$\leq \int_0^{\infty}\left[(1+\theta)\frac{\varepsilon^2 s^2}{m}\|g'(0)\|^2 + (1+\theta)C\frac{\varepsilon^3 s^3(1+\varepsilon s)}{m}\right.$$
$$\left. + (2+\theta+\theta^{-1})C\frac{s^4\varepsilon^4}{m}\right]\psi_m(s)ds \qquad \forall \theta > 0$$

[by (8.21)]

$$\leq (1+\theta)\|g'(0)\|^2 \frac{\varepsilon^2}{m}\mathcal{E}\{\|\xi^m\|^2\} + (1+\theta)C\mathcal{E}\left\{\frac{\varepsilon^3}{m}\|\xi^m\|^3 + \frac{\varepsilon^4}{m}\|\xi^m\|^4\right\} \qquad \blacksquare$$
$$+ (2+\theta+\theta^{-1})C\mathcal{E}\left\{\frac{\varepsilon^4}{m}\|\xi^m\|^4\right\}$$

$$\leq (1+\theta)\varepsilon^2\|g'(0)\|^2 + C(2+\theta+\theta^{-1})\varepsilon^2\left[\varepsilon m^{1/2} + \varepsilon^2 m\right]$$

[since $\mathcal{E}\{\|\xi^m\|^2\} = m$, $\mathcal{E}\{\|\xi^m\|^p\} \leq c_p m^{p/2}$]

$$\leq (1+\theta)\varepsilon^2\|g'(0)\|^2 + (2+\theta+\theta^{-1})\varepsilon^2 o(1)$$

[since $\varepsilon m^{1/2} = o(1)$ by (8.26)]

$$= (1+\theta)\varepsilon^2 \sum_{i=1}^{m}[F'(f^N)]_i^2 + (2+\theta+\theta^{-1})\varepsilon^2 o(1)$$

[the origin of g]

$$\leq \varepsilon^2 \sum_{i=1}^{m}[F'(f^N)]_i^2 + \varepsilon^2 o(1)$$

[choose appropriate $\theta = \theta(\varepsilon) \to 0$, $\varepsilon \to +0$]

Bibliography

[1] Barron A. Universal approximation bounds for superpositions of a sigmoidal function. *IEEE Trans. on Information Theory*, v. 39 No. 3 (1993).

[2] Besov O.V., V.P. Il'in, and S.M. Nikol'ski. *Integral representations of functions and embedding theorems*, Moscow: Nauka Publishers, 1975 (in Russian)

[3] Birgé L. Approximation dans les espaces métriques et théorie de l'estimation. *Z. Wahrscheinlichkeitstheorie verw. Geb.*, v. 65 (1983), 181-237.

[4] Cramer H. *Mathematical Methods of Statistics*, Princeton Univ. Press, Princeton, 1957.

[5] Donoho D., I. Johnstone. Ideal spatial adaptation via wavelet shrinkage. *Biometrika* v. 81 (1994) No.3, 425-455.

[6] Donoho D., I. Johnstone. Adapting to unknown smoothness via wavelet shrinkage. *J. Amer. Statist. Assoc.* v. 90 (1995) No. 432, 1200-1224.

[7] Donoho D., I. Johnstone, G. Kerkyacharian, D. Picard. *Wavelet shrinkage: Asymptopia?* (with discussion and reply by the authors). *J. Royal Statist. Soc. Series B* v. 57 (1995) No.2, 301-369.

[8] Eubank R. *Spline smoothing and Nonparametric Regression*, Dekker, New York, 1988.

[9] Goldenshluger A., A. Nemirovski. On spatially adaptive estimation of nonparametric regression. *Math. Methods of Statistics*, v. 6 (1997) No. 2, 135 – 170.

[10] Goldenshluger A., A. Nemirovski. Adaptive de-noising of signals satisfying differential inequalities. *IEEE Transactions on Information Theory* v. 43 (1997).

[11] Golubev Yu. Asymptotic minimax estimation of regression function in additive model. *Problemy peredachi informatsii*, v. 28 (1992) No. 2, 3-15. (English transl. in *Problems Inform. Transmission* v. 28, 1992.)

[12] Härdle W., *Applied Nonparametric Regression*, ES Monograph Series 19, Cambridge, U.K., Cambridge University Press, 1990.

[13] Ibragimov I.A., R.Z. Khasminski. *Statistical Estimation: Asymptotic Theory*, Springer, 1981.

[14] Ibragimov I., A. Nemirovski, R. Khas'minski. Some problems of nonparametric estimation in Gaussian white noise. *Theory Probab. Appl.* **v.** 31 (1986) No. 3, 391-406.

[15] Juditsky, A. Wavelet estimators: Adapting to unknown smoothness. *Math. Methods of Statistics* **v.** 6 (1997) No. 1, 1-25.

[16] Juditsky A., A. Nemirovski. *Functional aggregation for nonparametric estimation.* Technical report # 993 (March 1996), IRISA, Rennes

[17] Korostelev A., A. Tsybakov. *Minimax theory of image reconstruction. Lecture Notes in Statistics* v. 82, Springer, New York, 1993.

[18] Lepskii O. On a problem of adaptive estimation in Gaussian white noise. *Theory of Probability and Its Applications*, **v.** 35 (1990) No. 3, 454-466.

[19] Lepskii O. Asymptotically minimax adaptive estimation I: Upper bounds. Optimally adaptive estimates. *Theory of Probability and Its Applications*, **v.** 36 (1991) No. 4, 682-697.

[20] Lepskii O., E. Mammen, V. Spokoiny. Optimal spatial adaptation to inhomogeneous smoothness: an approach based on kernel estimates with variable bandwidth selectors. *Ann. Statist.* **v.** 25 (1997) No.3, 929-947.

[21] Nemirovski A., D. Yudin. *Problem complexity and method efficiency in Optimization*, J. Wiley & Sons, 1983.

[22] Nemirovski A. On forecast under uncertainty. *Problemy peredachi informatsii*, **v.** 17 (1981) No. 4, 73-83. (English transl. in *Problems Inform. Transmission* **v.** 17, 1981.)

[23] Nemirovski A. On nonparametric estimation of smooth regression functions. *Sov. J. Comput. Syst. Sci.*, **v.** 23 (1985) No. 6, 1-11.

[24] Nemirovski A. On necessary conditions for efficient estimation of functionals of a nonparametric signal in white noise. *Theory Probab. Appl.* **v.** 35 (1990) No. 1, 94-103.

[25] Nemirovski A. On nonparametric estimation of functions satisfying differential inequalities. – In: R. Khasminski, Ed. *Advances in Soviet Mathematics*, v. 12, American Mathematical Society, 1992, 7-43.

[26] Pinsker M., Optimal filtration of square-integrable signals in Gaussian noise. *Problemy peredachi informatsii*, **v.** 16 (1980) No. 2, 120-133. (English transl. in *Problems Inform. Transmission* **v.** 16, 1980.)

[27] Pinsker M., S. Efroimovich. Learning algorithm for nonparametric filtering. *Automation and Remote Control*, **v.** 45 (1984) No. 11, 1434-1440.

[28] Pisier G. Remarques sur un resultat non publie de B. Maurey, - in: *Seminaire d'analyse fonctionelle 1980-1981*, v. 1 – v. 12, Ecole Polytechnique, Palaiseau, 1981.

[29] Prakasa Rao B.L.S. *Nonparametric functional estimation.* Academic Press, Orlando, 1983.

[30] Rosenblatt M. *Stochastic curve estimation.* Institute of Mathematical Statistics, Hayward, California, 1991.

[31] Suetin P.K. *The classical orthogonal polynomials.* Nauka, Moscow, 1976 (in Russian).

[32] Wahba G. *Spline models for observational data.* SIAM, Philadelphia, 1990.

LECTURES ON FREE PROBABILITY

THEORY

DAN VOICULESCU

Contents

0. Introduction

What is free probability theory? It is not a euphemism for the advocacy of an unconstrained attitude in the practice of probability. It can rather be described by the exact formula

free probability theory = noncommutative probability theory + free independence

Around 1982, I realized that the right way to look at certain operator algebra problems, was by imitating some basic probability theory. More precisely: in noncommutative probability theory a new kind of independence can be defined by replacing tensor products with free products and this can help understand the von Neumann algebras of free groups. The subject has evolved into a kind of parallel to basic probability theory, which should be called free probability theory. On the way, links with random matrix theory, combinatorics, and some mathematical physics questions have appeared, along with the applications to operator algebras.

These lectures dwell on the noncommutative probability side, i.e., I do not discuss the applications to von Neumann algebras. Thus the operator algebra prerequisites are kept to a minimum and the emphasis is on the parallelism to classical probability and on random matrices. This includes presenting the free analogues of the central limit theorem, of Gaussian and Poisson processes, of the addition of independent variables, of infinite divisibility, and of some Markovianity questions. Large random matrices provide an asymptotic model of free probability theory and the application of free probability theory to the large N limit is explained. A substantial part at the end of these notes is about free entropy, my current research interest. Free entropy, as the name suggests is the free analogue of the entropy quantity in Shannon's information theory.

The reader who wishes to supplement this brief introduction with more detailed accounts should consult the book [67] which is the standard introduction to the subject including operator algebra applications up to 1991, the memoir [44] about the combinatorial approach via noncrossing partitions and the collection of papers [66]. Not discussed in these lectures is stochastic free integration for which we refer to [15],[22],[28]. The details on free entropy are in my original papers [57–62].

While working on these notes designed for probabilists (i.e., no operator algebra background presumed) I was helped by having had to talk about free probability in front of "true probabilists" audiences on various occasions, in particular the Minikurs I gave at ETH Zürich in 1997. The reader of these notes is invited to join the author in thanking Deborah Craig and Faye Yeager for the fine and speedy typing.

1. Noncommutative Probability and Operator Algebra Background

The basic data of a probability space can be encoded in the algebra of numerical random variables endowed with the expectation functional. Going noncommutative, we have the following definition.

1.1. Noncommutative probability spaces

Definition. A noncommutative probability space is a unital algebra $\mathcal{A}$ over $\mathbb{C}$ endowed with a linear functional $\varphi : \mathcal{A} \to \mathbb{C}$, $\varphi(1) = 1$. Elements $a \in \mathcal{A}$ are called random variables.

This definition is pure algebra. To add positivity to the picture we need to look at C^*-probability spaces.

1.2. C^*-probability spaces

Definition. A noncommutative probability space $(\mathcal{A}, \varphi)$ is a C^*-probability space if $\mathcal{A}$ is a C^*-algebra and φ is a state.

$\mathcal{A}$ is a C^*-*algebra* if it is a Banach algebra $(\mathcal{A}, \| \cdot \|)$ with an involution $a \to a^*$ which is isomorphic to an algebra of bounded operators on some Hilbert space with the usual operator norm and involution defined by taking the adjoint. This means we can identify $(\mathcal{A}, \| \cdot \|, *)$ with an algebra $I \in \mathcal{A} \subset B(\mathcal{H})$ $(B(\mathcal{H})$ the bounded operators) which is norm closed and such that $T \in \mathcal{A} \Rightarrow T^* \in \mathcal{A}$.

A *state* $\varphi : \mathcal{A} \to \mathbb{C}$ is a linear functional such that $\varphi(1) = 1$ and $\varphi(a) \geq 0$ if $a \geq 0$. Here $a \geq 0$ is in the sense of operator theory. Equivalent definitions for $a \geq 0$ are:

(1) $a = x^* x$ for some $x \in \mathcal{A}$, or

(2) $a = a^*$ and the spectrum $\sigma(a) \subset [0, \infty)$. or

(3) when $\mathcal{A} \subset B(\mathcal{H})$, $\langle ah, h \rangle \geq 0$ for all $h \in \mathcal{H}$.

By *the Gelfand-Naimark-Segal theorem* a C^*-probability space $(\mathcal{A}, \varphi)$ can always be realized in the form $\mathcal{A} \subset B(\mathcal{H})$ and $\varphi(a) = \langle a\xi, \xi \rangle$ for $a \in \mathcal{A}$, where $\xi \in \mathcal{H}$ is a unit vector $\|\xi\| = 1$.

Note that this is the situation encountered in *quantum mechanics*: $\mathcal{A}$ is an algebra of observables, ξ is the state-vector (wave-function) which gives the expectation of observables.

By a *theorem of Gelfand and Naimark* the unital commutative C^*-algebra is isomorphic to the algebra $C(X)$ of continuous complex-valued functions on some compact space X.

For probability theory we often want to go beyond continuous functions. This can be done using von Neumann algebras (W^*-algebras).

1.3. W^*-probability spaces

Definition. (A, φ) is a W^*-probability space if the pair is isomorphic to a W^*-algebra and some vector state $\langle \cdot \xi, \xi \rangle$.

A W^*-algebra or *von Neumann algebra* $I \in \mathcal{A} \subset B(\mathcal{H})$ is a C^*-algebra of operators which is weakly closed, i.e., if $(T_i)_{i \in I} \subset \mathcal{A}$ is a net such that $\langle T_i \eta_1, \eta_2 \rangle$ converges to $\langle T\eta_1, \eta_2 \rangle$ for all pairs $\eta_1, \eta_2 \in \mathcal{H}$, then $T \in \mathcal{A}$.

1.4. Examples

$1°$. Let $(X, \Sigma, d\sigma)$ be a probability space. This data, up to sets of measure zero, can be encoded into $(L^\infty(X, \Sigma, d\mu), \varphi)$ where $\varphi(f) = \int f \, d\mu$. This is a W^*-probability space. Indeed, on $\mathcal{H} = L^2(X, \Sigma, d\mu)$ the multiplication operators $M(f)$ defined by L^∞-functions f, $M(f)g = fg$ form a von Neumann algebra and $\varphi(f) = \langle f1, 1 \rangle$, where 1 is the constant function taking value 1, viewed as an element of L^2.

$2°$. Let G be a discrete group. On $\ell^2(G)$ consider the left regular representation λ where $\lambda(g)e_h = e_{gh}$ (here $(e_g)_{g \in G}$ is the orthonormal basis of $\ell^2(G)$). Let $L(G)$ be the von Neumann algebra generated by $\lambda(G)$. Since $\lambda(G)$ is a group of unitary operators, $L(G)$ is the weak closure of the linear span of $\lambda(G)$. On $L(G)$ there is a canonical state: the von Neumann trace $\tau(T) = \langle Te_e, e_e \rangle$ ($T \in L(G)$, e_e the basis element for the neutral element $e \in G$.) This means $\tau(\lambda(g)) = \delta_{g,e}$ or for a linear combination $\tau(\sum_{g \in G} c_g \lambda(g)) = c_e$ (the constant term). τ is a trace-state, i.e., in addition to being a state, it is a trace, i.e., $\tau(T_1 T_2) = \tau(T_2 T_1)$. Indeed, $\tau(\lambda(g_1)\lambda(g_2)) = \tau(\lambda(g_2)\lambda(g_1))$ which is equivalent to $\tau(\lambda(g_1 g_2)) = \tau(\lambda(g_2 g_1))$, since $g_1 g_2 = e \Longleftrightarrow g_2 g_1 = e$. The algebra $L(G)$ can be shown to consist of the bounded left convolution operators, i.e. formal sums $\sum_{g \in G} c_g \lambda(g)$ which define bounded operators on $\ell^2(G)$.

3°.   For random matrices, the following is a convenient noncommutative probability context. Let $(X, \Sigma, d\sigma)$ be a probability space, let M_n denote the algebra of complex $n \times n$ matrices. Let further

$$\mathcal{A}_n = \bigcap_{1 \le p < \infty} L^p(X, M_n)$$

be the algebra of $n \times n$ random matrices which are p-integrable for $1 \le p < \infty$. Let $\varphi_n : \mathcal{A}_n \to \mathbb{C}$ be given by

$$\varphi_n(T) = \frac{1}{n} \int_X \operatorname{Tr}(T(x)) d\sigma(x) \ .$$

The algebra $\mathcal{A}_n$ is not a C^*-algebra (not a Banach algebra) but it has a natural involution $T(\cdot) \to T^*(\cdot)$.

So a random matrix $T \in \mathcal{A}_n$ gives rise to two kinds of random variables: a classical random variable $X \to M_n$ and a noncommutative random variable, by viewing T as an element of $(\mathcal{A}_n, \varphi_n)$.

1.5.   The distribution of noncommutative random variables

The information about the distribution of a bounded random variable can be encoded in the moments. So in our algebraic context the distribution of $a \in \mathcal{A}$ will be described by the collection of moments $\varphi(a^n)$ $(n \ge 0)$. Equivalently, let $\mu_a : \mathbb{C}[X] \to \mathbb{C}$ be the linear functional on the polynomials in the indeterminate X, given by

$$\mu_a(P) = \varphi(P(a)) \ .$$

We call μ_a the distribution of a. More generally, if $(a_i)_{i \in I}$ is a family of noncommutative random variables in $(\mathcal{A}, \varphi)$, let $\mathbb{C}\langle X_i \mid i \in I \rangle$ be the polynomials in the noncommuting indeterminates $(X_i)_{i \in I}$ and let

$$\mu_{(a_i)_{i \in I}} : \mathbb{C}\langle X_i \mid i \in I \rangle \to \mathbb{C}$$

be the linear map defined by

$$\mu_{(a_i)_{i \in I}}(P) = \varphi(P((a_i)_{i \in I})) \ .$$

We call $\mu_{(a_i)_{i \in I}}$ the distribution of the family $(a_i)_{i \in I}$. Clearly $\mu_{(a_i)_{i \in I}}$ is completely determined by the noncommutative moments

$$\varphi(a_{i_1} \dots a_{i_p}) = \mu_{(a_i)_{i \in I}}(X_{i_1} \dots X_{i_p}) \ .$$

If $(\mathcal{A}, \varphi)$ is a C^*-probability space and $a = a^* \in A$ is a self-adjoint element than μ_a can be described by a compactly supported probability measure on $\mathbb{R}$. Indeed identifying $\mathcal{A}$ with an algebra of operators on a Hilbert space $\mathcal{H}$, by the spectral theorem there is a projection-valued compactly supported measure $E(\cdot\,; a)$ so that for every continuous function

$$f(a) = \int f(t) dE((-\infty, t]; a) .$$

Let $\xi \in \mathcal{H}$ be a unit vector such that $\varphi = \langle \cdot \xi, \xi \rangle$ and consider the scalar measure $\nu(\cdot) = \langle E(\cdot\,; a)\xi, \xi \rangle$. Then for any polynomial $P \in \mathbb{C}[X]$ we have

$$\mu_a(P) = \varphi(P(a)) = \langle \left(\int P(t) dE \right)\xi, \xi \rangle = \int P(t) d\langle E\xi, \xi \rangle = \int P(t) d\nu(t) .$$

We will often identify μ_a with ν.

1.6. Examples

1°. Let $(X, \Sigma, d\sigma)$ be a probability space and $f \in L^\infty(X, \Sigma, d\sigma)$ a bounded random variable. Selfadjointness $f = f^*$ means f is real-valued. The spectral projection $E(\omega; f)$ for a Borel set $\omega \subset \mathbb{R}$ is the indicator function $\chi_{f^{-1}(\omega)}$ of the set $f^{-1}(\omega)$. Since the expectation $\int \chi_{f^{-1}(\omega)} d\sigma = \sigma(f^{-1}(\omega))$, it is easily seen that μ_f corresponds precisely to the classical distribution of f.

2°. In the context of example 1.4.3, let $T = T^* \in \mathcal{A}_n$ be a self-adjoint $n \times n$ random matrix. Let $\lambda_1(x) \leq \cdots \leq \lambda_n(x)$ be the n eigenvalues of $T(x)$, $x \in X$. Then

$$\begin{aligned}
\varphi_n(P(T)) &= \frac{1}{n} \int \operatorname{Tr}(P(T(x))) d\sigma(x) \\
&= \frac{1}{n} \int \sum_{1 \leq j \leq n} P(\lambda_j(x)) d\sigma(x) \\
&= \int \left(\int_{\mathbb{R}} P(t) \left(d \sum_{1 \leq j \leq n} n^{-1} \delta_{\lambda_j(x)} \right)(t) \right) d\sigma(x) \\
&= \int_{\mathbb{R}} P(t) d\nu(t)
\end{aligned}$$

where $\nu = \int \left(\sum_{1 \leq j \leq n} n^{-1} \delta_{\lambda_j(x)} \right) d\sigma(x)$. Thus the measure which is the expectation of counting measures on the eigenvalues of $T(x)$ gives the distribution μ_T.

Under reasonable conditions when the moment problem for the moments of ν has a unique solution, we identify ν and μ_T.

1.7. Usual independence

Definition. A family of subalgebras containing 1, $(\mathcal{A}_i)_{i \in I}$ in the noncommutative probability space $(\mathcal{A}, \varphi)$ is independent if the algebras $\mathcal{A}_i, \mathcal{A}_j$ for distinct indices $i, j \in I$ commute and $\varphi(a_1 \ldots a_n) = \varphi(a_1) \ldots \varphi(a_n)$ whenever $a_k \in \mathcal{A}_{i(k)}$, $1 \leq k \leq n$ and $k \neq \ell \Rightarrow i(k) \neq i(\ell)$.

This definition is modelled on tensor products. Indeed let $\mathcal{H}_1, \mathcal{H}_2$ be Hilbert spaces and endow $\mathcal{H}_1 \otimes \mathcal{H}_2$ with the scalar product such that

$$\langle h_1 \otimes h_2, k_1 \otimes k_2 \rangle = \langle h_1, k_1 \rangle \langle h_2, k_2 \rangle \ .$$

If $I \in \mathcal{A}_1 \subset \mathcal{B}(\mathcal{H}_1)$, $I \in \mathcal{A}_2 \subset \mathcal{B}(\mathcal{H}_2)$ consider $\mathcal{A}_1 \otimes I = \{T \otimes I : T \in \mathcal{A}_1\} \subset B(\mathcal{H}_1 \otimes \mathcal{H}_2)$ and $I \otimes \mathcal{A}_2 = \{I \otimes T : T \in \mathcal{A}_2\} \subset B(\mathcal{H}_1 \otimes \mathcal{H}_2)$. Consider on $B((\mathcal{H}_1 \otimes \mathcal{H}_2)$ a state $\varphi(\cdot) = \langle \cdot \xi_1 \otimes \xi_2, \xi_1 \otimes \xi_2 \rangle$ where $\xi_k \in \mathcal{H}_k$ are unit vectors. Then $\mathcal{A}_1 \otimes I$ and $I \otimes \mathcal{A}_2$ are independent in $(B(\mathcal{H}_1 \otimes \mathcal{H}_2), \varphi)$. In quantum mechanics this situation occurs in the description of noninteracting systems (bosonic case).

The independence studied in classical probability theory after passing to the L^∞-algebras (see 1.4, example 1) clearly fits into the framework of the above definition.

Note that since the algebras $(\mathcal{A}_i)_{i \in I}$ commute, the algebra they generate is spanned linearly by products $a_1 \ldots a_n$ where $a_k \in \mathcal{A}_{i(k)}$ and $i(1), \ldots, i(n)$ are distinct. Hence if the $(\mathcal{A}_i)_{i \in I}$ are independent, the expectation functional φ is completely determined on the algebra generated by the $(\mathcal{A}_i)_{i \in I}$ if the restrictions $(\varphi | \mathcal{A}_i)_{i \in I}$ are given.

1.8 Free independence

Definition. A family of subalgebras containing 1, $(\mathcal{A}_i)_{i \in I}$ in the noncommutative probability space $(\mathcal{A}, \varphi)$ is freely independent if $\varphi(a_1 \ldots a_n) = 0$ whenever $\varphi(a_k) = 0$, $1 \leq k \leq n$ and $a_k \in \mathcal{A}_{i(k)}$ where consecutive indices $i(k) \neq i(k+1)$ are distinct. A family of subsets in $(\mathcal{A}, \varphi)$ is freely independent if the subalgebras they generate with 1 are freely independent.

Like for usual independence, for free independence if the restrictions $(\varphi \mid \mathcal{A}_i)_{i \in I}$ are given then φ is completely determined on the algebra generated by the $\mathcal{A}_i$'s, $i \in I$. Indeed, the algebra is spanned by monomials $a_1 a_2 \ldots a_n$ where $a_k \in \mathcal{A}_{i_k}$ and $i(k) \neq i(k+1)$ for $1 \leq k < n$, since consecutive elements which are in the same algebra can be replaced by their product. We have by the freeness condition:

$$\varphi((a_1 - \varphi(a_1)1)(a_2 - \varphi(a_2)1) \ldots (a_n - \varphi(a_n)1)) = 0 .$$

Expanding the product we get a formula for $\varphi(a_1 \ldots a_n)$ in terms of expectations of products of $< n$ elements. Thus, by induction $\varphi(a_1 \ldots a_n)$ can be computed if we know the $\varphi|\mathcal{A}_i$.

Note also that freely independent variables in general do not commute. Thus classical numerical random variables, except for trivial cases, like that of a constant random variable, are not freely independent. To get an idea why this should be so, let $a, b \in \mathcal{A}$ be freely independent variables. If a, b would commute we would have $abab = a^2 b^2$ and by free independence:

$$\varphi(a^2 b^2) = \varphi((a^2 - \varphi(a^2)1)(b^2 - \varphi(b^2)1)) + \varphi(a^2)\varphi(b^2) = \varphi(a^2)\varphi(b^2) .$$

In general for a product of two elements free independence and usual independence yield the same expectation. On the other hand, computing the expectation of $abab$ and using the notation $a_0 = a - \varphi(a)1$, $b_0 = b - \varphi(b)1$ we have

$$\varphi(abab) = \varphi(ab_0 a_0 b) + \varphi(b)\varphi(a^2 b) + \varphi(a)\varphi(ab^2) - \varphi(a)\varphi(b)\varphi(ab)$$
$$= \varphi(ab_0 a_0 b) + \varphi(b)^2\varphi(a^2) + \varphi(a)^2\varphi(b^2) - \varphi(a)^2\varphi(b)^2 .$$

Further,

$$\varphi(ab_0 a_0 b) = \varphi(a_0 b_0 a_0 b_0) + \varphi(a)\varphi(b_0 a_0 b_0)$$
$$+ \varphi(b)\varphi(a_0 b_0 a_0) - \varphi(a)\varphi(b)\varphi(b_0 a_0) = 0 .$$

Hence

$$\varphi(abab) = \varphi(b)^2\varphi(a^2) + \varphi(a)^2\varphi(b^2) - \varphi(a)^2\varphi(b)^2 .$$

Thus

$$\varphi(a^2 b^2) - \varphi(abab) = (\varphi(a^2) - \varphi(a)^2)(\varphi(b^2) - \varphi(b)^2)$$

which is nonzero in general.

1.9 Examples. 1°. Let $G = \bigstar_{i\in I}G_i$ a group G which is the free product of its subgroups $(G_i)_{i\in I}$. This means the G_i's generate G and there is "no nontrivial relation among the G_i's". More precisely, we have $g_1 \ldots g_n \neq e$, whenever $g_j \in G_{i(j)}\backslash\{e\}$, $1 \leq j \leq n$ and $i(k) \neq i(k+1)$ for $1 \leq k < n$.

Let $(L(G), \tau)$ be the von Neumann algebra of the left regular representation λ of G and the von Neumann trace τ appearing in Example 1.4.2. Let further $\mathcal{A}_i$ be the von Neumann algebra generated by $\lambda(G_i)$. Then $\mathcal{A}_i$ can be shown to consist of those bounded convolution operators $\sum_{g\in G} c_g \lambda(g)$ such that $c_g = 0$ if $g \in G\backslash G_i$. If $a \in \mathcal{A}_i$ and $\tau(a) = 0$ then in addition to $c_g = 0$ for $g \notin G_i$ we also have $c_e = \tau(a) = 0$. Thus let $a_k \in \mathcal{A}_{i(k)}$, $\tau(a_k) = 0$, $1 \leq k \leq n$ and assume $i(k) \neq i(k+1)$ for $1 \leq k < n$. Then whatever the convergence problems in computing $a_1 \ldots a_n$ it is clear that the resulting convolution operator $\sum_{g\in G} c_g \lambda(g)$ will have $c_g \neq 0$ only if $g = g_1 \ldots g_n$ for some $g_j \in G_{i(j)}\backslash\{e\}$. In particular $c_e = 0$, since $g_1 \ldots g_n \neq e$, so that the family $(\mathcal{A}_i)_{i\in I}$ is freely independent.

The converse is even easier to prove, i.e., if the $(\mathcal{A}_i)_{i\in I}$ are freely independent then the subgroups $(G_i)_{i\in I}$ are free in the algebraic sense. Indeed, let $g_k \in G_{i(k)}\backslash\{e\}$, $1 \leq k \leq n$ and assume $i(k) \neq i(k+1)$ for $1 \leq k < n$. Then $\lambda(g_k) \in \mathcal{A}_{i(k)}$ and $\tau(\lambda(g_k)) = 0$. This implies $0 = \tau(\lambda(g_1) \ldots \lambda(g_n)) = \tau(\lambda(g_1 \ldots g_n))$, i.e. $g_1 \ldots g_n \neq e$.

2°. Let $\mathcal{H}$ be a complex Hilbert space and let

$$T\mathcal{H} = \bigoplus_{n\geq 0} \mathcal{H}^{\otimes n} \, , \quad \text{where} \quad \mathcal{H}^{\otimes 0} = \mathbb{C}1 \quad \text{and} \quad \mathcal{H}^{\otimes n} = \underbrace{\mathcal{H} \otimes \ldots \otimes \mathcal{H}}_{n\text{-times}} \, ,$$

be the Boltzmann-Fock space, i.e., the Fock-space without any symmetry. Let further $\ell(h)$ for $h \in \mathcal{H}$ be the left creation operator so that $\ell(h)\xi = h \otimes \xi$, and on the algebra $\mathcal{B}(T\mathcal{H})$ (=all bounded operators on $T\mathcal{H}$) consider the state given by the vacuum expectation, i.e.

$$\varphi(T) = \langle T1, 1 \rangle \, .$$

Let $(e_i)_{i\in I}$ be *an orthonormal system in* $\mathcal{H}$*. We shall prove that the family of sets* $(\{\ell(e_i), \ell(e_i)^*\})_{i\in I}$ *is freely independent in* $(\mathcal{B}(T\mathcal{H}), \varphi)$.

There is clearly no loss to enlarge the orthonormal system to a basis. To simplify notations put $\ell_i = \ell(e_i)$. Then $T(\mathcal{H})$ has an orthonormal basis given by

$$\{1\} \amalg \coprod_{n\geq 1} \{e_{i_1} \otimes \ldots \otimes e_{i_n} : (i_1, \ldots, i_n) \in I^n\} \, .$$

Then $\ell_i 1 = e_i$, $\ell_i e_{i_1} \otimes \ldots \otimes e_{i_n} = e_i \otimes e_{i_1} \otimes \ldots \otimes e_{i_n}$ and $\ell_i^* 1 = 0$, $\ell_i^* e_{i_1} \otimes \ldots \otimes e_{i_n} = \delta_{i i_1} e_{i_2} \otimes \ldots \otimes e_{i_n}$.

Since ℓ_i is an isometry and the ranges of different ℓ_i's are orthogonal (the range of ℓ_i has orthonormal basis given by the $e_i \otimes e_{i_1} \otimes \ldots \otimes e_{i_n}$) we have

$$\ell_i^* \ell_j = \delta_{ij} I .$$

The algebra generated by $\{I, \ell_i, \ell_i^*\}$ is spanned by the $\ell_i^q \ell_i^{*p}$, $p + q > 0$ and I. Note that $\varphi(\ell_i^q \ell_i^{*p}) = \langle \ell_i^{*p} 1, \ell_i^{*q} 1 \rangle = 0$ since at least one of the numbers p, q is > 0.

Free independence amounts to proving that

$$\varphi\big(\ell_{i_1}^{q_1} \ell_{i_1}^{*p_1} \ell_{i_2}^{q_2} \ell_{i_2}^{*p_2} \ldots \ell_{i_n}^{q_n} \ell_{i_n}^{*p_n}\big) = 0$$

if $p_k + q_k > 0$, $i_k \neq i_{k+1}$. If the above expectation is $\neq 0$ we must have $q_1 = 0$ since otherwise $\ell_{i_1}^{q_1} \ldots 1 \in e_{i_1} \otimes T\mathcal{H}$ which is orthogonal to 1. Then $p_1 > 0$ and we must have $q_2 = 0$ since otherwise $\ell_{i_1}^{*p_1} \ell_{i_2}^{q_2} = 0$. Hence $p_2 > 0$ and we continue getting in the end $q_1 = \cdots = q_n = 0$, $p_1 > 0, p_2 > 0, \ldots, p_n > 0$. Then however we have $\ell_{i_n}^{*p_n} 1 = 0$ so that the expectation is zero.

The two basic examples above are not unrelated. The basis we produced for $T\mathcal{H}$ shows that we deal with the free semigroup generated by I. Further connections will appear when we will discuss the free analogue of Gaussian processes. A different type of example of free independence will be provided by the asymptotic behavior of large random matrices we will examine later.

1.10 Further properties of free independence

The following three assertions are left as an exercise (proofs can be found in [67]).

(i) Let $(\mathcal{A}_i)_{i \in I}$, $1 \in \mathcal{A}_i$ be freely independent subalgebras in $(\mathcal{A}, \varphi)$. Let $I = \coprod_{j \in J} I_j$ be a partition and for each $j \in J$ let $\mathcal{B}_j$ be the subalgebra generated by $\bigcup_{i \in I_j} \mathcal{A}_i$. Then the family of subalgebras $(\mathcal{B}_j)_{j \in J}$ is freely independent in $(\mathcal{A}, \varphi)$.

(ii) If the family of subalgebras $(\mathcal{A}_i)_{i \in I}$ is freely independent in $(\mathcal{A}, \varphi)$ and if for each $i \in I$ there is a family of subalgebras $(\mathcal{C}_{i,k})_{k \in K(i)}$ which is freely independent in $\mathcal{A}_i$, then the family of subalgebras $(\mathcal{C}_{i,k})_{k \in K(i)}$ where $K = \coprod_{i \in I} \{i\} \times K(i)$ is freely independent in $(\mathcal{A}, \varphi)$.

(iii) Let $(\mathcal{A}_i)_{i \in I}$, $1 \in \mathcal{A}_i$ be freely independent subalgebras in $(\mathcal{A}, \varphi)$. Assume $\varphi | \mathcal{A}_i$ is a trace for all $i \in I$ (i.e. $\varphi(xy) = \varphi(yx)$ if $x, y \in \mathcal{A}_i$). Then φ is a trace *on the subalgebra of $\mathcal{A}$ generated by $\bigcup_{i \in I} \mathcal{A}_i$. In particular the conclusion holds if the $\mathcal{A}_i$ are commutative.*

In the C^* and W^* contexts we also have the following.

(iv) *Let $(\mathcal{A}, \varphi)$ be a C^*- (resp. W^*-) probability space and let $(\mathcal{A}_i)_{i \in I}$ be a freely independent family of subalgebras in $(\mathcal{A}, \varphi)$ so that $1 \in A_i$ and $T \in A_i \Rightarrow T^* \in A_i$ for each $i \in I$ (i.e., $\mathcal{A}_i$ are $*$-subalgebras). Then the C^*-subalgebras (resp. W^*-subalgebras) $C^*(\mathcal{A}_i)$ (resp. $W^*(\mathcal{A}_i)$) which are the norm closures (resp. weak closures) of the $\mathcal{A}_i$, still form a freely independent family in $(\mathcal{A}, \varphi)$.*

The statement about C^*-algebras is an immediate consequence of the fact that a state $\varphi : \mathcal{A} \to \mathbb{C}$ is a norm-continuous functional on a C^*-algebra. The W^*-algebra is easy assuming a basic technical fact on W^*-algebras (Kaplansky's density theorem):

If $M \subset \mathcal{B}(\mathcal{H})$ is a von Neumann algebra and $C \subset M$ is a weakly dense $*$-subalgebra, then the unit ball C_1 is $*$-strongly dense in the unit ball M_1, i.e., for every $T \in M$, $\|T\| \leq 1$ there is a net $(X_i)_{i \in I}$ of elements in C with $\|X_i\| \leq 1$ so that for all $h \in \mathcal{H}$ the nets $(X_i h)_{i \in I}$ and $(X_i^* h)_{i \in I}$ converge to T and respectively T^*.

The above C^*- and resp. W^*-closure result for free independence is frequently used in conjunction with the fact that:

If $\mathcal{A}$ is a C^*- (resp. W^*-) algebra in $\mathcal{B}(\mathcal{H})$ and $T \in \mathcal{A}$ is a normal element, i.e., $T^*T = TT^*$, then for every continuous (resp. Borel) function $f : \sigma(T) \to \mathbb{C}$, $\sigma(T)$ the spectrum of T, then $f(T) \in \mathcal{A}$. In particular the spectral projections of a normal element $T \in \mathcal{A}$ are in $\mathcal{A}$ when $\mathcal{A}$ is a von Neumann algebra.

Note also that combining (i) and C^*-closure with example 1.9.2 we have:

Let $\mathcal{H}_j \subset \mathcal{H}$ ($j \in J$) be closed subspaces which are pairwise orthogonal. Let further $C^*(\ell(\mathcal{H}_j))$ be the C^*-subalgebra in $B(T\mathcal{H})$ generated by the creation operators $\ell(\mathcal{H}_j) = \{\ell(h) : h \in \mathcal{H}_j\}$. Then the $C^*(\ell(\mathcal{H}_j))$, $j \in J$ are freely independent in $(B(T\mathcal{H}), \langle \cdot 1, 1 \rangle)$.

1.11 Free products

The realization of independent random variables in classical probability is done via product spaces. In the noncommutative the corresponding construction for usual independence is via tensor products. For free independence there are corresponding free product constructions, depending on the chosen context (algebraic, C^* or W^*). We will outline here some of the constructions at the level of operators acting on Hilbert spaces with specified state vectors. A complete discussion can be found in [2],[49],[67].

Let $I \in \mathcal{A}_i \subset \mathcal{B}(\mathcal{H}_i)$, $i \in I$ be C^*-algebras acting on Hilbert spaces and let $\xi_i \in \mathcal{H}_i$ be unit vectors which define states $\varphi_i(\cdot) = \langle \cdot \xi_i, \xi_i \rangle$ on $\mathcal{A}_i$. Here is how to construct a C^*-probability space $(\mathcal{A}, \varphi)$ which contains the $\mathcal{A}_i$ as subalgebras which are freely independent and for which $\varphi|\mathcal{A}_i = \varphi_i$.

We first construct a free product of the pairs $(\mathcal{H}_i, \xi_i)$ $(i \in I)$. Let $\overset{\circ}{\mathcal{H}}_i = \mathcal{H} \ominus \mathbb{C}\xi_i$ and

$$\mathcal{H} = \mathbb{C}\xi \oplus \bigoplus_{n \geq 1} \bigoplus_{i_1 \neq \cdots \neq i_n} \overset{\circ}{\mathcal{H}}_{i_1} \otimes \ldots \otimes \overset{\circ}{\mathcal{H}}_{i_n}$$

where $\|\xi\| = 1$ and the direct sums are orthogonal. We denote this construction by

$$(\mathcal{H}, \xi) = \underset{i \in I}{\bigstar} (\mathcal{H}_i, \xi_i) .$$

Let further for each $i \in I$,

$$\mathcal{H} = \mathbb{C}\xi \oplus \bigoplus_{n \geq 1} \bigoplus_{\substack{i_1 \neq i_2 \neq \cdots \neq i_n \\ i_1 \neq i}} \overset{\circ}{\mathcal{H}}_{i_1} \otimes \ldots \otimes \overset{\circ}{\mathcal{H}}_{i_n} .$$

We define a unitary operator $V_i : \mathcal{H}_i \otimes \mathcal{H}(i) \to \mathcal{H}$ by identifying

$$\xi_i \otimes \xi \longrightarrow \xi ,$$
$$\overset{\circ}{\mathcal{H}}_i \otimes \xi \longrightarrow \overset{\circ}{\mathcal{H}}_i ,$$
$$\xi_i \otimes (\overset{\circ}{\mathcal{H}}_{i_1} \otimes \ldots \otimes \overset{\circ}{\mathcal{H}}_{i_n}) \to \overset{\circ}{\mathcal{H}}_{i_1} \otimes \ldots \otimes \overset{\circ}{\mathcal{H}}_{i_n}$$
$$\overset{\circ}{\mathcal{H}}_i \otimes (\overset{\circ}{\mathcal{H}}_{i_1} \otimes \ldots \otimes \overset{\circ}{\mathcal{H}}_{i_n}) \to \overset{\circ}{\mathcal{H}}_i \otimes \overset{\circ}{\mathcal{H}}_{i_1} \otimes \ldots \otimes \overset{\circ}{\mathcal{H}}_{i_n}$$

Then $\mathcal{A}_i$ acts on $\mathcal{H}_i \otimes \mathcal{H}(i)$ via $T \rightsquigarrow T \otimes I$, $T \in \mathcal{A}_i$. Using the V_i's we transport the $\mathcal{A}_i$'s on $\mathcal{H}$ by identifying $\mathcal{A}_i$ and $V_i(\mathcal{A}_i \otimes I)V_i^*$. Let $\mathcal{A}$ be the C^*-algebra generated by $\bigcup_{i \in I} V_i(\mathcal{A}_i \otimes I)V_i^*$ and φ the state on $\mathcal{A}$ defined by $\langle \cdot \xi, \xi \rangle$. If the $\mathcal{A}_i$ are W^*-algebras, to obtain a W^*-probability space $(\mathcal{A}, \varphi)$ one takes the W^*-algebra generated by
$$\bigcup_{i \in I} V_i(\mathcal{A}_i \otimes I)V_i^* .$$

Note that if the G_i's are groups and $(\mathcal{H}_i, \xi_i) = (\ell^2(G_i), e_e)$ then $\overset{\circ}{\mathcal{H}}_i = \ell^2(G_i \setminus \{e\})$ has basis $(e_g)_{g \in G_i \setminus \{e\}}$ and it is easy to identify the free product $\bigstar_{i \in I}(\mathcal{H}_i, \xi_i) = (\mathcal{H}, \xi)$ with $(\ell^2(G), e_e)$ where G is the free product of groups G_i.

2. Addition of Freely Independent Noncommutative Random Variables

2.1 Additive free convolution [49]

Classically, the distribution of the sum of two independent random variables is the convolution of their distributions. There is a parallel to this in free probability.

Let a, b be freely independent in (A, φ). Then by 1.8, the restriction of φ to the subalgebra generated by $\{1, a, b\}$ is determined by the restrictions of φ to the subalgebras generated by $\{1, a\}$ and respectively $\{1, b\}$. In particular the moments $\varphi((a + b)^n)$ $(n \geq 0)$ are completely determined by the $\varphi(a^p)$ and $\varphi(b^q)$ $(p, q \in \mathbb{N})$. Thus the distribution μ_{a+b} is completely determined by the distributions μ_a and μ_b. *Hence we may define a free convolution operation $\boxplus$ on the distributions of noncommutative random variables such that $\mu_a \boxplus \mu_b = \mu_{a+b}$ whenever a and b are freely independent in some noncommutative probability space.* Note that the space of distributions is the set of linear functionals $\mu :$ $\mathbb{C}[X] \to \mathbb{C}$ with $\mu(1) = 1$.

2.2 Canonical form

Using creation and annihilation operators on the Boltzmann Fock space there is a class of noncommutative random variables with a remarkable behavior under free addition. Such variables will be said to be in canonical form.

Lemma. [50] *Let e_1, e_2 be two orthogonal unit vectors in the Hilbert space $\mathcal{H}$ and let $\ell_1 = \ell(e_1)$ and $\ell_2 = \ell(e_2)$ the creation operators on $T\mathcal{H}$. Let further*

$$T_1 = \ell_1^* + \alpha_0 I + \alpha_1 \ell_1 + \alpha_2 \ell_1^2 + \dots$$
$$T_2 = \ell_2^* + \beta_0 I + \beta_1 \ell_2 + \beta_2 \ell_2^2 + \dots$$

Then $T_1 + T_2$ and

$$T_3 = \ell_1^* + (\alpha_0 + \beta_0)I + (\alpha_1 + \beta_1)\ell_1 + (\alpha_2 + \beta_2)\ell_1^2 + \dots$$

have the same distribution in $(\mathcal{B}(T\mathcal{H}), \langle \cdot 1, 1 \rangle)$.

SKETCH OF PROOF. Consider the expansions

$$T_3 = \ell_1^* + \sum_{j \geq 0} \alpha_j \ell_1^j + \sum_{j \geq 0} \beta_j \ell_1^j$$

$$T_1 + T_2 = (\ell_1 + \ell_2)^* + \sum_{j \geq 0} \alpha_j \ell_1^j + \sum_{j \geq 0} \beta_j \ell_2^j$$

Here $(\ell_1 + \ell_2)^*$ will be viewed as a "single element". There is an obvious bijection between the terms in the expansion of T_3 and $T_1 + T_2$. This bijection extends to a bijection between the terms in the expansions of T_3^m and $(T_1+T_2)^m$. The numerical coefficients of corresponding monomials are obviously equal so we are left with checking the equality of expectations of the creation and annihilation operators product: (For instance: $\alpha_1 \beta_2 \alpha_3 \ell_1 \ell_2^2 (\ell_1 + \ell_2)^* \ell_1^3$ corresponds to $\alpha_1 \beta_2 \alpha_3 \ell_1 \ell_1^2 \ell_1^* \ell_1^3$. We must check that $\langle \ell_1 \ell_2^2 (\ell_1 + \ell_2)^* \ell_1^3 1, 1 \rangle$ and $\langle \ell_1 \ell_1^2 \ell_1^* \ell_1^3 1, 1 \rangle$ are equal.)

Indeed, if in a product $\ell_1^{w_1} \ell_1^{w_2} \ldots \ell_1^{w_n} 1$ with $w_j \in \{1, *\}$ we replace every time ℓ_1 by ℓ_1 or ℓ_2 and we replace ℓ_1^* by $(\ell_1 + \ell_2)^*$ then the result equals 1 or a vector orthogonal to 1 at the same time (note that $(\ell_1 + \ell_2)^* \ell_2 = (\ell_1 + \ell_2)^* \ell_1 = 1$ like $\ell_1^* \ell_1 = I$, etc.). $\qquad \square$

Note that T_1, T_2 in the Lemma are freely independent.

We were somewhat imprecise about the sums defining the T_j's. To get bounded operators one may require that at most finitely many terms be non-zero. On the other hand, this doesn't really matter since there exists an algebraic variant of the Hilbert space construction, which accommodates infinite formal sums.

2.3 Compactly supported probability measures on $\mathbb{R}$

All this looks rather algebraic. Like for usual convolution there is an analysis side: free convolution gives an operation on compactly supported probability measures on $\mathbb{R}$.

Indeed, compactly supported probability measures on $\mathbb{R}$ are the distributions of self-adjoint elements in C^*-probability spaces. Consider for instance in $L^2(\mathbb{R}, d\nu)$ the multiplication operator by the identical function and the expectation given by the vector $1 \in L^2(\mathbb{R}, d\nu)$ (the C^*-algebra may be taken

$B(L^2(\mathbb{R}, d\nu))$. This yields a realization of ν as a distribution. Given two probability measures with compact support ν_1, ν_2 on $\mathbb{R}$, using 1.11 we get a pair a, b of freely independent random variables in a C^*-probability space (A, φ) so that $a = a^*$, $b = b^*$, $\mu_a = \nu_1$, $\mu_b = \nu_2$. Then μ_{a+b} also corresponds to a compactly supported probability measure on $\mathbb{R}$ since $a + b = (a + b)^*$.

2.4 The R-transform

We may compute free convolutions by computing moments $\varphi((a + b)^m)$. A better way, I found, is via a linearizing map. This is analogous to the use in classical probability theory of the logarithm of the Fourier transform, which is a linearizing map of usual convolution.

Theorem. [50] If $\mu : \mathbb{C}[X] \to \mathbb{C}$ is the distribution of a random variable let

$$G_\mu(z) = \sum_{n \geq 0} \mu(X^n) z^{-n-1}$$

and let K_μ be the formal inverse $G_\mu(K_\mu(z)) = z$ and let $R_\mu(z) = K_\mu(z) - z^{-1}$. Then

$$R_{\mu \boxplus \nu} = R_\mu + R_\nu .$$

Remarks. $1°$. To compute $\mu \boxplus \nu$ using the theorem one proceeds as follows. One computes successively $G_\mu, G_\nu, K_\mu, K_\nu, R_\mu, R_\nu$ then $R_{\mu \boxplus \nu} = R_\mu + R_\nu$ and then one works backwards $K_{\mu \boxplus \nu}, G_{\mu \boxplus \nu}$.

$2°$. In case μ is a compactly supported probability measure on $\mathbb{R}$,

$$G_\mu(z) = \int \frac{d\mu(t)}{z - t}$$

is the Cauchy transform of μ, which is an analytic function in $\mathbb{C} \backslash \text{supp } \mu$. The inversion of G_μ to get K is carried out in a neighborhood of ∞. The R-series is then an analytic function in a neighborhood of 0. To recover $\mu \boxplus \nu$ from $G_{\mu \boxplus \nu}$ amounts to solving a moment problem, or equivalently to taking boundary values, in the sense of distributions of $-\pi^{-1} \text{Im } G(x + iy)$ as $y \downarrow 0$.

$3°$. If $R_\mu(z) = \sum_{n \geq 0} R_{n+1}(\mu) z^n$ then the formulae in the theorem imply the existence of universal polynomials so that $\mu(X^n) = P_n(R_1(\mu), \ldots, R_n(\mu))$ and $R_n(\mu) = Q_n(\mu(X), \ldots, \mu(X^n))$. Note that $R_n(\mu \boxplus \nu) = R_n(\mu) + R_n(\nu)$, which shows the $R_n(\mu)$ play the role of cumulants or semiinvariants for free convolution. We have in particular $R_1(\mu) = \mu(X)$, $R_2(\mu) = \mu(X^2) - (\mu(X))^2$ which are the same as the formulae for the classical case, but this is no longer true for higher n. We will return to this in the discussion of the combinatorial aspects.

THE IDEA OF THE PROOF OF THE THEOREM. When adding freely indepen-dent random variables with given distributions, we can choose among different realizations of the variables. Thus we could work in the context of creation and annihilation operators on the Boltzmann-Fock space with the vacuum expecta-tion. If the freely independent variables are of the form considered in Lemma 2.2, i.e.,

$$T_1 = \ell_1^* + \sum_{j \geq 0} \alpha_j \ell_1^j \,, \qquad T_2 = \ell_2^* + \sum_{j \geq 0} \beta_j \ell_2^j$$

(don't worry about getting into formal sums; they can be handled) then by the lemma, $T_3 = \ell_1^* + \sum_{j \geq 0}(\alpha_j + \beta_j)\ell_1^j$ has the same distribution as $T_1 + T_2$. This means precisely for T_1 of the above form, the map

$$\mu_{T_1} \rightsquigarrow \sum_{j \geq 0} \alpha_j z^j$$

linearizes free convolution. Hence we will get a linearizing map for free convolu-tion if for every distribution μ we find some

$$T = \ell_1^* + \sum_{j \geq 0} \alpha_j \ell_1^j$$

with distribution μ w.r.t. $\langle \cdot 1, 1 \rangle$. Since

$$\langle T^k 1, 1 \rangle = \alpha_{k-1} + \text{polynomial in } \alpha_0, \ldots, \alpha_{k-2}$$

for every $k \geq 1$ we infer such a T (formal sum) can be found.

To get the formulae in the theorem I used Toeplitz operators. This is based on the fact that the matrix of T in the orthonormal basis $1, e_1, e_1 \otimes e_1, e_1 \otimes e_1 \otimes e_1, \ldots$ is the Toeplitz matrix

$$
\begin{matrix}
\alpha_0 & 1 & 0 & 0 & 0 & \cdots \\
\alpha_1 & \alpha_0 & 1 & 0 & 0 & \cdots \\
\alpha_2 & \alpha_1 & \alpha_0 & 1 & 0 & \cdots \\
\alpha_3 & \alpha_2 & \alpha_1 & \alpha_0 & 1 & \cdots \\
\vdots & \vdots & \vdots & \vdots & \vdots &
\end{matrix}
$$

which has symbol $z^{-1} + \sum_{j \geq 0} \alpha_j z^j$.

2.5 The free central limit theorem

One of the things one can do using the R-transform is to prove a free central limit theorem (I actually proved such a theorem in [49] before having the formulae for the R-transform, but with the R-transform [50] this is just an exercise.)

Theorem. *Let $a_1, a_2, \cdots \in (A, \varphi)$ be a sequence of freely independent random variables. Assume $\varphi(a_j) = 0$ $(j \in \mathbb{N})$, $\lim\limits_{n \to \infty} \sum\limits_{1 \le j \le n} \varphi(a_j^2) = \alpha^2/4 > 0$ and $\sup\limits_{j \in \mathbb{N}} |\varphi(a_j^k)| = C_k < \infty$. Then*

$$\lim_{n \to \infty} \mu_{n^{-\frac{1}{2}}(a_1 + \cdots + a_n)}(P) = 2\pi^{-1}\alpha^{-2} \int_{-\alpha}^{\alpha} P(t)\sqrt{\alpha^2 - t^2}\, dt$$

SKETCH OF PROOF. 1. Let us first see how R behaves under dilations. We have

$$G_{\mu_{ra}}(z) = \varphi((z - ra)^{-1}) = \varphi(r^{-1}(r^{-1}z - a)^{-1}) = r^{-1}G_{\mu_a}(r^{-1}z) .$$

Hence $K_{\mu_{ra}}(z) = rK_{\mu_a}(rz)$ and

$$R_{\mu_{ra}}(z) = K_{\mu_{ra}}(z) - r(rz)^{-1} = rR_{\mu_a}(rz) .$$

2°. As pointed out in Remark 2.4.3°, $R_n(\mu)$ is given by a universal polynomial $Q_n(\mu(X), \ldots, \mu(X^n))$. Hence in view of the boundedness assumption on the k-th order moments of the a_j's we also have bounds

$$|R_{n+1}(\mu_{a_j})| \le \rho_n \quad \text{for all } j \in \mathbb{N}$$

in the expansion

$$R_{\mu_{a_j}}(z) = \sum_{k \ge 0} R_{k+1}(\mu_{a_j})z^k .$$

3°. We have

$$R_{\mu_{n^{-\frac{1}{2}}(a_1 + \cdots + a_n)}} = \sum_{1 \le j \le n} n^{-\frac{1}{2}} R_{\mu_{a_j}}(n^{-\frac{1}{2}}z)$$

$$= \sum_{k \ge 0} n^{\frac{-k-1}{2}} \left(\sum_{1 \le j \le n} R_{k+1}(\mu_{a_j}) \right) z^k .$$

4°. Since $R_1(\mu_{a_j}) = \varphi(a_j) = 0$,
$R_2(\mu_{a_j}) = \varphi(a_j^2) - (\varphi(a_j))^2 = \varphi(a_j^2)$. Hence

$$R_{\mu_{n^{-\frac{1}{2}}(a_1 + \cdots + a_n)}}(z) = n^{-1}\left(\sum_{1 \le j \le n} \varphi(a_j^2)\right) z + \sum_{k \ge 2} O(n^{\frac{1-k}{2}})z^k .$$

Since the moments of a variable are given by universal polynomials in the coefficients of the R-transform, we infer $n^{-\frac{1}{2}}(a_1 + \cdots + a_n)$ has a limit distribution, the R-transform of which is $\frac{\alpha^2}{4} z$.

5°. To conclude the proof we have to find the distribution μ with R-transform $\frac{\alpha^2}{4} z$. We have

$$K_\mu = z^{-1} + \frac{\alpha^2}{4} z$$

$$G_\mu^{-1} + \frac{\alpha^2}{4} G_\mu = z ,$$

$$\frac{\alpha^2}{4} G_\mu^2 - zG_\mu + 1 = 0$$

$$G_\mu = \frac{z + \sqrt{z^2 - \alpha^2}}{\alpha^2/2}$$

(The choice of branch of the square root is dictated by the requirement Im $z > 0 \Rightarrow$ Im $G_\mu < 0$.) The boundary values of $-\pi^{-1}G_\mu(x + iy)$ as $y \downarrow 0$ then gives that μ is the probability measure on $\mathbb{R}$ with density $\frac{2}{\pi\alpha^2}\sqrt{\alpha^2 - t^2}$ when $-\alpha \le t \le \alpha$ and 0 elsewhere. $\qquad\square$

Remarks. 1°. The distribution given by the density $\frac{2}{\pi\alpha^2}\sqrt{\alpha^2 - t^2}$, $-\alpha \le t \le \alpha$ is called a semicircle law (actually the graph is a semiellipse).

2°. Recall the fact that the R-transform of μ solves the problem of finding a noncommutative random variable in canonical form $\ell_1^* + \alpha_0 I + \alpha_1 \ell_1 + \alpha_2 \ell_1^2 + \ldots$, with distribution μ w.r.t. the vacuum (the underlying idea of the proof of Theorem 2.4). Hence the last part of the proof of the free central limit theorem shows that $\ell_1^* + \frac{\alpha^2}{4}\ell_1$ has distribution $\frac{2}{\pi\alpha^2}(\alpha^2 - t^2)^{\frac{1}{2}}dt$, $|t| \le \alpha$. In particular, if $\alpha = 2$ we have a selfadjoint operator $\ell_1^* + \ell_1$.

2.6 Superconvergence in the free central limit theorem

The convergence to the semicircle law in Theorem 2.5 is in the sense of moments. This may leave the impression that due to the high noncommutativity of free independence, convergence in the free central limit theorem must be worse than in the classical theorem. Actually the opposite is true, as shown more recently: there is a superconvergence phenomenon for uniformly bounded self-adjoint variables. We state the result in the equivalent form of a theorem about free convolution.

Theorem. [6] *Let μ_j ($j \in \mathbb{N}$) be probability measures on R: Assume supp $\mu_j \subset [-C, C]$, $\int t\, d\mu_j(t) = 0$ and $\lim_{n \to \infty} n^{-1} \sum_{1 \leq j \leq n} \int t^2 d\mu_j(t) = \dfrac{\alpha^2}{4}$. Let further D_λ denote the pushforward of a measure on $\mathbb{R}$ by the homotethy $t \to \lambda t$ and let σ_α denote the semicircle distribution supported in $[-\alpha, \alpha]$ given by the density $\frac{2}{\pi \alpha^2}(\alpha^2 - t^2)^{\frac{1}{2}}$. Then $D_{n^{-\frac{1}{2}}}(\mu_1 \boxplus \cdots \boxplus \mu_n) = \nu_n$ "superconverges" to σ_α in the sense that:*

(i) *There is $N \in \mathbb{N}$ such that if $n \geq N$ the measure ν_n is Lebesgue absolutely continuous and supp $\nu_n = [a_n, b_n]$ with $\lim_{n \to \infty} a_n = -\alpha$, $\lim_{n \to \infty} b_n = \alpha$.*

(ii) *The densities p_n of ν_n w.r.t. Lebesgue measure ($n \geq N$) converge uniformly to the density of σ_α.*

(iii) *For every $\varepsilon > 0$ there is $\delta > 0$ such that for some $N_1 \in \mathbb{N}$, if $n \geq N_1$ the densities p_n have analytic extensions to the rectangle $K_{\varepsilon, \delta} = \{z \in \mathbb{C} \mid |Re\ z| \leq \alpha - \varepsilon, |\ Im z| \leq \delta\}$ and these extensions converge uniformly on $K_{\varepsilon, \delta}$ to $\frac{2}{\pi \alpha^2}(\alpha^2 - z^2)^{\frac{1}{2}}$.*

The above superconvergence is in sharp contrast with the fact that for Bernoulli measures $\mu_j = \frac{1}{2}(\delta_1 + \delta_{-1})$ the classical convolutions $\mu_1 * \cdots * \mu_n$ are atomic measures for all $n \in \mathbb{N}$.

The proof of the above theorem is a complex analysis proof involving the R-transform (see [6]).

2.7 The free Poisson law

By analogy with classical Poisson laws, free Poisson laws are the limits of free convolutions

$$((1 - \frac{a}{n})\delta_0 + \frac{a}{n}\delta_b)^{\boxplus n}$$

as $n \to \infty$ (i.e., we replace $*$ by $\boxplus$).

The computation via R-transform goes as follows. Let $\mu_{1/n} = (1 - \frac{a}{n})\delta_0 + \frac{a}{n}\delta_b$, then

$$G = (1 - \frac{a}{n})z^{-1} + \frac{a}{n}(z - b)^{-1}$$

and

$$R = -\frac{1}{z} + \frac{bz + 1 + ((bz + 1)^2 - 4bz(1 - a/n))^{\frac{1}{2}}}{2z} = \frac{ab}{n(1 - bz)} + O(n^{-2}) .$$

Hence nR converges to $\frac{ab}{1-bz}$ in some neighborhood of 0. We infer the moments of $\mu_{1/n}^{\boxplus n}$ converge to the moments of a probability measure with R-transform $\frac{ab}{1-bz}$. Hence the K series of that measure is $z^{-1} + \frac{ab}{1-bz}$ and the Cauchy transform G is

$$\frac{z + b(1-a) + ((z - b(1+a))^2 - 4ab^2)^{\frac{1}{2}}}{2bz} .$$

We infer that the free Poisson distribution is given by

$$\mu = \begin{cases} (1-a)\delta_0 + \nu & 0 \le a \le 1 \\ \nu & a > 1 \end{cases}$$

where ν is the measure with support $[b(1 - \sqrt{a})^2, b(1 + \sqrt{a})^2]$ with density

$$(2\pi bt)^{-1}(4ab^2 - (t - b(1+a))^2)^{\frac{1}{2}} .$$

2.8 The relation of free Poisson to the semicircle

Except for an atom at zero, when $0 \le a < 1$, the free Poisson law is given by a Cauchy transform which is not too different from that of the semicircle law, has compact support and has a density which looks like a tilted semicircle. Actually, if $a = 1$ and $b > 0$ the free Poisson variable is the square of a semicircular variable. This is part of a more general result of [32], to which we will return in 3.4.2° (after introducing multiplicative free convolution). The case $a = 1$ (to keep formulas simple we also make the inessential assumption $b = 1$) is obtained by an easy inspection of Cauchy transforms.

Let X be a noncommutative random variable in (A, φ) with a $(0,1)$-semicircle distribution. Then we have the G-series

$$G_X(z) = \sum_{n \ge 0} z^{-n-1}\varphi(X^n) = \frac{z + (z^2 - 4)^{\frac{1}{2}}}{2} .$$

Since the distribution of X is symmetric, $\varphi(X^{2k+1}) = 0$ and hence

$$G_X(z) = \sum_{k \ge 0} z^{-2k-1}\varphi(X^{2k}) = zG_{X^2}(z^2)$$

so that

$$G_{X^2}(z) = \frac{G_X(z^{\frac{1}{2}})}{z^{\frac{1}{2}}} = \frac{z + ((z-2)^2 - 4)^{\frac{1}{2}}}{2z}$$

i.e., X^2 has a free Poisson distribution with parameters $a = b = 1$.

This is quite a departure from the classical situation where the square of a Gaussian variable has a χ^2 distribution.

2.9 Free convolution of measures with unbounded supports

The free convolution defined for measures with compact support on $\mathbb{R}$ [49] has an extension to arbitrary probability measures on $\mathbb{R}$ via an extension of the R-transform [5].

If μ is a probability measure on $\mathbb{R}$ the Cauchy transform

$$G_\mu(z) = \int \frac{d\mu(t)}{z - t}$$

is an analytic function in the upper half-plane $\{z \in \mathbb{C} \mid \text{Im } z > 0\}$. Then G_μ is univalent in some domain

$$\Gamma_{\alpha,\beta} = \{z = x + iy \mid y \geq \beta, |x| \leq \alpha y\} .$$

The inverse $K_\mu(z)$ is then defined in some angular domain of the form

$$\{z \in \mathbb{C} \mid 0 < |z| < r, \text{ arg } z \in \left(-\frac{\pi}{2} - \varepsilon, -\frac{\pi}{2} + \varepsilon \right) \} .$$

Then $R_\mu(z) = K_\mu(z) - z^{-1}$ is defined in the same angular domain.

To get the free convolution of μ_1, μ_2 one adds $R_{\mu_1} + R_{\mu_2}$ which is also defined in some angular domain and one then computes backward K and G for $R = R_{\mu_1} + R_{\mu_2}$. It turns out G is also defined in some $\Gamma_{\alpha,\beta}$ and has an analytic extension to the upper half-plane which is the Cauchy transform of a probability measure μ on $\mathbb{R}$. We then define this μ to be the free convolution $\mu_1 \boxplus \mu_2$.

2.10 The Cauchy distribution

Let γ be the probability measure on $\mathbb{R}$ with the Cauchy density $\frac{1}{\pi} \frac{a}{x^2 + a^2}$. Then

$$G_\gamma(z) = (z + ia)^{-1} , \quad K_\gamma(z) = z^{-1} - ia , \quad R_\gamma(z) = -ia .$$

Let μ be some other probability measure on $\mathbb{R}$ and $\nu = \mu \boxplus \gamma$. Then

$$K_\nu(z) = K_\mu(z) - ia$$

so that $G_\nu(z) = G_\mu(z+ia)$. Note that the classical convolution $\mu * \gamma$ has precisely this property $G_{\mu * \gamma}(z) = G_\mu(z + ia)$.

Thus the Cauchy distribution γ has the property that $\mu \boxplus \gamma = \mu * \gamma$ ([5]). More generally, this property also holds for uncentered Cauchy laws and Dirac probability measures on $\mathbb{R}$.

2.11 Free infinite divisibility and the free analogue of the Levy-Hinčin theorem

There is a parallel theory of infinite divisibility in the free context and an analogue of the Levy-Hinčin theorem. For compactly supported probability measures this was done in [50], the general case is in [5] (an intermediate case, measures with finite variance, was dealt with in [29]).

A probability measure μ is *freely infinitely divisible if for every $n \in \mathbb{N}$ there is a probability measure $\mu_{1/n}$ such that*

$$\underbrace{\mu_{1/n} \boxplus \cdots \boxplus \mu_{1/n}}_{n\text{-times}} = \mu$$

If μ is freely infinitely divisible then there exists a free convolution semigroup, i.e. $(\mu_t)_{t \geq 0}$, $\mu_{t+s} = \mu_t \boxplus \mu_s$, $t \to \mu_t$ weak*-continuous, so that $\mu_1 = \mu$.

From the formulae for the R-transform one derives that if $(\mu_t)_{t \geq 0}$ is a free convolution semigroup and ν an arbitrary probability measure on $\mathbb{R}$ then the Cauchy transform

$$G(z, t) = G_{\mu_t \boxplus \nu}(z)$$

satisfies the complex free convolution semigroup

$$\frac{\partial G}{\partial t} + R(G) \, \frac{\partial G}{\partial z} = 0 \quad \text{for} \quad \operatorname{Im} z > 0, \ t \geq 0$$

with initial condition

$$G(z, 0) = G_\nu(z) \ .$$

Here $R = R_{\mu_1}$.

Unlike real conservation laws, there are no singularities and the solutions exist for all $t \geq 0$ in the upper half-plane.

Classically the differential equation corresponding to convolution by the Gaussian semigroup is the heat equation. The free analogue of the heat equation is the complex conservation law for the Cauchy transforms of measures freely convoluted with the semicircular semigroup

$$\frac{\partial G}{\partial t} + G \frac{\partial G}{\partial z} = 0$$

which is the complex Burgers' equation.

The free analogue of the Levy-Hinčin theorem is in terms of R-transforms.

Theorem. (i) *A probability measure μ on $\mathbb{R}$ is freely infinitely divisible iff R_μ has an analytic extension to $\{z \in \mathbb{C} \mid \text{Im } z < 0\}$ with values in $\{z \in \mathbb{C} \mid \text{Im } z \leq 0\}$.*

(ii) *An analytic function $R : \{z \in \mathbb{C} \mid \text{Im } z < 0\} \to \{z \in \mathbb{C} \mid \text{Im } z < 0\}$ is the R-transform of a probability measure on $\mathbb{R}$ iff for some $\varepsilon > 0$ we have*

$$\lim_{\substack{|z| \to 0 \\ |\arg z + \frac{\pi}{2}| < \varepsilon}} z R(z) = 0$$

(iii) *If R is the R-transform of some probability measure μ on $\mathbb{R}$, then there is $\beta \geq 0$ and a finite positive measure ν on $\mathbb{R}$ so that for $z \in \mathbb{C}$, $\text{Im } z < 0$ we have*

$$R(z) = \beta + \int \frac{z + t}{1 - tz} \, d\nu(t)$$

Note that the integrand for $t = 0$ is z, i.e., the R-transform of a semicircle while for $t \neq 0$,

$$\frac{z + t}{1 - tz} = -t^{-1} + \frac{t + t^{-1}}{1 - tz}$$

which is a shifted free Poisson law. Thus like in the classical case we get a combination of constant, free analogue of Gaussian and free analogue of Poisson.

2.12 Free stable laws

Adapting to the free context the definition of stable laws yields: a probability measure μ on $\mathbb{R}$ is freely stable if the free convolution of affine transforms of μ yields again affine transforms of μ.

Like for infinite divisibility there is a complete (unexplained) analogy between the classical and free classifications of stable laws.

Theorem. ([5]) *The following is a complete list of the R-transforms of freely stable laws on $\mathbb{R}$*

(i) $R(z) = a + ib$, *where $a \in \mathbb{R}$, $b \in \mathbb{R}$, $b \leq 0$.*

(ii) $R(z) = a + bz^{\alpha-1}$, where $a \in \mathbb{R}$, $b \in \mathbb{C}$, $\alpha \in (1,2]$, $b \neq 0$ and arg $b \in$
   $[(\alpha - 2)\pi, 0]$.

(iii) $R(z) = a + bz^{\alpha-1}$, where $a \in \mathbb{R}$, $b \in \mathbb{C}$, $\alpha \in (0,1)$, $b \neq 0$ and arg $b \in$
   $[\pi, (1 + \alpha)\pi]$.

(iv) $R(z) = a + b \log z$ where $a \in \mathbb{C}$, $b \in \mathbb{R}$, and Im $a \leq 0$, $b > 0$.

2.13 More free harmonic analysis on $\mathbb{R}$

Here is a brief enumeration of a few more results in the harmonic analysis which is developing around the operation $\boxplus$.

$1°$. **Supports.** If μ is a compactly supported probability measure on $\mathbb{R}$ let

$$N(\mu) = \sup_{t \in \text{supp } \mu} |t| \quad \text{and} \quad R_2(\mu) = \int t^2 d\mu(t) - \left(\int t d\mu(t) \right)^2 .$$

In [50] for centered measures μ_j $(1 \leq j \leq n)$, $\int t d\mu_j(t) = 0$ it is shown that:

$$\left(\sum_{1 \leq j \leq n} R_2(\mu_j) \right)^{\frac{1}{2}} \leq N(\mu_1 \boxplus \cdots \boxplus \mu_n) \leq \max_{1 \leq j \leq n} N(\mu_j) + 2 \left(\sum_{1 \leq j \leq n} R_2(\mu_j) \right)^{\frac{1}{2}} .$$

$2°$. **Continuity.** In the process of extending free convolution to probability measures with unbounded support a continuity result for free convolution was obtained in [5].

If μ is a probability measure in $\mathbb{R}$ let $F_\mu(t) = \mu((-\infty, t))$ and let $d_\infty(\mu, \nu) = \sup_{t \in \mathbb{R}} |F_\mu(t) - F_\nu(t)|$. Then

$$d_\infty(\mu \boxplus \nu, \mu' \boxplus \nu') \leq d_\infty(\mu, \mu') + d_\infty(\nu, \nu') .$$

Applying this to $\mu' = \mu \boxplus \delta_\varepsilon$, $\nu' = \nu$ we get that if F_μ is Hölder continuous of order α $(0 < \alpha \leq 1)$ then $F_{\mu \boxplus \nu}$ is also a Hölder of order α.

$3°$. L^p-**norms.** If μ is absolutely continuous w.r.t. Lebesgue measure and $\frac{d\mu}{d\lambda} \in L^p$ where $1 < p \leq \infty$ then for any probability measure ν, the measure $\mu \boxplus \nu$ is Lebesgue absolutely continuous and

$$\left\| \frac{d(\mu \boxplus \nu)}{d\lambda} \right\|_p \leq \left\| \frac{d\mu}{d\nu} \right\|_p$$

This result and a similar one for Riesz energies were obtained in [57]. Subsequently these inequalities were shown in [10] to be the consequences of Markovian properties.

4°. **Atoms.** A free convolution of two probability measures μ and ν, has atoms only under very special circumstances, as shown by the following result from [7]:

$$(\mu \boxplus \nu)(\{t_0\}) = \alpha > 0 \quad \text{if and only if}$$
$$\text{there are } a, b \in \mathbb{R}, \text{ so that } a + b = t_0$$
$$\text{and } \mu(\{a\}) + \nu(\{b\}) = 1 + \alpha .$$

5°. **Failure of the free Cramer theorem.** The free analogue of Cramer's theorem does not hold, i.e. in [6] it is shown there are probability measures μ_1, μ_2 on $\mathbb{R}$, with compact supports, which are not semicircle laws, such that $\mu_1 \boxplus \mu_2$ is a semicircle law.

6°. $\mu^{\boxplus t}$ **when** $t \geq 1$. Though free infinite divisibility runs parallel to classical, the existence of non-integer convolution powers $\mu^{\boxplus t}$ when $t \geq 1$ is a quite different matter. As shown in [32], if R_μ is the R-transform of a probability measure μ on $\mathbb{R}$, then for all $t \geq 1$, tR_μ is the R-transform of a probability measure.

7°. **Regularization by free convolution with a semicircle law.** Let μ be a compactly supported probability measure on $\mathbb{R}$ and let $\sigma_{2\alpha}$ be the semicircle distribution with density $(2\pi\alpha^2)^{-1}(4\alpha^2 - t^2)^{\frac{1}{2}}$ on $[-2\alpha, 2\alpha]$. Then $\mu \boxplus \sigma_{2\alpha}$ is Lebesgue absolutely continuous with density u_α. In [63] it was shown that if D denotes the unbounded operator of derivation in $L^2(\mathbb{R})$, then u_α is in the Sobolev space of order $1/2$ and we have

$$\| |D|^{\frac{1}{2}} u_\alpha \|_2 \leq \alpha^{-\frac{1}{2}} .$$

On the other hand in [13] it is shown that

$$u_\alpha(t) \neq 0 \Rightarrow |Du_\alpha^3(t)| \leq 3(4\pi^3\alpha^2)^{-1}$$

8°. **Domains of attraction.** By analogy with the classical situation, domains of attraction w.r.t. $\boxplus$ were defined for the free stable laws and a surprising result was proved in [3], which can roughly be stated as follows:

> Under the natural correspondence between classical stable laws and
> free stable laws, the classical domain of attraction of a classical stable
> law equals the free domain of attraction of the corresponding free
> stable law.

2.14 Spectra of convolution operators on free products of groups

Free convolution of distributions can be used to compute the spectra of certain
convolution operators on free products of groups. We need first some operator
algebra preliminaries about separating vectors.

*If $I \in M \subset B(\mathcal{H})$ is a von Neumann algebra, a vector $\xi \in \mathcal{H}$ is a separating
vector for M, if the map*

$$M \ni T \to T\xi \in \mathcal{H}$$

is an injection.

Let $M' = \{X \in B(\mathcal{H}) \mid XT = TX\}$ be the *commutant* of M. If $\xi \in \mathcal{H}$ is
a *cyclic vector* for M', i.e., if $M'\xi$ is dense in $\mathcal{H}$, then ξ is separating for M.
Indeed if $T \in M$ is such that $T\xi = 0$ then for $X \in M'$, $TX\xi = XT\xi = 0$ so
that $T\eta = 0$ for all $\eta \in \overline{M'\xi} = \mathcal{H}$, i.e., $T = 0$. (Actually it is a basic fact in von
Neumann algebra theory that the converse also holds, i.e. ξ is separating for M
iff ξ is cyclic for M'.)

In particular, *if $T = T^* \in M$ and ξ is separating, let μ_T be the distribution of
T w.r.t. to the state $\langle \cdot \xi, \xi \rangle$ (see 1.5) then the spectrum $\sigma(T) = \operatorname{supp} \mu_T$.* Indeed
if $E(\cdot, T)$ is the spectral measure of T then $\sigma(T) = \operatorname{supp} E(\cdot, T)$. On the other
hand, $\operatorname{supp} E(\cdot, T) = \operatorname{supp} \mu_T$ since for a Borel set $\omega \subset \mathbb{R}$ we have

$$\mu_T(\omega) = \langle E(\omega, T)\xi, \xi \rangle = \|E(\omega, T)\xi\|^2$$

so that

$$\mu_T(\omega) = 0 \Rightarrow E(\omega, T)\xi = 0 \Rightarrow E(\omega, T) = 0$$

because ξ is separating.

Let G be a group and $L(G)$ the von Neumann algebra of the left regular
representation λ on $\ell^2(G)$ and let $\tau(\cdot) = \langle \cdot e_e, e_e \rangle$ the trace (example 1.4.1°).
Then the right regular representation ρ of G on $\ell^2(G)$, $\rho(g)e_h = e_{hg^{-1}}$ commutes

with λ and hence $\rho(G)$ is in $(L(G))'$ (actually $\rho(G)$ generates $(L(G))'$). Then $\{\rho(g)e_e \mid g \in G\} = \{e_{g^{-1}} \mid\mid g \in G\}$ spans $\ell^2(G)$ so that e_e *is separating for* $L(G)$. In particular if $T = T^* \in L(G)$ then for the distribution μ_T w.r.t. τ we have $\sigma(T) = \operatorname{supp} \mu_T$.

In particular assume $G = \bigstar_{1 \leq j \leq n} G_j$ and let $T_j = T_j^*$ be in the von Neumann algebra of $\lambda(G_j)$ and $T = T_1 + \cdots + T_n$. Then $\mu_T = \mu_{T_1} \boxplus \cdots \boxplus \mu_{T_n}$ and $\sigma(T) = \operatorname{supp} \mu_T$.

Example. Let G be the free product of n copies of $\mathbb{Z}/2\mathbb{Z}$ and let g_j be the generator of the jth copy of $\mathbb{Z}/2\mathbb{Z}$. Let $T = \lambda(g_1) + \cdots + \lambda(g_n)$. Note that $g_j = g_j^{-1}$, $g_j^2 = 1$, $g_j \neq e$. Then if $T_j = \lambda(g_j)$ we have $\tau(T_j^{2k}) = 1$, $\tau(T_j^{2k+1}) = 0$ so that $\mu_{T_j} = 2^{-1}(\delta_{-1} + \delta_{+1})$ and $G_{T_j}(z) = \frac{z}{z^2+1}$. Then

$$R_{T_j} = \frac{-1 + (1 + 4z^2)^{\frac{1}{2}}}{2z} , \qquad R_T = nR_{T_1} ,$$

$$K_T = \frac{2-n}{2} z^{-1} + \frac{n}{2}(z^{-2} + 4)^{\frac{1}{2}}$$

$$G_T = \frac{(2-n)z + (z^2(2-n)^2 - 4(z^2 - n^2)(1-n))^{\frac{1}{2}}}{2(z^2 - n^2)}$$

By 2.13.4°, μ_T has no atoms for $n \geq 2$, so that we do not need to worry about possible poles of G_T contributing Dirac measures to μ_T. Thus $\operatorname{supp} \mu_T$ is the closure of the set where $\operatorname{Im} G_T \neq 0$ on $\mathbb{R}$, i.e., $t^2(2-n)^2 - 4(n^2 - t^2)(n-1) < 0$. Hence

$$\sigma(T) = \operatorname{supp} \mu_T = [-2(n-1)^{\frac{1}{2}}, 2(n-1)^{\frac{1}{2}}] .$$

3. Multiplication of Freely Independent Noncommutative Random Variables

3.1 Multiplicative free convolution [49]

If a, b are freely independent in (A, φ) then μ_{ab} is completely determined by μ_a and μ_b. Hence *we define a multiplicative free convolution operation* $\boxtimes$ *on the distributions of noncommutative random variables, such that* $\mu_a \boxtimes \mu_b = \mu_{ab}$ *whenever a and b are freely independent in some noncommutative probability space.*

The additive free convolution is commutative because addition is commutative. Surprisingly, *multiplicative free convolution is also a commutative operation* $\mu \boxtimes \nu = \nu \boxtimes \mu$.

The property is a consequence of 1.10(iii). There are also various direct ways to see this. One is to compute $\varphi(abab\ldots ab)$. Working on this expression from the left or from the right (using the only rule given by free independence) inverts the roles of a and b, and we get symmetric expressions in the moments of a and b.

Another way to check $\mu \boxtimes \nu = \nu \boxtimes \mu$ is to notice that it suffices to do so for a sufficiently rich family of distributions. For instance, let $\mathcal{A} = L(F_2)$ where F_2 is the free group on generators g_1 and g_2. Let

$$a = \sum_{n \in \mathbb{Z}} \alpha_n \, \lambda(g_1^n) \, , \qquad b = \sum_{n \in \mathbb{Z}} \beta_n \, \lambda(g_2^n)$$

where only finitely many α_n, β_n are nonzero. Then $\tau((ab)^n) = \tau((ba)^n)$ because τ is a trace, which gives

$$\tau((ab)^n) = \tau(ab(ab)^{n-1}) = \tau(b(ab)^{n-1}a) = \tau((ba)^n) \, .$$

3.2 Probability measures on $R_{\geq 0}$ and $\mathbb{T}$

Multiplicative free convolution defines an operation on compactly supported probability measures on $[0, \infty)$.

Indeed, if μ_1, μ_2 are two such measures on $R_{\geq 0} = [0, \infty)$ there are Borel functions $f_j : \mathbb{T} \to R_{\geq 0}$ such that μ_j is the pushforward by f_j of Haar measure on $\mathbb{T} = \{z \in \mathbb{C} \mid |z| = 1\}$, Consider again F_2 the free group on generators g_1, g_2. Then τ applied to the spectral measure of $\lambda(g_j)$ is Haar measure on $\mathbb{T}$ (indeed $\tau(\lambda(g_j)^k) = \tau(\lambda(g_j^k)) = \delta_{0,k}$). We infer that $a_j = f(\lambda(g_j))$, $j = 1, 2$ are two positive operators in $(L(F_2), \tau)$ with distributions μ_1, μ_2 and a_1, a_2 are freely independent. Then τ being a trace and the α_j's being positive, $a_j^{\frac{1}{2}}$ is defined and ab and $a^{\frac{1}{2}} b a^{\frac{1}{2}}$ have the same distribution. Indeed,

$$\tau((a^{\frac{1}{2}} b a^{\frac{1}{2}})^n) = \tau(a^{\frac{1}{2}} b (ab)^{n-1} a^{\frac{1}{2}})$$
$$= \tau(a^{\frac{1}{2}} a^{\frac{1}{2}} b (ab)^{n-1}) = \tau((ab)^n) \, .$$

Since $a^{\frac{1}{2}} b a^{\frac{1}{2}} = (a^{\frac{1}{2}} b^{\frac{1}{2}})(a^{\frac{1}{2}} b^{\frac{1}{2}})^* \geq 0$, we infer $\mu_{a^{\frac{1}{2}} b a^{\frac{1}{2}}}$ is a measure on $[0, \infty)$.

On the other hand, $\boxtimes$ also defines an operation on probability measures on $\mathbb{T}$.

Indeed, given such a measure μ there is a unitary U in a W^*-probability space $(\mathcal{A}, \varphi)$ such that (take $\mathcal{A} = L^\infty(\mathbb{T}, d\mu)$, U multiplication by z)

$$\varphi(U^k) = \int z^k \, d\mu(z) \, , \qquad k \in \mathbb{N}.$$

310

Conversely, given a unitary U in a W^*-probability space, there is a unique probability measure on $\mathbb{T}$, with the same moments as U (the expectation of the spectral measure of U).

The operation on probability measures on $\mathbb{T}$ is then a consequence of the fact that the product of two unitary operators is again a unitary operator.

3.3 The S-transform

For multiplicative free convolution there is a multiplicative map which plays the role of the Mellin transform.

Theorem [51]. *If* $\mu : \mathbb{C}[X] \to \mathbb{C}$ *is the distribution of a random variable with* $\mu(X) \neq 0$, *let*

$$\psi_\mu(z) = \sum_{k\geq 1} \mu(X^k)z^k$$

and let χ_μ *be the formal inverse* $\psi_\mu(\chi_\mu(z)) = z$. *Let further* $S_\mu(z) = \frac{1+z}{z}\chi_\mu(z)$. *Then we have*

$$S_{\mu\boxtimes\nu} = S_\mu S_\nu .$$

The original proof in [51] of the theorem is based on differential equations and on the results for additive free convolution. More recently in [25] another proof was found which uses some canonical operators like in the additive case. If μ is a distribution and $f(z) = \frac{1}{S_\mu(z)}$, the canonical operator is

$$(1 + \ell_1)f(\ell_1^*) .$$

3.4 Examples

1°. **Two projections.** Let $\mu = (1 - a)\delta_0 + a\delta_1$ and $\nu = (1 - b)\delta_0 + b\delta_1$. Computing $\mu\boxtimes\nu$ gives the distribution of PQP when P and Q are a pair of freely independent selfadjoint projections with $\varphi(P)=a$, $\varphi(Q)=b$ in a W^*-probability space $(\mathcal{A}, \varphi)$ where φ is a trace (this is actually inessential). Indeed

$$\varphi((PQP)^n) = \varphi((PQ)^n P) = \varphi(P(PQ)^n) = \varphi((PQ)^n) .$$

We have

$$\psi_\mu = \frac{az}{1 - z}, \qquad \chi_\mu = \frac{z}{a + z}, \qquad S_\mu = \frac{1 + z}{a + z} .$$

Similarly $S_\nu = \frac{1+z}{b+z}$ so that

$$S_{\mu \boxtimes \nu} = \frac{(1+z)^2}{(a+z)(b+z)} \ ,$$

$$\chi_{\mu \boxtimes \nu} = \frac{z(1+z)}{(a+z)(b+z)} \ ,$$

$$\psi_{\mu \boxtimes \nu} = \frac{1 - (a+b)z + ((a-b)^2 z^2 - (2a + 2b - 4ab)z + 1)^{\frac{1}{2}}}{2(z-1)}$$

Computing further $G_{\mu \boxtimes \nu}(z) = z^{-1}\psi_{\mu \boxtimes \nu}(z^{-1}) + z^{-1}$, one can show that $(\mu \boxtimes \nu)(\{1\}) = \max(a+b-1, 0)$, $(\mu \boxtimes \nu)(\{0\}) = \max(1 - a - b, 0)$.

2°. **The realization of additive free Poisson variables.** In 2.8 we showed that X^2 has a free Poisson distribution with $a = 1$, $b = 1$ when X is a $(0,1)$ semicircle law. Here we show that *if X is a $(0,1)$ semicircle law and P is an idempotent with $\varphi(P) = a$ and X and P are free in (A, φ) then XPX has a free Poisson distribution with parameter a* ([32]).

We may assume (A, φ) is tracial, so that $\varphi((XPX)^n) = \varphi((PX^2)^n)$. Hence $\mu_{XPX} = \mu_P \boxtimes \mu_{X^2}$.

In 2.8 we found

$$G_{X^2}(z) = \frac{z + (z^2 - 4z)^{\frac{1}{2}}}{2z}$$

so that

$$\psi_{X^2}(z) = z^{-1}G_{X^2}(z^{-1}) - 1 = \frac{(1 - 2z) + (1 - 4z)^{\frac{1}{2}}}{2z} \ ,$$

$$\chi_{X^2} = \frac{z}{(z+1)^2} \ , \qquad S_{X^2} = \frac{1}{1+z} \ .$$

By Example 1, $S_P = \frac{1+z}{a+z}$ so that

$$S_{XPX} = \frac{1}{a+z} \ , \qquad \chi_{XPX} = \frac{z}{(1+z)(a+z)}$$

$$\psi_{XPX} = \frac{1 - (a+1)z + ((a-1)^2 z^2 - 2(a+1)z + 1)^{\frac{1}{2}}}{2z}$$

so that

$$G_{XPX}(z) = z^{-1}(1 + \psi(z^{-1})) = \frac{z - (a-1) + ((z - a - 1)^2 - 4a)^{\frac{1}{2}}}{2z}$$

which is the free Poisson distribution with parameters a and 1.

3.5 Multiplicative free infinite divisibility on $\mathbb{T}$

With the obvious definitions of infinitely divisible measures and semigroups w.r.t. $\boxtimes$, there is a parallel to the classical theory. Let $\mathcal{P}_*(\mathbb{T})$ denote the probability measures on $\mathbb{T}$, with $\int z \, d\mu(z) \neq 0$. If $(\mu_t)_{t \geq 0}$ is a semigroup w.r.t. $\boxtimes$ in $\mathcal{P}_*(\mathbb{T})$, then $\psi(z, t) = \psi_{\mu_t}(z)$ satisfies the complex conservation law

$$\frac{\partial \psi}{\partial t} + u(\psi) z \, \frac{\partial \psi}{\partial z} = 0$$

where $S_{\mu_t}(z) = \exp(t u(z))$.

Theorem [4]. (i) $\mu \in \mathcal{P}_*(\mathbb{T})$ is infinitely divisible w.r.t. $\boxtimes$ iff there exists a function $u(z)$ analytic in $\{z \mid \mathrm{Re}\ z > -\frac{1}{2}\}$ such that $\mathrm{Re}\ u(z) \geq 0$ whenever $\mathrm{Re}\ z > -\frac{1}{2}$ and $S_\mu(z) = \exp u(z)$.

(ii) Every analytic function $u(z)$ on $\{z \mid \mathrm{Re}\ z > -\frac{1}{2}\}$ with $\mathrm{Re}\ u \geq 0$ is such that $\exp u(z)$ is the S_μ for some $\mu \in \mathcal{P}_*(\mathbb{T})$ infinitely divisible w.r.t. $\boxtimes$.

(iii) If $\mu \in \mathcal{P}_*(\mathbb{T})$ is infinitely divisible w.r.t. $\boxplus$ then there is $\alpha \in \mathbb{R}$ and a finite positive measure ν on $\mathbb{T}$ such that $S_\mu(z) = \exp u(z)$ where

$$u(z) = -i\alpha + \int_{\mathbb{T}} \frac{(1+z) + \zeta z}{(1+z) - \zeta z} \, d\nu(\zeta)$$

for $\mathrm{Re}\ z > -\frac{1}{2}$.

In particular, the analogue of the normal distribution in this context is given by $S_\mu(z) = \exp(t(z + \frac{1}{2}))$, $t > 0$ and the analogue of the Poisson distribution is given by

$$S_\mu(z) = \exp\left(\frac{t}{z + \frac{1}{2} + i\alpha}\right), \quad t > 0, \quad \alpha \in \mathbb{R},$$

(see [4]).

3.6 Multiplicative free infinite divisibility on $\mathbb{R}_{\geq 0}$

Like in the additive situation, in the multiplicative context on $\mathbb{R}_{\geq 0}$, there is an extension of free convolution $\boxtimes$ and of the S-transform machinery to measures with unbounded support ([5]). Moreover there is also a continuity inequality

$$d_\infty(\mu \boxtimes \nu, \mu' \boxtimes \nu') \leq d_\infty(\mu, \mu') + d_\infty(\nu, \nu')$$

analogous to 2.13.2° ([5]). In particular infinite divisibility results are for measures without the restriction of bounded supports. The differential equation for the ψ-function of a semigroup is of the same form as in the case of $\mathbb{T}$.

Theorem [5]. (i) *Let* $\mu \neq \delta_0$ *be a* $\boxtimes$-*infinitely divisible probability measure on* $\mathbb{R}_{\geq 0}$. *There exists an analytic function* u *on* $\mathbb{C}\backslash(0,1)$ *such that* Im $u(z) \leq 0$ *when* Im $z > 0$ *and* $S_\mu(z) = \exp(u(z))$.

(ii) *Conversely, if* u *is an analytic function on* $\mathbb{C}\backslash(0,1)$ *such that* $\overline{u(z)} = u(\bar{z})$ *and* Im $u(z) \leq 0$ *when* Im $z > 0$, *then there exists a* $\boxtimes$-*infinitely divisible probability measure* μ *on* $\mathbb{R}_{\geq 0}$ *such that* $S_\mu(z) = \exp(u(z))$.

(iii) *Let* $\mu \neq \delta_0$ *be a* $\boxtimes$-*infinitely divisible probability measure on* $\mathbb{R}_{\geq 0}$. *Then there is a finite positive measure* ν *on* $[0, +\infty]$, $a \in \mathbb{R}$ *and* $b = \nu(\{+\infty\})$ *so that* $S_\mu(z) = \exp(u(z))$ *where*

$$u\left(\frac{z}{1-z}\right) = a - bz + \int_0^\infty \frac{1+tz}{z-t}\, d\nu(t) \ .$$

In particular *the analogues of normal distributions are given by* $S_\mu(z) = \exp(-t(z + \frac{1}{2}))$, $t > 0$ *and the analogues of Poisson distributions are given by* $S_\mu(z) = \exp\left(\frac{t}{z+\alpha}\right)$, $t > 0$, $\alpha \in \mathbb{R}\backslash[0,1]$ *(see [5]). Note that these measures have compact supports in* $(0, \infty)$.

4. Generalized Canonical Form, Noncrossing Partitions

4.1 Combinatorial work

There is a combinatorial approach to free independence due to R. Speicher ([44],[45],[46]) and further developed in ([31],[32],[33],[34]) in which the passage from classical to free amounts to replacing the lattice of all partitions of $\{1, \ldots, n\}$ by the lattice of noncrossing partitions. In particular the formulae giving the classical cumulants [41] of a distribution and the free ones, i.e., the coefficients of the R-transform, are the same modulo this replacement of all partitions by the noncrossing ones. Though we do not intend to give an introduction to the combinatorial approach in these notes, the generalization of the canonical form to n-variables and the derivation of combinatorial formulae for the general R-transform from this generalized canonical form found in [31] offers an occasion for a glimpse at the connection with noncrossing partitions.

4.2 Generalized canonical form [31]

Instead of writing the canonical form $\ell_1^* + \alpha_0 I + \alpha_1 \ell_1 + \ldots$ we will write $\ell_1^*(I + \alpha_0\ell_1 + \alpha_1\ell_1^2 + \ldots)$. Moreover we may consider the functional $\theta : \mathbb{C}[X] \to \mathbb{C}$ so that $\theta(X^n) = \alpha_{n-1} \ (n \geq 1)$, $\theta(1) = 1$ and write

$$I + \alpha_0\ell_1 + \alpha_1\ell_1^2 + \cdots = \sum_{k \geq 0} \theta(X^k)\ell_1^k \ .$$

The generalized canonical form is given by a functional $\theta : \mathbb{C}\langle X_1,\ldots,X_n\rangle \to \mathbb{C}$, with $\theta(1) = 1$, which is used to construct the canonical n-tuple of variables $(\ell_1^* T,\ldots,\ell_n^* T)$ where

$$T = \sum_{m\geq 0} \sum_{1\leq i_1,\ldots,i_m \leq n} \theta(X_{i_m}\ldots X_{i_1})\ell_{i_1}\ldots \ell_{i_m} .$$

Here $\ell_1,\ldots,\ell_n$ are the n creation operators in $T\mathcal{H}_{\mathbb{C}}$ where $\mathcal{H}_{\mathbb{C}}$ is the complexification of $\mathbb{R}^n$ with orthonormal basis $e_1,\ldots,e_n$. The comments about formal sums in creation operators we made in the $n = 1$ case also apply here. Note that

$$\ell_j^* T = \sum_{m\geq 0} \sum_{1\leq i_2,\ldots,i_m \leq n} \theta(X_{i_m}\ldots X_{i_2}X_j)\ell_{i_2}\ldots \ell_{i_m} + \ell_j^* .$$

Fact. *For every distribution* $\mu : \mathbb{C}\langle X_1,\ldots,X_n\rangle \to \mathbb{C}$ *there is exactly one* $\theta : \mathbb{C}\langle X_1,\ldots,X_n\rangle \to \mathbb{C}$ *such that the canonical n-tuple* $(\ell_1^* T,\ldots,\ell_n^* T)$ *determined by* θ *has distribution* μ *w.r.t. the vacuum expectation* φ.

Let $T_j = \ell_j^* T$. Then

$$\mu(X_{i_m}\ldots X_{i_1}) = \varphi(T_{i_m}\ldots T_{i_1}) = \theta(X_{i_m}\ldots X_{i_1}) + \text{polynomial in the } \theta(X_{j_k}\ldots X_{j_1})$$

with $k < m$. Clearly this assertion implies there is a bijection between θ and μ. Indeed when expanding $\varphi(T_{i_m}\ldots T_{i_1})$ we get

$$\varphi\big((\ell_{i_m}^* \ell_{j(1,m)}\ldots \ell_{j(k_m,m)})\ldots(\ell_{i_1}^* \ell_{j(1,1)}\ldots \ell_{j(k_1,1)})\big)$$

with coefficient

$$\theta(X_{j(k_m,m)}\ldots X_{j(1,m)})\ldots \theta(X_{j(k_1,1)}\ldots X_{j(1,1)}) .$$

Note that if $\varphi(\ldots)$ above is $\neq 0$ then $(k_1 - 1) + \cdots + (k_m - 1) = 0$. Thus $k_1 + \cdots + k_m = m$. If some $k_s = m$ then all other $k_p = 0$, but

$$\varphi(\ell_{i_m}^* \ldots \ell_{i_{s+1}}^* (\ell_{i_s}^* \ell_{j(1,s)}\ldots \ell_{j(k_s,s)})\ell_{i_{s-1}}^* \ldots \ell_{i_1}^*)$$

equals zero unless $s = 1$, $k_1 = m$, $j(r,1) = i_r$ $(1 \leq r \leq m)$, in which case it $=1$. This clearly proves the assertion.

Corollary. *Let μ and θ be as above and let μ', μ'' be the restrictions of μ to $\mathbb{C}\langle X_1, \ldots, X_k \rangle$ and $\mathbb{C}\langle X_{k+1}, \ldots, X_n \rangle$ and θ', θ'' the functional s correspond-ing to μ', μ''. Then $\{X_1, \ldots, X_k\}$, $\{X_{k+1}, \ldots, X_n\}$ are freely independent in $(\mathbb{C}\langle X_1, \ldots, X_n \rangle, \mu)$ iff*

$$\theta(X_{i_1} \ldots X_{i_m}) = \begin{cases} \theta'(X_{i_1} \ldots X_{i_m}) & \text{if all } i_j \leq k \\ \theta''(X_{i_1} \ldots X_{i_m}) & \text{if all } i_j > k \\ 0 & \text{otherwise .} \end{cases}$$

Indeed for θ of the above form $\{T_1, \ldots, T_k\}$ and $\{T_{k+1}, \ldots, T_n\}$ are free w.r.t. φ since the first involves only the first k creation and annihilation op-erators while the second only the last $n - k$.

Conversely, if $\{X_1, \ldots, X_k\}$ and $\{X_{k+1}, \ldots, X_n\}$ are freely independent then the canonical n-tuple $(T_1, \ldots, T_n)$ defined by the θ given by the formula will have $\{T_1, \ldots, T_k\}$ and $\{T_{k+1}, \ldots, T_n\}$ freely independent and with distributions μ' and μ''. It follows $(T_1, \ldots, T_n)$ has distribution μ.

4.3 Noncrossing partitions and the formula for θ

A partition $(P_1, \ldots, P_r)$ of $\{1, \ldots, n\}$ is noncrossing if there are no pairs $\{a, c\} \subset P_k$, $\{b, d\} \subset P_\ell$ with $k \neq \ell$, $a < b < c < d$.

We will evaluate

$$\varphi((\ell_{i_m}^* \ell_{j(1,m)} \ldots \ell_{j(k_m,m)}) \ldots (\ell_{i_1}^* \ell_{j(1,1)} \ldots \ell_{j(k_1,1)}))$$

which is the coefficient of

$$\theta(X_{j(k_m,m)} \ldots X_{j(1,m)}) \ldots \theta(X_{j(k_1,1)} \ldots X_{j(1,1)}) \ .$$

In the product of $\theta(\ldots)$'s note that the factors for which $k_s = 0$ make no contribution since $\theta(1) = 1$ and can be eliminated.

On the other hand, for the terms which make a nonzero contribution, if we compute $(\ell_{i_m}^* \ell_{j(1,m)} \ldots \ell_{j(k_m,m)}) \ldots (\ell_{i_1}^* \ell_{j(1,1)} \ldots \ell_{j(k_1,1)})$ starting from the right, we remark that in case $k_s > 0$ we must have $i_s = j(s,1)$ and the remaining partial product $\ell_{j(2,s)} \ldots \ell_{j(k_s,s)}$ will be cancelled by $\ell_{i_{r(2,s)}}^*$, $\ell_{i_{r(3,s)}}^*, \ldots, \ell_{i_{r(k_s,s)}}^*$, where $i_{r(p,s)} = j(p,s)$ and $s < r(2,s) < r(3,s) < \ldots r(k_s, s)$ and $k_{r(p,s)} = 0$, $2 \leq p \leq k_s$. Thus to the factors $\theta(X_{j(k_s,s)} \ldots X_{j(1,s)})$ correspond subsets $\{s, r(2,s), \ldots, r(k_s, s)\} \subset \{1, \ldots, m\}$ which give a partition of $\{1, \ldots, m\}$ and $j(p,s) = i_{r(p,s)}$. So if for a subset $P_t \subset \{1, \ldots, m\}$, $P_t = \{r(1), \ldots r(k)\}$, $r(1) <$

$r(2) < \cdots < r(k)$ we denote $X(P_t \mid i_1 \ldots i_m) = X_{i_{r(1)}} \ldots X_{i_{r(k)}}$ then we get a formula

$$\varphi(T_{i_m} \ldots T_{i_1}) = \sum_{\substack{\text{certain} \\ \text{partitions} \\ (P_1 \ldots P_r)}} \prod_{1 \le t \le r} X(P_t \mid i_1 \ldots i_m) \ .$$

The partitions occurring can be shown to be exactly the noncrossing partitions. Roughly this can be seen building on the remark that when computing from the right

$$(\ell^*_{i_m} \ell_{j(1,m)} \cdots \ell_{j(k_m,m)}) \cdots (\ell^*_{i_1} \ell_{j(1,1)} \cdots \ell_{j(k_1,1)})$$

we draw a bond between the elements which cancel with $\ell_{j(p,r)}$ and $\ell_{j(p+1,r)}$ we see all the elements as well as complete groups between the two must have already cancelled so the bond can be drawn so that it does not intersect any of the preceding bonds. Also, conversely, the noncrossing of a partition guarantees that the cancellations don't get into one another's way.

What we just sketched shows that

Theorem. *If μ and θ are as above, then*

$$\mu(X_{i_m} \ldots X_{i_1}) = \sum_{\substack{\text{noncrossing} \\ \text{partitions} \\ (P_1 \ldots P_r) \\ \text{of } \{1, \ldots m\}}} \prod_{1 \le t \le r} \theta(X(P_t \mid i_1 \ldots i_m)) \ .$$

5. Free Independence with Amalgamation

5.1 Classical background on conditional independence

Conditional independence can be viewed as replacing the scalars by an algebra (of random variables) and using instead of the expectation functional the conditional expectation.

Indeed let $(X, \Sigma, d\mu)$ be a probability space and let $\Xi \subset \Sigma$ be a sub-σ-algebra. Let $B = L^\infty(X, \Xi, d\mu) \subset A = L^\infty(X, \Sigma, d\mu)$ and let $E_B : A \to B$ be the conditional expectation. Then E_B is a projection of A onto B and is a B-module map, i.e. $E_B|_B = \mathrm{id}_B$ and $E_B(ab) = bE_B(a)$.

Let $(A_i)_{i \in I}$ be a family of subalgebras of random variables in $L^\infty(X, \Sigma, d\mu)$ such that $A_i \supset B$, $i \in I$. Then the conditional independence of the $(A_i)_{i \in I}$ w.r.t. Ξ is equivalent to the requirement

$$E_B(a_1 \ldots a_n) = 0$$

whenever $a_j \in \mathcal{A}_{i(j)}$, $E_B(a_j) = 0$ and $i(1), \ldots, i(n)$ are distinct.

A family of sets of random variables $(\Omega_i)_{i \in I} \subset A$ is conditionally independent w.r.t. Ξ if the algebras $\mathcal{A}_i$ generated by $\Omega_i \cup B$ are conditionally independent as above.

This way of looking at conditional independence carries over to free probability theory.

5.2 Conditional expectations in von Neumann algebras with trace state

(background)

The class of von Neumann algebras with a faithful trace-state is an operator algebra context with good existence results for conditional expectations. We briefly sketch some basic facts to provide the essential examples for the discussion of free independence with amalgamation.

Thus, consistent with the point of view adopted in 1.3, let $A \subset B(\mathcal{H})$, $I \in A$ be a von Neumann algebra and $\xi \in \mathcal{H}$, $\|\xi\| = 1$ a unit vector which defines the state $\varphi(\cdot) = \langle \cdot \xi, \xi \rangle$ on A. We will assume φ is a trace, i.e. $\varphi(T_1 T_2) = \varphi(T_2 T_1)$ if $T_1, T_2 \in A$ and we will assume φ is faithful, a condition equivalent to the requirement that ξ is a separating vector for A (see 2.14).

Let $I \in B \subset A$ be a von Neumann subalgebra.

Fact. *Let P denote the orthogonal projection of $\overline{A\xi}$ onto the subspace $\overline{B\xi}$. Then, P maps $A\xi$ into $B\xi$ and $Pa\xi = b\xi$, $a \in A$, $b \in B$ implies $\|b\| \leq \|a\|$. Moreover if $b_1, b_2 \in B$ and $Pa\xi = b\xi$ then $Pb_1 a b_2 \xi = b_1 b b_2 \xi$.*

We will not give a proof of the above, but let us make some remarks about what the statement involves.

The assumption that φ is a trace implies $\varphi(a^* a) = \varphi(a a^*)$ which gives $\|a\xi\| = \|a^*\xi\|$. Similarly $\langle a_1 \xi, a_2 \xi \rangle = \varphi(a_2^* a_1) = \langle a_2^* \xi, a_1^* \xi \rangle$.

Since $\overline{B\xi}$ is an invariant subspace for b and b^* we have $(I - P)bP = (I - P)b^* P = 0$ which taking adjoints give $Pb(I - P) = 0$ and then $Pb = bP$. In particular $Pb_1 a\xi = b_1 Pa\xi$.

Note also that the fact that $a\xi \to a^*\xi$ is isometric and $\overline{B\xi}$ is invariant under this map implies that P commutes with this isometry. Thus, if $Pa\xi = b\xi$ then $Pa^*\xi = b^*\xi$ which implies $Pb_2^* a^* \xi = b_2^* b^* \xi$ and then $Pab_2 \xi = P(b_2^* a^*)^* \xi = (b_2^* b^*)^* \xi = bb_2 \xi$.

These remarks are what is used in the proof except for showing that $Pa\xi \in B\xi$ and $\|a\| \geq \|b\|$ which is more involved.

The map $E_B : A \to B$ such that $Pa\xi = (E_B a)\xi$ is called the canonical conditional expectation of A onto B.

Note that $\varphi(a_2^* a_1) = \langle a_1\xi, a_2\xi \rangle$ defines a pre-Hilbert space structure on A and the corresponding norm $(\varphi(a^*a))^{\frac{1}{2}} = \|a\xi\|$ is denoted $|a|_2$.

Among the properties of E_B we mention

(1) $\|E_B(a)\| \leq \|a\|$

(2) $|E_B(a)|_2 \leq |a|_2$

(3) $a \geq 0 \Rightarrow E_B(a) \geq 0$

(4) $E_B(b_1 a b_2) = b_1 E_B(a) b_2$

(5) $E_B b = b$

(6) $\varphi \circ E_B = \varphi$

where $a \in A$ and $b, b_1, b_2 \in B$.

Example 1°. In case $A = L(G)$ acting on $\ell^2(G)$ take B the von Neumann subalgebra generated by $\lambda(G_1)$ where G_1 is a subgroup of G. The von Neumann trace τ can be obtained using the vector $\xi = e_e$. It is immediate that for a sum with finitely many non-zero c_g we have

$$E_B \sum_{g \in G} c_g \lambda(g) = \sum_{g \in G_1} c_g \lambda(g) \ .$$

2°. The classical conditional expectation corresponds to $A = L^\infty(X, \Sigma, d\mu)$, $B = L^\infty(X, \Theta, d\mu)$, $\mathcal{H} = L^2(X, \Sigma, d\mu)$, ξ being the constant function 1 in $L^2(X, \Sigma, d\mu)$. Here A acts on $\mathcal{H}$ as multiplication operators.

5.3 Noncommutative probability spaces over B and free independence over B

Definition. *If B is a unital algebra over $\mathbb{C}$, a noncommutative B-probability space is a pair $(\mathcal{A}, \Phi)$, where $\mathcal{A} \supset B$ is an algebra (same unit as B) and $\Phi : \mathcal{A} \to B$ is a $B-B$-bimodule map, i.e. linear and $\Phi(b_1 a b_2) = b_1 \Phi(a) b_2$ so that $\Phi(b) = b$ if $b \in B$. Elements in $\mathcal{A}$ are called B-random variables.*

Example: If $(\mathcal{A}, \varphi)$ is a W^*-probability space with a faithful trace-state φ and $I \in B \subset \mathcal{A}$ is a von Neumann subalgebra, then $(\mathcal{A}, E_B)$ where E_B is the canonical conditional expectation, is a noncommutative B-probability space.

Definition. *A family of subalgebras* $(\mathcal{A}_i)_{i \in I}$*, such that* $B \subset \mathcal{A}_i$*, in a* B*-probability space* $(\mathcal{A}, \Phi)$ *is* B*-freely independent if*

$$\Phi(a_1 \ldots a_n) = 0$$

whenever $\Phi(a_j) = 0$*,* $1 \le j \le n$*,* $a_j \in \mathcal{A}_{i(j)}$*, and* $i(j) \neq i(j+1)$*,* $1 \le j \le n-1$*.*

A family of subsets $(\Omega_i)_{i \in I} \subset \mathcal{A}$ is B-freely independent if the family of subalgebras $\mathcal{A}_i$ generated by $B \cup \Omega_i$ is B-freely independent.

Example. Let G be a group, $H \subset G$ a subgroup and $(G_i)_{i \in I}$ a family of subgroups in G such that $G_i \supset H$. The family $(G_i)_{i \in I}$ is free with amalgamation over H if $g_1 \ldots g_n \neq e$ whenever $g_j \in G_{i(j)}$, $i(j) \neq i(j+1)$, $1 \le j \le n-1$ and $g_j \in G_{i(j)} \backslash H$. Then the $L(G_i)_{i \in I}$ viewed as subalgebras of $L(G)$ are $L(H)$-freely independent in $(L(G), E_{L(H)})$ if and only if the subgroups $(G_i)_{i \in I}$ are free with amalgamation over H.

5.4 More on B-free probability theory

Many of the basics of free probability theory have generalizations to the B-valued case. There are notions of distribution of variables and free product constructions ([49],[56]). The canonical form, free convolution, R-transform have been generalized to this context ([56]). There is an alternative approach to these questions based on the combinatorics of non-crossing partitions ([44]). (Section 3 in [67] also summarizes some of the results in this area.)

6. Some Basic Free Processes

6.1 The semicircular functor (free analogue of the Gaussian functor)

In the classical context Gaussian processes can all be realized using the Gaussian process over a Hilbert space, or what amounts to much the same, the bosonic second quantization functor. In free probability theory there is a perfect parallel to this situation: the semicircle replaces the Gaussian law and there is a corresponding semicircular functor.

Theorem [49]. *Let* $\mathcal{H}$ *be a real Hilbert space,* $\mathcal{H}_{\mathbb{C}}$ *its complexification and* $T\mathcal{H}_{\mathbb{C}}$ *the Boltzmann-Fock space over* $\mathcal{H}_{\mathbb{C}}$ *(1.9.2°) and let* $s(h) = 2^{-1}(\ell(h) + \ell(h)^*)$ *if*

$h \in \mathcal{H}$. If $\Phi(\mathcal{H})$ denotes the von Neumann algebra generated by $\{s(h) \mid h \in \mathcal{H}\}$ and $\tau_{\mathcal{H}}$ the state $\langle \cdot 1, 1 \rangle$ on $\Phi(\mathcal{H})$ given by the vacuum vector $1 \in T\mathcal{H}_\mathbb{C}$, then

(i) $(\Phi(\mathcal{H}), T\mathcal{H}_\mathbb{C}, \tau_{\mathcal{H}})$ is isomorphic to $(L(F_{\dim \mathcal{H}}, \ell^2(F_{\dim \mathcal{H}}), \tau)$ where $F_{\dim \mathcal{H}}$ is a free group on $\dim \mathcal{H}$ generators. In particular $\tau_{\mathcal{H}}$ is a faithful trace-state on $\Phi(\mathcal{H})$ and 1 is a cyclic and separating vector.

(ii) The $\mathbb{R}$-linear map $\mathcal{H} \ni h \to s(h) \in \Phi(\mathcal{H})$ has the property that for any orthogonal system $(h_i)_{i \in I}$ of vectors in $\mathcal{H}$, the family of random variables $(s(h_i))_{i \in I}$ is free in $(\Phi(\mathcal{H}), \tau_{\mathcal{H}})$. Moreover, for any $h \in \mathcal{H}$, $2s(h)$ has a $(0, \|h\|^2)$ semicircular distribution.

(iii) If $T : \mathcal{H}_1 \to \mathcal{H}_2$ is a linear contraction and $T_\mathbb{C}$ its complexification let $T(T_\mathbb{C}) : T\mathcal{H}_{1\mathbb{C}} \to T\mathcal{H}_{2\mathbb{C}}$ be the map naturally induced. There is a unique map
$$\Phi(T) : \Phi(\mathcal{H}_1) \to \Phi(\mathcal{H}_2) \text{ such that}$$

$$(\Phi(T)(X))1 = T(T_\mathbb{C})(X1), \quad \forall \, X \in \Phi(\mathcal{H}_1) .$$

Moreover $\|\Phi(T)\| = \|T\| \le 1$, $\tau_{\mathcal{H}_2} \circ \Phi(T) = \tau_{\mathcal{H}_1}$, $X \ge 0 \Rightarrow \Phi(T)(X) \ge 0$, $\Phi(T)(I) = I$. If T is isometric then $\Phi(T)$ is an isometric injection and if T is a projection then $\Phi(T)$ is a canonical conditional expectation.

(iv) If $(\mathcal{H}_i)_{i \in I}$ is a family of orthogonal subspaces in $\mathcal{H}$, and $V_i : \mathcal{H}_i \to \mathcal{H}$ are the inclusions, then the family of subalgebras $(\Phi(V_i)\Phi(\mathcal{H}_i))_{i \in I}$ is free in $(\Phi(\mathcal{H}), \tau_{\mathcal{H}})$.

(v) Let $r(h)\xi = \xi \otimes h$, $h \in \mathcal{H}_\mathbb{C}$ be the right creation operator on $T\mathcal{H}_\mathbb{C}$ and $d(h) = 2^{-1}(r(h) + r(h)^*)$. Then the von Neumann algebra generated by $\{d(h) \mid h \in \mathcal{H}\}$ is the commutant of $\Phi(\mathcal{H})$.

We will not prove this theorem. Instead, here are some clarifying comments.

In the proof of the free central limit theorem (2.5) we saw that the $(0,1)$-semicircular variable has canonical form $\ell_1^* + \ell_1$. Moreover, the freeness assertion in (ii) follows from $1.9.2°$. These facts will give (ii) (and (iv)).

The isomorphism in (i) relies on the fact the the von Neumann algebras $W^*(\lambda(g))$, g a generator of a free group, and $W^*(s(h))$ are isomorphic: they are commutative and one is isomorphic to $L^\infty(\mathbb{T}, \text{Haar measure})$ and the other to $L^\infty([-\|h\|, \|h\|], \text{semicircular measure})$ and the isomorphism is a consequence of the isomorphism of the underlying measure spaces. Then each of the two algebras is generated by $\dim \mathcal{H}$ copies of such a commutative algebra, the copies being freely independent. Cyclicity of 1 is easy and 1 is separating because it is cyclic for the commutant described in (v).

(iii) is first proved for isometric T (obvious) and for T a projection (using the construction of the canonical conditional expectation). General T is dealt as a composition of inclusions and projections.

To understand (v) note the commutation relations

$$[\ell(h), r(k)] = [\ell(h)^*, r(k)^*] = 0$$
$$[\ell(k)^*, r(h)] = [r(k)^*, \ell(h)^*] = \langle h, k \rangle P$$

where P is the orthogonal projection onto $\mathbb{C}1$. In particular they imply the commutation of $s(h)$ and $d(k)$ if $h, k \in \mathcal{H}$.

If I is an index set and $C : I \times I \to \mathbb{C}$ is a non-negative kernel, the centered semicircular process with covariances given by C is obtained by considering a map $\gamma : I \to \mathcal{H}$ (some Hilbert space) so that $\langle \gamma(i), \gamma(j) \rangle = C(i, j)$ and taking $I \ni i \to 2s(\gamma(i)) \in \Phi(\mathcal{H})$.

In particular, Brownian motion corresponds classically to the map $[0, \infty) \ni t \to \chi_{[0,t]} \in L^2([0, \infty), d\lambda)$, where $\chi_{[0,t]}$ is the indicator function of $[0, t]$. The free analogue of Brownian motion is then given by $2s(\chi_{[0,t]})$ (this was used in [43]).

6.2 Free Poisson processes [32]

We explained in 2.8 and 3.3.2° how free Poisson variables arise from semi-circular variables and compressions. This is part of a bigger picture giving a realization of general Poisson processes over a set.

Theorem. *Let $(S_i)_{i \in I}$ be freely independent $(0, 1)$-semicircular variables and let $(\Omega_i)_{i \in I}$ be spaces of events with σ-algebras Σ_i and probability measures $d\omega_i$. Let further $(\Omega, \Sigma, d\omega)$ be the disjoint union of the $(\Omega_i, \Sigma_i, d\omega_i)$. Let (A_i, τ_i) be the W^*-probability space $L^\infty(\Omega_i, \Sigma_i, d\omega_i)$ with τ_i the expectation given by $d\omega_i$. Assume $(A_i)_{i \in I}$ and $(\{S_i\})_{i \in I}$ are all freely independent contained in (M, τ) a W^*-probability space with a faithful trace-state. Then if $\alpha_1, \ldots, \alpha_n \in \Sigma$ are disjoint with $\omega(\alpha_j) < \infty$, the variables*

$$Y(\alpha_j) = \sum_{i \in I} S_i \chi_{\alpha_j \cap \Omega_i} S_i$$

($\chi_{\alpha_j \cap \Omega_i}$ the indicator function of $\alpha_j \cap \Omega_i$ as an element in A_i) are freely independent with free Poisson distributions with parameters $a = \omega(\alpha)$, $b = 1$.

6.3 Stationary processes with free increments

The additive and multiplicative free convolution semigroups (2.11, 3.5, 3.6) give rise via free product constructions (1.11) to stationary processes with free increments. Here are the basic types in the case of bounded operators, i.e., semigroups of measures with compact support.

$1°$. **Additive.** The process is a family $\{X_t \mid t \in [0, \infty)\}$ in a W^*-probability space such that $X_t = X_t^*$, the increments $X_{s_2} - X_{s_1}$ $(0 \leq s_1 < s_2)$ are freely independent w.r.t. $\{X_r \mid 0 \leq r \leq s_1\}$ and the distribution of $X_{s_2} - X_{s_1}$ depends only on $s_2 - s_1$. Such processes arise from an initial data X_0 and an additive free convolution semigroup $(\mu_t)_{t \geq 0}$, where μ_t is the distribution of $X_{s+t} - X_s$.

$2°$. **Unitary multiplicative.** The process is a family $\{U_t \mid t \in [0, \infty)\}$ in a W^*-probability space such that the U_t are unitary operators and the left multiplicative increments $U_{s_2} U_{s_1}^{-1}$ $(0 \leq s_1 < s_2)$ are $*$-freely independent w.r.t. $\{U_r \mid 0 \leq r \leq s_1\}$ and the distribution of $U_{s_2} U_{s_2}^{-1}$ depends only on $s_2 - s_1$. Such a process arises from an initial data U_0 and a multiplicative free convolution semigroup $(\mu_t)_{t \geq 0}$ on $\mathbb{T}$, where μ_t is the distribution of $U_{s+t} U_s^{-1}$. Instead of left increments one can also consider processes with right increments.

$3°$. **Positive multiplicative.** The process is a family $\{X_t \mid t \in [0, \infty)\}$ in a W^*-probability space such that $X_t \geq 0$ with bounded inverses X_t^{-1}, and the increments $X_{s_1}^{-\frac{1}{2}} X_{s_2} X_{s_1}^{-\frac{1}{2}}$ $(0 \leq s_1 < s_2)$ are freely independent w.r.t. $\{X_r \mid 0 \leq r \leq s_1\}$ and the distribution of $X_{s_1}^{-\frac{1}{2}} X_{s_2} X_{s_1}^{-\frac{1}{2}}$ depends only on $s_2 - s_1$. Such a process arises from an initial data X_0 and a multiplicative free convolution semigroup $(\mu_t)_{t \geq 0}$ on $\mathbb{R}_{>0}$, where μ_t is the distribution of $X_{s_1}^{-\frac{1}{2}} X_{s_2} X_{s_1}^{-\frac{1}{2}}$. (There are variants of this with "outer" increments which involve an auxiliary process in the description.)

With some technical modifications all this can also be done for the case of unbounded supports. The key to this extension is that all these processes give rise to von Neumann algebras with faithful trace states (see 1.10.3°) and that in these algebras there is a good theory of affiliated unbounded operators. The affiliated unbounded operators can be described in various ways, one being as elements of the ring of fraction w.r.t. the multiplicative system of injective elements. The remarkable feature of these is that they can be added and multiplied without the usual headaches caused by domains of definition.

6.4 The Markov transitions property of processes with free increments [10]

One way to describe noncommutative processes, which extends the processes consisting of parametrized families of noncommutative random variables considered in the previous sections, is to deal with parametrized families of homomorphisms. This means to view a self-adjoint element $X_t \in M$ (M a von Neumann algebra) as giving a homomorphism $j_t : C_b(\mathbb{R}) \to M$ of the bounded continuous functions on $\mathbb{R}$ to M, where $j_t(f) = f(X_t)$ or a homomorphism $j_t : C(\mathbb{T}) \to M$ in the unitary case, so that $j_t(f) = f(X_t)$. The study of such more general processes, the algebras of continuous functions being replaced by general C^*-algebras, has received much attention in noncommutative probability theory (iterate the bibliography operator starting with [8],[10],[27],[36] on the present list of references).

In this framework, let $j_t : A \to M$, $t \geq 0$ be unital $*$-homomorphisms of the unital C^*-algebra A into the von Neumann algebra M which has a faithful trace-state.

One important Markovian property such processes may exhibit is the existence of a Markov transitions system, i.e., maps $\prod_{s,t} : A \to A$, $0 \leq s < t$, $\|\prod_{s,t}\| \leq 1$, $\prod_{s,t}(1) = 1$, $\prod_{s,t}$ completely positive (i.e., the induced maps $A \otimes M_n \to A \otimes M_n$, $\prod_{s,t} \otimes \mathrm{id}_{M_n}$ take positive elements to positive elements for all $n \geq 1$) so that $\prod_{s,t} \circ \prod_{t,r} = \prod_{s,r}$ if $s \leq t \leq r$. The required connection with the process $(j_t)_{t \geq 0}$ being that if $s \leq t$ then

$$E_s j_t(a) = j_s\left(\prod_{s,t}(a)\right), \qquad a \in A$$

where E_s is the canonical conditional expectation of M onto $W^*(\bigcup_{0 \leq u \leq s} j_u(A))$.

Note that this is substantially more than the fact that $E_s j_t = E_{\{s\}} j_t$ where we denoted by $E_{\{s\}}$ the canonical conditional expectation onto $W^*(j_s(A))$.

The existence of Markov transitions for additive processes with free increments (respectively, multiplicative unitary processes with free increments (no stationarity) was proved in [10]. The key fact is a property of addition (respectively, multiplication) of freely independent random variables.

Theorem [10]. Let $X = X^*$, $Y = Y^*$ be freely independent in (M, τ) where M is a von Neumann algebra with faithful trace-state. Let μ and ν be the distributions of X and Y and E the conditional expectation onto $W^*(\{X\})$. Then there is a Feller kernel $K = k(x, du)$ on $\mathbb{R} \times \mathbb{R}$ and an analytic function F on $\mathbb{C}\backslash\mathbb{R}$

such that

(i) *For any bounded continuous function f on $\mathbb{R}$,*

$$Ef(X + Y) = (Kf)(X)$$

where $(Kf)(t) = \int f(u)k(t, du)$.

(ii) $F(\bar{\zeta}) = \overline{F(\zeta)}$, $\operatorname{Im} \zeta > 0 \Rightarrow \operatorname{Im} F(\zeta) > 0$. $(iy)^{-1}F(iy) \to 1$ *as $y \to +\infty$.*

(iii) *For all $\zeta \in \mathbb{C}\backslash\mathbb{R}$, $t \in \mathbb{R}$,*

$$\int_{\mathbb{R}} (\zeta - u)^{-1}k(t, du) = (F(\zeta) - t)^{-1}$$

(iv) *With $G_\mu, G_{\mu \boxplus \nu}$ denoting Cauchy transforms, we have*

$$G_\mu(F(\zeta)) = G_{\mu \boxplus \nu}(\zeta) \ .$$

Under genericity conditions, the analytic subordination property (iv) was proved earlier in [57], where it was used to prove inequalities on L^p-norms of densities for $\mu \boxplus \nu$ (2.13.3°).

6.5 Free Markovianity ([65])

The Markov transitions property we discussed in the previous section is a general Markovian feature not connected to any particular type of independence. In this section we look at the free correspondent of the weak Markovian feature that the future and past are conditionally independent over the present, which involves the type of independence considered.

Since conditional independence in free probability corresponds to free independence over a subalgebra it is clear what free Markovianity should be. Thus, *in a W^*-probability space (M, τ) where τ is a faithful trace-state, a triple A, B, C of W^*-subalgebras containing I in M (past, present, future) is freely Markovian if A and C are B-free in (M, E_B).*

A process $(j_t)_{t \geq 0}$ where $j_t : A \to M$ are unital $*$-homomorphisms is called *freely Markovian* if for every $t > 0$ the triple $W^*(\bigcup_{0 \leq s \leq t} j_s(A))$, $W^*(j_t(A))$, $W^*(\bigcup_{t \leq r < \infty} j_r(A))$ is freely Markovian.

The three types of processes with free increments in 6.3 (no stationarity required) are all freely Markovian.

6.6 Further results

1°. **Circular variables.** The free analogue of complex Gaussian variables are the circular variables $c = S_1 + iS_2$, where S_1, S_2 are freely independent and $(0, r)$-circular (see [53]). The realization of free Poisson processes in 6.2 also holds with the freely independent semicircular elements replaced by ∗-freely independent circular elements ([32]).

2°. **Deformation of the semicircular functor.** There is a deformation of the creation and annihilation operators and of the full Fock space so that the relations

$$\ell_i^* \ell_j - \mu \ell_j \ell_i^* = \delta_{ij} I$$

hold where $\mu \in [-1, 1]$. The free case is $\mu = 0$, $\mu = 1$ the classical (bosonic) case and $\mu = -1$ the anticommuting case (see [16],[17]).

3°. **Free dilation of Markov transitions.** A construction of an associated process based on free products for a system of Markov transitions is given in [36].

4°. **Another kind of realization of free Poisson variables** is given in [44].

7. Random Matrices in the Large N Limit

7.1 Asymptotic free independence for Gaussian matrices ([52])

The semicircle law, which plays the role of the normal distribution in free probability, had made a noted earlier appearance in Wigner's work [68],[69], as the limit distribution of eigenvalues of a large Gaussian random matrix. This is not a mere coincidence. The explanation I found is that free independence occurs asymptotically in large random matrices.

For random matrices we use the noncommutative probability framework we explained in Examples 1.4.3° and 1.6.2° i.e.

$$\mathcal{A}_n = \bigcap_{1 \leq p < \infty} L^p(X, M_n, d\sigma)$$

$$\varphi_n(T) = \int n^{-1} \operatorname{Tr}(T(x)) d\sigma(x).$$

Moreover, if $T = T^*$ then $\mu_T = \int n^{-1} \left(\sum_{1 \leq j \leq n} \delta_{\lambda_j(x)} \right) d\sigma(x)$.

Theorem. *Let*

$$G_{s,n} \in \mathcal{A}_n \quad s \in \mathbb{N}$$

be self-adjoint random matrices, which are independent as matrix-valued random variables and such that for the entries $a(i,j;n,s)$ of $G_{s,n}$ we have $(\operatorname{Re} a(i,j;n,s))_{1 \le i \le j \le n}$, $(\operatorname{Im} a(i,j;n,s))_{1 \le i < j \le n}$, $(a(j,j;n,s))_{1 \le j \le n}$ are Gaussian and independent, the variables in the first two groups being $(0,(2n)^{-1})$ and those in the third $(0,n^{-1})$. Let further $D_n \in \mathcal{A}_n$ be a diagonal matrix with constant entries $(d(j;n))_{1 \le j \le n}$ so that $\sup \|D_n\| < \infty$ and μ_{D_n} has a weak $*$-limit. Then $D_n, G_{1,n}, G_{2,n}, \ldots$ are asymptotically freely independent as $n \to \infty$.

Before discussing the proof, a *definition of asymptotical free independence* is required. It means that *the joint distribution of $D_n, G_{1,n}, G_{2,n}, \ldots$ as a functional $\mu_n : \mathbb{C}\langle D, X_1, X_2, \ldots \rangle \to \mathbb{C}$ has a pointwise limit μ_∞ as $n \to \infty$ and $D_n, X_1, X_2, \ldots$ are freely independent in $(\mathbb{C}\langle D, X_1, X_2, \ldots \rangle, \mu_\infty)$* (equivalently μ_∞ is a distribution of freely independent variables).

The proof sketched below is the original proof in [52] which involves also a central limit process. (For a shorter recent proof with more combinatorics see [38].) To simplify matters I will ignore the diagonal matrix D (actually the theorem with a D can be derived from the theorem without one).

The rough idea of the proof is: by the assumptions $G_{1,n}, G_{2,n}, \ldots$ can be viewed trivially as the result of a central limit process. A central limit process gives rise to free random variables if some freeness up to second order holds. Then freeness up to second order (roughly) is checked directly.

Central Limit Lemma. *Let T_j $(j \in \mathbb{N})$ be noncommutative random variables in (A, φ), where φ is a trace. Assume:*

1°. $\sup_{(j_1,\ldots,j_k) \in \mathbb{N}^k} |\varphi(T_{j_1} \ldots T_k)| \le C_k < \infty$.

2°. *Let $\alpha : \{1, \ldots, m\} \to \mathbb{N}$, then*

a) $|\alpha^{-1}(\alpha(1))| = 1$ *implies*

$$\varphi(T_{\alpha(1)} \ldots T_{\alpha(m)}) = 0.$$

b) $\alpha(1) = \alpha(2)$ *and* $|\alpha^{-1}(p)| \le 2$ *for all p implies*

$$\varphi(T_{\alpha(1)} \ldots T_{\alpha(m)}) = \varphi(T_{\alpha(3)} \ldots T_{\alpha(m)}).$$

c) $\alpha(m) \ne \alpha(1)$, $\alpha(p) \ne \alpha(p+1)$ *and* $|\alpha^{-1}(p)| \le 2$ *for all p, implies*

$$\varphi(T_{\alpha(1)} \ldots T_{\alpha(m)}) = 0.$$

Let $\beta : \mathbb{N} \times \mathbb{N} \to \mathbb{N}$ be a bijection and

$$X_{m,N} = N^{-1/2} \sum_{1 \leq j \leq n} T_{\beta(m,j)}.$$

Then:

(A) $(X_{k,N})_{k \in \mathbb{N}}$ has a limit distribution as $N \to \infty$, independent of the choice of the $T_{j,n}$.

(B) The assumptions of the lemma are satisfied by $(T_j)_{j \in \mathbb{N}}$ freely independent and $(0,1)$ semicircular. Hence:

(C) The limit distribution of $(X_{m,N})_{m \in \mathbb{N}}$ is that of a freely independent family of $(0,1)$-semicircular variables.

Part (A) in the lemma is proved by showing that a limit of a moment can be computed (without paying any attention to what the limit is) i.e. terms involving more than twice each T_j disappear as $N \to \infty$ etc.

Proof of the Theorem (Sketch). One shows $T_1 = G_{1,n}$, $T_2 = G_{2,n}, \ldots$ satisfy the lemma asymptotically as $n \to \infty$. Then the central limit process yields freely independent semicircular variables. Note however that the central limit process applied to the $G_{j,n}$ yields a family of variables with the same distribution etc. As an example of what is involved in checking the assumptions of the lemma, here is how one deals with $2°$ c).

It must be shown

$$\varphi_n(G_{\alpha(1),n} \ldots G_{\alpha(m),n}) \to 0$$

as $n \to \infty$ if $|\alpha^{-1}(p)| \leq 2$ and $\alpha(p) \neq \alpha(p+1)$, $\alpha(m) \neq \alpha(1)$ for all p. For simplicity assume each $G_{\alpha(j),n}$ occurs exactly twice. So there is a permutation $\gamma : \{1, \ldots, m\} \to \{1, \ldots, m\}$, $\gamma^2 = $ id without fixed points, so that $\alpha(\gamma(j)) = \alpha(j)$ and $\gamma(j) - j \not\equiv \pm 1 \mod m$. Then

$$\varphi_n(G_{\alpha(1),n} \ldots G_{\alpha(m),n}) =$$
$$= n^{-1} \sum a(i_1, i_2; n, \alpha(1)) a(i_2, i_3; n, \alpha(2)) \ldots a(i_m, i_1; n, \alpha(m)).$$

Since $a(i_k, i_{k+1}; n, \alpha(k))$ and $a(i_l, i_{l+1}; n, \alpha(l))$ are independent unless $l = \gamma(k)$ and $i_k = i_{l+1}$, $i_l = i_{k+1}$, we infer $i_j = i_{\gamma(j)+1}$. Thus $\varphi_n(G_{\alpha(1),n}, \ldots, G_{\alpha(m),n}) = n^{-1} \cdot n^{-m/2} \cdot n^{\#\text{ independent indices}}$. Consider the graph with vertices $1, \ldots, m$ and edges $[1,2], [2,3], \ldots, [m-1,m], [m,1]$. Identify $[j, j+1]$ with $[\gamma(j) + 1, \gamma(j)]$ (orientation is reversed). Since adjacent sides are not identified, the quotient graph has at most $m/2$ vertices. The number of vertices of the quotient graph

is the number of independent indices. Hence
$\varphi_n(G_{\alpha(1),n}, \ldots, G_{\alpha(m),n}) = O(n^{-1})$ goes to zero as $n \to \infty$. □

7.2 Asymptotic free independence for unitary matrices ([52])

Having established asymptotic free independence for Gaussian matrices other results on random matrices can be obtained using functional calculus.

Theorem. *Let $(V(j,n)))_{j\in\mathbb{N}}$ be independent $n \times n$ unitary random matrices, uniformly distributed on $U(n)$ (according to Haar measure) and $W(n)$ a constant unitary $n \times n$ random matrix with limit distribution. Then $(\{V(j,n), V^*(j,n)\})_{j\in\mathbb{N}}$ and $\{W(n), W^*(n)\}$ are a family of pairs which is asymptotically freely independent. Moreover, the limit distribution of $V(j,n)$ is Haar measure on the unit circle.*

Idea of Proof. Like in the Gaussian case the diagonal matrix will be overlooked. Let $(G_{s,n})_{s\in\mathbb{N}}$ be Gaussian random matrices like in 7.1 and let

$$\Gamma_{s,n} = G_{2s-1,n} + \sqrt{-1}G_{2s,n},$$

which are complex independent random matrices with i.i.d. complex Gaussian entries for which the real and imaginary parts are independent and $(0,(2m)^{-1})$. The classical distribution of $\Gamma_{s,n}$ is the Gaussian probability measure on M_n corresponding to a Hilbert-space structure with scalar product proportional to the Hilbert–Schmidt norm. Such a measure is invariant under the action of $U(n)$ on M_n given by left multiplication. Hence if $\Gamma_{s,n}$ has polar decomposition $\Gamma_{s,n} = W_{s,n}(\Gamma_{s,n}^*\Gamma_{s,n})^{1/2}$ then $W_{s,n}$ is a.e. unitary and has distribution Haar measure on $U(n)$. Hence $(W_{j,n})_{j\in\mathbb{N}}$ is a family of random matrices with the same distribution as the $(V(j,n))_{j\in\mathbb{N}}$ and so it suffices to prove asymptotic free independence for the $(\{W_{j,n}, W_{j,n}^*\})_{j\in\mathbb{N}}$. Note that if the $W_{s,n}$ were polynomials in $\Gamma_{s,n}^*$ and $\Gamma_{s,n}$ this would follow from the Gaussian result. Since the polar decomposition is a limit of polynomials there are some technicalities to deal with this limit. □

Remark. a) The Gaussian random matrix result implies that for every noncommutative polynomial P we have

$$\lim_{n\to\infty} \varphi_n(P(G_{1,n}, \ldots, G_{m,n})) = \langle P(2s(e_1), \ldots, 2s(e_m))1, 1 \rangle$$

where $2s(e_j) = l(e_j) + l^*(e_j)$ on the Boltzmann-Fock-space.

b) Similarly, the unitary random matrix result implies that if

$$P(X_1, \ldots, X_m, X_1^*, \ldots, X_m^*)$$

is a noncommutative polynomial and $g_1, \ldots, g_m$ are the generators of a free group and τ is the von Neumann trace then for the left regular representation λ we have

$$\lim_{n \to \infty} \varphi_n(P(V(1,n), \ldots, V(m,n), V^*(1,n), \ldots, V^*(m,n)) =$$
$$= \tau(P(\lambda(g_1), \ldots, \lambda(g_m), \lambda(g_1^{-1}), \ldots, \lambda(g_m^{-1}))).$$

The asymptotic free independence result combined with the Gromov–Milman concentration results [24] give a stronger result.

Theorem. *Given $\varepsilon > 0$ and a non-trivial word*

$$g = g_{i_1}^{k_1} \cdots g_{i_m}^{k_m}$$

in the free group on k generators $F(k)$ ($m \geq 1, k_j \neq 0, i_s \neq i_{s+1}$) let $\Lambda_n(g) = \{(u_1, \ldots, u_k) \in (U(n))^k \| n^{-1} \operatorname{Tr}(u_{i_1}^{k_1} \ldots u_{i_m}^{k_m})| < \varepsilon\}$. Then $\lim_{n \to \infty} \mu_n(\Lambda_n(g)) = 1$ (μ_n Haar measure on $(U(n))^k$).

7.3 Corollaries of the basic asymptotic free independence results

For each n let $\lambda_1(n) \leq \lambda_2(n) \leq \cdots \leq \lambda_n(n)$ and $\mu_1(n) \leq \mu_2(n) \leq \cdots \leq \mu_n(n)$ in $[-C, C]$ be such that

$$n^{-1}(\delta_{\lambda_1(n)} + \cdots + \delta_{\lambda_n(n)}) \to \alpha$$
$$n^{-1}(\delta_{\mu_1(n)} + \cdots + \delta_{\mu_n(n)}) \to \beta$$

weak* as $n \to \infty$. Let $A(n), B(n)$ be independent random matrices uniformly distributed on the $n \times n$ hermitian matrices with eigenvalues $\lambda_1(n) \leq \cdots \leq \lambda_n(n)$ and respectively $\mu_1(n) \leq \cdots \leq \mu_n(n)$ (i.e. w.r.t. the $U(n)$-invariant measures on such matrices). The $A(n)$ and $B(n)$ are asymptotically freely independent.

Idea of Proof. $A(n) = V_1(n)D_1(n)V_1(n)^*$, $B(n) = V_2(n)D_2(n)V_2(n)^*$ where $V_1(n), V_2(n)$ are independent Haar distributed unitary random matrices and $D_1(n), D_2(n)$ are diagonal with the given eigenvalues. We can arrange to reduce to the case when $D_1(n) = f_1(D(n))$ and $D_2(n) = f_2(D(n))$ some suitable functions f_1, f_2. Then we can realize the limit distribution as the distribution of variables in $(L(F(3)), \tau)$, $F(3)$ a free group on generators g_1, g_2, g_3. Indeed $(V_1(n), V_2(n), D(n), A(n), B(n))$ converges in $*$-distribution to

$$(\lambda(g_1), \lambda(g_2), H(\lambda(g_3)), \lambda(g_1) f_1(H(\lambda(g_3))) \lambda(g_1)^{-1}, \lambda(g_2) f_2(H(\lambda(g_3))) \lambda(g_2)^{-1}),$$

where H is a suitable real-valued function on the unit circle. Note that the last two variables are $f_1(H(\lambda(g_1 g_3 g_1^{-1})))$, $f_2(H(\lambda(g_2 g_3 g_2^{-1})))$. The free independence of these variables follows from the algebraic freeness of the subgroups $((g_1 g_3 g_1^{-1})^n)_{n \in \mathbb{Z}}$ and $((g_2 g_3 g_2^{-1})^n)_{n \in \mathbb{Z}}$ in $F(3)$. □

Having these asymptotic free independence results, limit distributions of various random matrices can be computed using the free convolution machinery. This yields immediately as corollaries many such distributions which had been computed with ad hoc means.

Let $A(n), B(n), D_1(n), D_2(n)$ be as above with limit distributions α, β, then:

a) *the limit distribution of $A(n) + B(n)$ is $\alpha \boxplus \beta$.*

b) *if the eigenvalues of $A(n), B(n)$ are nonnegative, then the limit distribution of*
   $A(n)^{1/2} B(n) A(n)^{1/2}$ *is $\alpha \boxtimes \beta$.*

   item"c)" *the limit distribution of $A(n) + D_2(n)$ is $\alpha \boxplus \beta$.*

d) *the limit distribution of $A(n)^{1/2} D_2(n) A(n)^{1/2}$ (when the eigenvalues are positive) is $\alpha \boxtimes \beta$.*

Since Gaussian random matrices realize asymptotically freely independent semicircular variables, they can be used to give *asymptotic realizations of semicircular processes*. In general letting each of the entries not bound by self-adjointness requirements, carry out scaled independent Gaussian processes of the required type will asymptotically yield the corresponding semicircular process.

Similarly the results of [32] when combined with the asymptotic free independence results for random matrices yield *asymptotic realizations of free Poisson processes*.

Let for instance for each $n \in \mathbb{N}$, $a_{ij}(n)$, $1 \leq i \leq n$, $1 \leq j < \infty$ be independent complex Gaussian with independent real and imaginary parts which are $(0, \frac{1}{n})$. Let further $\Gamma_t(n)$ be the $n \times [tn]$ matrix with entries $a_{ij}(n)$, $1 \leq i \leq n$, $1 \leq j \leq [tn]$. Then $(\Gamma_t(n)\Gamma_t(n)^*)_{t \geq 0}$ as $n \to \infty$ converges in distribution to a free Poisson process.

7.4 Further asymptotic free independence results

1°. **Symmetric and orthogonal matrices.** There are variants of the basic results for symmetric instead of hermitian and orthogonal instead of unitary matrices [52].

2°. **Fermionic entries.** Instead of Gaussian entries fermionic entries can be considered with the same conclusion [52].

3°. **Non-Gaussian entries.** Asymptotic free independence has also been proved for matrices with i.i.d. entries with non-Gaussian distributions [21].

4°. **Permutation matrices.** Asymptotic freeness also holds for independent permutation matrices uniformly distributed on the symmetric group [30].

5°. **Asymptotic realizations of multiplicative processes.** By analogy with the Gaussian case, Brownian motions on the unitary group and on positive matrices provide asymptotic realizations of the corresponding multiplicative processes with free increments [11].

6°. **Asymptotics of group representations.** Asymptotic free independence also has connections with the asymptotics of representations of unitary and symmetric groups. In particular certain asymptotics of the decomposition into irreducibles of tensor products of irreducible representations and decompositions into irreducibles of restrictions are described by additive and respectively multiplicative free convolution [9],[14].

7°. **Large N Yang–Mills 2D QCD.** The Wilson loop variables in the 2-dimensional Yang–Mills large N quantum chromodynamics are asymptotically freely independent if the interiors of the loops are disjoint. In particular with parameter the area of the interior, they form a multiplicative process with free increments [42],[20],[23],[70].

8°. **Gaussian random band matrices.** Gaussian random band matrices in the large N limit can also be handled with free probability techniques, provided free independence with amalgamation over the diagonal matrices is used [40].

9°. **Asymptotic freeness with general constant matrices.** Strengthened asymptotic freeness results hold with the constant diagonal matrices replaced by general matrices [64].

8. Free Entropy

8.1 Clarifications

Free entropy is the free analogue of Shannon's entropy of a n-tuple of real random variables. To find a definition of free entropy I had to go back to the statistical mechanics roots of entropy, the Boltzmann formula. This together with the occurrence of freeness in the asymptotics of large random matrices led to the "matricial microstates" approach to free entropy [58]. From a physics point of view this seems a quite satisfactory definition. Many (but not all) of the expected properties of this quantity have been established and there have been striking applications to the solution of some old operator algebra problems. The technical difficulties to have a complete theory based on matricial microstates are however not to be overlooked, they involve in particular the solution to Alain Connes' well-known embedding of II_1 factors into the ultraproduct of the hyperfinite factor problem and many matricial problems.

In [61] I therefore began developing a second approach to free entropy which is "microstates-free". For this new approach I had to look at the statistical roots of entropy, Fisher's information. The free analogue of Fisher's information is related to a noncommutative generalization of the Hilbert transform. On this route there are other operator algebra problems which need to be solved.

At present free entropy theory encompasses two regions, a "matricial microstates" region and a "microstates-free" region with a number of bridges between the two. Ultimately my expectation is the solutions to the technical problems will be found and the two regions will be parts of a complete free entropy theory.

The exposition here will sketch the two approaches (mostly without proofs) accompanied by some classical background for a better perspective.

8.2 Background on classical entropy via microstates

The entropy of a n-tuple $(f_1, \ldots, f_n)$ of real-valued random variables is given by

$$H(f_1, \ldots, f_n) = - \int p(t_1, \ldots, t_n) \log p(t_1, \ldots, t_n) dt_1, \ldots, dt_n$$

in case their joint distribution on $\mathbb{R}^n$ is absolutely continuous w.r.t. Lebesgue measure, $p(t_1, \ldots, t_n)$ denoting the density and the entropy is $-\infty$ otherwise.

On the other hand, in statistical mechanics the entropy S of a state is given by the Boltzmann formula $S = k \log W$, where W is the Wahrscheinlichkeit of the state. Here the state is thought to be a "macro-state" the probability W of which is found by counting the "micro-states" that correspond to it.

The formula for $H(f_1,\ldots,f_n)$ can roughly be derived from the Boltzmann formula by assigning to each degree of approximation some set of approximating microstates and taking then a normalized limit of the logarithm of the volume of microstates as approximation improves.

For each $m \in \mathbb{N}$, $k \in \mathbb{N}$, $\varepsilon > 0$, $R > 0$ define $G_R(f_1,\ldots,f_n; m,k,\varepsilon)$ the set of approximating microstates to be the set of n-tuples $(a_j)_{1\leq j\leq n}$ of functions $a_j : \{1,\ldots,k\} \to \mathbb{R}$, $\|a_j\|_\infty < R$, so that

$$|E_k(a_1^{m_1} a_2^{m_2} \ldots a_n^{m_n}) - E(f_1^{m_1} f_2^{m_2} \ldots f_n^{m_n})| < \varepsilon$$

for all $m_j \in \mathbb{N}$, $m_j \leq m$ ($1 \leq j \leq n$). Here E is the expectation on the space where $f_1,\ldots,f_n$ live, while E_k is the expectation for random variables on $\{1,\ldots,k\}$ for the measure which assigns probability k^{-1} to every atom. Moreover for simplicity assume $f_1,\ldots,f_n$ are bounded.

Then taking

$$\limsup_{k\to\infty}(k^{-1}\log\operatorname{vol}G_R(f_1,\ldots,f_n; m,k,\varepsilon) + c(n,k))$$

for some suitable normalization constants $c(n,k)$ (vol is the euclidean volume on $\mathbb{R}^k$ identified with the functions on $\{1,\ldots,k\}$) and then followed with

$$\sup_{R>0}\ \inf_{m\in\mathbb{N}}\ \inf_{\varepsilon>0}$$

one gets $H(f_1,\ldots,f_n)$. Note that the lim sup could actually be replaced with lim inf yielding the same result.

Remark also that instead of functions $a_j : \{1,\ldots,k\} \to \mathbb{R}$ we could have taken self-adjoint diagonal $k \times k$ matrices with the expectation E_k corresponding to the normalized trace $k^{-1}\operatorname{Tr}_k$ on the space Δ_k of such matrices.

8.3 Free entropy via matricial microstates [58]

The free entropy $\chi(X_1,\ldots,X_n)$ is defined for n-tuples of self-adjoint noncommutative random variables in a W^*-probability space (M,τ) where τ is a trace state. (The typical example being the W^*-algebras of discrete groups $(L(G),\tau)$.)

The set of approximating microstates $\Gamma_R(X_1,\ldots,X_n; m,k,\varepsilon)$ where $R > 0$, $m \in \mathbb{N}$, $k \in \mathbb{N}$, $\varepsilon > 0$ is defined to be the set of n-tuples $(A_1,\ldots,A_n) \in (M_k^{sa})^n$ so that

$$|\tau(X_{i_1}\ldots X_{i_p}) - k^{-1}\operatorname{Tr}(A_{i_1}\ldots A_{i_p})| < \varepsilon$$

for all $1 \leq p \leq m$, $(i_1, \ldots, i_p) \in \{1, \ldots, n\}^p$ and $\|A_j\| \leq R$, $1 \leq j \leq n$. With vol denoting the volume on $(M_k^{sa})^n$ for the scalar product

$$\langle (A_j)_{1 \leq j \leq n}, (B_j)_{1 \leq j \leq n} \rangle = \sum_{1 \leq j \leq n} \mathrm{Tr}\, A_j B_j,$$

we take

$$\limsup_{k \to \infty} \left(k^{-2} \log \mathrm{vol}\, \Gamma_R(X_1, \ldots, X_n;\, m, k, \varepsilon) + \frac{n}{2} \log k \right)$$

and then define $\chi(X_1, \ldots, X_n)$ to be

$$\sup_{R > 0}\ \inf_{m \in \mathbb{N}}\ \inf_{\varepsilon > 0}$$

of that quantity.

Remarks. 1°. The reason why matricial microstates define an entropy quantity with the right behavior w.r.t. free independence is related to the asymptotic freeness of large random matrices.

2°. Unfortunately our knowledge about the sets Γ_R, except for some important particular cases, is quite scarce and we don't know whether the lim sup in the definition of χ can be replaced with the lim inf without changing χ. A way around is to take a limit after an ultrafilter (see [64]).

3°. The cutoff given by R plays a minor role, as soon as $R \geq \max\{\|X_j\| : 1 \leq j \leq n\}$ the quantity we obtain is the same.

8.4 Properties of $\chi(X_1, \ldots, X_n)$

1°. $\chi(X_1, \ldots, X_n) \leq \frac{n}{2} \log(2\pi e n^{-1} C^2)$ where $C'^2 = \tau(X_1^2 + \cdots + X_n^2)$ ([58]). This is the analogue of the Gaussian bound for H. It is obtained by binding vol Γ_R with the volume of the ball of radius C.

2°. **Semicontinuity** ([58]). If $(X_1^{(p)}, \ldots, X_n^{(p)})$ converges strongly to $(X_1, \ldots, X_n)$ then $\limsup_{p \to \infty} \chi(X_1^{(p)}, \ldots, X_n^{(p)}) \leq \chi(X_1, \ldots, X_n)$.

3°. **Subadditivity** ([58]). $\chi(X_1, \ldots, X_{m+n}) \leq \chi(X_1, \ldots, X_m) + \chi(X_{m+1}, \ldots, X_{m+n})$. This is just the inclusion

$$\Gamma_R(X_1, \ldots, X_{m+n}; \ldots) \subset \Gamma_R(X_1, \ldots, X_m; \ldots) \times \Gamma_R(X_{m+1}, \ldots, X_{m+n}; \ldots).$$

4°. **Additivity under freeness assumptions.** *If $X_1, \ldots, X_n$ are freely independent then* $\chi(X_1, \ldots, X_n) = \chi(X_1) + \cdots + \chi(X_n)$ ([58]). The proof uses the asymptotic freeness for random matrices. In this case the definition of $\chi(X_1, \ldots, X_n)$ with lim sup or lim inf gives the same result.

For groups of random variables we have (see [64]) using strengthened asymptotic freeness results for random matrices: *if* $\{X_1, \ldots, X_n\}$ *and* $\{Y_1, \ldots, Y_m\}$ *are freely independent then*

$$\chi_\omega(X_1, \ldots, X_n, Y_1, \ldots, Y_m) = \chi_\omega(X_1, \ldots, X_n) + \chi_\omega(Y_1, \ldots, Y_m).$$

Here χ_ω is the modified χ with lim sup replaced by the lim after the ultrafilter ω on $\mathbb{N}$.

5°. $n = 1$ ([58]). *If* X *has distribution* μ *then*

$$\chi(X) = \iint \log |s - t| d\mu(s) d\mu(t) + \frac{3}{4} + \frac{1}{2} \log 2\pi.$$

Up to constants, this is minus the logarithmic energy of μ.

Intuitively, such a formula can be expected for the following reason. Let $\mu_1 < \cdots < \mu_k$ be the eigenvalues of a matrix A such that $k^{-1} \sum_{1 \leq j \leq k} \delta_{\mu_j}$ is a "good approximant" of the distribution μ. Then the microstates of A are an ε-neighborhood of the unitary orbit $\{UAU^* \mid U \in \mathcal{U}(k)\}$ of A. The volume of the unitary orbit is, up to constants depending on k, given by

$$\prod_{1 \leq p < q \leq k} |\mu_p - \mu_q|^2.$$

Thus the normalized logarithm of the volume, up to additive constants, should be the limit of

$$k^{-2} \sum_{p \neq q} \log |\mu_p - \mu_q|$$

which is

$$\iint \log |s - t| d\mu(s) d\mu(t).$$

6°. **Change of variable formula** [58]. *Let* $F = (F_1, \ldots, F_n)$ *be a* n-*tuple of power series in the noncommuting indeterminates* $t_1, \ldots, t_n$

$$F_j(t_1, \ldots, t_n) = \sum_{k \geq 0} \sum_{1 \leq i_1, \ldots, i_k \leq n} c^{(j)}_{i_1, \ldots, i_k} t_{i_1} \ldots t_{i_k}.$$

Under suitable conditions on F *we have*

$$\chi(F_1(X_1), \ldots, F_n(X_n)) = \chi(X_1, \ldots, X_n) + \log |\det |(DF(X_1, \ldots, X_n)).$$

This statement requires several clarifications. The conditions on F are roughly:

(i) $F_j^* = F_j$ $(1 \leq j \leq n)$ i.e. (formally)

$$(F_j(t_1^*, \ldots, t_n^*))^* = F_j(t_1, \ldots, t_n).$$

(ii) Convergence radii conditions for the F_j's.

(iii) The transformation F has an inverse of the same kind (i.e. power series with radii of convergence conditions).

$DF(X_1, \ldots, X_n)$ is the differential of F viewed as an element in $\mathcal{M}_n \otimes M \otimes M^{\mathrm{op}}$ i.e. a $n \times n$ matrix with entries in $M \otimes M^{\mathrm{op}}$. To see why the partial differentials (i.e. of F_i w.r.t. X_j) which are the entries of the matrix are in $M \otimes M^{\mathrm{op}}$ consider a monomial $t_{i_1} \ldots t_{i_k}$ and the map it yields from n-tuples of operators. Its partial differential w.r.t. t_j at $X_1, \ldots, X_n$ is

$$\sum_{\{k : i_k = j, 1 \leq k \leq n\}} L_{X_{i_1} \ldots X_{i_{k-1}}} R_{X_{i_{k+1}} \ldots X_{i_n}}$$

where L and R denote left and respectively right multiplication operators. Identifying L_X with $X \in M$ and R_X with $X \in M^{\mathrm{op}}$ (the algebra with opposite multiplication) we get an element in $M \otimes M^{\mathrm{op}}$,

$$\sum_{i_k = j} X_{i_1} \ldots X_{i_{k-1}} \otimes (X_{i_{k+1}} \ldots X_{i_n})^{\mathrm{op}}.$$

The $|\det|$ is the Kadison–Fuglede positive determinant on $\mathcal{M}_n \otimes M \otimes M^{\mathrm{op}}$ endowed with $\mathrm{Tr} \otimes \tau \otimes \tau^{\mathrm{op}}$. This is if A is a W^*-algebra with a finite positive trace φ (we don't require $\varphi(1) = 1$) then for $a \in A$

$$|\det|(a) = \exp(\varphi(\tfrac{1}{2} \log(a^* a))).$$

The formula is (very roughly) obtained by checking that under the assumptions F yields a map of the microstates of $(X_1, \ldots, X_n)$ to those of $F(X_1, \ldots, X_n)$, which has an inverse and one uses the change of variable formula for the integral giving the volume of microstates.

Note that *in particular for a linear F, given by a real matrix $C = (C_i^{(j)})_{1 \leq i, j \leq n}$ the positive Jacobian $|\det|(DF)$ is just $|\det C|$.*

7°. **Semicircular maximum** ([60]). *If $\tau(X_1^2) = \cdots = \tau(X_n^2) = 1$ then $\chi(X_1, \ldots, X_n)$ is maximal if and only if $X_1, \ldots, X_n$ are $(0,1)$ semicircular and freely independent.*

That the free semicircular n-tuple maximizes χ follows from $1°$, $4°$, $5°$.

The converse is obtained using an infinitesimal version of the change of variable formula. If $P_1, \ldots, P_n$ are self-adjoint noncommutative polynomials in $X_1, \ldots, X_n$ applying the change of variable formula to $F_j = X_j + \varepsilon P_j$ for small ε one derives

$$\frac{d}{d\varepsilon} \chi(X_1 + \varepsilon P_1, \ldots, X_n + \varepsilon P_n) = \sum_j (\tau \otimes \tau)(\partial_j P_j(X_1, \ldots, X_n))$$

where

$$\partial_j X_{i_1} \ldots X_{i_n} = \sum_{i_k = j} X_{i_1} \ldots X_{i_{k-1}} \otimes X_{i_{k+1}} \ldots X_{i_n}.$$

$8°$. **Additivity implies freeness** [60]. *If* $\chi(X_1, \ldots, X_n) = \chi(X_1) + \cdots + \chi(X_n)$ *and* $\chi(X_j) > -\infty$ $(1 \leq j \leq n)$, *then* $X_1, \ldots, X_n$ *are freely independent.*

Very roughly after some approximations, $X_1, \ldots, X_n$ are transformed into $(f_1(X_1), \ldots, f_n(X_n))$ which are semicircular elements. Then the additivity together with suitable extensions of the change of variable formula imply $f_1(X_1), \ldots, f_n(X_n)$ maximize χ and hence by $7°$ are freely independent.

$9°$. **The free analogue of Shannon's entropy power inequality.** *If* $X = X^*$, $Y = Y^*$ *are freely independent in* (M, τ) *then*

$$\exp(2\chi(X)) + \exp(2\chi(Y)) \leq \exp(2\chi(X + Y)).$$

This fact is proved in [48] via a geometric inequality applied to the sets of microstates. Roughly, the inequality we want to prove amounts to majorizing

$$(\operatorname{vol} \Gamma(X; m, k, \varepsilon))^{2/k} + (\operatorname{vol} \Gamma(X; m, k, \varepsilon))^{2/k}$$

by some $(\operatorname{vol} \Gamma(X + Y; m_1, k, \varepsilon_1))^{2/k}$. If $\Gamma(X; \ldots) + \Gamma(Y; \ldots) \subset \Gamma(X + Y; \ldots)$ we could use the Minkowski inequality and get the better inequality with exponent $1/k$. However by asymptotic freeness results, all we have is that there is a set $\Theta \subset \Gamma(X; \ldots) \times \Gamma(Y; \ldots)$ of addable pairs, i.e. for which the sum is in $\Gamma(X + Y; \ldots)$ and that

$$\frac{\operatorname{vol} \Theta}{\operatorname{vol}(\Gamma(X; \ldots) \times \Gamma(Y; \ldots))} \to 1.$$

The inequality is precisely such a Minkowski type inequality with exponent $2/k$ for a restricted sum $A +_\Theta B$ where the addable pairs $\Theta \subset A \times B$ have

$\frac{\text{vol}\,\Theta}{\text{vol}(A\times B)} \to 1$. The proof of the geometric inequality relies on a "rearrangement inequality" of Brascamp–Lieb–Lüttinger, whose origins are in classical entropy theory.

Combining the same geometric inequality with the strengthened asymptotic freeness results, the result is generalized to freely independent $\{X_1,\ldots,X_n\}$ and $\{Y_1,\ldots,Y_n\}$ in the form

$$\exp\left(\frac{2}{n}\chi_\omega(X_1,\ldots,X_n)\right)$$
$$+\exp\left(\frac{2}{n}\chi_\omega(Y_1,\ldots,Y_n)\right) \le \exp\left(\frac{2}{n}\chi_\omega(X_1+Y_1,\ldots,X_n+Y_n)\right)$$

where χ_ω is the modified free entropy following an ultrafilter and $\chi_\omega(X_1,\ldots,X_n)$, $\chi_\omega(Y_1,\ldots,Y_n)$ are assumed $> -\infty$ ([64]).

8.5 Free entropy dimension

Since χ is a normalized logarithm of volume of microstates, it can be used to define a kind of normalized dimension, of Minkowski type, for the microstates.

Definition [58]. The free entropy dimension of $X_1,\ldots,X_n$ is

$$\delta(X_1,\ldots,X_n) = n + \limsup_{\varepsilon\downarrow 0} \frac{\chi(X_1 + \varepsilon S_1,\ldots,X_n + \varepsilon S_n)}{|\log\varepsilon|}$$

where $S_1,\ldots,S_n$ are $(0,1)$-semicircular and $\{S_1\},\ldots,\{S_n\}$, $\{X_1,\ldots,X_n\}$ are freely independent.

Properties of δ ([58])

1°. a) $\delta(X_1,\ldots,X_n) \le n$.

b) $\delta(X_1,\ldots,X_n) \ge 0$ if for every $m \in \mathbb{N}$, $\varepsilon > 0$, $R > \|X_j\|$ for sufficiently large k $\Gamma_R(X_1,\ldots,X_n; m,k,\varepsilon) \ne \emptyset$. (That this property holds for all $(X_1,\ldots,X_n)$ is equivalent to Connes' problem on embedding into the ultraproduct of the hyperfinite II_1 factor.)

2°. $\delta(X_1,\ldots,X_{p+1}) \le \delta(X_1,\ldots,X_p) + \delta(X_{p+1},\ldots,X_{p+q})$.

3°. If $X_1,\ldots,X_n$ are freely independent then $\delta(X_1,\ldots,X_n) = \delta(X_1) + \cdots + \delta(X_n)$.

4°. $\delta(X) = 1 - \sum_{t\in\mathbb{R}}(\mu(\{t\}))^2$ where μ is the distribution of X.

Variants of δ with limits following ultrafilters have been studied in [64]. *For certain variants of δ if $(X_1, \ldots, X_n)$ and $(Y_1, \ldots, Y_m)$ generate the same algebra (algebraically) then the free entropy dimensions of $(X_1, \ldots, X_n)$ and $(Y_1, \ldots, Y_m)$ are equal ([64]).*

8.6 Classical Fisher information and the adjoint of the derivation

If f is a bounded real random variable the Fisher information $\mathcal{J}(f)$ is defined by

$$\mathcal{J}(f) = \lim_{\varepsilon \downarrow 0} \varepsilon^{-1}(H(f + \varepsilon^{1/2}g) - H(f))$$

where f and g are independent and g is $(0,1)$-Gaussian. If the distribution of f is Lebesgue absolutely continuous, with density p then

$$\mathcal{J}(f) = \int \frac{(p'(t))^2}{p(t)} dt.$$

Another way to arrive at the formula for $\mathcal{J}(f)$ ([61]) is to consider the derivation $\frac{d}{dt}$ as a densely defined operator on $L^2(\mathbb{R}, pd\lambda)$ ($d\lambda$ Lebesgue measure) with domain of definition the polynomial functions and values in $L^2(\mathbb{R}, pd\lambda)$. If 1 is in the domain of the adjoint of $\frac{d}{dt}$ then

$$\left(\frac{d}{dt}\right)^* 1 = -\frac{\frac{dp}{dt}}{p}$$

provided the right-hand side is in $L^2(\mathbb{R}, pd\lambda)$. Note that we then have

$$\mathcal{J}(f) = \left\| \left(\frac{d}{dt}\right)^* 1 \right\|_{L^2(\mathbb{R}, pd\lambda)}^2.$$

Let us also recall that to recover H from $\mathcal{J}$ one considers a Brownian motion starting at f. Equivalently one has $f + t^{1/2}g$ $(t \geq 0)$ and

$$\lim_{\varepsilon \downarrow 0} \varepsilon^{-1}(H(f + (t + \varepsilon)^{1/2}g) - H(f + t^{1/2}g)) = \mathcal{J}(f + t^{1/2}g).$$

Together with

$$H((1 + t)^{-1/2}(f + t^{1/2}g)) = H(f + t^{1/2}g) - \frac{1}{2}\log(1 + t)$$

this gives

$$H(g) - H(f) = \int_0^\infty \left(\mathcal{J}(f + t^{1/2}g) - \tfrac{1}{2}(1 + t)^{-1}\right) dt.$$

8.7 Free Fisher information of one variable [57]

By analogy with the classical case, the free Fisher information of one self-adjoint variable X with distribution μ is defined by

$$\Phi(X) = \lim_{\varepsilon \downarrow 0} \varepsilon^{-1}(\chi(X + \varepsilon^{1/2}S) - \chi(X))$$

where X and S are freely independent and S is $(0, 1)$ semicircular.

As in the classical case this gives a formula of $\Phi(X)$ in terms of the density of μ. Here is roughly how this is done (we overlook the smoothing that is done by replacing $\mathbb{R}$ by $\mathbb{R} + i\varepsilon$, see [57]).

Le $\mu(t)$ be the distribution of $X + t^{1/2}S$ and $G(z, t)$ its Cauchy transform. Then on $\mathbb{R}$, $G(x, t) = u(x, t) + iv(x, t)$, where $v(\cdot, t)$ is the density of $-\pi\mu(t)$. We have (see 2.11)

$$\frac{\partial G}{\partial t} + G\frac{\partial G}{\partial z} = 0.$$

This gives on $\mathbb{R}$ the system

$$\begin{cases} u_t + (uu_x - vv_x) = 0 \\ v_t + (uv_x + u_x v) = 0 \\ u = -Hv \end{cases}$$

where H denotes the Hilbert transform

$$(Hv)(x) = \lim_{\varepsilon \downarrow 0} \frac{1}{\pi} \int \frac{(x-s)v(s)}{(x-s)^2 + \varepsilon^2}\,ds.$$

Up to constants (see 8.4.5°) $\chi(X + t^{1/2}S)$ is minus the logarithmic energy of $\mu(t)$. So we have

$$\begin{aligned} \pi^2\Phi(X) &= \left(\frac{d}{d\varepsilon} \iint v(x,\varepsilon)v(y,\varepsilon)\log|x-y|dxdy\right)\bigg|_{\varepsilon=0} \\ &= -2\iint (uv)_x(x,\varepsilon)v(y,\varepsilon)\log|x-y|dxdy\bigg|_{\varepsilon=0} \\ &= 2\int (uv)(x,\varepsilon)\left(\int \log|x-y|v(y,\varepsilon)dy\right)_x dx\bigg|_{\varepsilon=0} \\ &= 2\pi \int (uv)(x,\varepsilon)u(x,\varepsilon)dx\bigg|_{\varepsilon=0} \\ &= 2\pi \int (u^2 v)(x,0)dx. \end{aligned}$$

On the other hand for Cauchy transforms one has $0 = \int G^3(x)dx$ because of the zero at ∞ which gives (under L^3-assumptions)

$$3\int u^2 v\,dx = \int v^3\,dx.$$

Thus if μ has density p w.r.t. Lebesgue measure then

$$\Phi(X) = \frac{2\pi^2}{3} \int p^3(s)ds = 2\pi^2 \int (Hp)^2 p \ ds.$$

8.8 The underlying idea of the microstates-free approach [61]

The formula for $\Phi(X)$ as an integral of p^3 is not a good starting point for generalizations. On the other hand the integral of $(Hp)^2 p$ will do the job. This integral is the square of the L^2-norm of Hp viewed as an element of $L^2(\mathbb{R}, pdt) = L^2(\mathbb{R}, d\mu)$. Thus, what we need, is a way to view Hp as an element of $L^2(\mathbb{R}, pdt)$ which can be generalized. Roughly, Hp is given by

$$\int \frac{d\mu(t)}{s-t}.$$

This in turn can be expressed using the difference quotient derivation which is defined on the polynomials viewed as a dense subset in $L^2(\mathbb{R}, d\mu)$, by

$$\partial f = \frac{f(s) - f(t)}{s - t},$$

the values being in $L^2(\mathbb{R}, d\mu) \otimes L^2(\mathbb{R}, d\mu)$. Up to constants Hp is given by

$$\partial^*(1 \otimes 1)$$

where ∂^* is the adjoint of ∂.

Note that $\|\partial^*(1 \otimes 1)\|_{L^2(\mathbb{R}, d\mu)}$ is quite similar to the formula $\left\|\left(\frac{d}{dt}\right)^* 1\right\|^2_{L^2(\mathbb{R}, d\mu)}$ for classical Fisher information in 8.6. Another clue that we are on the right track is the occurrence of difference quotient type derivations in the infinitesimal change of variable formula for χ (see 8.4.7°).

8.9 Noncommutative Hilbert transforms [61]

In (M, τ) let $1 \in B \subset M$ be a $*$-subalgebra and $X = X^* \in M$ such that X and B are algebraically free (i.e. no nontrivial algebraic relation between X and B). The noncommutative analogue of the difference quotient derivation with "constants" B is the linear map

$$\partial_X : B[X] \rightarrow B[X] \otimes B[X]$$

such that

$$\partial_X(b_0 X b_1 X \dots b_n) = \sum_{1 \leq j \leq n} b_0 X \dots b_{j-1} \otimes b_j X \dots b_n$$

($B[X]$ is the algebra generated by B and X.)

Thus ∂_X is a densely defined unbounded operator from $L^2(B[X], \tau)$ to $L^2(B[X], \tau) \otimes L^2(B[X], \tau)$ ($L^2(\cdot, \tau)$ is the completion w.r.t. the scalar product $\langle T_1, T_2 \rangle = \tau(T_2^* T_1)$).

We define the *conjugate of X w.r.t. B to be* $\mathcal{J}(X : B) = \partial_X^*(1 \otimes 1)$ *if it exists as an element in $L^2(B[X], \tau)$.*

Equivalently $\mathcal{J}(X : B) = \xi \in L^2(B[X], \tau)$ if

$$\tau(\xi b_0 X b_1 X \ldots b_n) = \sum_{1 \leq j \leq n} \tau(b_0 X \ldots b_{j-1}) \tau(b_j X \ldots b_n)$$

(remark that the right-hand side is $(\tau \otimes \tau)(\partial_X(b_0 X b_1 X \ldots b_n))$, further the formula is with ξ instead of ξ^*, since it turns out that we must have $\xi = \xi^*$).

Remark. To avoid operator algebra technicalities we restricted the definition of $\mathcal{J}(X : B)$ to the L^2 case.

Here are some basic properties of $\mathcal{J}(X : B)$.

1°. $\mathcal{J}(\lambda X : B) = \lambda^{-1} \mathcal{J}(X : B)$ *if* $\lambda \in \mathbb{R}$, $\lambda \neq 0$.

2°. $\mathcal{J}(X : \mathbb{C}) = g(X)$ *where* $g = 2\pi H p$ *when the distribution of X has density $p \in L^3$ w.r.t. Lebesgue measure (Hp the Hilbert transform of p).*

3°. *If S is $(0,1)$-semicircular then $\mathcal{J}(S : \mathbb{C}) = S$. This is analogous to the fact in the classical context that the Gaussian distribution $p(t) = c\exp(-t^2/2)$ has the property*

$$\left(\frac{d}{dt}\bigg|_{L^2(\mathbb{R}, p dt)}\right)^* 1 = -\frac{p'}{p} = t.$$

4°. *Let $1 \in C \subset M$ be a $*$-subalgebra such that $B[X]$ and C are freely independent. Then*

$$\mathcal{J}(X : B) = \mathcal{J}(X : W^*(B \cup C)).$$

The conclusion also holds under the weaker assumption that $\{X\}$ and C are freely independent over B (see [39] for this strengthening).

5°. *If $B[X]$ and $C[Y]$ are freely independent, then*

$$\mathcal{J}(X + Y : B \vee C) = E_{(B \vee C)[X+Y]} \mathcal{J}(X : B).$$

6°. *If S is $(0,1)$ semicircular and $B[X]$ and S are freely independent and $\varepsilon \neq 0$ then*

$$\mathcal{J}(X + \varepsilon S : B) = \varepsilon^{-1} E_{B[X+\varepsilon S]} S.$$

In particular

$$\|\mathcal{J}(X + \varepsilon S : B)\| \leq 2\varepsilon^{-1}.$$

This is obtained by combining 5°, 3°, 1° and $\|S\| = 2$.

Thus small semicircular perturbations regularize the noncommutative Hilbert transform. *Moreover $\mathcal{J}(X : B)$ exists iff*

$$\sup_{\varepsilon > 0} |\mathcal{J}(X + \varepsilon S : B)|_2 < \infty$$

and if the supremum is finite it equals $|\mathcal{J}(X : B)|_2$.

7°. *Assume S is $(0,1)$ semicircular, $B[X]$ and S are freely independent, $\|\mathcal{J}(X : B)\| < \infty$ and $\varepsilon > 0$. Then*

$$\tau\left(b_0 \left(X + \frac{\varepsilon}{2}\mathcal{J}(X : B)\right) b_1 \left(X + \frac{\varepsilon}{2}\mathcal{J}(X : B)\right) \ldots b_n\right)$$
$$= \tau(b_0(X + \varepsilon^{1/2}S)b_1(X + \varepsilon^{1/2}S)\ldots b_n) + O(\varepsilon^2).$$

Note that $X + t^{1/2}S$ is the same from the distribution point of view as a free Brownian motion starting at X, at time t. *This suggests as a possible alternative name for $\mathcal{J}(X : B)$, to call it the free Brownian gradient of X w.r.t. B.*

8°. *Let $X_j = X_j^* \in M$, $1 \leq j \leq n$ be such that $\chi(X_1, \ldots, X_n) > -\infty$ and assume*

$\mathcal{J}(X_k : \mathbb{C}[X_1, \ldots, X_{k-1}, X_{k+1}, \ldots, X_n])$ $1 \leq k \leq n$ *exist. Let further $P_j = P_j^* \in \mathbb{C}[X_1, \ldots, X_n]$. Then*

$$\frac{d}{d\varepsilon}\chi(X_1 + \varepsilon P_1, \ldots, X_n + \varepsilon P_n)|_{\varepsilon=0} = \sum_{1 \leq j \leq n} \tau(P_j \mathcal{J}(X_j : \mathbb{C}[X_1, \ldots \widehat{X_j}, \ldots X_n])).$$

This is a consequence of the infinitesimal change of variable formula for the free entropy χ (see [60] and 8.4.7°). It is a confirmation that the noncommutative Hilbert transforms are the right ingredients for a microstates-free approach.

8.10 Free Fisher information and free entropy in the microstates-free approach [61]

By analogy with the classical case *the relative free Fisher information* $\Phi^*(X_1, \ldots, X_n : B)$ *of a n-tuple of self-adjoint variables* $X_1, \ldots, X_n$ *w.r.t. the subalgebra* B *is defined by*

$$\Phi^*(X_1, \ldots, X_n : B) = \sum_{1 \le j \le n} |J(X_j : B[X_1, \ldots, \widehat{X_j}, \ldots, X_n])|_2^2$$

if the right-hand side is defined and ∞ *otherwise.*

The asterisk in $\Phi^*(\ldots)$ is to distinguish quantities in the microstates-free approach from their counterparts in the matricial microstates approach, denoted Φ in this case.

Here are some of the properties of Φ^*, based essentially on those of the non-commutative Hilbert transform.

Φ^*1°. **Scaling.** $\lambda \in \mathbb{R}$, $\lambda \ne 0$ *then*

$$\Phi^*(\lambda X : B) = \lambda^{-2}\Phi(X : B).$$

Φ^*2°. **Superadditivity.**

$$\Phi^*(X_1, \ldots, X_n, Y_1, \ldots, Y_m : B) \ge \Phi^*(X_1, \ldots, X_n : B) + \Phi^*(Y_1, \ldots, Y_m : B).$$

Φ^*3°. **Increasing in** B. *If* $B_1 \subset B_2$ *then*

$$\Phi^*(X_1, \ldots, X_n : B_1) \le \Phi^*(X_1, \ldots, X_n : B_2).$$

Φ^*4°. **Free additivity.** *If* $B[X_1, \ldots, X_n]$ *and* $C[Y_1, \ldots, Y_m]$ *are freely independent, then*

$$\Phi^*(X_1, \ldots, X_n, Y_1, \ldots, Y_m : W^*(B \cup C)) = \Phi^*(X_1, \ldots, X_n : B) + \Phi^*(Y_1, \ldots, Y_m : C).$$

Φ^*5°. **Free analogue of the Cramer–Rao inequality.**

$$\Phi^*(X_1, \ldots, X_n : B)\tau(X_1^2 + \cdots + X_n^2) \ge n^2.$$

Equality holds iff the X_j*'s are centered semicircular and* B, $\{X_1\}, \ldots, \{X_n\}$ *are freely independent.*

Φ^*6°. **Free analogue of the Stam inequality.** *If $B[X_1, \ldots, X_n]$ and $C[Y_1, \ldots, Y_n]$ are freely independent then*

$$(\Phi^*(X_1+Y_1, \ldots, X_n+Y_n : B\vee C))^{-1} \geq (\Phi^*(X_1, \ldots, X_n : B))^{-1} + (\Phi^*(Y_1, \ldots, Y_n : C))^{-1}.$$

Φ^*7°. **Semicontinuity.** *If $X_j^{(k)} = X_j^{(k)*} \in M$ and $s - \lim_{k \to \infty} X_j^{(k)} = X_j$, then*

$$\liminf_{k \to \infty} \Phi^*(X_1^{(k)}, \ldots, X_n^{(k)} : B) \geq \Phi^*(X_1, \ldots, X_n : B).$$

Φ^*8°. *If $\Phi^*(X_1, \ldots, X_n : B) = \Phi^*(X_1, \ldots, X_n : \mathbb{C}) < \infty$ then $\{X_1, \ldots, X_n\}$ and B are freely independent. If $\Phi^*(X_1, \ldots, X_n, Y_1, \ldots, Y_m : \mathbb{C}) = \Phi^*(X_1, \ldots, X_n : \mathbb{C}) + \Phi^*(Y_1, \ldots, Y_m : \mathbb{C}) < \infty$ then $\{X_1, \ldots, X_n\}$, $\{Y_1, \ldots, Y_m\}$ are freely independent [62].*

The *free entropy of $X_1, \ldots, X_n$ w.r.t. B in the microstates-free approach is defined by*

$$\chi^*(X_1, \ldots, X_n : B)$$
$$= \frac{1}{2} \int_0^\infty \left(\frac{n}{1+t} - \Phi^*(X_1 + t^{1/2}S_1, \ldots, X_n + t^{1/2}S_n : B) \right) dt + \frac{n}{2} \log 2\pi e$$

where the S_j's are $(0,1)$-semicircular and $B[X_1, \ldots, X_n]$, $\{S_1\}, \ldots, \{S_n\}$ are freely independent.

(Again the asterisk in χ^* distinguishes the microstates-free and the matricial microstates approaches.)

Here are the main properties of χ^* which have been proved at this time.

χ^*1°. $\chi^*(X : \mathbb{C}) = \chi(X)$.

χ^*2°. $\chi^*(X_1, \ldots, X_n : B) \leq \frac{n}{2} \log(2\pi en^{-1}C^2)$.

χ^*3°. *If $B[X_1, \ldots, X_n]$ and C are freely independent, then*

$$\chi^*(X_1, \ldots, X_n : B) = \chi^*(X_1, \ldots, X_n : W^*(B \cup C)).$$

χ^*4°. $\chi^*(X_1, \ldots, X_n, Y_1, \ldots, Y_m : B\vee C) \leq \chi^*(X_1, \ldots, X_n : B) + \chi^*(Y_1, \ldots, Y_m : C)$.

$\chi^*5°$. *If $B[X_1, \ldots, X_n]$ and $C[Y_1, \ldots, Y_m]$ are freely independent, then*

$$\chi^*(X_1, \ldots, X_n, Y_1, \ldots, Y_m : B \vee C) = \chi^*(X_1, \ldots, X_n : B) + \chi^*(Y_1, \ldots, Y_m : C).$$

$\chi^*6°$. *If $X_j^{(k)} = X_j^{(k)*}$ and $s - \lim_{k \to \infty} X_j^{(k)} = X_j$ then*

$$\limsup_{k \to \infty} \chi^*(X_1^{(k)}, \ldots, X_n^{(k)} : B) \leq \chi^*(X_1, \ldots, X_n : B).$$

$\chi^*7°$. *If $\Phi^*(X_1, \ldots, X_n : B) < \infty$ then*

$$\chi^*(X_1, \ldots, X_n : B) \geq \frac{n}{2} \log \left(\frac{2\pi n e}{\Phi^*(X_1, \ldots, X_n : B)} \right).$$

In particular $\chi^*(X_1, \ldots, X_n : B) > -\infty$.

(The inequality $\chi^*7°$. is the free analogue of the isoperimetric inequality for classical entropy.)

REFERENCES

1. Anshelevich, M., *The linearization of the central limit operator in free probability theory*, preprint.
2. Avitzour, D., *Free products of C^*-algebras*, Trans. Amer. Math. Soc. **271** (1982), 423–465.
3. Bercovici, H. and Pata, V. (with an appendix by P. Biane), *Stable laws and domains of attraction in free probability theory*, Annals of Math., to appear.
4. Bercovici, H. and Voiculescu, D., *Levy–Hinčin type theorems for multiplicative and additive free convolution*, Pacific J. Math. **153** (1992), no. 2, 217–248.
5. Bercovici, H. and Voiculescu, D., *Free convolution of measures with unbounded support*, Indiana Univ. Math. J. **42** (1993), no. 3, 733–773.
6. Bercovici, H. and Voiculescu, D., *Superconvergence to the central limit and failure of the Cramer Theorem for free random variables*, Probab. Th. and Rel. Fields **102** (1995), 215–222.
7. Bercovici, H. and Voiculescu, D., *Regularity questions for free convolution*, Preprint, Berkeley (1996).
8. Bhat, B.V.R. and Parthasarathy, K.R., *Markov dilations of nonconservative dynamical semigroups and a quantum boundary theory*, Ann. Inst. H. Poincaré **31** (1995), no. 4, 601–651.
9. Biane, P., *Representations of unitary groups and free convolution*, Publ. RIMS Kyoto Univ. **31** (1995), 63–79.
10. Biane, P., *Processes with free increments*, Math. Z. (1998), no. 1, 143–174.
11. Biane, P., *Free Brownian motion, free stochastic calculus and random matrices*, in [66], 1–19.
12. Biane, P., *Free hypercontractivity*, Comm. Math. Phys. **184** (1997), 457–474.
13. Biane, P., *On the free convolution with a semicircular distribution*, Indiana Univ. Math. J. **46** (1997), no. 3, 705–718.
14. Biane, P., *Representations of symmetric groups and free probability*, Preprint (1998).
15. Biane, P. and Speicher, R., *Stochastic calculus with respect to free Brownian motion and analysis on Wigner space*, Preprint ENS (1997).

16. Bozejko, M. and Speicher, R., *An example of generalized Brownian motion*, Commun. Math. Phys. **137** (1991), 519–531.

17. Bozejko, M. and Speicher, R., *An example of generalized Brownian motion II*, Quantum Probability and Related Topics (L. Accardi, ed.), vol. VI, World Scientific, Singapore, 1991, pp. 219–236.

18. Dixmier, J., *Les C^*-Algebres et leur Représentations*, Gauthier–Villars, Paris, 1964.

19. Dixmier, J., *Les Algebres d'Opérateurs dans l'Espace Hilbertien*, Gauthier–Villars, Paris, 1969.

20. Douglas, M.R., *Stochastic master fields*, Phys. Lett. **B344**, 117–126.

21. Dykema, K.J., *On certain free product factors via an extended matrix model*, J. Funct. Anal. **112**, 31–60.

22. Fagnola, F., *On quantum stochastic integration with respect to "free" noises*, Quantum Probability and Related Topics (L. Accardi, ed.), vol. VI, World Scientific, Singapore, 1991, pp. 285–304.

23. Gopakumar, R. and Gross, D.J., *Mastering the master field*, Nucl. Phys. **B451**, 379–415.

24. Gromov, M. and Milman, V.D., *A topological application of the isoperimetric inequality*, Amer. J. Math. **105** (1983), 843–854.

25. Haagerup, U., *On Voiculescu's R- and S-transforms for free noncommuting random variables*, in [66], 127–148.

26. Kadison, R. and Ringrose, J., *Fundamentals of the Theory of Operator Algebras*, (3 Volumes) Birkhäuser, Boston.

27. Kummerer, B., *Markov dilations on W^*-algebras*, J. Funct. Anal. **63** (1985), 139–177.

28. Kummerer, B. and Speicher, R., *Stochastic integration on the Cuntz algebra*, J. Funct. Anal. **103** (1992), 372–408.

29. Maassen, H., *Addition of freely independent random variables*, J. Funct. Anal. **106** (1992), 409–438.

30. Nica, A., *Asymptotically free families of random unitaries in symmetric groups*, Pacific J. Math. **157** (1993), no. 2, 295–310.

31. Nica, A., *R-transforms of free joint distributions and non-crossing partitions*, J. Funct. Anal. **135** (1996), 271–296.

32. Nica, A. and Speicher, R. (with an appendix by D. Voiculescu), *On the multiplication of free N-tuples of noncommutative random variables*, Amer. J. Math. **118** (1996), 799–837.

33. Nica, A. and Speicher, R., *A "Fourier transform" for multiplicative functions on non-crossing partitions*, J. of Algebraic Combinatorics **6** (1997), 141–160.

34. Nica, A. and Speicher, R., *Commutators of free random variables*, Duke Math. J., to appear.

35. Nica, A.; Shlyakhtenko, D. and Speicher, R., *Some minimization problems for the free analogue of the Fisher information*, Preprint (1998).

36. Sauvageot, J.L., *Markov quantum semigroups admit covariant Markov C^*-dilations*, Commun. Math. Phys. **106** (1986), 91–103.

37. Shannon, C.E. and Weaver, W., *The Mathematical Theory of Communications*, University of Illinois Press, 1963.

38. Shlyakhtenko, D., *Limit distributions of matrices with bosonic and fermionic entries*, in [66], 241–252.

39. Shlyakhtenko, D., *Free entropy with respect to a completely positive map*, Preprint (1998).

40. Shlyakhtenko, D., *Random Gaussian band matrices and freeness with amalgamation*, International Math. Res. Notices (1996), no. 20, 1013–1025.

41. Shiryayev, A.N., *Probability*, Springer, 1984.

42. Singer, I.M., *On the master field in two dimensions*, Functional Analysis on the Eve of the 21st Century in Honor of the 80th Birthday of I.M. Gelfand, Progress in Mathematics, vol. 131, pp. 263–283.

43. Speicher, R., *A new example of "independence" and "white noise"*, Prob. Th. Rel. Fields **84** (1990), 141–159.

44. Speicher, R., *Combinatorial theory of the free product with amalgamation and operator-valued free probability theory*, Memoirs of the AMS **627** (1998).
45. Speicher, R., *Multiplicative functions on the lattice of non-crossing partitions and free convolution*, Math. Ann. **298** (1994), 611–628.
46. Speicher, R., *Free probability theory and non-crossing partitions*, Seminaire Lotharingien de Combinatoire **B39c** (1997).
47. Stratila, S. and Zsido, L., *Lectures on von Neumann Algebras*, Editura Academia and Abacus Press, 1979.
48. Szarek, S.V. and Voiculescu, D., *Volumes of restricted Minkowski sums and the free analogue of the entropy power inequality*, Comun. Math. Phys. **178** (1996), 563–570.
49. Voiculescu, D., *Symmetries of some reduced free product C^*-algebras*, Operator Algebras and their Connections with Topology and Ergodic Theory, Lecture Notes in Math. **1132** (1985), Springer Verlag, 556–588.
50. Voiculescu, D., *Addition of certain non-commuting random variables*, J. Funct. Anal. **66** (1986), 323–346.
51. Voiculescu, D., *Multiplication of certain non-commuting random variables*, J. Operator Theory **18** (1987), 223–235.
52. Voiculescu, D., *Limit laws for random matrices and free products*, Invent. Math. **104** (1991), 201–220.
53. Voiculescu, D., *Circular and semicircular systems and free product factors*, Progr. Math. **92** (1990), Birkhäuser, Boston, 45–60.
54. Voiculescu, D., *Free non-commutative random variables, random matrices and the II_1-factors of free groups*, Quantum Probability and Related Topics (L. Accardi, ed.), vol. VI, World Scientific, Boston, 1991, pp. 473–487.
55. Voiculescu, D., *Free probability theory: random matrices and von Neumann algebras*, Proceedings of the International Congress of Mathematicians, Zürich 1994, Birkhäuser, Boston (1995), 227–241.
56. Voiculescu, D., *Operations on certain non-commuting operator-valued random variables*, Astérisque (1995), no. 232, 243–275.
57. Voiculescu, D., *The analogues of entropy and of Fisher's information measure in free probability theory* I, Commun. Math. Phys. **155** (1993), 71–92.
58. Voiculescu, D., *The analogues of entropy and of Fisher's information measure in free probability theory* II, Invent. Math. **118** (1994), 411–440.
59. Voiculescu, D., *The analogues of entropy and of Fisher's information measure in free probability theory* III: the absence of Cartan subalgebras, Geometric and Funct. Anal. **6** (1996), no. 1, 172–199.
60. Voiculescu, D., *The analogues of entropy and of Fisher's information measure in free probability theory* IV: Maximum entropy and freeness, in [66], 293–302.
61. Voiculescu, D., *The analogues of entropy and of Fisher's information measure in free probability theory* V: Noncommutative Hilbert transforms, Invent. Math. **132** (1998), 182–227.
62. Voiculescu, D., *The analogues of entropy and of Fisher's information measure in free probability theory* VI: liberation and mutual free information,, preprint 1998.
63. Voiculescu, D., *The derivative of order 1/2 of a free convolution by a semicircle distribution*, Indiana Univ. Math. J. **46** (1997), no. 3, 697–703.
64. Voiculescu, D., *A strengthened asymptotic freeness result for random matrices with applications to free entropy*, International Math. Res. Notices (1998), no. 1, 41–63.
65. Voiculescu, D., *A note on free Markovianity*, (in preparation).
66. Voiculescu, D. (editor), *Free Probability Theory*, Fields Institute Communications, Vol. 12, American Math. Soc., 1997.
67. Voiculescu, D.; Dykema, K.J. and Nica, A., *Free Random Variables*, CRM Monograph Series, Vol. 1, American Math. Soc., 1992.
68. Wigner, E., *Characteristic vectors of bordered matrices with infinite dimensions*, Ann. Math. **62** (1955), 548–564.

69. Wigner, E., *On the distribution of the roots of certain symmetric matrices*, Ann. Math. **67** (1958), 325–327.
70. Xu, F., *A random matrix model from two-dimensional Yang–Mills theory*, Commun. Math. Phys. **190** (1997), 287–307.

LIST OF OTHER TALKS

ATTAL Stéphane
An introduction to quantum stochastic calculus

BARTHE Franck
Inégalités de type Brunn-Minkowski

BERTRAND Pierre
Détection de plusieurs ruptures sur la moyenne d'une suite de variables aléatoires

BIANE Philippe
Statistique sur les diagrammes d'Young et probabilités libres

BLANCHARD Gilles
Titre non précisé

BUTUCEA Cristina
Deux vitesses adaptatives de convergence dans l'estimation ponctuelle
de la densité de probabilité

CATONI Olivier
"Universal" estimator selection

CAVALIER Laurent
Estimation adaptative pour le problème de tomographie

FRANZ Uwe
Sur quelques produits d'espaces de probabilités non commutatives

GAMBURD Alexander
Spectra of elements in the group ring of S U(r)

KALOSHIN Vadim
Random walks along orbits of dynamical systems

LEURIDAN Christophe
Chaînes de Markov indexées par Z. Existence et phénomène d'horloge

LOCHERBACH Eva
Branching particle systems : statistical models and likelihood ratio processes

Luis DE LOURA
Séries de multipôles, séries formelles et transformation de Fourier

Luisa Canto e Castro (DE LOURA)
Inférence statistique dans des modèles max-semistables

PALMOWSKI Zbigniew
Bounds for fluid models driven by semi-Markov inputs

POUET Christophe
On asymptotically exact testing of non parametric hypotheses in Gaussian noise
with analytic regression alternatives

ROZENHOLC Yves
Sélection de modèle par pénalisation. Application à la recherche d'histogramme optimal

SAINT LOUBERT BIE Erwan
Théorèmes de comparaison pour des EDPS conduites par une mesure aléatoire de Poisson

TRIBOULEY Karine
Estimation optimale adaptative pour des fonctionnelles intégrées

VAN CASTEREN Jan
Some problems in semigroup theory

WORMS Julien
Principes de déviations modérées pour des martingales et des modèles autoregressifs

WORMS Rym
Théorie des valeurs extrêmes

LIST OF PARTICIPANTS

Mr.	AMIDI Ali	Iran University Press, Tehran, Iran
Mr.	ATTAL Stéphane	Institut Fourier, Université de Grenoble
Mr.	AZEMA Jacques	Université PARIS VI
Mr.	BARTHE Franck	Université de Marne La Vallée
Mr.	BERNARD Pierre	Université Blaise Pascal, Clermont-Fd
Mr.	BERTRAND Pierre	Université Blaise Pascal, Clermont-Fd
Melle	BIAGINI Francesca	Ecole Normale Supérieure Pise, Italie
Mr.	BIANE Philippe	Ecole Normale Supérieure, Paris
Mr.	BLANCHARD Gilles	Ecole Normale Supérieure, Paris
Melle	BUTUCEA Cristina	Université PARIS VI
Mr.	CATONI Olivier	Ecole Normale Supérieure, Paris
Mr.	CAVALIER Laurent	Université PARIS VI
Mr.	DARWICH Abdul	Université d'Angers
Mme	ESPINOUZE Sandrine	Université Blaise Pascal, Clermont-Fd
Mr.	FLEURY Gérard	Université Blaise Pascal, Clermont-Fd
Mme	FOURATI Sonia	Université PARIS VI
Mr.	FRANZ Uwe	Université Louis Pasteur, Strasbourg
Mr	GALLARDO Léonard	Université de Tours
Mr.	GAMBURD Alexander	Princeton University, Princeton, USA
Mr.	HOFFMANN Marc	Université PARIS VII
Mr.	KALOSHIN Vadim	Princeton University, Princeton, USA
Mr.	KERKYACHARIAN Gérard	Université Paris X-Nanterre
Mr.	KURTZ David	Institut Fourier, Université de Grenoble
Mme	LAREDO Catherine	INRA, Jouy-en-Josas
Mr.	LEURIDAN Christophe	Institut Fourier, Université de Grenoble
Melle	LÖCHERBACH Eva	Universität-GH Paderborn, Allemagne
Mr.	LOURA Luis	Instituto Superior Tecnico, Lisboa, Portugal
Mme	LOURA Luisa	Universidade de Lisboa, Portugal
Mr.	PALMOWSKI Zbigniew	Université de Wroclaw, Pologne
Mme	PICARD Dominique	Université PARIS VII
Mr.	POUET Christophe	Université PARIS VI
Mr.	ROUX Daniel	Université Blaise Pascal, Clermont-Fd
Mr.	ROZENHOLC Yves	Université PARIS VII
Mr.	SAINT LOUBERT BIE Erwan	Université Blaise Pascal, Clermont-Fd
Melle	TRIBOULEY Karine	Université Paris-Sud, Orsay
Mr.	TSYBAKOV Alexandre	Université PARIS VI
Mr.	UTZET Frédéric	Universitat Autonoma Barcelona, Espagne
Mr.	VAN CASTEREN Jan	Université d'Anvers, Belgique
Mr.	WORMS Julien	Université de Marne La Vallée
Mme	WORMS Rym	Université de Marne La Vallée

LIST OF PREVIOUS VOLUMES OF THE "Ecole d'Eté de Probabilités"

1971 -   J.L. Bretagnolle   (LNM 307)
           "Processus à accroissements indépendants"
           S.D. Chatterji
           "Les martingales et leurs applications analytiques"
           P.A. MEYER
           "Présentation des processus de Markov"

1973 -   P.A. MEYER   (LNM 390)
           "Transformation des processus de Markov"
           P. PRIOURET
           "Processus de diffusion et équations différentielles
           stochastiques"
           F. SPITZER
           "Introduction aux processus de Markov à paramètres
           dans Z_V"

1974 -   X. FERNIQUE   (LNM 480)
           "Régularité des trajectoires des fonctions aléatoires
           gaussiennes"
           J.P. CONZE
           "Systèmes topologiques et métriques en théorie
           ergodique"
           J. GANI
           "Processus stochastiques de population"

1975   A. BADRIKIAN   (LNM 539)
           "Prolégomènes au calcul des probabilités dans
           les Banach"
           J.F.C. KINGMAN
           "Subadditive processes"
           J. KUELBS
           "The law of the iterated logarithm and related strong
           convergence theorems for Banach space valued random
           variables"

1976   J. HOFFMANN-JORGENSEN   (LNM 598)
           "Probability in Banach space"
           T.M. LIGGETT
           "The stochastic evolution of infinite systems of
           interacting particles"
           J. NEVEU
           "Processus ponctuels"

1977   D. DACUNHA-CASTELLE   (LNM 678)
           "Vitesse de convergence pour certains problèmes
           statistiques"
           H. HEYER
           "Semi-groupes de convolution sur un groupe localement
           compact et applications à la théorie des probabilités"
           B. ROYNETTE
           "Marches aléatoires sur les groupes de Lie"

1978   R. AZENCOTT   (LNM 774)
"Grandes déviations et applications"
Y. GUIVARC'H
"Quelques propriétés asymptotiques des produits de
matrices aléatoires"
R.F. GUNDY
"Inégalités pour martingales à un et deux indices :
l'espace H^p"

1979   J.P. BICKEL   (LNM 876)
"Quelques aspects de la statistique robuste"
N. EL KAROUI
"Les aspects probabilistes du contrôle stochastique"
M. YOR
"Sur la théorie du filtrage"

1980   J.M. BISMUT   (LNM 929)
"Mécanique aléatoire"
L. GROSS
"Thermodynamics, statistical mechanics and
random fields"
K. KRICKEBERG
"Processus ponctuels en statistique"

1981   X. FERNIQUE   (LNM 976)
"Régularité de fonctions aléatoires non gaussiennes"
P.W. MILLAR
"The minimax principle in asymptotic statistical theory"
D.W. STROOCK
"Some application of stochastic calculus to partial
differential equations"
M. WEBER
"Analyse infinitésimale de fonctions aléatoires"

1982   R.M. DUDLEY   (LNM 1097)
"A course on empirical processes"
H. KUNITA
"Stochastic differential equations and stochastic
flow of diffeomorphisms"
F. LEDRAPPIER
"Quelques propriétés des exposants caractéristiques"

1983   D.J. ALDOUS   (LNM 1117)
"Exchangeability and related topics"
I.A. IBRAGIMOV
"Théorèmes limites pour les marches aléatoires"
J. JACOD
"Théorèmes limite pour les processus"

1984   R. CARMONA   (LNM 1180)
"Random Schrödinger operators"
H. KESTEN
"Aspects of first passage percolation"
J.B. WALSH
"An introduction to stochastic partial differential
equations"

1985-87	S.R.S. VARADHAN "Large deviations" P. DIACONIS "Applications of non-commutative Fourier analysis to probability theorems H. FOLLMER "Random fields and diffusion processes" G.C. PAPANICOLAOU "Waves in one-dimensional random media" D. ELWORTHY Geometric aspects of diffusions on manifolds" E. NELSON "Stochastic mechanics and random fields"	(LNM 1362)
1986	O.E. BARNDORFF-NIELSEN "Parametric statistical models and likelihood"	(LNS M50)
1988	A. ANCONA "Théorie du potentiel sur les graphes et les variétés" D. GEMAN "Random fields and inverse problems in imaging" N. IKEDA "Probabilistic methods in the study of asymptotics"	(LNM 1427)
1989	D.L. BURKHOLDER "Explorations in martingale theory and its applications" E. PARDOUX "Filtrage non linéaire et équations aux dérivées partielles stochastiques associées" A.S. SZNITMAN "Topics in propagation of chaos"	(LNM 1464)
1990	M.I. FREIDLIN "Semi-linear PDE's and limit theorems for large deviations" J.F. LE GALL "Some properties of planar Brownian motion"	(LNM 1527)
1991	D.A. DAWSON "Measure-valued Markov processes" B. MAISONNEUVE "Processus de Markov : Naissance, Retournement, Régénération" J. SPENCER "Nine Lectures on Random Graphs"	(LNM 1541)
1992	D. BAKRY "L'hypercontractivité et son utilisation en théorie des semigroupes" R.D. GILL "Lectures on Survival Analysis" S.A. MOLCHANOV "Lectures on the Random Media"	(LNM 1581)